건설기계설비기사 필기

과년도
기출문제

예문사

09

과년도 기출문제

1과목 재료역학

01 단면 2차 모멘트가 251cm⁴인 I형강 보가 있다. 이 단면의 높이가 20cm라면, 굽힘모멘트 $M = 2,510$ N·m를 받을 때 최대 굽힘응력은 몇 MPa인가?

① 100 　　　　② 50

③ 20 　　　　④ 5

해설 ⊕

단면의 높이 $h = 20$cm이므로
도심으로부터 최외단까지의 거리 $e = 10$cm $= 0.1$m

$$\sigma_b = \frac{M}{Z} = \frac{M}{\dfrac{I}{e}} = \frac{Me}{I} = \frac{2,510 \times 0.1 (N \cdot m \cdot m)}{251 \times 10^{-8}(m^4)}$$

$$= 100 \times 10^6 Pa = 100MPa$$

02 그림과 같은 구조물에서 AB 부재에 미치는 힘은 몇 kN인가?

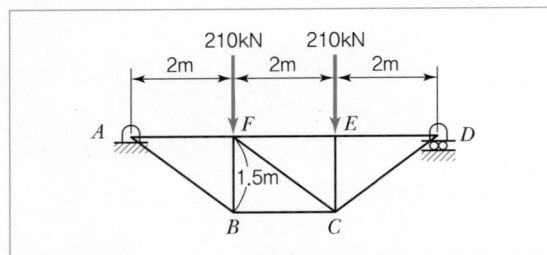

① 450 　　　　② 350

③ 250 　　　　④ 150

해설 ⊕

그림에서
$$\sum M_{A지점} = 0 : R_A \times 6 - 210 \times 4 - 210 \times 2 = 0$$

$$\therefore R_A = \frac{210 \times 2 + 210 \times 4}{6} = 210kN$$

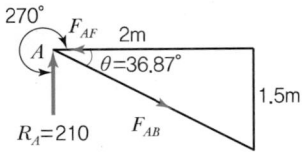

<F.B.D>

$$\tan\theta = \frac{1.5}{2} \rightarrow \theta = \tan^{-1}\left(\frac{1.5}{2}\right) = 36.87°$$

⟨F.B.D⟩를 보면
A점에서 3력 부재이므로 라미의 정리에 의해

$$\frac{R_A}{\sin 36.87°} = \frac{F_{AB}}{\sin 270°}$$

$$F_{AB} = \frac{210 \times \sin 270°}{\sin 36.87°} = -350kN$$

(A점으로 오는 $+R_A$와 A점으로부터 멀어지는 $-F_{AB}$의 개념)

03 다음 그림과 같은 외팔보에 하중 P_1, P_2가 작용될 때 최대 굽힘모멘트의 크기는?

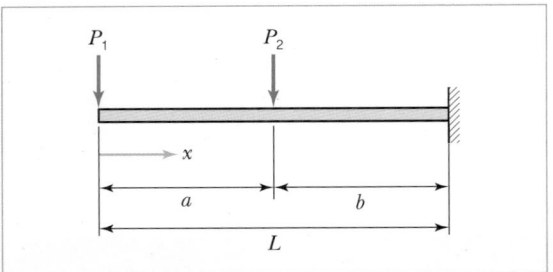

① $P_1 \cdot a + P_2 \cdot b$ 　　② $P_1 \cdot b + P_2 \cdot a$

③ $(P_1 + P_2) \cdot L$ 　　④ $P_1 \cdot L + P_2 \cdot b$

해설 ⊕

벽면 B에 작용하는 모멘트가 최대 굽힘모멘트

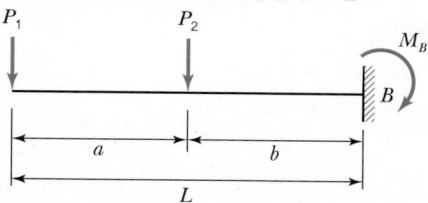

$$\sum M_{B지점} = 0 : -P_1 L - P_2 b + M_B = 0$$
$$\therefore M_B = P_2 b + P_1 L$$

04 열응력에 대한 다음 설명 중 틀린 것은?

① 재료의 선팽창 계수와 관계있다.
② 세로 탄성계수와 관계있다.
③ 재료의 비중과 관계있다.
④ 온도차와 관계있다.

해설 ⊕

$\sigma = E \cdot \varepsilon,\ \varepsilon = \alpha \cdot \Delta t$에서
$\sigma = E \cdot \alpha \cdot \Delta t$

05 중공 원형 축에 비틀림 모멘트 $T = 100 \mathrm{N \cdot m}$ 가 작용할 때, 안지름이 20mm, 바깥지름이 25mm라면 최대 전단응력은 약 몇 MPa인가?

① 42.2
② 55.2
③ 77.2
④ 91.2

해설 ⊕

$x = \dfrac{d_1}{d_2}$: 내외경 비

$$\tau = \frac{T}{Z_p} = \frac{T}{\dfrac{\pi d_2^{\,3}}{16}(1 - x^4)} = \frac{100}{\dfrac{\pi}{16} \times 0.025^3 \times \left(1 - \left(\dfrac{20}{25}\right)^4\right)}$$
$$= 55.21 \times 10^6 \mathrm{Pa}$$
$$= 55.21 \mathrm{MPa}$$

06 그림과 같이 원형 단면의 원주에 접하는 $X-X$ 축에 관한 단면 2차 모멘트는?

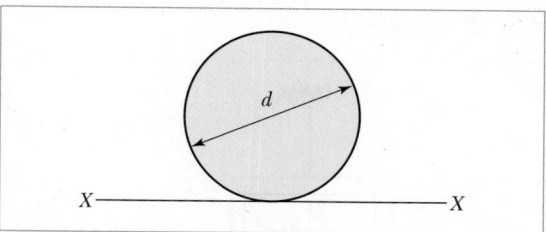

① $\dfrac{\pi d^4}{32}$

② $\dfrac{\pi d^4}{64}$

③ $\dfrac{3\pi d^4}{64}$

④ $\dfrac{5\pi d^4}{64}$

해설 ⊕

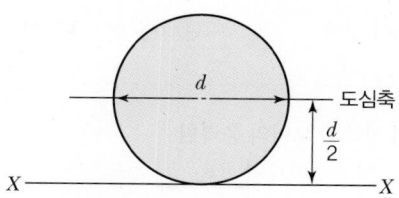

$$I_X = I_{도심} + A\left(\frac{d}{2}\right)^2$$
$$= \frac{\pi d^4}{64} + \frac{\pi}{4} d^2 \times \frac{d^2}{4}$$
$$= \frac{\pi d^4}{64} + \frac{\pi d^4}{16}$$
$$= \frac{5\pi d^4}{64}$$

07 다음과 같은 평면응력 상태에서 X축으로부터 반시계 방향으로 $30°$ 회전된 X'축상의 수직응력($\sigma_{x'}$)은 약 몇 MPa인가?

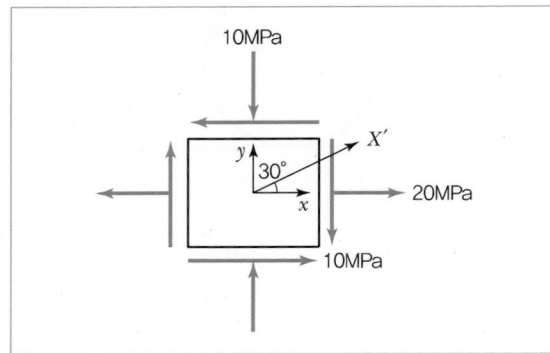

① $\sigma_{x'} = 3.84$

② $\sigma_{x'} = -3.84$

③ $\sigma_{x'} = 17.99$

④ $\sigma_{x'} = -17.99$

해설 ⊕

평면응력 상태의 모어의 응력원

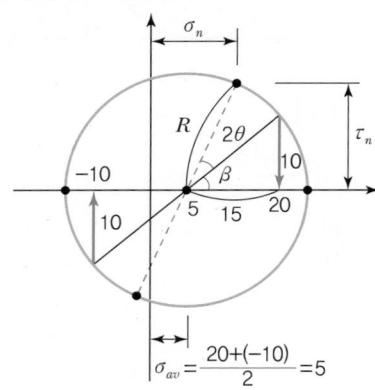

모어의 응력원에서(응력원을 그리면 더 쉽다.)

$\sigma_n = \sigma_{x'} = \sigma_{av} + R\cos(\beta + 2\theta)$

여기서, $\sigma_{av} = \dfrac{\sigma_x + \sigma_y}{2} = \dfrac{20 + (-10)}{2} = 5$

$\beta = \tan^{-1}\left(\dfrac{10}{15}\right) = 33.69°$

$R\cos\beta = 15$에서 $R = \dfrac{15}{\cos 33.69°} = 18.03\,\text{MPa}$

$\therefore \sigma_n)_{\theta = 30°} = 5 + 18.03\cos(33.69° + 2\times30°) = 3.84\,\text{MPa}$

※ τ_n을 구하는 경우에는 $\tau_n = R\sin(\beta + 2\theta)$로 구한다.

〈다른 풀이〉

$\sigma_{x'} = \sigma_n)_{\theta = 30°}$

$= \dfrac{\sigma_x + \sigma_y}{2} + \dfrac{\sigma_x - \sigma_y}{2}\cos 2\theta - \tau_{xy}\sin 2\theta$

$= \dfrac{20 + (-10)}{2} + \dfrac{20 - (-10)}{2}\cos 60° - 10\sin 60°$

$= 3.84\,\text{MPa}$

08 직경 20mm인 구리합금 봉에 30kN의 축 방향 인장하중이 작용할 때 체적 변형률은 대략 얼마인가? (단, 탄성계수 $E = 100\text{GPa}$, 포아송비 $\mu = 0.3$)

① 0.38

② 0.038

③ 0.0038

④ 0.00038

해설 ⊕

$\varepsilon_v = \varepsilon(1 - 2\mu) = \dfrac{\sigma}{E}(1 - 2\mu) = \dfrac{P}{EA}(1 - 2\mu)$

$= \dfrac{30 \times 10^3}{100 \times 10^9 \times \dfrac{\pi \times 0.02^2}{4}} \times (1 - 2 \times 0.3)$

$= 0.00038$

09 그림과 같이 하중 P가 작용할 때 스프링의 변위 δ는?(단, 스프링 상수는 k이다.)

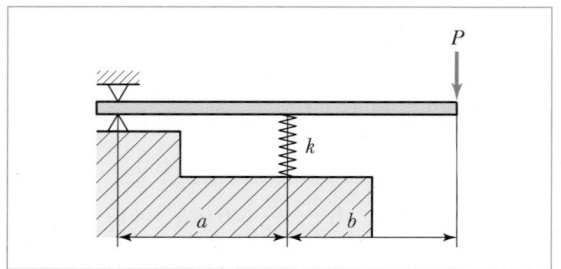

① $\delta = \dfrac{(a+b)}{bk}P$ ② $\delta = \dfrac{(a+b)}{ak}P$

③ $\delta = \dfrac{ak}{(a+b)}P$ ④ $\delta = \dfrac{bk}{(a+b)}P$

해설 ⊕

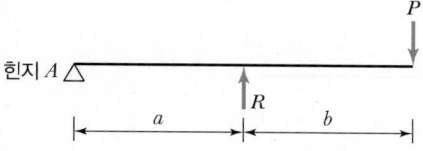

<F.B.D>

$\sum M_{A지점} = 0 : -Ra + P(a+b) = 0$

$\therefore R = \dfrac{P(a+b)}{a}$

스프링에서 $W = k\delta = R$ 이므로

$\delta = \dfrac{R}{k} = \dfrac{P(a+b)}{ak}$

10 그림과 같은 하중을 받고 있는 수직 봉의 자중을 고려한 총 신장량은?(단, 하중 $= P$, 막대 단면적 $= A$, 비중량 $= \gamma$, 탄성계수 $= E$ 이다.)

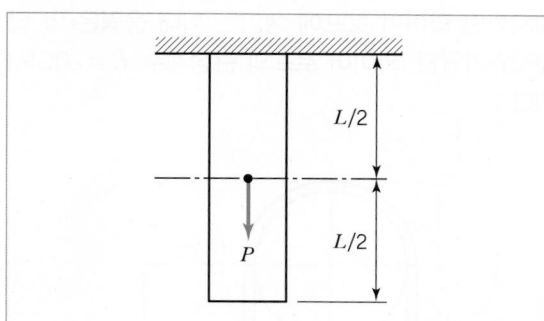

① $\dfrac{L}{E}\left(\gamma L + \dfrac{P}{A}\right)$ ② $\dfrac{L}{2E}\left(\gamma L + \dfrac{P}{A}\right)$

③ $\dfrac{L^2}{2E}\left(\gamma L + \dfrac{P}{A}\right)$ ④ $\dfrac{L^2}{E}\left(\gamma L + \dfrac{P}{A}\right)$

해설 ⊕

전체 신장량 λ 는 하중에 의한 신장량 + 자중에 의한 신장량 이므로

$\lambda = \dfrac{P \cdot \left(\dfrac{L}{2}\right)}{AE} + \dfrac{\gamma \cdot L^2}{2E} = \dfrac{L}{2E}\left(\dfrac{P}{A} + \gamma \cdot L\right)$

11 다음 그림과 같은 양단 고정보 AB에 집중하중 $P = 14\text{kN}$이 작용할 때 B점의 반력 $R_B[\text{kN}]$는?

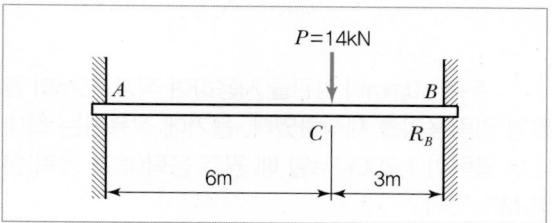

① $R_B = 8.06$ ② $R_B = 9.25$

③ $R_B = 10.37$ ④ $R_B = 11.08$

해설 ⊕

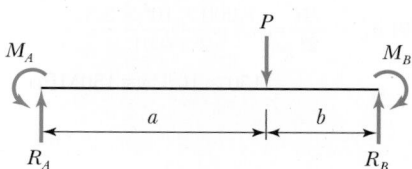

$R_B = \dfrac{Pa^2}{l^3}(l+2b) = \dfrac{14 \times 6^2}{9^3}(9 + 2 \times 3)$

$\qquad = 10.38\text{kN}$

※ $R_A = \dfrac{Pb^2}{l^3}(l+2a)$

12 다음 중 좌굴(Buckling) 현상에 대한 설명으로 가장 알맞은 것은?

① 보에 휨하중이 작용할 때 굽어지는 현상

② 트러스의 부재에 전단하중이 작용할 때 굽어지는 현상

③ 단주에 축방향의 인장하중을 받을 때 기둥이 굽어지는 현상

④ 장주에 축방향의 압축하중을 받을 때 기둥이 굽어지는 현상

13 두께 10mm의 강관을 사용하여 직경 2.5m의 원통형 압력용기를 제작하였다. 용기에 작용하는 최대 내부 압력이 1,200kPa일 때 원주 응력(후프 응력)은 몇 MPa인가?

① 50   ② 100

③ 150   ④ 200

해설 ⊕

후프 응력 $\sigma_h = \dfrac{Pd}{2t} = \dfrac{1,200 \times 10^3 \times 2.5}{2 \times 0.01}$

$\qquad\qquad = 150 \times 10^6 \text{Pa} = 150 \text{MPa}$

14 길이가 l이고 원형 단면의 직경이 d인 외팔보의 자유단에 하중 P가 가해진다면, 이 외팔보의 전체 탄성에너지는?(단, 재료의 탄성계수는 E이다.)

① $U = \dfrac{3P^2 l^3}{64 \pi E d^4}$ ② $U = \dfrac{62P^2 l^3}{9 \pi E d^4}$

③ $U = \dfrac{32P^2 l^3}{3 \pi E d^4}$ ④ $U = \dfrac{64P^2 l^3}{3 \pi E d^4}$

해설 ⊕

$U = \dfrac{1}{2} M\theta = \dfrac{1}{2} M \times \dfrac{l}{\rho} = \dfrac{1}{2} M \times l \times \dfrac{M}{EI} = \dfrac{M^2 \cdot l}{2EI}$

외팔보에서 보의 길이에 따라 M값이 변하므로

$dU = \dfrac{M_x{}^2}{2EI} dx$를 적용하면,

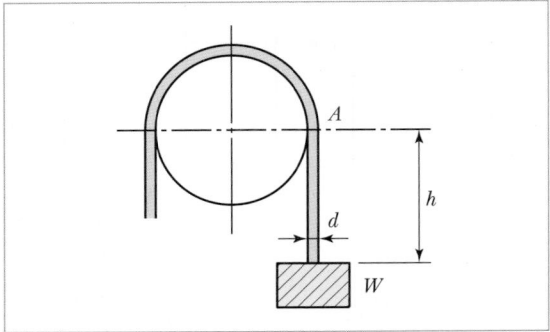

$\rightarrow M_x = P \cdot x$

$U = \displaystyle\int_0^l \dfrac{M_x{}^2}{2EI} dx = \int_0^l \dfrac{(Px)^2}{2EI} dx$

$\quad = \dfrac{P^2}{2EI} \left[\dfrac{x^3}{3} \right]_0^l = \dfrac{P^2}{2EI} \cdot \dfrac{l^3}{3} = \dfrac{P^2 \cdot l^3}{6EI}$

$\quad = \dfrac{P^2 \cdot l^3}{6E \times \dfrac{\pi d^4}{64}} = \dfrac{32 P^2 \cdot l^3}{3 E \pi d^4}$

15 직경 20mm인 와이어 로프에 매달린 1,000N의 중량물(W)이 낙하하고 있을 때, A점에서 갑자기 정지시키면 와이어 로프에 생기는 최대 응력은 약 몇 GPa인가?(단, 와이어 로프의 탄성계수 $E = 20$GPa이다.)

① 0.93   ② 1.13

③ 1.72   ④ 1.93

충격응력 σ, 정응력 σ_0

$$\sigma = \sigma_0 \left(1 + \sqrt{1 + \frac{2h}{\lambda_0}} \right) = \sigma_0 \left(1 + \sqrt{1 + \frac{2h}{\frac{Wh}{AE}}} \right)$$

$$= \sigma_0 \left(1 + \sqrt{1 + \frac{2AE}{W}} \right)$$

$$= \frac{1,000}{\frac{\pi \times 0.02^2}{4}} \times \left(1 + \sqrt{1 + \frac{2 \times \pi \times 0.02^2 \times 20 \times 10^9}{1,000 \times 4}} \right)$$

$$= 0.36\text{GPa}$$

16 전단 탄성계수가 80GPa인 강봉(Steel Bar)에 전단응력이 1kPa로 발생했다면 이 부재에 발생한 전단변형률은?

① 12.5×10^{-3}

② 12.5×10^{-6}

③ 12.5×10^{-9}

④ 12.5×10^{-12}

$\tau = G \cdot \gamma$ 에서 $\gamma = \dfrac{\tau}{G} = \dfrac{1 \times 10^3}{80 \times 10^9} = 12.5 \times 10^{-9}$

17 단순지지보의 중앙에 집중하중(P)이 작용한다. 점 C에서의 기울기를 $\dfrac{M}{EI}$ 선도를 이용하여 구하면? (단, E = 재료의 종탄성계수, I = 단면 2차 모멘트)

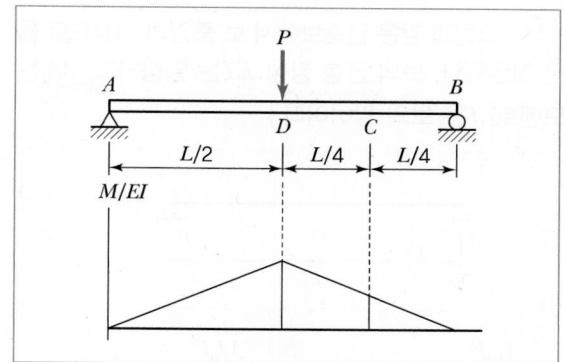

① $\dfrac{1}{64} \dfrac{PL^2}{EI}$

② $\dfrac{1}{32} \dfrac{PL^2}{EI}$

③ $\dfrac{3}{64} \dfrac{PL^2}{EI}$

④ $\dfrac{1}{16} \dfrac{PL^2}{EI}$

면적모멘트법에서 $\theta = \dfrac{A_M}{EI}$

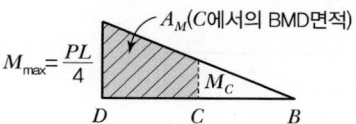

C에서의 ⟨F.B.D⟩

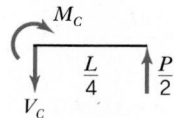

$\sum M_{C지점} = 0 : M_C - \dfrac{P}{2} \times \dfrac{L}{4} = 0$

$\therefore M_C = \dfrac{P \cdot L}{8}$

빗금친 면적은

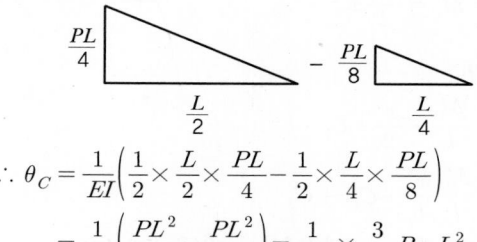

$\therefore \theta_C = \dfrac{1}{EI} \left(\dfrac{1}{2} \times \dfrac{L}{2} \times \dfrac{PL}{4} - \dfrac{1}{2} \times \dfrac{L}{4} \times \dfrac{PL}{8} \right)$

$= \dfrac{1}{EI} \left(\dfrac{PL^2}{16} - \dfrac{PL^2}{64} \right) = \dfrac{1}{EI} \times \dfrac{3}{64} P \cdot L^2$

18 그림과 같은 단순보에서 보 중앙의 처짐으로 옳은 것은?(단, 보의 굽힘 강성 EI는 일정하고, M_0는 모멘트, l은 보의 길이이다.)

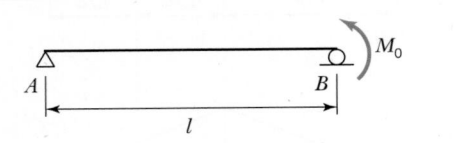

① $\dfrac{M_0 l^2}{16EI}$

② $\dfrac{M_0 l^2}{48EI}$

③ $\dfrac{M_0 l^2}{120EI}$

④ $\dfrac{5M_0 l^2}{384EI}$

해설 ➕

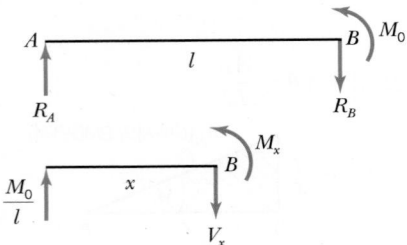

$$\sum M_{A지점} = 0 : R_A \cdot l - M_0 = 0$$

$$\therefore R_A = \frac{M_0}{l},\ R_B = \frac{M_0}{l}$$

$$\sum M_{x지점} = 0 : \frac{M_0}{l}x - M_x = 0$$

$$\therefore M_x = \frac{M_0}{l} \cdot x$$

처짐미분방정식에 의해

$$EIy'' = M_x = \frac{M_0}{l}x$$

적분하면

$$EIy' = \frac{M_0}{l} \cdot \frac{x^2}{2} + C_1$$

$$EIy = \frac{M_0}{l}\frac{x^3}{6} + C_1 x + C_2$$

B/C(경계조건) $x=0$과 l에서 $y=0(\delta=0)$

$$x=0 \rightarrow \therefore C_2 = 0$$

$$x=l \rightarrow EIy = \frac{M_0}{l} \cdot \frac{l^3}{6} + C_1 l + C_2$$

$$\therefore C_1 = -\frac{M_0 l}{6}$$

$$\therefore EIy' = \frac{M_0}{l}\frac{x^2}{2} - \frac{M_0 l}{6}$$

$$\therefore EIy = \frac{M_0}{l}\frac{x^3}{6} - \frac{M_0 l}{6}x$$

$$EIy)_{x=\frac{l}{2}} = \frac{M_0}{l}\frac{\left(\frac{l}{2}\right)^3}{6} - \frac{M_0 l}{6} \cdot \frac{l}{2}$$

$$= \frac{M_0 l^2}{48} - \frac{M_0 l^2}{12} = -\frac{M_0 l^2}{16}$$

$$\therefore y = \delta = -\frac{M_0 l^2}{16EI}$$

19 그림과 같이 등분포하중이 작용하는 보에서 최대 전단력의 크기는 몇 kN인가?

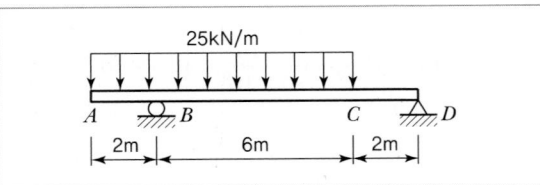

① 50

② 100

③ 150

④ 200

해설 ⊕

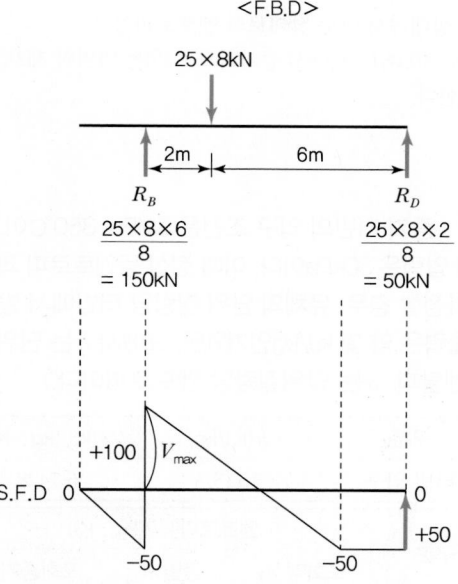

<F.B.D>

25×8kN

2m   6m

R_B R_D

$\dfrac{25 \times 8 \times 6}{8}$ $\dfrac{25 \times 8 \times 2}{8}$

= 150kN   = 50kN

+100 V_{max}

S.F.D   0   0

−50   +50

−50   −50

S.F.D에서 최대 전단력(V_{max})은 100kN이다.

20 동일한 길이와 재질로 만들어진 두 개의 원형 단면 축이 있다. 각각의 지름이 d_1, d_2일 때 각 축에 저장되는 변형에너지 u_1, u_2의 비는?(단, 두 축은 모두 비틀림 모멘트 T를 받고 있다.)

① $\dfrac{u_1}{u_2} = \left(\dfrac{d_2}{d_1}\right)^4$ ② $\dfrac{u_2}{u_1} = \left(\dfrac{d_2}{d_1}\right)^3$

③ $\dfrac{u_1}{u_2} = \left(\dfrac{d_2}{d_1}\right)^3$ ④ $\dfrac{u_2}{u_1} = \left(\dfrac{d_2}{d_1}\right)^4$

해설 ⊕

$U = \dfrac{1}{2} T \cdot \theta = \dfrac{T^2 \cdot l}{2GI_p}$ 에서

$\dfrac{u_1}{u_2} = \dfrac{\dfrac{T^2 \cdot l}{2GI_{p1}}}{\dfrac{T^2 \cdot l}{2GI_{p2}}} = \dfrac{I_{p2}}{I_{p1}} = \dfrac{\dfrac{\pi d_2{}^4}{32}}{\dfrac{\pi d_1{}^4}{32}} = \left(\dfrac{d_2}{d_1}\right)^4$

2과목 **기계열역학**

21 4kg의 공기가 들어 있는 체적 0.4m³의 용기(A)와 체적이 0.2m³인 진공의 용기(B)를 밸브로 연결하였다. 두 용기의 온도가 같을 때 밸브를 열어 용기 A와 B의 압력이 평형에 도달했을 경우, 이 계의 엔트로피 증가량은 약 몇 J/K인가?(단, 공기의 기체상수는 0.287kJ/(kg · K)이다.)

① 712.8   ② 595.7

③ 465.5   ④ 348.2

해설 ⊕

$T = C$인 등온과정이므로($dU = 0$)

$dS = \dfrac{\delta Q}{T} = \dfrac{\overset{0}{dU} + PdV}{T} = \dfrac{P}{T}dV$

이상기체이므로 $PV = mRT$ 적용

$\dfrac{P}{T} = m \cdot \dfrac{R}{V} \quad \therefore dS = m \cdot \dfrac{R}{V}dV$

$S_2 - S_1 = mR\ln\dfrac{V_2}{V_1}$

$\qquad = 4 \times 287 \times \ln\left(\dfrac{0.4 + 0.2}{0.4}\right)$

$\qquad = 465.47 \text{J/K}$

〈다른 풀이〉

$T = C(dT = 0)$인 과정 → $du = C_v dT$ → $du = 0$

$ds = \dfrac{\delta q}{T} = \dfrac{du + Pdv}{T} = \dfrac{P}{T}dv \; (pv = RT \text{ 적용})$

$\qquad\qquad = \dfrac{R}{v}dv$

비엔트로피 변화량 $\displaystyle\int_1^2 ds = R\int_1^2 \dfrac{1}{v}dv = R\ln\dfrac{v_2}{v_1}$

$\qquad\qquad\qquad = 287 \times \ln\left(\dfrac{\dfrac{0.6}{4}}{\dfrac{0.4}{4}}\right)$

$\therefore s_2 - s_1 = 116.37 \text{J/kg} \cdot \text{K}$

엔트로피 변화량 $S_2 - S_1 = m(s_2 - s_1)$

$\qquad\qquad\qquad = 4\text{kg} \times 116.37 \text{J/kg} \cdot \text{K}$

$\qquad\qquad\qquad = 465.47 \text{J/K}$

22 이상적인 증기 – 압축 냉동사이클에서 엔트로피가 감소하는 과정은?

① 증발과정 ② 압축과정
③ 팽창과정 ④ 응축과정

해설 ⊕

응축과정에서 냉매가 열을 방출하므로 엔트로피가 감소한다.

23 다음 냉동 사이클에서 열역학 제1법칙과 제2법칙을 모두 만족하는 Q_1, Q_2, W는?

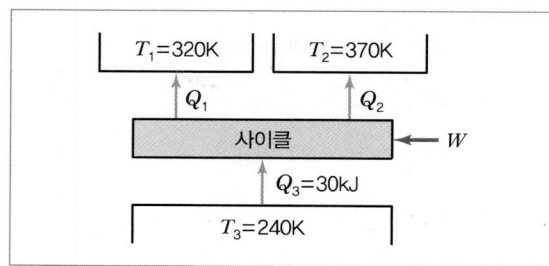

① $Q_1 = 20\text{kJ}$, $Q_2 = 20\text{kJ}$, $W = 20\text{kJ}$

② $Q_1 = 20\text{kJ}$, $Q_2 = 30\text{kJ}$, $W = 20\text{kJ}$

③ $Q_1 = 20\text{kJ}$, $Q_2 = 20\text{kJ}$, $W = 10\text{kJ}$

④ $Q_1 = 20\text{kJ}$, $Q_2 = 15\text{kJ}$, $W = 5\text{kJ}$

해설 ⊕

시스템에서 열역학 제1법칙은 에너지 보존의 법칙이므로 입력(input) = 출력(output)이다. 그러므로
$Q_3 + W = Q_1 + Q_2$를 만족해야 하며 열역학 제2법칙의 비가역 양은 엔트로피 증가로 나타나므로
$dS = \dfrac{\delta Q}{T}$ 에서

처음 상태인 저열원에서 엔트로피양
$$\Delta S_3 = \frac{Q_3}{T_3} = \frac{30}{240} = 0.125\,\text{kJ/K}$$

나중 상태인 고열원에서 엔트로피양 ΔS_2, ΔS_1
$$\Delta S_2 = \frac{Q_2}{T_2} = \frac{30}{370} = 0.081\,\text{kJ/K}$$

$$\Delta S_1 = \frac{Q_1}{T_1} = \frac{20}{320} = 0.063\,\text{kJ/K}$$

처음 상태에서 나중 상태로의 엔트로피양은
$0.125 < (0.081 + 0.063)$ 증가하므로 ②는 열역학 제2법칙을 만족한다.

24 증기 터빈의 입구 조건은 3MPa, 350℃이고 출구의 압력은 30kPa이다. 이때 정상 등엔트로피 과정으로 가정할 경우, 유체의 단위 질량당 터빈에서 발생되는 출력은 약 몇 kJ/kg인가?(단, 표에서 h는 단위질량당 엔탈피, s는 단위질량당 엔트로피이다.)

구분	h(kJ/kg)	s(kJ/(kg · K))
터빈 입구	3,115.3	6.7428

구분	엔트로피(kJ/(kg · K))		
	포화액 s_f	증발 s_{fg}	포화증기 s_g
터빈 출구	0.9439	6.8247	7.7686

구분	엔탈피(kJ/(kg · K))		
	포화액 h_f	증발 h_{fg}	포화증기 h_g
터빈 출구	289.2	2,336.1	2,625.3

① 679.2 ② 490.3
③ 841.1 ④ 970.4

해설 ⊕

개방계의 열역학 제1법칙에서
$q_{cv}^{\;\;0} + h_i = h_e + w_{cv}$ (터빈 : 단열팽창)
$w_{cv} = w_T = h_i - h_e$
$\qquad = 3{,}115.3 - h_{출구}$

여기서, $h_{출구} = h_{습증기} = h_x$ (건도가 x인 습증기의 엔탈피)

h_x 해석을 위해 터빈은 단열과정, 즉 등엔트로피 과정이므로
$S_i = S_e = S_x = 6.7428$
$S_x = S_f + x S_{fg}$
$$\therefore \text{건도 } x = \frac{S_x - S_f}{S_{fg}} = \frac{6.7428 - 0.9439}{6.8247} = 0.8497$$

$$h_x = h_{출구} = h_f + x h_{fg}$$
$$= 289.2 + 0.8497 \times 2,336.1$$
$$= 2,274.18$$
$$\therefore w_T = 3,115.3 - 2,274.18 = 841.12 \text{kJ/kg}$$

25 폴리트로픽 과정 $PV^n = C$에서 지수 $n = \infty$인 경우는 어떤 과정인가?

① 등온과정 ② 정적과정
③ 정압과정 ④ 단열과정

해설 ➕

$PV^\infty = C$ 양변에 $\dfrac{1}{\infty}$ 승을 취하면

$$\left(PV^\infty\right)^{\frac{1}{\infty}} = C^{\frac{1}{\infty}}$$

$$P^{\frac{1}{\infty}} V = C^\circ \quad (\because P^{\frac{1}{\infty}} = P^\circ = 1)$$

$$\therefore V = C$$

26 300L 체적의 진공인 탱크가 25℃, 6MPa의 공기를 공급하는 관에 연결된다. 밸브를 열어 탱크 안의 공기 압력이 5MPa이 될 때까지 공기를 채우고 밸브를 닫았다. 이 과정이 단열이고 운동에너지와 위치에너지의 변화는 무시해도 좋을 경우 탱크 안의 공기의 온도는 약 몇 ℃가 되는가?(단, 공기의 비열비는 1.4이다.)

① 1.5℃ ② 25.0℃
③ 84.4℃ ④ 144.3℃

해설 ➕

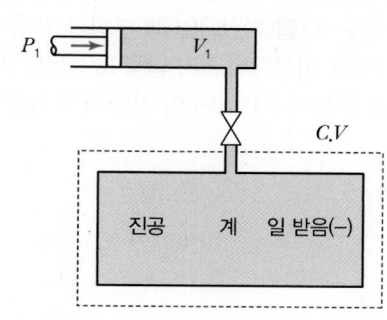

진공인 탱크가 공급관에 연결된 것과 그림에서 피스톤이 진공 탱크에 유입되는 수증기를 밀어 넣는 것과 같은 개념으로 생각해서 문제를 해석하는 게 쉽다. → 들어가고 나가는 질량유량이 없어 검사질량(일정질량)의 경계가 움직이며 검사질량인 수증기에 일을 가한다.

처음에 계가 일을 받으므로 $(-)_1 W_2 = P_1 V_1 = m P_1 v_1$

$_1 Q_2 = U_2 - U_1 + _1 W_2$에서 단열이므로

$$0 = U_2 - U_1 - P_1 V_1$$

비내부에너지와 비체적을 적용하면

$$0 = m(u_2 - u_1) - m P_1 v_1$$
$$= m u_2 - m(u_1 + P_1 v_1) \quad (\because h = u + Pv)$$
$$= m u_2 - m h_1$$

$$\therefore u_2 = h_1$$

$$u_2 = u_1 + P_1 v_1$$

$$u_2 - u_1 = P_1 v_1 = R T_1$$

$Pv = RT$와 $du = C_v dT$를 적용하면

$$C_v (T_2 - T_1) = R T_1$$

$$\frac{R}{k-1}(T_2 - T_1) = R T_1$$

$$T_2 - T_1 = (k-1) T_1$$

$$\therefore T_2 = k T_1$$

$$= 1.4 \times (25 + 273) = 417.2 \text{K}$$

$$\rightarrow 417.2 - 273 = 144.2 \text{℃}$$

27 분자량이 M이고 질량이 $2V$인 이상기체 A가 압력 P, 온도 T(절대온도)일 때 부피가 V이다. 동일한 질량의 다른 이상기체 B가 압력 $2P$, 온도 $2T$(절대온도)일 때 부피가 $2V$이면 이 기체의 분자량은 얼마인가?

① $0.5M$ ② M
③ $2M$ ④ $4M$

해설 ⊕

이상기체 상태방정식 $PV = mRT$에서

$$R = \frac{PV}{mT} = \frac{\overline{R}}{M} \quad \therefore M = \frac{mT\overline{R}}{PV}$$

$$M_A = \frac{mT\overline{R}}{PV} = \frac{2VT\overline{R}}{PV}$$

$$M_B = \frac{mT\overline{R}}{PV} = \frac{2V \cdot 2T\overline{R}}{2P \cdot 2V} = \frac{VT\overline{R}}{PV} = \frac{1}{2}M_A$$

28 열역학 제1법칙에 관한 설명으로 거리가 먼 것은?

① 열역학적 계에 대한 에너지 보존의 법칙을 나타낸다.
② 외부에 어떠한 영향을 남기지 않고 계가 열원으로부터 받은 열을 모두 일로 바꾸는 것은 불가능하다.
③ 열은 에너지의 한 형태로서 일을 열로 변환하거나 열을 일로 변환하는 것이 가능하다.
④ 열을 일로 변환하거나 일을 열로 변환할 때, 에너지의 총량은 변하지 않고 일정하다.

해설 ⊕

외부에 어떠한 영향을 남기는 것은 비가역량이므로 열역학 제2법칙에 해당한다.

29 압력 5kPa, 체적이 0.3m³인 기체가 일정한 압력 하에서 압축되어 0.2m³로 되었을 때 이 기체가 한 일은?(단, +는 외부로 기체가 일을 한 경우이고, −는 기체가 외부로부터 일을 받은 경우이다.)

① −1,000J ② 1,000J
③ −500J ④ 500J

해설 ⊕

밀폐계의 일이므로 절대일 $\delta W = PdV$에서

$$_1W_2 = \int_1^2 PdV = P(V_2 - V_1) = 5 \times 10^3 \times (0.2 - 0.3)$$
$$= -500 \text{N} \cdot \text{m} = -500 \text{J}$$

30 온도 300K, 압력 100kPa 상태의 공기 0.2kg이 완전히 단열된 강체 용기 안에 있다. 패들(Paddle)에 의하여 외부로부터 공기에 5kJ의 일이 행해질 때 최종 온도는 약 몇 K인가?(단, 공기의 정압비열과 정적비열은 각각 1.0035kJ/(kg · K), 0.7165kJ/(kg · K)이다.)

① 315 ② 275
③ 335 ④ 255

해설 ⊕

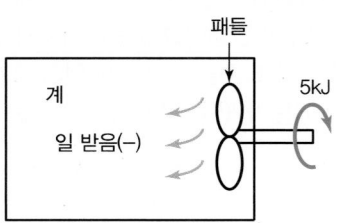

$$\delta Q - \delta W = dU$$
$$_1Q_2 = U_2 - U_1 + {}_1W_2$$

단열이므로 $_1Q_2 = 0$ (계에서 전 내부에너지의 변화량과 외부에서 해준 일의 양은 같다.)

$$\therefore U_2 - U_1 = -{}_1W_2$$
$$U_2 - U_1 = (-) - {}_1W_2 \text{ (일부호}(-) \text{ 적용)}$$

$dU = mC_vdT$를 적용하면

$$m C_v (T_2 - T_1) = {}_1 W_2$$

$$\therefore\ T_2 = T_1 + \frac{{}_1 W_2}{m C_v}$$

$$= 300 + \frac{5}{0.2 \times 0.7165}$$

$$= 334.89\text{K}$$

31 오토 사이클로 작동되는 기관에서 실린더의 간극 체적이 행정 체적의 15%라고 하면 이론 열효율은 약 얼마인가?(단, 비열비 $k = 1.4$이다.)

① 45.2%   ② 50.6%

③ 55.7%   ④ 61.4%

해설 ➕ --

$$\varepsilon = \frac{V_t}{V_c} = \frac{V_c + V_s}{V_c} = 1 + \frac{V_s}{V_c} = 1 + \frac{V_s}{0.15\,V_s} = 7.67$$

$$\eta_0 = 1 - \left(\frac{1}{\varepsilon}\right)^{k-1} = 1 - \left(\frac{1}{7.67}\right)^{1.4-1}$$

$$= 0.557 = 55.7\%$$

32 14.33W의 전등을 매일 7시간 사용하는 집이 있다. 1개월(30일) 동안 약 몇 kJ의 에너지를 사용하는가?

① 10,830   ② 15,020

③ 17,420   ④ 22,840

해설 ➕ --

$$1\text{kW} = 1,000\text{W} = 1,000\text{J/s}$$

$$1\text{kWh} = 1,000\text{J/s} \times 3,600\text{s} = 3,600 \times 10^3\text{J} = 3,600\text{kJ}$$

$$14.33\text{W} = 0.01433\text{kW}$$

$$\frac{0.01433\text{kW} \times 7\text{hr}}{1\text{일}} \times 30\text{일} = 3.0093\text{kWh}$$

$$\therefore\ 3.0093\text{kWh} \times \frac{3,600\text{kJ}}{1\text{kWh}} = 10,833.48\text{kJ}$$

33 10℃에서 160℃까지 공기의 평균 정적비열은 0.7315kJ/(kg · K)이다. 이 온도 변화에서 공기 1kg의 내부에너지 변화는 약 몇 kJ인가?

① 101.1kJ   ② 109.7kJ

③ 120.6kJ   ④ 131.7kJ

해설 ➕ --

$$du = C_v dT$$

$$u_2 - u_1 = C_v (T_2 - T_1)$$

$$= 0.7315(160 - 10)$$

$$= 109.73\text{kJ/kg}$$

$$U_2 - U_1 = m(u_2 - u_1) = 1\text{kg} \times 109.73\text{kJ/kg}$$

$$= 109.73\text{kJ}$$

34 물 1kg이 포화온도 120℃에서 증발할 때, 증발 잠열은 2,203kJ이다. 증발하는 동안 물의 엔트로피 증가량은 약 몇 kJ/K인가?

① 4.3   ② 5.6

③ 6.5   ④ 7.4

해설 ➕ --

$$\delta S = \frac{\delta Q}{T} \text{ 에서}$$

$$S_2 - S_1 = \Delta S = \frac{{}_1 Q_2}{T} = \frac{2,203\text{kJ}}{(120 + 273)\text{K}} = 5.61\text{kJ/K}$$

35 Rankine 사이클에 대한 설명으로 틀린 것은?

① 응축기에서의 열방출 온도가 낮을수록 열효율이 좋다.

② 증기의 최고온도는 터빈 재료의 내열 특성에 의하여 제한된다.

③ 팽창일에 비하여 압축일이 적은 편이다.

④ 터빈 출구에서 건도가 낮을수록 효율이 좋아진다.

해설 ➕ ------------------------------

터빈 출구에서 건도가 낮을수록 효율이 낮아지며 습분이 증가하여 터빈 부식을 증가시킨다.

36 단열된 가스터빈의 입구 측에서 가스가 압력 2MPa, 온도 1,200K로 유입되어 출구 측에서 압력 100kPa, 온도 600K로 유출된다. 5MW의 출력을 얻기 위한 가스의 질량유량은 약 몇 kg/s인가?(단, 터빈의 효율은 100%이고, 가스의 정압비열은 1.12kJ/(kg · K)이다.)

① 6.44
② 7.44
③ 8.44
④ 9.44

해설 ➕ ------------------------------

단열팽창하는 공업일이 터빈일이므로

$$\cancel{\delta q}^{\,0} = dh - vdp$$

$$0 = dh - vdp$$

여기서 $w_T = -vdp = -dh$

$$\therefore {}_1w_{T2} = \int -C_p dT$$
$$= -C_p(T_2 - T_1)$$
$$= C_p(T_1 - T_2)\,(\text{kJ/kg})$$

출력은 동력이므로 $\dot{W}_T = \dot{m}w_T \left(\dfrac{\text{kg}}{\text{s}} \cdot \dfrac{\text{kJ}}{\text{kg}} = \dfrac{\text{kJ}}{\text{s}} = \text{kW}\right)$

$$\therefore \dot{m} = \frac{\dot{W}_T}{w_T} = \frac{5 \times 10^3 \text{kW}}{C_p(T_1 - T_2)} = \frac{5 \times 10^3}{1.12 \times (1,200 - 600)}$$
$$= 7.44 \text{kg/s}$$

37 다음에 열거한 시스템의 상태량 중 종량적 상태량인 것은?

① 엔탈피
② 온도
③ 압력
④ 비체적

해설 ➕ ------------------------------

반으로 나누면 상태량이 변하는 값은 엔탈피이다. 다른 값들은 반으로 나누어도 값이 변하지 않아 강도성 상태량이다.

38 다음 압력값 중에서 표준대기압(1atm)과 차이가 가장 큰 압력은?

① 1MPa
② 100kPa
③ 1bar
④ 100hPa

해설 ➕ ------------------------------

① $1\text{MPa} = 1,000\text{kPa}$

② 100kPa

③ $1\text{bar} = 10^5\text{Pa} = 100\text{kPa}$

④ $100\text{hPa} = 100 \times 10^2\text{Pa} = 10\text{kPa}$

※ $1\text{atm} = 1,013.25\text{mbar} = 1.01325\text{bar}$
$\qquad = 101,325\text{Pa} = 101.32\text{kPa}$

39 1kg의 공기가 100℃를 유지하면서 등온팽창하여 외부에 100kJ의 일을 하였다. 이때 엔트로피의 변화량은 약 몇 kJ/(kg · K)인가?

① 0.268
② 0.373
③ 1.00
④ 1.54

해설 ➕ ------------------------------

$$ds = \frac{\delta q}{T} = \frac{du + pdv}{T}$$

여기서, 등온팽창 $du = C_v\cancel{dT}^{\,0}$

$$\delta w = pdv \rightarrow {}_1w_2 = \frac{100\text{kJ}}{1\text{kg}} = 100\text{kJ/kg}$$

$$s_2 - s_1 = \frac{{}_1q_2}{T} = \frac{{}_1w_2}{T} = \frac{100\text{kJ/kg}}{(100 + 273)\text{K}}$$
$$= 0.268\text{kJ/kg} \cdot \text{K}$$

40 피스톤 – 실린더 시스템에 100kPa의 압력을 갖는 1kg의 공기가 들어 있다. 초기 체적은 0.5m³이고, 이 시스템에 온도가 일정한 상태에서 열을 가하여 부피가 1.0m³로 되었다. 이 과정 중 전달된 에너지는 약 몇 kJ인가?

① 30.7
② 34.7
③ 44.8
④ 50.0

해설 ➕

$\delta Q = dU + PdV$

등온에서 $dU = C_v \cancel{dT}^{\,0} = 0$이므로

$\therefore {}_1Q_2 = \int_1^2 PdV$

$\left(여기서, \ PV = C(등온과정) \ \therefore \ P = \dfrac{C}{V} \right)$

$= \int_1^2 \dfrac{C}{V} dV$

$= C[\ln V]_1^2$

$= P_1 V_1 (\ln V_2 - \ln V_1)$

$= P_1 V_1 \ln \dfrac{V_2}{V_1}$

$= 100 \times 0.5 \times \ln \left(\dfrac{1.0}{0.5} \right)$

$= 34.66\text{kJ}$

3과목 **기계유체역학**

41 체적 $2 \times 10^{-3}\text{m}^3$의 돌이 물속에서 무게가 40N이었다면 공기 중에서의 무게는 약 몇 N인가?

① 2
② 19.6
③ 42
④ 59.6

해설 ➕

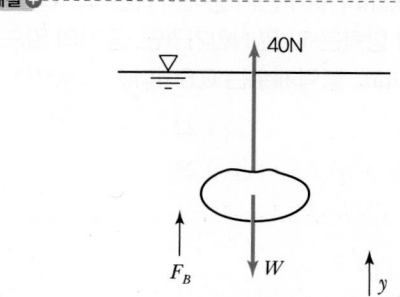

$F_B(부력) = \gamma_w \cdot V_돌$

$\qquad\qquad = 9,800 \times 2 \times 10^{-3} = 19.6\text{N}$

$\sum F_y = 0 : 40 + 19.6 - W = 0$

$\therefore$ 돌의 무게 $W = 59.6\text{N}$

42 안지름 35cm의 원관으로 수평거리 2,000m 떨어진 곳에 물을 수송하려고 한다. 24시간 동안 15,000m³을 보내는 데 필요한 압력은 약 몇 kPa인가?(단, 관마찰계수는 0.032이고, 유속은 일정하게 송출한다고 가정한다.)

① 296
② 423
③ 537
④ 351

해설 ➕

체적유량 $Q = \dfrac{15,000\text{m}^3}{24\text{h}} \times \dfrac{1\text{h}}{3,600\text{s}}$

$\qquad\qquad = 0.174\text{m}^3/\text{s}$

$Q = A \cdot V$에서

$V = \dfrac{Q}{A} = \dfrac{0.174}{\dfrac{\pi}{4} \times 0.35^2} = 1.81\text{m/s}$

$\therefore h_l = f \cdot \dfrac{L}{d} \cdot \dfrac{V^2}{2g}$

$\qquad = 0.032 \times \dfrac{2,000}{0.35} \times \dfrac{1.81^2}{2 \times 9.8} = 30.56\text{m}$

$\Delta P = \gamma \cdot h_l = 9,800 \left(\dfrac{\text{N}}{\text{m}^3} \right) \times 30.56\,(\text{m})$

$\qquad\qquad = 299,488\text{Pa} = 299.5\text{kPa}$

43 지름 5cm의 구가 공기 중에서 매초 40m의 속도로 날아갈 때 항력은 약 몇 N인가?(단, 공기의 밀도는 1.23kg/m³이고, 항력계수는 0.6이다.)

① 1.16 ② 3.22
③ 6.35 ④ 9.23

해설 ➕ -

$$D = C_D \cdot \frac{\rho A V^2}{2}$$

$$= 0.6 \times \frac{1.23 \times \frac{\pi}{4} \times 0.05^2 \times 40^2}{2}$$

$$= 1.159\text{N}$$

44 경계층 밖에서 퍼텐셜 흐름의 속도가 10m/s일 때, 경계층의 두께는 속도가 얼마일 때의 값으로 잡아야 하는가?(단, 일반적으로 정의하는 경계층 두께를 기준으로 삼는다.)

① 10m/s ② 7.9m/s
③ 8.9m/s ④ 9.9m/s

해설 ➕ -

경계층 내의 최대속도는 자유유동속도의 99%이므로
$$U_{\max} = 0.99 \times U_\infty = 0.99 \times 10 = 9.9\text{m/s}$$

45 지름이 0.1mm이고 비중이 7인 작은 입자가 비중이 0.8인 기름 속에서 0.01m/s의 일정한 속도로 낙하하고 있다. 이때 기름의 점성계수는 약 몇 kg/(m · s)인가?(단, 이 입자는 기름 속에서 Stokes 법칙을 만족한다고 가정한다.)

① 0.003379 ② 0.009542
③ 0.02486 ④ 0.1237

해설 ➕ -

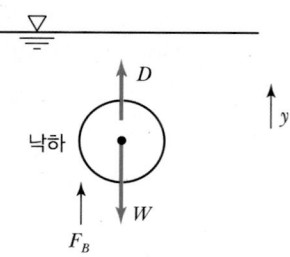

$$\sum F_y = 0 : D + F_B - W = 0 \ (\text{여기서}, \ F_B = \gamma_{oil} V_{입자})$$

$$3\pi\mu V d + \gamma_{oil} \cdot \frac{4}{3}\pi r^3 - \gamma_{입자} \cdot \frac{4}{3}\pi r^3 = 0$$

$$3\pi\mu V d + S_{oil} \cdot \gamma_w \cdot \frac{4}{3}\pi\left(\frac{d}{2}\right)^3 - S_{입자}\gamma_w \cdot \frac{4}{3}\pi \times \left(\frac{d}{2}\right)^3 = 0$$

$$3\pi\mu V d + S_{oil} \cdot \gamma_w \cdot \frac{\pi}{6}d^3 - S_{입자}\gamma_w \cdot \frac{\pi}{6}d^3 = 0$$

$$\therefore \ \mu = \frac{\gamma_w \frac{\pi}{6} d^2 (S_{입자} - S_{oil})}{3\pi V}$$

$$= \frac{9,800 \times \frac{\pi}{6} \times (0.0001)^2 \times (7 - 0.8)}{3\pi \times 0.01}$$

$$= 0.003376$$

46 유체의 정의를 가장 올바르게 나타낸 것은?

① 아무리 작은 전단응력에도 저항할 수 없어 연속적으로 변형하는 물질
② 탄성계수가 0을 초과하는 물질
③ 수직응력을 가해도 물체가 변하지 않는 물질
④ 전단응력이 가해질 때 일정한 양의 변형이 유지되는 물질

47 새로 개발한 스포츠카의 공기역학적 항력을 기온 25℃(밀도는 1.184kg/m³, 점성계수는 1.849×10⁻⁵ kg/(m · s)), 100km/h 속력에서 예측하고자 한다. 1/3 축척 모형을 사용하여 기온이 5℃(밀도는 1.269 kg/m³, 점성계수는 1.754×10⁻⁵kg/(m · s))인 풍동에서 항력을 측정할 때 모형과 원형 사이의 상사를 유지하기 위해 풍동 내 공기의 유속은 약 몇 km/h가 되어야 하는가?

① 153 ② 266
③ 442 ④ 549

해설 ⊕

풍동실험에서는 원관유동처럼 모형과 실형 사이에 레이놀즈수를 같게 하여 실험한다.

$$Re)_m = Re)_p$$

$$\frac{\rho V d}{\mu}\bigg)_m = \frac{\rho V d}{\mu}\bigg)_p$$

$$\frac{\rho_m V_m d_m}{\mu_m} = \frac{\rho_p V_p d_p}{\mu_p}$$

$$\therefore V_m = \frac{\rho_p \cdot V_p \cdot d_p \cdot \mu_m}{\mu_p \cdot \rho_m \cdot d_m} \left(여기서, \frac{d_m}{d_p} = \frac{1}{3}\right)$$

$$= \frac{1.184 \times 100 \times 3 \times 1.754 \times 10^{-5}}{1.849 \times 10^{-5} \times 1.269}$$

$$= 264.16 km/h$$

48 다음 무차원수 중 역학적 상사(Inertia Force) 개념이 포함되어 있지 않은 것은?

① Froude Number ② Reynolds Number
③ Mach Number ④ Fourier Number

해설 ⊕

푸리에 수는 일시적인 열전도를 특징짓는 무차원수이다.

49 그림과 같은 (1)~(4)의 용기에 동일한 액체가 동일한 높이로 채워져 있다. 각 용기의 밑바닥에서 측정한 압력에 관한 설명으로 옳은 것은?(단, 가로 방향 길이는 모두 다르고, 세로 방향 길이는 모두 동일하다.)

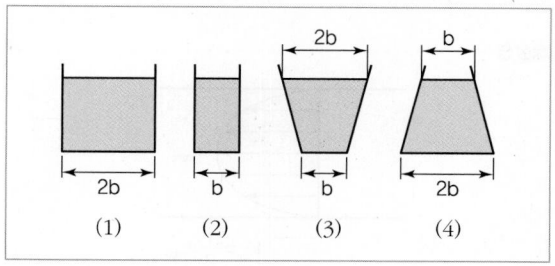

(1) (2) (3) (4)

① (2)의 경우가 가장 낮다.
② 모두 동일하다.
③ (3)의 경우가 가장 높다.
④ (4)의 경우가 가장 낮다.

해설 ⊕

압력은 수직깊이만의 함수이다.($P = \gamma \cdot h$) 따라서, 주어진 용기의 수직깊이가 모두 같으므로 압력은 동일하다.

50 안지름이 20mm인 수평으로 놓인 곧은 파이프 속에 점성계수 0.4N · s/m², 밀도 900kg/m³인 기름이 유량 2×10⁻⁵m³/s로 흐르고 있을 때, 파이프 내의 10m 떨어진 두 지점 간의 압력강하는 약 몇 kPa인가?

① 10.2 ② 20.4
③ 30.6 ④ 40.8

해설 ⊕

하이겐 – 포아젤 방정식에서

$$Q = \frac{\Delta P \pi d^4}{128 \mu l}$$

$$\therefore \Delta P = \frac{128 \mu l Q}{\pi d^4} = \frac{128 \times 0.4 \times 10 \times 2 \times 10^{-5}}{\pi \times 0.02^4}$$

$$= 20,371.83 Pa = 20.4 kPa$$

51 원관 내의 완전 발달된 층류 유동에서 유체의 최대 속도(V_c)와 평균 속도(V)의 관계는?

① $V_c = 1.5V$ ② $V_c = 2V$

③ $V_c = 4V$ ④ $V_c = 8V$

해설 ⊕

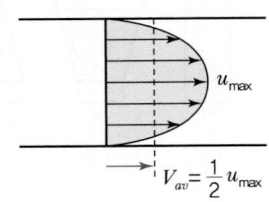

52 지름의 비가 1 : 2인 2개의 모세관을 물속에 수직으로 세울 때, 모세관 현상으로 물이 관 속으로 올라가는 높이의 비는?

① 1 : 4   ② 1 : 2

③ 2 : 1   ④ 4 : 1

해설 ⊕

$d_1 : d_2 = 1 : 2$

$\therefore d_2 = 2d_1$

$h = \dfrac{4\sigma\cos\theta}{\gamma d}$ 에서 $h_1 = \dfrac{4\sigma\cos\theta}{\gamma d_1}$

$h_2 = \dfrac{4\sigma\cos\theta}{\gamma d_2} = \dfrac{4\sigma\cos\theta}{\gamma 2d_1} = \dfrac{h_1}{2}$

$\therefore h_1 = 2h_2 \rightarrow h_1 : h_2 = 2 : 1$

53 비압축성 유동에 대한 Navier – Stokes 방정식에서 나타나지 않는 힘은?

① 체적력(중력)   ② 압력

③ 점성력   ④ 표면장력

해설 ⊕

뉴턴유체($\mu = c$)이고 비압축성 유체의 일반적인 유동을 기술하며 연속방정식과 함께 u, v, w 및 P를 구하기 위한 4개의 편미분 방정식을 Navier – Stokes 방정식이라 하며 x방향만 예를 들어 써 보면

$$\rho\left(\frac{\partial u}{\partial t} + u\frac{\partial u}{\partial x} + v\frac{\partial u}{\partial y} + w\frac{\partial u}{\partial z}\right)$$
$$= \rho g_x - \frac{\partial p}{\partial x} + \mu\left(\frac{\partial^2 u}{\partial x^2} + \frac{\partial^2 u}{\partial y^2} + \frac{\partial^2 u}{\partial z^2}\right)$$

항들을 살펴보면, 중력(ρg_x), 압력$\left(\dfrac{\partial p}{\partial x}\right)$, 점성력($\mu$)이 연관되어 있다.

54 다음과 같은 비회전 속도장의 속도 퍼텐셜을 옳게 나타낸 것은?(단, 속도 퍼텐셜 ϕ는 $\vec{V} = \nabla\phi = grad\,\phi$로 정의되며, a와 C는 상수이다.)

$$u = a(x^2 - y^2), \ v = -2axy$$

① $\phi = \dfrac{ax^4}{4} - axy^2 + C$

② $\phi = \dfrac{ax^3}{3} - \dfrac{axy^2}{2} + C$

③ $\phi = \dfrac{ax^4}{4} - \dfrac{axy^2}{2} + C$

④ $\phi = \dfrac{ax^3}{3} - axy^2 + C$

해설 ⊕

$$V = ui + vj = \frac{\partial\phi}{\partial x}i + \frac{\partial\phi}{\partial y}j$$

속도 퍼텐셜 ϕ를 x에 대해 편미분한 $\dfrac{\partial\phi}{\partial x}$ 값이 $a(x^2 - y^2)$이므로 적분하면

$$\phi = \int a(x^2 - y^2)dx$$
$$= \frac{ax^3}{3} - ay^2 x + C = \frac{ax^3}{3} - axy^2 + C$$

정답   51 ②   52 ③   53 ④   54 ④

ϕ를 y에 대해 편미분한 $\dfrac{\partial\phi}{\partial y}$값이 $-2axy$이므로 적분하면

$$\phi = \int -2axy\,dy$$

$$= -2ax \cdot \dfrac{y^2}{2} + C = -axy^2 + C$$

따라서 위 두 식이 조합되어 있는 $\phi = \dfrac{a}{3}x^3 - axy^2 + C$

〈다른 풀이〉

보기 ①, ②, ③, ④를 편미분해서 $\dfrac{\partial\phi}{\partial x} = u$, $\dfrac{\partial\phi}{\partial y} = v$가 되는 값을 찾아도 된다.

55
지면에서 계기압력이 200kPa인 급수관에 연결된 호스를 통하여 임의의 각도로 물이 분사될 때, 물이 최대로 멀리 도달할 수 있는 수평거리는 약 몇 m인가? (단, 공기저항은 무시하고, 발사점과 도달점의 고도는 같다.)

① 20.4 ② 40.8
③ 61.2 ④ 81.6

해설 ⊕ -

• 물 분출속도 $V = \sqrt{2g\Delta h} = \sqrt{2g\dfrac{p}{\gamma}}$

$$= \sqrt{2 \times 9.8 \times \dfrac{200 \times 10^3}{9,800}}$$

$$= 20\text{m/s}$$

• 가속도 $\dfrac{dV}{dt} = a \rightarrow dV = adt$를 적분하면

$$\int_{V_0}^{V} dV = \int_0^t adt \quad (a\text{는 일정})$$

$$V - V_0 = at$$

$$\therefore V = V_0 + at \cdots ⓐ$$

• 속도 $V = \dfrac{ds}{dt} \rightarrow$ 위치 $ds = Vdt$를 적분하면

$$\int_{s_0}^{s} ds = \int_0^t (V_0 + at)dt \ (\leftarrow ⓐ \text{ 대입})$$

$$S - S_0 = V_0 t + \dfrac{1}{2}at^2$$

$$\therefore S = S_0 + V_0 t + \dfrac{1}{2}at^2 \cdots ⓑ$$

최대로 멀리 도달하려면 분출각도를 45°로 해야 한다.

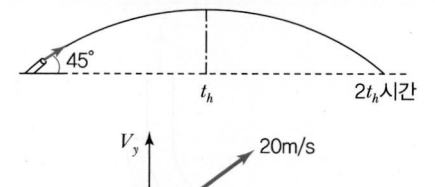

$$V_{x0} = 20\cos45° = 14.14\text{m/s}$$

$$V_{y0} = 20\sin45° = 14.14\text{m/s}$$

$$V_y = V_{y0} + at$$

(여기서, $a = -g$, $V_y = 0$일 때 최대높이 → 도달시간 t_h)

$$0 = 14.14 - 9.8t_h \quad \therefore t_h = 1.44\text{초}$$

땅에 도달할 때까지 걸리는 시간은 → $2 \times t_h = 2.88$초

ⓑ식을 x방향에 적용하면

$$S_x = S_0 + V_{x0} \cdot t + \dfrac{1}{2}a_{x0}t^2$$

(여기서, 발사점 $S_0 = 0$, $a_{x0} = 0$, $t = 2.88$초)

$$= 0 + 14.14 \times 2.88 = 40.72\text{m}$$

56
안지름이 10cm인 원관 속을 0.0314m³/s의 물이 흐를 때 관 속의 평균 유속은 약 몇 m/s인가?

① 1.0 ② 2.0
③ 4.0 ④ 8.0

해설 ⊕ -

$Q = A \cdot V$에서

$$V = \dfrac{Q}{\dfrac{\pi}{4}d^2} = \dfrac{4 \times 0.0314}{\pi \times 0.1^2} = 4\text{m/s}$$

57 그림과 같이 속도 V인 유체가 속도 U로 움직이는 곡면에 부딪혀 $90°$의 각도로 유동방향이 바뀐다. 다음 중 유체가 곡면에 가하는 힘의 수평방향 성분 크기가 가장 큰 것은?(단, 유체의 유동단면적은 일정하다.)

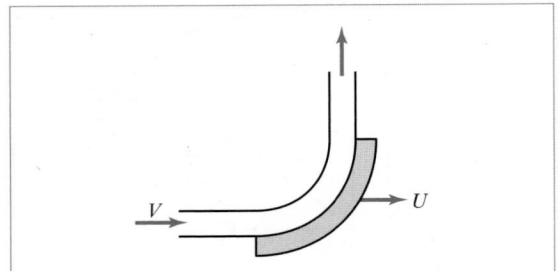

① $V=10\text{m/s}$, $U=5\text{m/s}$

② $V=20\text{m/s}$, $U=15\text{m/s}$

③ $V=10\text{m/s}$, $U=4\text{m/s}$

④ $V=25\text{m/s}$, $U=20\text{m/s}$

해설 ➕ -

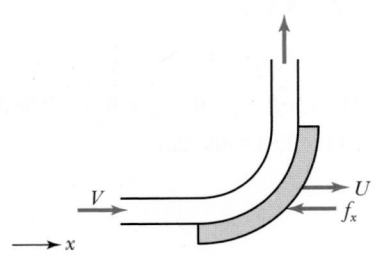

검사면에 작용하는 힘은 검사체적 안의 운동량 변화량과 같다.

$$-f_x = \rho Q(V_{2x} - V_{1x})$$

여기서, $V_{2x} = 0$

$V_{1x} = (V-u)$: 이동날개에서 바라본 물의 속도

$Q = A(V-u)$: 날개에 부딪히는 실제유량

$$\therefore -f_x = \rho Q(-(V-u))$$

$$f_x = \rho A(V-u)^2$$

$(V-u)^2$이 가장 커야 하므로 $(10-4)^2$인 ③이 정답이다.

58 뉴턴 유체(Newtonian Fluid)에 대한 설명으로 가장 옳은 것은?

① 유체 유동에서 마찰 전단응력이 속도구배에 비례하는 유체이다.

② 유체 유동에서 마찰 전단응력이 속도구배에 반비례하는 유체이다.

③ 유체 유동에서 마찰 전단응력이 일정한 유체이다.

④ 유체 유동에서 마찰 전단응력이 존재하지 않는 유체이다.

해설 ➕ -

뉴턴의 점성법칙 $\tau = \mu \dfrac{du}{dy}$ 를 만족하는 유체가 뉴턴유체이다.

59 입구 단면적이 20cm^2이고 출구 단면적이 10cm^2인 노즐에서 물의 입구 속도가 1m/s일 때, 입구와 출구의 압력 차이 $P_{입구} - P_{출구}$는 약 몇 kPa인가?(단, 노즐은 수평으로 놓여 있고 손실은 무시할 수 있다.)

① -1.5

② 1.5

③ -2.0

④ 2.0

해설 ➕ -

$Q = AV$에서 $A_1 V_1 = A_2 V_2$

$$V_2 = \frac{A_1}{A_2} V_1 = \frac{20}{10} \times 1 = 2\text{m/s}$$

$$\frac{P_1}{\gamma} + \frac{V_1^2}{2g} = \frac{P_2}{\gamma} + \frac{V_2^2}{2g}$$

$$\frac{P_1 - P_2}{\gamma} = \frac{V_2^2 - V_1^2}{2g}$$

$$\therefore P_1 - P_2 = \frac{\rho(V_2^2 - V_1^2)}{2} = \frac{1,000 \times (2^2 - 1^2)}{2}$$

$$= 1,500\text{Pa}$$

$$= 1.5\text{kPa}$$

정답   **57** ③ **58** ① **59** ②

60 공기 중에서 질량이 166kg인 통나무가 물에 떠 있다. 통나무에 납을 매달아 통나무가 완전히 물속에 잠기게 하고자 하는 데 필요한 납(비중 : 11.3)의 최소 질량이 34kg이라면 통나무의 비중은 얼마인가?

① 0.600　　　　　　　② 0.670

③ 0.817　　　　　　　④ 0.843

해설 ⊕ ------------------------------

• 나무 무게 $W_t = m_t \cdot g = 166 \times 9.8 = 1{,}626.8\text{N}$

• 납의 무게 $W_l = m_l \cdot g = 34 \times 9.8 = 333.2\text{N}$

$W_t + W_l = 1{,}960\text{N}$, $W_l = \gamma_l \cdot V_l = \rho_l \cdot g\,V_l$에서

납체적 $V_l = \dfrac{W_l}{\rho_l \cdot g} = \dfrac{W_l}{s_l \cdot \rho_w \cdot g}$

$\qquad = \dfrac{333.2}{11.3 \times 1{,}000 \times 9.8} = 0.003\text{m}^3$

부력은 두 물체(통나무와 납)가 배제한 유체의 무게와 같다.

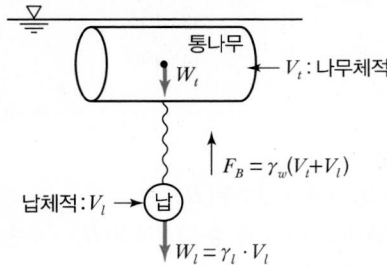

물 밖에서의 통나무와 납의 무게는 물속에서의 부력과 같아야 잠긴 채로 평형을 유지한다.

$\therefore \sum F_y = 0 : F_B - W_t - W_l = 0$

$F_B = W_t + W_l = 1{,}960\text{N}$

$\gamma_w(V_t + V_l) = 1{,}960$

$\therefore V_t = \dfrac{1{,}960}{\gamma_w} - V_l = \dfrac{1{,}960}{9{,}800} - 0.003 = 0.197\text{m}^3$

나무 비중량 $\gamma_t = \dfrac{W_t}{V_t} = 8{,}257.87$

$\therefore S_t = \dfrac{\gamma_t}{\gamma_w} = \dfrac{8{,}257.87}{9{,}800} = 0.843$

4과목　유체기계 및 유압기기

61 다음 중 유체커플링의 구성요소가 아닌 것은?

① 스테이터　　　　　② 펌프의 임펠러

③ 수차의 러너　　　　④ 케이싱

해설 ⊕ ------------------------------

동력을 전달하는 유체커플링은 케이싱 안에서 입력축의 펌프임펠러가 회전하면서 가압해 터빈(수차)의 러너로 동력을 보내 출력축을 회전시키는 기계이다. 토크컨버터에서 안내깃(Stator)은 구동되는 펌프임펠러와 종동축을 회전시키는 터빈러너 사이에 있다.

62 프란시스수차에서 사용하는 흡출관에 대한 설명으로 틀린 것은?

① 흡출관은 회전차에서 나온 물이 가진 속도수두와 방수면 사이의 낙차를 유효하게 이용하기 위해 사용한다.

② 캐비테이션을 일으키지 않기 위해서 흡출관의 높이는 일반적으로 7m 이하로 한다.

③ 흡출관 입구의 속도가 빠를수록 흡출관의 효율은 커진다.

④ 흡출관은 일반적으로 원심형, 무디형, 엘보형이 있고, 이 중 엘보형의 효율이 제일 높다.

해설 ⊕ ------------------------------

흡출관(Draft Tube)의 종류와 효율은 원심형 : 90%, 무디형 : 85%, 엘보형 : 60%로 가장 효율이 높은 것은 원심형이다.

63 수차에서 캐비테이션이 발생되기 쉬운 곳에 해당하지 않는 것은?

① 펠톤수차 이외에서는 흡출관(Draft Tube) 하부
② 펠톤수차에서는 노즐의 팁(Tip) 부분
③ 펠톤수차에서는 버킷의 리지(Ridge) 선단
④ 프로펠러수차에서는 회전차 바깥둘레의 깃 이면쪽

해설 ⊕

흡출관은 회전차에서 나오는 물을 방수면까지 유도하는 확대관이다. 따라서 물이 가지고 있는 속도에너지를 낭비하지 않기 위해 흡출관의 단면적을 점차 확대시켜 속도를 낮추어 가며 물의 속도에너지를 효과적으로 위치에너지로 회복시키므로 흡출관의 하부는 캐비테이션이 발생하기 어렵다.

64 펌프 한 대에 회전차(Impeller) 한 개를 단 펌프는 다음 중 어느 것인가?

① 2단 펌프   ② 3단 펌프
③ 다단펌프   ④ 단단펌프

해설 ⊕

펌프 1대에 회전차 1개를 단 펌프는 단단펌프(Single Stage Pump)이다.

65 다음 중 용적형 압축기가 아닌 것은?

① 루츠(Roots)압축기
② 축류압축기
③ 가동익(Sliding Vane)압축기
④ 나사압축기

해설 ⊕

용적형 회전압축기는 루츠압축기, 가동익압축기, 나사압축기가 있으며, 터보형 압축기에는 원심압축기, 사류압축기, 축류압축기가 있다.

66 유체기계란 액체와 기체를 이용하여 에너지의 변환을 이루는 기계이다. 다음 중 유체기계와 가장 거리가 먼 것은?

① 펌프   ② 벨트컨베이어
③ 수차   ④ 토크컨버터

해설 ⊕

벨트 컨베이어는 원자재나 제품을 이송하는 장치로 에너지 변환과는 무관하다.

67 펌프의 유량 15m³/min, 흡입실양정 5m, 토출실양정 45m인 물펌프계가 있다. 여기서 손실양정은 흡입실과 토출실양정의 합과 같은 값이고, 펌프효율이 75%인 경우 펌프에 요구되는 축동력은 약 몇 kW인가?

① 245   ② 163
③ 327   ④ 490

해설 ⊕

전양정(H)
$= $실양정($H_a$) $+$ 총손실수두(H_l)
$= $흡입실양정($H_s$) $+$ 토출(송출)실양정(H_d) $+$ 총손실수두
$= 5 + 45 + 50 = 100\text{m}$

축동력 $L_s = \dfrac{L(수동력)}{\eta(효율)} = \dfrac{\dfrac{\gamma HQ}{1,000}}{\eta}$

$= \dfrac{\dfrac{9,800 \times 100 \times \dfrac{15}{60}}{1,000}}{0.75} = 326.67\text{kW}$

68 펌프의 양수량 Q(m³/min), 양정 H(m), 회전수 n(rpm)인 원심펌프의 비교회전도(Specific Speed) 식으로 옳은 것은?

① $n\dfrac{Q^{1/2}}{H^{2/3}}$ ② $n\dfrac{Q^{1/2}}{H^{3/4}}$

③ $n\dfrac{Q^{2/3}}{H^{3/4}}$ ④ $n\dfrac{Q^{2/3}}{H^{4/5}}$

해설 ⊕

원심펌프의 비교회전도(비속도) $n_s = \dfrac{n\,Q^{\frac{1}{2}}}{H^{\frac{3}{4}}}$

69 루츠형 진공펌프가 동일한 사용압력 범위의 다른 기계적 진공펌프에 비해 갖는 장점이 아닌 것은?

① 1회전의 배기용적이 비교적 크므로 소형에서도 큰 배기속도가 얻어진다.
② 넓은 압력 범위에서도 양호한 배기성능이 발휘된다.
③ 배기 밸브가 없으므로 진동이 적다.
④ 높은 압력에서도 요구되는 모터용량이 크지 않아 1,000Pa 이상의 압력에서 단독으로 사용하기 적합하다.

해설 ⊕

루츠펌프의 펌프체임버에 있는 한쌍의 평행 샤프트에 서로 수직으로 장착된 두 개의 "8자형" 로터가 있으며, 이 두 개의 로터는 동기회전운동을 유지하기 위해 한쌍의 기어(변속비＝1)로 구동된다. 또한, 두 개의 로터 사이 및 로터와 펌프케이싱의 내벽 사이에 소정의 갭이 존재하여 높은 회전속도를 보장한다. 루츠펌프는 내부 압축이 없는 진공펌프이며 대개 압축비가 매우 낮기 때문에, 1,000Pa 이상의 중·고 진공펌프에는 보조펌프가 필요하다.

70 수차의 유효낙차(Effective Head)를 가장 올바르게 설명한 것은?

① 총낙차에서 도수로와 방수로의 손실수두를 뺀 것
② 총낙차에서 수압관 내의 손실수두를 뺀 것
③ 총낙차에서 도수로, 수압관, 방수로의 손실수두를 뺀 것
④ 총낙차에서 터빈의 손실수두를 뺀 것

해설 ⊕

수차의 유효낙차 $H = H_g - (h_1 + h_2 + h_3)$
　여기서, H_g : 방수로의 수면에서 물을 보내는 취수구의 수면까지의 높이
　h_1 : 도수로에서의 손실수두
　h_2 : 수압관 속에서의 손실수두
　h_3 : 방수로에서의 손실수두

71 유압실린더에서 유압유 출구 측에 유량제어밸브를 직렬로 설치하여 제어하는 속도제어회로의 명칭은?

① 미터인회로 ② 미터아웃회로
③ 블리드온회로 ④ 블리드오프회로

해설 ⊕

실린더에 공급되는 유량을 조절하여 실린더의 속도를 제어하는 회로
• 미터인방식 : 실린더의 입구 쪽 관로에서 유량을 교축시켜 작동속도를 조절하는 방식
• 미터아웃방식 : 실린더의 출구 쪽 관로에서 유량을 교축시켜 작동속도를 조절하는 방식
• 블리드오프방식 : 실린더로 흐르는 유량의 일부를 탱크로 분기함으로써 작동속도를 조절하는 방식

72 유압 프레스의 작동원리는 다음 중 어느 이론에 바탕을 둔 것인가?

① 파스칼의 원리 　　② 보일의 법칙
③ 토리첼리의 원리 　　④ 아르키메데스의 원리

해설 ⊕

파스칼의 원리
밀폐용기 내에 가해진 압력은 모든 방향으로 같은 압력이 전달된다.

73 유압 용어를 설명한 것으로 올바른 것은?

① 서지압력 : 계통 내 흐름의 과도적인 변동으로 인해 발생하는 압력
② 오리피스 : 길이가 단면 치수에 비해서 비교적 긴 죔구
③ 초크 : 길이가 단면 치수에 비해서 비교적 짧은 죔구
④ 크래킹압력 : 체크 밸브, 릴리프 밸브 등의 입구 쪽 압력이 강하하고, 밸브가 닫히기 시작하여 밸브의 누설량이 규정량까지 감소했을 때의 압력

해설 ⊕

② 오리피스 : 길이가 단면 치수에 비해서 비교적 짧은 죔구
③ 초크 : 길이가 단면 치수에 비해서 비교적 긴 죔구
④ 크래킹압력 : 체크 밸브 또는 릴리프 밸브 등에서 압력이 상승하여 밸브가 열리기 시작하고, 어떤 일정한 흐름의 양이 확인되는 압력

74 그림과 같은 실린더에서 A측에서 3MPa의 압력으로 기름을 보낼 때 B측 출구를 막으면 B측에 발생하는 압력 P_B는 몇 MPa인가?(단, 실린더 안지름은 50mm, 로드 지름은 25mm이며, 로드에는 부하가 없는 것으로 가정한다.)

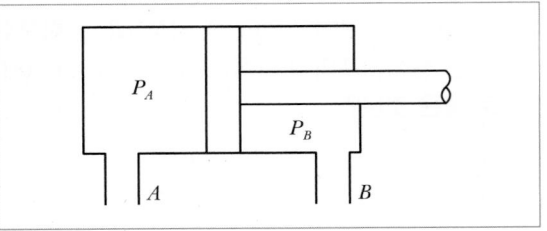

① 1.5 　　　　② 3.0
③ 4.0 　　　　④ 6.0

해설 ⊕

$$P_A A_A = P_B A_B$$
$$P_B = \frac{P_A \cdot A_A}{A_B} = P_A \times \frac{D^2}{(D^2 - d^2)} = \frac{3 \times 50^2}{(50^2 - 25^2)} = 4$$

75 다음 중 점성계수의 차원으로 옳은 것은?(단, M은 질량, L은 길이, T는 시간이다.)

① $ML^{-2}T^{-1}$ 　　② $ML^{-1}T^{-1}$
③ MLT^{-2} 　　④ $ML^{-2}T^{-2}$

해설 ⊕

$$\mu = \mathrm{N} \cdot \mathrm{s/m}^2 = \mathrm{kg} \cdot \mathrm{m/s}^2 \cdot \mathrm{s/m}^2 = \mathrm{kg/(m \cdot s)}$$
$$= [ML^{-1}T^{-1}]$$

76 그림에서 표기하고 있는 밸브의 명칭은?

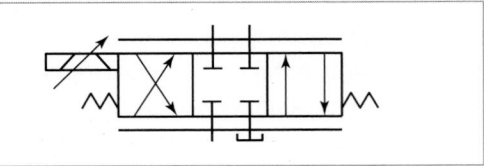

① 셔틀 밸브 　　　② 파일럿 밸브
③ 서보 밸브 　　　④ 교축전환밸브

정답　　**72** ①　**73** ①　**74** ③　**75** ②　**76** ③

77 오일탱크의 구비 조건에 관한 설명으로 옳지 않은 것은?

① 오일탱크의 바닥면은 바닥에서 일정 간격 이상을 유지하는 것이 바람직하다.

② 오일탱크는 스트레이너의 삽입이나 분리를 용이하게 할 수 있는 출입구를 만든다.

③ 오일탱크 내에 방해판은 오일의 순환거리를 짧게 하고 기포의 방출이나 오일의 냉각을 보존한다.

④ 오일탱크의 용량은 장치의 운전중지 중 장치 내의 작동유가 복귀하여도 지장이 없을 만큼의 크기를 가져야 한다.

해설 ⊕ -

유압유 탱크의 구비조건

• 탱크는 먼지, 수분 등의 이물질이 들어가지 않도록 밀폐형으로 하고 통기구(Air Bleeder)를 설치하여 탱크 내의 압력은 대기압을 유지하도록 한다.

• 탱크의 용적은 충분히 여유 있는 크기로 하여야 한다. 일반적으로 탱크 내의 유량은 유압펌프 송출량의 약 3배로 한다. 유면의 높이는 2/3 이상이어야 한다.

• 탱크 내에는 격판(Baffle Plate)을 설치하여 흡입 측과 귀환 측을 구분하며 기름은 격판을 돌아 흐르면서 불순물을 침전시키고, 기포의 방출, 작동유의 냉각, 먼지의 일부를 침전할 수 있는 구조이어야 한다.

• 흡입구와 귀환구 사이의 거리는 가능한 한 멀게 하여 귀환유가 바로 유압펌프로 흡입되지 않도록 한다.

• 펌프 흡입구에는 기름 여과기(Strainer)를 설치하여 이물질을 제거한다.

• 통기구(Air Bleeder)에는 공기 여과기를 설치하여 이물질이 혼입되지 않도록 한다.(대기압 유지)

• 유온과 유량을 확인할 수 있도록 유면계와 유온계를 설치하여야 한다.

78 다음 필터 중 유압유에 혼입된 자성 고형물을 여과하는 데 가장 적합한 것은?

① 표면식 필터   ② 적층식 필터

③ 다공체식 필터   ④ 자기식 필터

해설 ⊕ -

① 표면식 필터 : 필터 재료가 주름이 잡힌 모양으로 형성되어 있어서 여과면적이 넓으며 소형이고 청소가 간단하다. 과다한 유량이나 맥동에도 강하며 소형으로 주로 바이패스회로에 장착한다.

② 적층식 필터 : 얇은 여과면이 여러 겹으로 겹쳐 있는 형이며 다량의 불순물을 여과할 수 있고 저가이며 압력손실이 적다.

③ 다공질 필터 : 표면적이 크고 고체의 내부에 미소세공이 많은 필터이다.

79 가변용량형 베인펌프에 대한 일반적인 설명으로 틀린 것은?

① 로터와 링 사이의 편심량을 조절하여 토출량을 변화시킨다.

② 유압회로에 의하여 필요한 만큼의 유량을 토출할 수 있다.

③ 토출량 변화를 통하여 온도 상승을 억제시킬 수 있다.

④ 펌프의 수명이 길고 소음이 적은 편이다.

해설 ⊕ -

가변용량형 베인펌프

• 로터와 링의 편심량을 바꿈으로써 토출량을 변화시킬 수 있다.

• 압력상승에 따라 자동적으로 토출량이 감소된다.

• 토출량과 압력은 펌프의 정격범위 내에서 목적에 따라 무단계로 제어가 가능하다.

• 릴리프 밸브로 유량을 조절하여 오일의 온도 상승을 방지하여 소비전력을 절감할 수 있다.

• 펌프 자체의 수명이 짧고 소음이 크다.

80 방향전환밸브에 있어서 밸브와 주관로를 접속시키는 구멍을 무엇이라 하는가?

① Port
② Way
③ Spool
④ Position

해설 ⊕

① 포트(Port) : 밸브에 접속된 주관로
② 방향(Way) : 작동유의 흐름방향
③ 스풀(Spool) : 원통형 미끄럼 면에 접촉되어 이동하면서 유로를 개폐하는 부품
④ 위치수(Position) : 작동유 흐름을 바꿀 수 있는 위치의 수 (유압기호에서 네모 칸의 수)

5과목 **건설기계일반 및 플랜트배관**

81 항만공사 등에 사용하는 준설선을 형식에 따라 분류하는 방식이 아닌 것은?

① 디젤(Diesel)식
② 디퍼(Dipper)식
③ 버킷(Bucket)식
④ 펌프(Pump)식

해설 ⊕

준설선의 형식에 의한 분류
펌프식, 버킷식, 디퍼식, 그래브식

82 도저의 종류가 아닌 것은?

① 크레인도저
② 스트레이트도저
③ 레이크도저
④ 앵글도저

해설 ⊕

도저의 종류
스트레이트도저, 앵글도저, 틸트도저, U−Blade도저, 레이크도저, 습지도저, 리퍼도저 등

83 덤프트럭의 시간당 총작업량 산출에 대한 설명으로 틀린 것은?

① 적재용량에 비례한다.
② 작업효율에 비례한다.
③ 1회 사이클시간에 비례한다.
④ 가동 덤프트럭의 대수에 비례한다.

해설 ⊕

$$Q = \frac{60 \cdot q \cdot f \cdot E}{C_m}$$

$$q = \frac{T}{\gamma_t} \cdot L$$

여기서, Q : 운전시간당의 작업량(m^3/hr)
q : 흐트러진 상태의 1회 적재량(m^3)
T : 덤프트럭의 적재용량(t)
γ_t : 자연상태에서의 토석의 단위중량(t/m^3)
L : 자연상태의 흙의 체적(N)을 1로 보았을 때의 흐트러진 체적
f : 체적환산계수(토량변화율)
E : 기계의 작업효율
C_m : 사이클타임

84 모터그레이더의 동력전달장치와 관계없는 것은?

① 탠덤드라이브장치
② 삽날(블레이드)
③ 변속장치
④ 클러치

해설 ⊕

모터그레이더의 동력전달장치
엔진 → 클러치 → 변속기 → 종감속기어 → 탠덤드라이브 → 구동바퀴

정답   80 ①   81 ①   82 ①   83 ③   84 ②

85 무한궤도식 건설기계에서 지면에 접촉하여 바퀴역할을 하는 트랙어셈블리의 구성요소에 해당하지 않는 것은?

① 링크
② 부싱
③ 트랙슈
④ 세그먼트

해설 ⊕ --------

트랙의 구성품
트랙슈, 링크, 부싱, 핀, 더스트실

86 도저에서 캐리어롤러(Carrier Roller)의 역할은?

① 트랙아이들러와 스프로킷 사이에서 트랙이 처지는 것을 방지하는 동시에 트랙의 회전위치를 정확하게 유지하는 일을 한다.
② 최종구동기어 위치와 스프로킷 안쪽이 접촉하여 최종구동의 동력을 트랙으로 전해 주는 역할을 한다.
③ 스프로킷에 의한 트랙의 회전을 정확하게 유지하기 위한 것이다.
④ 강판을 겹쳐 만들어 트랙터 앞부분의 중량을 받는다.

해설 ⊕ --------

무한궤도식 건설기계의 바퀴 구조

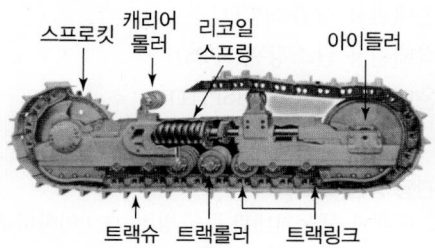

87 아스팔트믹싱플랜트의 생산능력단위는?

① m²/h
② m³/h
③ m³
④ ton/s

해설 ⊕ --------

아스팔트믹싱플랜트의 규격표시
아스팔트혼합재(아스콘)의 시간당 생산량(m³/hr)으로 표시

88 비금속재료인 합성수지는 크게 열가소성 수지와 열경화성 수지로 구분하는데, 다음 중 열가소성 수지에 속하는 것은?

① 페놀수지
② 멜라민수지
③ 아크릴수지
④ 실리콘수지

해설 ⊕ --------

열가소성 수지
폴리에틸렌(PE), 폴리프로필렌(PP), 폴리염화비닐(PVC), 폴리스티렌(PS), 아크릴(PMMA), ABS수지 등

89 건설플랜트용 공조설비를 건설할 때 합성섬유의 방사, 사진필름 제조, 정밀기계의 가공공정과 같이 일정 온도와 일정 습도를 유지할 필요가 있는 경우 적용하여야 하는 설비는?

① 난방설비
② 배기설비
③ 제빙설비
④ 항온ㆍ항습설비

해설 ⊕ --------

항온ㆍ항습설비
공기의 온도 및 습도를 일정 범위 내에서 유지하기 위한 장치로서 공기조화장치라고도 한다.

90 표준버킷(Bucket)의 산적용량(m³)으로 그 규격을 나타내는 건설기계는?

① 모터그레이더　　② 기중기
③ 지게차　　　　　④ 로더

해설 ⊕

성능(규격)표시
① 모터 그레이더 : 삽날(Blade)의 길이로 표시(m)
② 기중기 : 최대권상하중을 톤(ton)으로 표시
③ 지게차 : 최대 들어올릴 수 있는 중량을 톤(ton)으로 표시
④ 로더 : 표준버킷 용량을 m³로 표시

91 배관공사 완료 후 이상 유무를 확인하기 위해 배관의 압력시험을 한다. 공사 표준시방서에서 압력시험의 기준은 사용압력의 1.5~2배로 표기되어 있다. 허용응력은 2N/mm², 설계압력은 0.3N/mm²일 때, 최소시험압력은 약 몇 N/mm²인가?

① 0.3　　　　　　② 0.6
③ 0.9　　　　　　④ 1.2

해설 ⊕

최소시험압력
최소시험압력 = 사용압력 × 2 = 0.3 × 2 = 0.6N/mm²
　　　　　　　여기서, 사용압력 = 설계압력

92 파이프로 배관에 직접 접속하는 지지대로서 배관의 수평부와 곡관부를 지지하는 데 사용하는 서포트는?

① 파이프슈
② 롤러서포트
③ 스프링서포트
④ 리지드서포트

해설 ⊕

서포트(Support)
배관계 중량을 아래에서 위로 떠받쳐 지지하는 장치
• 파이프슈(Pipe Shoe) : 파이프로 직접 접속하는 지지대로서 배관의 수평부와 곡관부를 지지한다.
• 롤러서포트(Roller Support) : 파이프(배관)가 축(길이)방향으로 지지면 위를 이동할 수 있도록 롤러로 지지하는 서포트이다.
• 스프링서포트(Spring Support) : 열팽창으로 인한 하중 및 파이프 상하 움직임을 허용하도록 파이프 아래에서 헬리컬 코일 압축스프링을 사용해 지지한다.
• 리지드서포트(Rigid Support) : 대형 H빔(Beam)으로 받침대를 만든 후 그 위에 배관을 올려 지지한다.

93 유체의 흐름을 한쪽방향으로만 흐르게 하고 역류 방지를 위해 수평·수직배관에 사용하는 체크 밸브의 형식은?

① 풋형　　　　　　② 스윙형
③ 리프트형　　　　④ 다이어프램형

94 빙점(0℃) 이하의 낮은 온도에 사용하며 화학공업, LPG, LNG탱크배관에 적합한 배관용 강관은?

① 배관용 탄소강관(SPP)
② 저온배관용 강관(SPLT)
③ 압력배관용 탄소강관(SPPS)
④ 고온배관용 탄소강관(SPHT)

해설 ⊕

저온배관용 강관(SPLT)
LPG탱크동배관, 냉동기배관 등의 빙점(0℃) 이하의 온도에서만 사용하며 두께를 스케줄번호로 나타낸다.

95 스테인리스강관용 공구가 아닌 것은?

① 절단기 ② 벤딩기
③ 열풍용접기 ④ 전용 압착공구

해설 ⊕

- 강관공작용 수공구 : 파이프바이스, 파이프커터, 쇠톱, 파이프리머, 파이프렌치, 나사절삭기(수동파이프 나사절삭기)
- 강관공작용 기계 : 동력나사절삭기, 기계톱, 고속숫돌절단기, 파이프벤딩기

96 작업장에서 재해 발생을 줄이기 위한 조치사항으로 틀린 것은?

① 안전모 및 안전화를 착용한다.
② 작업장의 특성에 따라 환기설비를 하고 소화기를 배치한다.
③ 작업복으로 소매가 짧은 옷과 긴바지를 착용한다.
④ 파이프는 종류별, 규격별로 정리정돈한다.

해설 ⊕

작업복으로 소매가 긴 옷과 긴바지를 착용한다.

97 관의 절단과 나사 절삭 및 조립 시 관을 고정시키는 데 사용하는 배관용 공구는?

① 파이프커터 ② 파이프리머
③ 파이프렌치 ④ 파이프바이스

해설 ⊕

① 파이프커터 : 배관의 절단공구
② 파이프리머 : 파이프 절단부의 거친 거스러미 등을 제거하는 공구
③ 파이프렌치 : 나사를 가공한 배관을 죌 때 사용하는 공구
④ 파이프바이스 : 관의 절단과 나사가공 및 조립 시 배관을 고정하는 데 사용하는 공구

98 열팽창에 의한 배관의 측면이동을 막아 주는 배관의 지지물은?

① 행거
② 서포트
③ 레스트레인트
④ 브레이스

해설 ⊕

① 행거 : 배관 및 기계의 자중을 매달아 지지하는 장치
② 서포트 : 배관 및 기계의 중량을 밑에서 지지하는 형태의 장치
③ 레스트레인트 : 열팽창에 의한 배관의 측면이동뿐만 아니라 배관시스템의 3차원 열변위에 대하여 임의방향의 변위를 구속 또는 제한하는 장치
④ 브레이스 : 펌프에서 발생하는 진동 및 밸브의 급격한 폐쇄로 인해 생기는 수격작용을 방지하거나 억제시키는 지지장치

99 내식성이 우수하고 위생적이며 저온 충격성이 크고 나사식, 용접식, 몰코식 등으로 시공하는 강관은?

① 동관
② 탄소강관
③ 라이닝강관
④ 스테인리스강관

해설 ⊕

스테인리스관은 내식용, 저온용, 고온용 등의 배관에 사용되며, 배관의 이음법으로는 나사이음, 용접이음, 플랜지이음, 몰코이음, MR조인트이음이 있다.

정답 95 ③ 96 ③ 97 ④ 98 ③ 99 ④

100 스트레이너의 특징으로 틀린 것은?

① 밸브, 트랩, 기기 등의 뒤에 스트레이너를 설치하여 관 속의 유체에 섞여 있는 모래, 쇠부스러기 등 이물질을 제거한다.

② Y형은 유체의 마찰저항이 적고, 아래쪽에 있는 플러그를 열어 망을 꺼내 불순물을 제거하도록 되어 있다.

③ U형은 주철제의 본체 안에 원통형 망을 수직으로 넣어 유체가 망의 안쪽에서 바깥쪽으로 흐르고 Y형에 비해 유체저항이 크다.

④ V형은 주철제의 본체 안에 금속여과망을 끼운 것이며 불순물을 통과하는 것은 Y형, U형과 같으나 유체가 직선적으로 흘러 유체저항이 적다.

해설 ➕

스트레이너(Strainer)
배관에 설치하는 밸브, 트랩, 기기 등의 앞에 설치하여 배관 속의 이물질을 제거하는 것으로, 기기의 성능을 보호하는 기구로서 형상에 따라 U형, V형, Y형 등이 있다.

09 길이 15m, 봉의 지름 10mm인 강봉에 $P=8$kN 을 작용시킬 때 이 봉의 길이방향 변형량은 약 몇 cm인 가?(단, 이 재료의 세로탄성계수는 210GPa이다.)

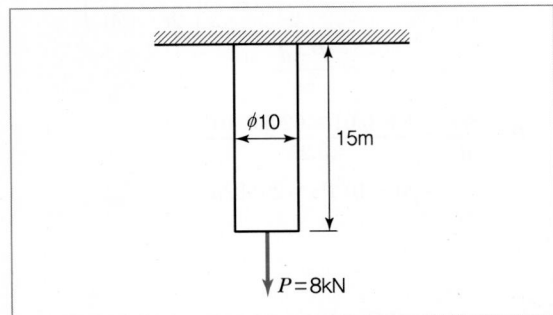

① 0.52 ② 0.64
③ 0.73 ④ 0.85

해설 ⊕

$$\lambda = \frac{P \cdot l}{AE} = \frac{8 \times 10^3 \times 15}{\frac{\pi}{4} \times 0.01^2 \times 210 \times 10^9}$$
$$= 0.00728\text{m} = 0.728\text{cm}$$

10 그림과 같은 단순보(단면 8cm×6cm)에 작용하는 최대 전단응력은 몇 kPa인가?

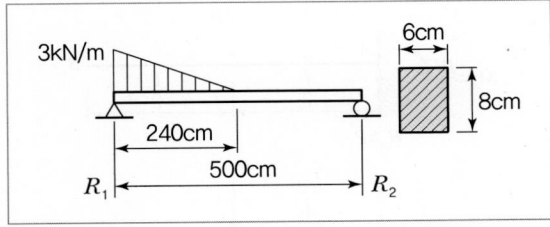

① 315 ② 630
③ 945 ④ 1,260

해설 ⊕

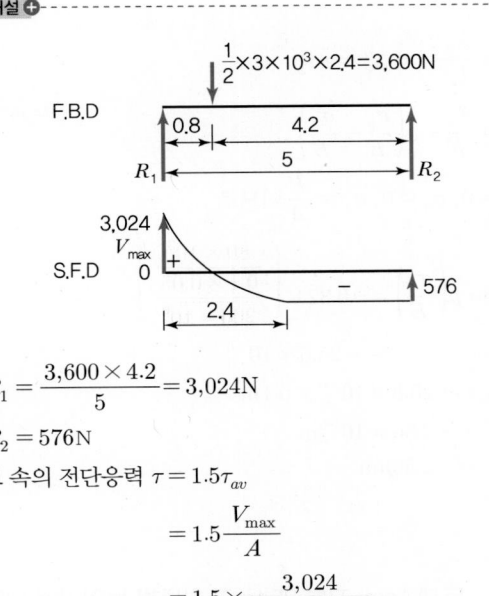

F.B.D

$$\frac{1}{2} \times 3 \times 10^3 \times 2.4 = 3,600\text{N}$$

S.F.D

$$R_1 = \frac{3,600 \times 4.2}{5} = 3,024\text{N}$$

$$R_2 = 576\text{N}$$

보 속의 전단응력 $\tau = 1.5\tau_{av}$

$$= 1.5\frac{V_{max}}{A}$$

$$= 1.5 \times \frac{3,024}{0.06 \times 0.08}$$

$$= 945,000\text{Pa} = 945\text{kPa}$$

11 다음 막대의 z 방향으로 80kN의 인장력이 작용할 때 x 방향의 변형량은 몇 μm 인가?(단, 탄성계수 $E=200$GPa, 포아송 비 $\mu=0.32$, 막대 크기 $x=100$mm, $y=50$mm, $z=1.5$m이다.)

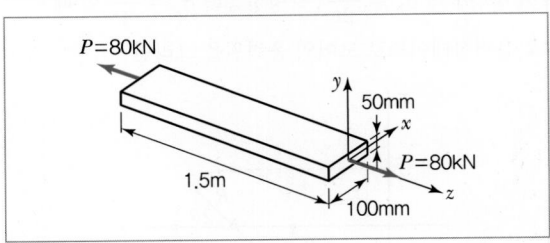

① 2.56 ② 25.6
③ −2.56 ④ −25.6

해설 ⊕ -------------------------------------

$\varepsilon_x = \dfrac{\lambda_x}{l_x}$ 에서 $\lambda_x = \varepsilon_x l_x$

$\varepsilon_x = \dfrac{\sigma_x}{E} - \mu\left(\dfrac{\sigma_y}{E} + \dfrac{\sigma_z}{E}\right)$

$\sigma_x = 0,\ \sigma_y = 0,\ \sigma_z = \dfrac{P}{A}$ 이므로

$\varepsilon_x = -\mu\left(\dfrac{\sigma_z}{E}\right) = -0.32 \times \left(\dfrac{\frac{80 \times 10^3}{0.1 \times 0.05}}{200 \times 10^9}\right)$

$\qquad\qquad = -25.6 \times 10^{-6}$

$\therefore\ \lambda_x = -25.6 \times 10^{-6} \times 0.1\,\mathrm{m}$

$\qquad = -2.56 \times 10^{-6}\,\mathrm{m}$

$\qquad = -2.56\,\mu\mathrm{m}$

---

12 두께 1cm, 지름 25cm의 원통형 보일러에 내압이 작용하고 있을 때, 면 내 최대 전단응력이 -62.5 MPa이었다면 내압 P는 몇 MPa인가?

① 5   ② 10

③ 15   ④ 20

해설 ⊕ -------------------------------------

원통형 압력용기인 보일러에서

원주방향응력 $\sigma_h = \dfrac{Pd}{2t}$, 축방향응력 $\sigma_s = \dfrac{Pd}{4t}$ 일 때

2축 응력상태이므로 모어의 응력원을 그리면

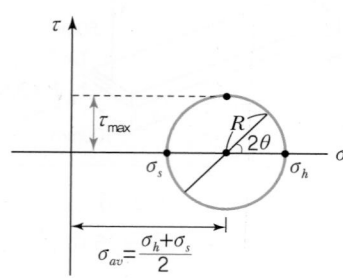

면 내 최대 전단응력

$\tau_{max} = R = \sigma_h - \sigma_{av} = \sigma_h - \dfrac{\sigma_h + \sigma_s}{2}$

$\qquad\quad = \dfrac{\sigma_h - \sigma_s}{2} = \dfrac{1}{2}\left(\dfrac{Pd}{2t} - \dfrac{Pd}{4t}\right)$

$\qquad\quad = \dfrac{P \cdot d}{8t}$

$\therefore\ P = \dfrac{8t\tau}{d} = \dfrac{8 \times 0.01 \times 62.5 \times 10^6}{0.25}$

$\qquad = 20 \times 10^6\,\mathrm{Pa} = 20\,\mathrm{MPa}$

---

13 그림과 같은 일단고정 타단지지보의 중앙에 $P = 4{,}800\mathrm{N}$의 하중이 작용하면 지지점의 반력(R_B)은 약 몇 kN인가?

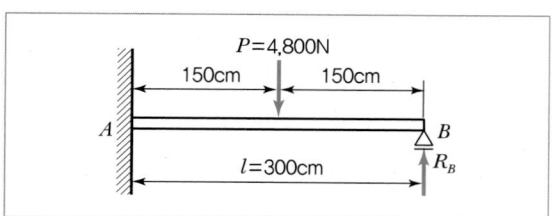

① 3.2   ② 2.6

③ 1.5   ④ 1.2

해설 ⊕ -------------------------------------

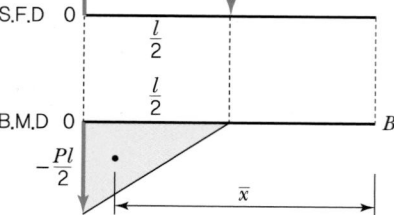

- 외팔보 중앙에 P가 작용할 때 자유단에서 처짐량 δ_1

$$\delta_1 = \frac{A_M}{EI} \cdot \overline{x}$$

$$= \frac{\frac{1}{2} \times \frac{l}{2} \times \frac{Pl}{2}}{EI} \times \left(\frac{l}{2} + \frac{l}{2} \times \frac{2}{3} \right)$$

$$= \frac{Pl^2}{8EI} \left(\frac{l}{2} + \frac{l}{3} \right) = \frac{5Pl^3}{48EI}$$

- R_B에 의한 처짐량 δ_2

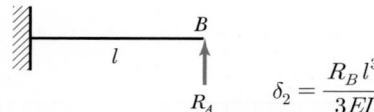

$$\delta_2 = \frac{R_B l^3}{3EI}$$

- B지점의 처짐량은 "0"이므로

$$\delta_1 = \delta_2$$

$$\frac{5Pl^3}{48} = \frac{R_B l^3}{3EI}$$

$$\therefore R_B = \frac{5}{16} P = \frac{5}{16} \times 4,800$$

$$= 1,500\text{N} = 1.5\text{kN}$$

14 동일한 전단력이 작용할 때 원형 단면 보의 지름을 d에서 $3d$로 하면 최대 전단응력의 크기는?(단, $\tau_{\max}$는 지름이 d일 때의 최대 전단응력이다.)

① $9\tau_{\max}$
② $3\tau_{\max}$
③ $\dfrac{1}{3} \tau_{\max}$
④ $\dfrac{1}{9} \tau_{\max}$

해설 ⊕

- 보 속의 최대 전단응력

$$\tau_{\max} = \frac{4}{3} \tau_{av} = \frac{4}{3} \frac{V}{A}$$

- 지름이 d일 때 최대 전단응력

$$\tau_{\max} = \frac{4}{3} \frac{V}{\frac{\pi}{4} d^2} = \frac{4}{3} \frac{4V}{\pi d^2}$$

- 지름이 $3d$일 때 최대 전단응력

$$\tau_{3d\max} = \frac{4}{3} \frac{V}{\frac{\pi}{4} (3d)^2} = \frac{4}{3} \frac{4V}{9\pi d^2} = \frac{1}{9} \tau_{\max}$$

15 그림과 같이 단순화한 길이 1m의 차축 중심에 집중하중 100kN이 작용하고, 100rpm으로 400kW의 동력을 전달할 때 필요한 차축의 지름은 최소 몇 cm인가?(단, 축의 허용 굽힘응력은 85MPa로 한다.)

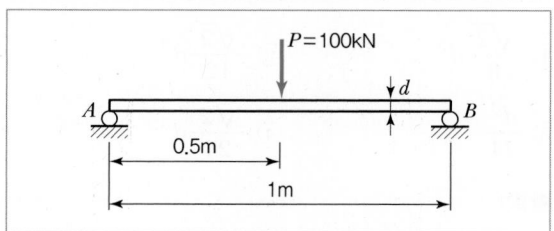

① 4.1
② 8.1
③ 12.3
④ 16.3

해설 ⊕

차축은 굽힘과 비틀림을 동시에 받으므로 상당굽힘모멘트(최대주응력설)로 해석해야 한다.

$$M_{\max} = \frac{P \cdot l}{4} = \frac{100 \times 10^3 \times 1}{4}$$

$$= 25,000\text{N} \cdot \text{m} = 25\text{kN} \cdot \text{m}$$

$$T = \frac{H}{w} = \frac{400 \times 10^3}{\frac{2\pi \times 100}{60}} = 38,197.2\text{N} \cdot \text{m} = 38.2\text{kN} \cdot \text{m}$$

$$M_e = \frac{1}{2} \left(M + \sqrt{M^2 + T^2} \right) = \frac{1}{2} \left(25 + \sqrt{25^2 + 38.2^2} \right)$$

$$= 35.33\text{kN} \cdot \text{m}$$

$$M_e = \sigma_b \cdot Z = \sigma_b \cdot \frac{\pi d^3}{32}$$

$$\therefore d = \sqrt[3]{\frac{32 M_e}{\pi \sigma_b}} = \sqrt[3]{\frac{32 \times 35.33}{\pi \times 85 \times 10^3}}$$

$$= 0.1618\text{m} = 16.2\text{cm}$$

16 그림과 같이 한 변의 길이가 d인 정사각형 단면의 $Z-Z$ 축에 관한 단면계수는?

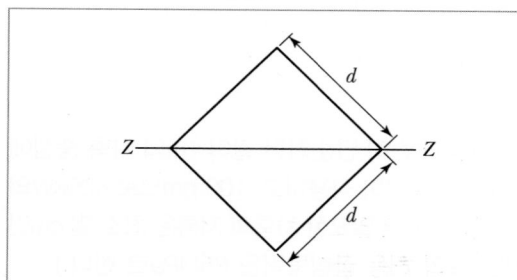

① $\dfrac{\sqrt{2}}{6}d^3$ ② $\dfrac{\sqrt{2}}{12}d^3$

③ $\dfrac{d^3}{24}$ ④ $\dfrac{\sqrt{2}}{24}d^3$

해설⊕ ----------------------------------

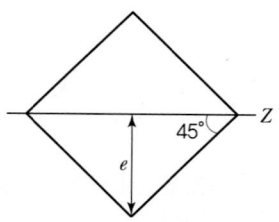

e : 도심으로부터 최외단까지의 거리

$$I_z = \frac{d^4}{12}$$

$$Z = \frac{I_z}{e} = \frac{\dfrac{d^4}{12}}{d\sin45°} = \frac{d^4}{12d \times \dfrac{\sqrt{2}}{2}} = \frac{d^3}{6\sqrt{2}} = \frac{\sqrt{2}}{12}d^3$$

17 그림과 같은 부정정보의 전 길이에 균일 분포하중이 작용할 때 전단력이 0이 되고 최대 굽힘모멘트가 작용하는 단면은 B단에서 얼마나 떨어져 있는가?

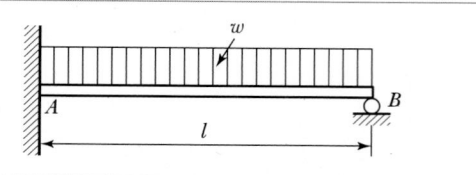

① $\dfrac{2}{3}l$ ② $\dfrac{3}{8}l$

③ $\dfrac{5}{8}l$ ④ $\dfrac{3}{4}l$

해설⊕ ----------------------------------

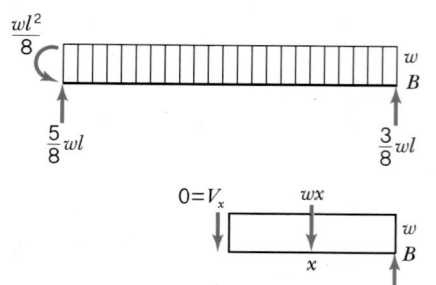

$\sum F_y = 0 : \dfrac{3}{8}wl - wx - V_x = 0$ ($V_x = 0$인 위치이므로)

$$\frac{3}{8}wl = wx$$

$$\therefore x = \frac{3}{8}l$$

18 J를 극단면 2차 모멘트, G를 전단탄성계수, l을 축의 길이, T를 비틀림모멘트라 할 때 비틀림각을 나타내는 식은?

① $\dfrac{l}{GT}$ ② $\dfrac{TJ}{Gl}$

③ $\dfrac{Jl}{GT}$ ④ $\dfrac{Tl}{GJ}$

iii) 최대 인장응력은 $\sigma_1 + \sigma_2 = 7.33\text{MPa}$

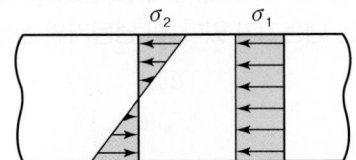

해설 ➕ -

$\theta = \dfrac{T \cdot l}{GI_p}$ (여기서, $I_p = J$)

$\quad = \dfrac{T \cdot l}{GJ}$

19 그림과 같은 직사각형 단면을 갖는 단순지지보에 3kN/m의 균일 분포하중과 축방향으로 50kN의 인장력이 작용할 때 단면에 발생하는 최대 인장응력은 약 몇 MPa인가?

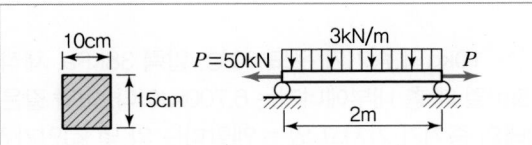

① 0.67 ② 3.33
③ 4 ④ 7.33

해설 ➕ -

- 축방향하중 50kN에 의한 인장응력

$\sigma_1 = \dfrac{P}{A} = \dfrac{50 \times 10^3}{0.1 \times 0.15} = 3.33 \times 10^6 \text{Pa} = 3.33\text{MPa}$

- 최대 굽힘모멘트에 의한 인장응력(보의 중앙에서 굽힘모멘트 최대)

〈F.B.D〉

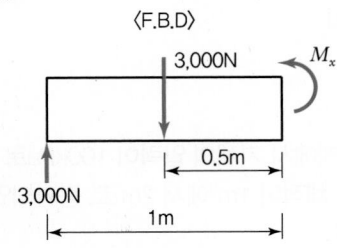

$\sum M_{x=1\text{m}} = 0 : 3,000 \times 1 - 3,000 \times 0.5 - M_x = 0$

$\therefore M_x = 1,500\text{N} \cdot \text{m}$

$\sigma_2 = \sigma_b = \dfrac{M_{\max}}{Z} = \dfrac{1,500}{\dfrac{0.1 \times 0.15^2}{6}}$

$\qquad = 4 \times 10^6 \text{Pa} = 4\text{MPa}$

20 정사각형의 단면을 가진 기둥에 $P = 80\text{kN}$의 압축하중이 작용할 때 6MPa의 압축응력이 발생하였다면 단면 한 변의 길이는 몇 cm인가?

① 11.5 ② 15.4
③ 20.1 ④ 23.1

해설 ➕ -

$\sigma_c \cdot A = \sigma_c \cdot a^2 = P$

$\therefore a = \sqrt{\dfrac{P}{\sigma_c}} = \sqrt{\dfrac{80 \times 10^3}{6 \times 10^6}} = 0.115\text{m} = 11.5\text{cm}$

2과목 │ 기계열역학

21 출력 10,000kW의 터빈 플랜트의 시간당 연료 소비량이 5,000kg/h이다. 이 플랜트의 열효율은 약 몇 %인가?(단, 연료의 발열량은 33,440kJ/kg이다.)

① 25.4% ② 21.5%
③ 10.9% ④ 40.8%

해설 ➕ -

열효율 $= \dfrac{\text{output}}{\text{input}}$

$\quad = \dfrac{\text{출력(kW)}}{\text{연료의 발열량(kJ/kg)} \times \text{연료소비율(kg/h)}}$

$\rightarrow \dfrac{\text{kWh}}{\text{kJ}} \times \dfrac{3,600\text{kJ}}{1\text{kWh}}$ (단위환산)

$\therefore \eta = \dfrac{10,000 \times 3,600}{33,440 \times 5,000} = 0.215 = 21.5\%$

22 역 Carnot Cycle로 300K와 240K 사이에서 작동하고 있는 냉동기가 있다. 이 냉동기의 성능계수는?

① 3   ② 4

③ 5   ④ 6

해설 ➕

$$\varepsilon_R = \frac{T_L}{T_H - T_L} = \frac{240}{300 - 240} = 4$$

23 보일러 입구의 압력이 9,800kN/m²이고, 응축기의 압력이 4,900N/m²일 때 펌프가 수행한 일은 약 몇 kJ/kg인가?(단, 물의 비체적은 0.001m³/kg이다.)

① 9.79   ② 15.17

③ 87.25   ④ 180.52

해설 ➕

보일러 입구＝펌프 출구(p_2), 응축기 압력＝펌프 입구(p_1)
펌프일은 개방계의 일이므로
공업일 $\delta w_p = (-) - vdp$ (계가 일을 받으므로 일부호($-$))

$$\therefore w_p = \int_1^2 vdp = v(p_2 - p_1)$$
$$= 0.001\,(\mathrm{m^3/kg}) \times (9{,}800 - 4.9)\,(\mathrm{kN/m^2})$$
$$= 9.795\mathrm{kJ/kg}$$

〈다른 풀이〉

개방계의 열역학 제1법칙 $\cancel{q_{cv}}^{\,0} + h_i = h_e + w_{cv}$ (단열펌프)
$w_{cv} = w_p = h_i - h_e < 0$ (계가 일을 받으므로 일부호($-$))
$$= -(h_i - h_e) = h_e - h_i > 0$$
$\cancel{\delta q}^{\,0} = dh - vdp \rightarrow \therefore dh = vdp$
$$h_2 - h_1 = \int_1^2 vdp = v(p_2 - p_1)$$

24 다음 온도에 관한 설명 중 틀린 것은?

① 온도는 뜨겁거나 차가운 정도를 나타낸다.

② 열역학 제0법칙은 온도 측정과 관계된 법칙이다.

③ 섭씨온도는 표준 기압하에서 물의 어는점과 끓는점을 각각 0과 100으로 부여한 온도 척도이다.

④ 화씨 온도 F와 절대온도 K 사이에는 K = F + 273.15의 관계가 성립한다.

해설 ➕

K ＝ ℃ + 273.15

25 10kg의 증기가 온도 50℃, 압력 38kPa, 체적 7.5m³일 때 총 내부에너지는 6,700kJ이다. 이와 같은 상태의 증기가 가지고 있는 엔탈피는 약 몇 kJ인가?

① 606   ② 1,794

③ 3,305   ④ 6,985

해설 ➕

엔탈피는 질량이 있는 유체가 유동할 때 검사면을 통과하는 에너지이며, 증기가 가지고 있는 전체 엔탈피는 총 내부에너지와 잠재된 일에너지(PV)의 합과 같다.
$$H = U + PV$$
$$= 6{,}700\,(\mathrm{kJ}) + 38\,(\mathrm{kPa}) \times 7.5\,(\mathrm{m^3})$$
$$= 6{,}985\mathrm{kJ}$$

26 밀폐계에서 기체의 압력이 100kPa로 일정하게 유지되면서 체적이 1m³에서 2m³로 증가되었을 때 옳은 설명은?

① 밀폐계의 에너지 변화는 없다.

② 외부로 행한 일은 100kJ이다.

③ 기체가 이상기체라면 온도가 일정하다.

④ 기체가 받은 열은 100kJ이다.

2017

밀폐계의 일 = 절대일

$\delta W = PdV$ (계가 일을 하므로 일부호(+))

$_1W_2 = \int_1^2 PdV$ (여기서, $P = C$)

$\quad = P(V_2 - V_1)$

$\quad = 100(\text{kPa}) \times (2-1)\text{m}^3$

$\quad = 100\text{kJ}$

---

27 열역학 제2법칙과 관련된 설명으로 옳지 않은 것은?

① 열효율이 100%인 열기관은 없다.

② 저온 물체에서 고온 물체로 열은 자연적으로 전달되지 않는다.

③ 폐쇄계와 그 주변계가 열교환이 일어날 경우 폐쇄계와 주변계 각각의 엔트로피는 모두 상승한다.

④ 동일한 온도 범위에서 작동되는 가역 열기관은 비가역 열기관보다 열효율이 높다.

폐쇄계와 주변계의 열교환이 일어나면 열을 흡수하는 계의 엔트로피는 증가하고 열을 방출하는 계의 엔트로피는 감소한다.

---

28 오토(Otto) 사이클에 관한 일반적인 설명 중 틀린 것은?

① 불꽃 점화 기관의 공기 표준 사이클이다.

② 연소과정을 정적가열과정으로 간주한다.

③ 압축비가 클수록 효율이 높다.

④ 효율은 작업기체의 종류와 무관하다.

실제 오토 사이클은 동작물질(작업기체)인 가솔린의 종류에 따라 발열열량과 방출열량이 변화한다.(☞ 옥탄가가 높은 가솔린의 사용이 오토 사이클 기관의 효율을 높인다.)

---

29 다음 중 정확하게 표기된 SI 기본단위(7가지)의 개수가 가장 많은 것은?(단, SI 유도단위 및 그 외 단위는 제외한다.)

① A, cd, ℃, kg, m, mol, N, s

② cd, J, K, kg, m, mol, Pa, s

③ A, J, ℃, kg, km, mol, s, W

④ K, kg, km, mol, N, Pa, s, W

SI 기본단위

cd(칸델라 : 광도), J(줄), K(켈빈), m(길이), mol(몰), Pa(파스칼), s(시간), A(암페어 : 전류)

※ ℃와 km는 SI 기본단위가 아니다.

---

30 8℃의 이상기체를 가역단열 압축하여 그 체적을 1/5로 하였을 때 기체의 온도는 약 몇 ℃인가?(단, 이 기체의 비열비는 1.40이다.)

① -125℃   ② 294℃

③ 222℃   ④ 262℃

단열과정의 온도, 압력, 체적 간의 관계식

$\dfrac{T_2}{T_1} = \left(\dfrac{P_2}{P_1}\right)^{\frac{k-1}{k}} = \left(\dfrac{v_1}{v_2}\right)^{k-1}$ 에서

$T_2 = T_1 \left(\dfrac{V_1}{V_2}\right)^{k-1}$

$\quad = (8+273) \cdot \left(\dfrac{V_1}{\frac{1}{5}V_1}\right)^{1.4-1}$

$\quad = (8+273) \times 5^{0.4} = 534.93\text{K}$

$\rightarrow 534.93 - 273 = 261.9$℃

---

31 그림의 랭킨 사이클(온도(T) – 엔트로피(s) 선도)에서 각각의 지점에서 엔탈피는 표와 같을 때 이 사이클의 효율은 약 몇 %인가?

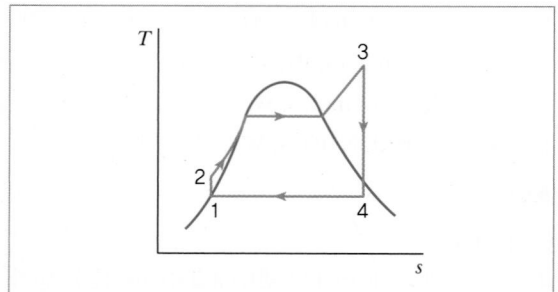

구분	엔탈피(kJ/kg)	구분	엔탈피(kJ/kg)
1지점	185	3지점	3,100
2지점	210	4지점	2,100

① 33.7% ② 28.4%
③ 25.2% ④ 22.9%

해설 ➕

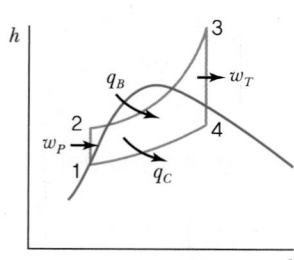

$h - s$ 선도에서

$$\eta = \frac{w_{net}}{q_B} = \frac{w_T - w_P}{q_B}$$

$$= \frac{(h_3 - h_4) - (h_2 - h_1)}{h_3 - h_2}$$

$$= \frac{(3,100 - 2,100) - (210 - 185)}{3,100 - 210}$$

$$= 0.3374 = 33.74\%$$

32 압력이 10^6N/m^2, 체적이 1m^3인 공기가 압력이 일정한 상태에서 400kJ의 일을 하였다. 변화 후의 체적은 약 몇 m^3인가?

① 1.4 ② 1.0
③ 0.6 ④ 0.4

해설 ➕

$\delta W = PdV$(절대일)

$$_1W_2 = \int_1^2 PdV \text{ (여기서, } P = C)$$

$$= P(V_2 - V_1)$$

$$\therefore V_2 = V_1 + \frac{_1W_2}{P}$$

$$= 1 + \frac{400 \times 10^3 (\text{N} \cdot \text{m})}{10^6 (\text{N/m}^2)}$$

$$= 1.4\text{m}^3$$

33 온도 15℃, 압력 100kPa 상태의 체적이 일정한 용기 안에 어떤 이상기체 5kg이 들어 있다. 이 기체가 50℃가 될 때까지 가열되는 동안의 엔트로피 증가량은 약 몇 kJ/K인가?(단, 이 기체의 정압비열과 정적비열은 각각 1.001kJ/(kg · K), 0.7171kJ/(kg · K)이다.)

① 0.411 ② 0.486
③ 0.575 ④ 0.732

해설 ➕

일정한 용기 = 정적과정

비엔트로피 $ds = \dfrac{\delta q}{T} = \dfrac{du + pdv^{\,0}}{T}$

$$s_2 - s_1 = \int_1^2 \frac{C_v}{T} dT = C_v \ln \frac{T_2}{T_1}$$

$$= 0.7171 \times \ln\left(\frac{50 + 273}{15 + 273}\right)$$

$$= 0.0822\text{kJ/kg} \cdot \text{K}$$

$$\therefore S_2 - S_1 = m(s_2 - s_1) = 5 \times 0.0822 = 0.411\text{kJ/K}$$

34 저열원 20℃와 고열원 700℃ 사이에서 작동하는 카르노 열기관의 열효율은 약 몇 %인가?

① 30.1% ② 69.9%
③ 52.9% ④ 74.1%

해설 ➕

카르노 사이클의 효율은 온도만의 함수이므로

$$\eta = \frac{T_H - T_L}{T_H} = 1 - \frac{T_L}{T_H} = 1 - \frac{(20+273)}{(700+273)}$$
$$= 0.6988 = 69.88\%$$

35 열교환기를 흐름 배열(Flow Arrangement)에 따라 분류할 때 그림과 같은 형식은?

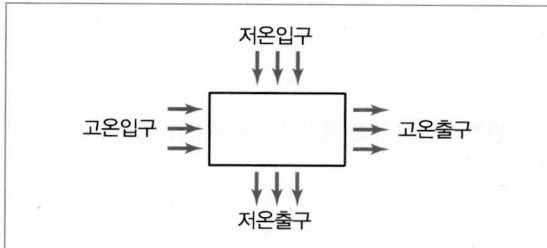

① 평행류 ② 대향류
③ 병행류 ④ 직교류

해설 ➕

• 평행류 : 서로 같은 방향 $\left(\begin{matrix} 고 \rightarrow 저 \\ 고 \rightarrow 저 \end{matrix} \right)$

• 대향류 : 서로 다른 방향 $\left(\begin{matrix} 고 \rightarrow 저 \\ 고 \leftarrow 저 \end{matrix} \right)$

36 어느 증기터빈에 0.4kg/s로 증기가 공급되어 260kW의 출력을 낸다. 입구의 증기 엔탈피 및 속도는 각각 3,000kJ/kg, 720m/s, 출구의 증기 엔탈피 및 속도는 각각 2,500kJ/kg, 120m/s이면, 이 터빈의 열손실은 약 몇 kW가 되는가?

① 15.9 ② 40.8
③ 20.0 ④ 104

해설 ➕

개방계의 열역학 제1법칙

$$\dot{Q}_{cv} + \sum \dot{m}_i \left(h_i + \frac{V_i^{\,2}}{2} + gz_i \right)$$
$$= \frac{dE_{cv}}{dt} + \sum \dot{m}_e \left(h_e + \frac{V_e^{\,2}}{2} + gz_e \right) + \dot{W}_{cv}$$

SSSF상태이므로 $\dfrac{dE_{cv}}{dt} = 0$

입출구 1개 $\sum \dot{m}_i = \sum \dot{m}_e = \dot{m}$ (질량유량 동일)
입출구 위치에너지 $gz_i = gz_e$로 해석한다.
이상적인 터빈은 단열팽창과정인데 이 문제에서 터빈은 열손실 $\dot{Q}_{cv}$이 발생하므로 $\dot{Q}_{cv}$(kJ/s=kW)를 구하면 된다.

$$\dot{Q}_{cv} = \dot{m}(h_e - h_i) + \frac{\dot{m}}{2} \left(V_e^{\,2} - V_i^{\,2} \right) + \dot{W}_{cv}$$
$$= 0.4 \frac{\text{kg}}{\text{s}} (2{,}500 - 3{,}000) \frac{\text{kJ}}{\text{kg}}$$
$$+ \frac{0.4}{2} \frac{\text{kg}}{\text{s}} (120^2 - 720^2) \frac{\text{m}^2}{\text{s}^2} \times \left(\frac{1\text{kJ}}{1{,}000\text{J}} \right) + 260\text{kW}$$
$$= -40.8\text{kW} \ (열손실이므로 \ (-)부호가 나온다.)$$

37 100kPa, 25℃ 상태의 공기가 있다. 이 공기의 엔탈피가 298.615kJ/kg이라면 내부에너지는 약 몇 kJ/kg인가?(단, 공기는 분자량 28.97인 이상기체로 가정한다.)

① 213.05kJ/kg ② 241.07kJ/kg
③ 298.15kJ/kg ④ 383.72kJ/kg

해설 ➕

비내부에너지 u(kJ/kg)를 구하므로 $H = U + PV$
양변을 m으로 나누면
$h = u + Pv$ (비엔탈피 kJ/kg)
$u = h - Pv = h - RT$
　($Pv = RT$ 적용, 공기의 $R = 287$J/kg · K)
$$= 298.615 - 287(\text{J/kg} \cdot \text{K}) \times (25+273)\text{K} \times \frac{1\text{kJ}}{1{,}000\text{J}}$$
$$= 213.09\text{kJ/kg}$$

38 그림과 같이 상태 1, 2 사이에서 계가 1 → A → 2 → B → 1과 같은 사이클을 이루고 있을 때, 열역학 제1법칙에 가장 적합한 표현은?(단, 여기서 Q는 열량, W는 계가 하는 일, U는 내부에너지를 나타낸다.)

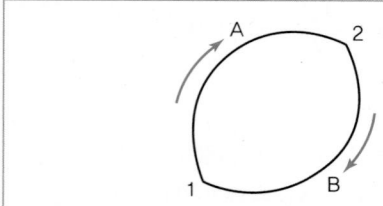

① $dU = \delta Q + \delta W$ ② $\Delta U = Q - W$

③ $\oint \delta Q = \oint \delta W$ ④ $\oint \delta Q = \oint \delta U$

해설 ⊕

에너지 보존의 법칙이 성립하므로 사이클 변화 동안의 총 열량의 합은 사이클 변화 동안의 일량의 합과 같다.

39 압력이 일정할 때 공기 5kg을 0℃에서 100℃까지 가열하는 데 필요한 열량은 약 몇 kJ인가?(단, 비열(C_p)은 온도 T(℃)에 관한 함수로 C_p(kJ/(kg · ℃)) $= 1.01 + 0.000079 \times T$이다.)

① 365   ② 436

③ 480   ④ 507

해설 ⊕

$p = c$이므로 $\delta q = dh - v\,dp^{\,0}$

$\therefore \delta q = dh \to dh = C_p dT$ 적용

$_1 q_2 = \int_1^2 C_p dT$ (C_p가 온도 T℃ 의 함수로 주어져 있으므로)

$\qquad = \int_1^2 (1.01 + 79 \times 10^{-6}\,T) dT$

$\qquad = [1.01\,T]_1^2 + 79 \times 10^{-6} \left[\dfrac{T^2}{2}\right]_1^2$

$= 1.01(T_2 - T_1) + 79 \times 10^{-6} \times \dfrac{1}{2}\left(T_2{}^2 - T_1{}^2\right)$

$= 1.01(100 - 0) + 79 \times 10^{-6} \times \dfrac{1}{2}\left(100^2 - 0^2\right)$

$= 101.395\text{kJ/kg}$

전열량 $_1 Q_2 = m\,_1 q_2$

$\qquad = 5\text{kg} \times 101.395\,(\text{kJ/kg})$

$\qquad = 506.98\text{kJ}$

40 다음 중 비가역 과정으로 볼 수 없는 것은?

① 마찰 현상

② 낮은 압력으로의 자유 팽창

③ 등온 열전달

④ 상이한 조성물질의 혼합

해설 ⊕

온도 변화가 없는 등온 열전달은 준평형과정으로, 가역과정으로 볼 수 있다.

3과목   **기계유체역학**

41 압력 용기에 장착된 게이지 압력계의 눈금이 400kPa을 나타내고 있다. 이때 실험실에 놓인 수은 기압계에서 수은의 높이가 750mm이었다면 압력 용기의 절대압력은 약 몇 kPa인가?(단, 수은의 비중은 13.6이다.)

① 300   ② 500

③ 410   ④ 620

해설 ⊕

절대압력 = 국소대기압 + 게이지압

P_{abs}

$= 750\text{mmHg} \times \dfrac{1.01325\text{bar}}{760\text{mmHg}} \times \dfrac{10^5 \text{Pa}}{1\text{bar}} \times \dfrac{1\text{kPa}}{10^3 \text{Pa}} + 400$

$= 500\text{kPa}$

42 점성계수의 차원으로 옳은 것은?(단, F는 힘, L은 길이, T는 시간의 차원이다.)

① FLT^{-2} ② FL^2T
③ $FL^{-1}T^{-1}$ ④ $FL^{-2}T$

해설 ➕ -

$$1\text{poise} = \frac{1\text{g}}{\text{cm}\cdot\text{s}} \times \frac{1\text{dyne}}{1\text{g} \times \dfrac{\text{cm}}{\text{s}^2}} = 1\frac{\text{dyne}\cdot\text{s}}{\text{cm}^2}$$

→ FTL^{-2} 차원

43 정상 2차원 속도장 $\vec{V} = 2x\vec{i} - 2y\vec{j}$ 내의 한 점 (2, 3)에서 유선의 기울기 $\dfrac{dy}{dx}$는?

① $\dfrac{-3}{2}$ ② $\dfrac{-2}{3}$
③ $\dfrac{2}{3}$ ④ $\dfrac{3}{2}$

해설 ➕ -

$\vec{V} = ui + vj$이므로 $u = 2x$, $v = -2y$

유선의 방정식 $\dfrac{u}{dx} = \dfrac{v}{dy}$

∴ 유선의 기울기 $\dfrac{dy}{dx} = \dfrac{v}{u} = \dfrac{-2y}{2x}$

→ (2, 3)에서의 기울기이므로

$$\frac{dy}{dx} = \frac{-2 \times 3}{2 \times 2} = -\frac{3}{2}$$

44 스프링클러의 중심축을 통해 공급되는 유량은 총 3L/s이고 네 개의 회전이 가능한 관을 통해 유출된다. 출구 부분은 접선 방향과 30°의 경사를 이루고 있고 회전 반지름은 0.3m이며 각 출구 지름은 1.5cm로 동일하다. 작동 과정에서 스프링클러의 회전에 대한 저항 토크가 없을 때 회전 각속도는 약 몇 rad/s인가?(단, 회전축상의 마찰은 무시한다.)

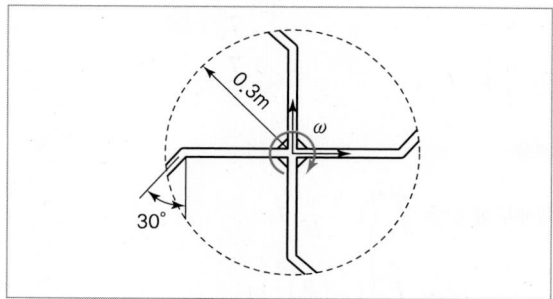

① 1.225 ② 42.4
③ 4.24 ④ 12.25

해설 ➕ -

$Q = A \cdot V = 3\text{L/s} = 3 \times 10^{-3}\text{m}^3/\text{s}$

스프링클러가 4개이므로 스프링클러 1개의 유량은

$Q_1 = \dfrac{3}{4} \times 10^{-3}\text{m}^3/\text{s} = 0.75 \times 10^{-3}\text{m}^3/\text{s}$

스프링클러 분출속도

$V = \dfrac{Q_1}{A} = \dfrac{0.75 \times 10^{-3}}{\dfrac{\pi}{4} \times 0.015^2} = 4.24\text{m/s}$

원주속도 V_t는 반경에 수직인 성분이므로

$V_t = V\cos 30° = 4.24 \times \cos 30°$

$V_t = r \cdot \omega$에서

$\omega = \dfrac{V_t}{r} = \dfrac{4.24 \times \cos 30°}{0.3} = 12.24\text{rad/s}$

45 평판 위의 경계층 내에서의 속도분포(u)가 $\dfrac{u}{U}=\left(\dfrac{y}{\delta}\right)^{\frac{1}{7}}$일 때 경계층 배제두께(Boundary Layer Displacement Thickness)는 얼마인가?(단, y는 평판에서 수직인 방향으로의 거리이며, U는 자유유동의 속도, δ는 경계층의 두께이다.)

① $\dfrac{\delta}{8}$ ② $\dfrac{\delta}{7}$

③ $\dfrac{6}{7}\delta$ ④ $\dfrac{7}{8}\delta$

해설 +

배제두께 $\delta^* = \displaystyle\int_0^\delta \left(1-\dfrac{u}{U}\right)dy$

$\quad = \displaystyle\int_0^\delta \left(1-\left(\dfrac{y}{\delta}\right)^{\frac{1}{7}}\right)dy$

$\quad = \left[y\right]_0^\delta - \dfrac{1}{\delta^{\frac{1}{7}}}\left[\dfrac{1}{1+\frac{1}{7}}y^{\frac{1}{7}+1}\right]_0^\delta$

$\quad = \delta - \dfrac{1}{\delta^{\frac{1}{7}}}\left(\dfrac{7}{8}\delta^{\frac{8}{7}}\right)$

$\quad = \delta - \dfrac{7}{8}\cdot\delta^{\frac{8}{7}-\frac{1}{7}}$

$\quad = \delta - \dfrac{7}{8}\delta = \dfrac{\delta}{8}$

46 5℃의 물(밀도 1,000kg/m³, 점성계수 1.5× 10^{-3}kg/(m · s))이 안지름 3mm, 길이 9m인 수평 파이프 내부를 평균속도 0.9m/s로 흐르게 하는 데 필요한 동력은 약 몇 W인가?

① 0.14 ② 0.28

③ 0.42 ④ 0.58

해설 +

$Re = \dfrac{\rho Vd}{\mu} = \dfrac{1,000\times0.9\times0.003}{1.5\times10^{-3}}$

$\quad = 1,800 < 2,100\ (\text{층류})$

층류에서 관마찰계수 $f = \dfrac{64}{Re} = \dfrac{64}{1,800} = 0.036$

$h_l = f\cdot\dfrac{L}{d}\cdot\dfrac{V^2}{2g}$

$\quad = 0.036\times\dfrac{9}{0.003}\times\dfrac{0.9^2}{2\times9.8} = 4.46$

$\therefore$ 필요한 동력 $H = \gamma h_l\cdot Q$

$\quad = 9,800\times4.46\times\dfrac{\pi\times0.003^2}{4}\times0.9$

$\quad = 0.278\text{W}$

(손실수두에 의한 동력보다 더 작게 동력을 파이프 입구에 가하면 9m 길이를 0.9m/s로 흘러가지 못한다.)

47 2m/s의 속도로 물이 흐를 때 피토관 수두 높이 h는?

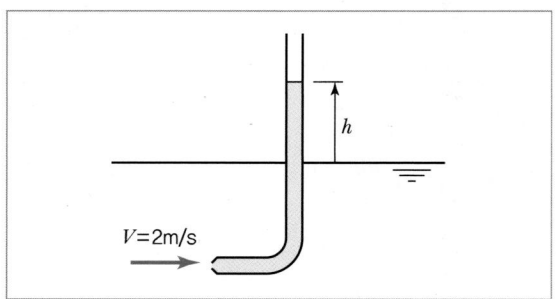

① 0.053m ② 0.102m

③ 0.204m ④ 0.412m

해설 +

$V = \sqrt{2g\Delta h}$ 에서

$h = \Delta h = \dfrac{V^2}{2g} = \dfrac{2^2}{2\times9.8} = 0.204\text{m}$

48 동점성계수가 $0.1 \times 10^{-5} m^2/s$인 유체가 안지름 10cm인 원관 내에 1m/s로 흐르고 있다. 관마찰계수가 0.022이며 관의 길이가 200m일 때의 손실수두는 약 몇 m인가?(단, 유체의 비중량은 $9,800N/m^3$이다.)

① 22.2 ② 11.0
③ 6.58 ④ 2.24

해설 ⊕ -

$$h_l = f \cdot \frac{L}{d} \cdot \frac{V^2}{2g} = 0.022 \times \frac{200}{0.1} \times \frac{1^2}{2 \times 9.8} = 2.24m$$

49 그림과 같이 반지름 R인 원추와 평판으로 구성된 점도측정기(Cone And Plate Viscometer)를 사용하여 액체시료의 점성계수를 측정하는 장치가 있다. 위쪽의 원추는 아래쪽 원판과의 각도를 0.5° 미만으로 유지하고 일정한 각속도 ω로 회전하고 있으며 갭 사이를 채운 유체의 점도는 위 평판을 정상적으로 돌리는 데 필요한 토크를 측정하여 계산한다. 여기서 갭 사이의 속도 분포가 반지름 방향 길이에 선형적일 때, 원추의 밑면에 작용하는 전단응력의 크기에 관한 설명으로 옳은 것은?

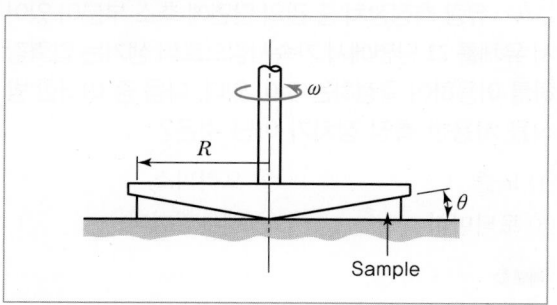

① 전단응력의 크기는 반지름 방향 길이에 관계없이 일정하다.
② 전단응력의 크기는 반지름 방향 길이에 비례하여 증가한다.
③ 전단응력의 크기는 반지름 방향 길이의 제곱에 비례하여 증가한다.
④ 전단응력의 크기는 반지름 방향 길이의 1/2승에 비례하여 증가한다.

해설 ⊕ -

뉴턴의 점성법칙

$$\tau = \mu \cdot \frac{du}{dy} \rightarrow \mu \cdot \frac{dR \cdot \omega}{dy} \ (\because 회전하므로 원주속도)$$

각속도 ω = 일정, 반지름 R이 커질수록 전단응력은 커지는 반면, 원판의 반경이 커질수록 유체깊이가 깊어져 전단응력이 작아지므로

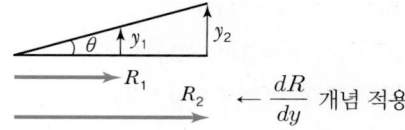

R_1 R_2 ← $\dfrac{dR}{dy}$ 개념 적용

임의의 반경 R에서의 전단응력은 일정하다.
(속도분포가 반지름 방향 길이에 선형적(직선)이므로 그림처럼 기울기가 일정하게 된다.)

50 그림과 같이 폭이 2m, 길이가 3m인 평판이 물속에 수직으로 잠겨 있다. 이 평판의 한쪽 면에 작용하는 전체 압력에 의한 힘은 약 얼마인가?

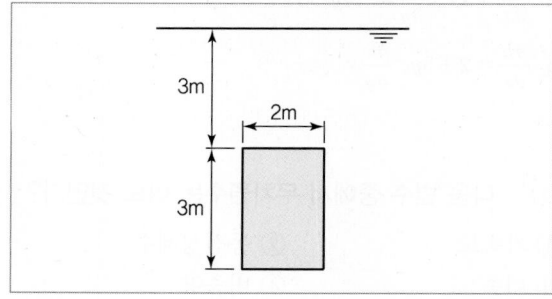

① 88kN ② 176kN
③ 265kN ④ 353kN

해설 ⊕

평판 도심까지 깊이 $\overline{h}=(3+1.5)\text{m}$

전압력 $F=\gamma\overline{h}\cdot A=9,800\times(3+1.5)\times(2\times3)$
$$=264,600\text{N}=264.6\text{kN}$$

51 다음 중 2차원 비압축성 유동이 가능한 유동은 어떤 것인가?(단, u는 x방향 속도 성분이고, v는 y방향 속도 성분이다.)

① $u=x^2-y^2,\ v=-2xy$

② $u=2x^2-y^2,\ v=4xy$

③ $u=x^2+y^2,\ v=3x^2-2y^2$

④ $u=2x+3xy,\ v=-4xy+3y$

해설 ⊕

2차원 비압축성 유체에 대한 연속방정식은

$\nabla\circ\vec{V}=0$에서 2차원이므로 $\dfrac{\partial u}{\partial x}+\dfrac{\partial v}{\partial y}=0$

(SSSF 상태는 기본 가정)

① $\dfrac{\partial u}{\partial x}=2x,\ \dfrac{\partial v}{\partial y}=-2x\ \rightarrow\ \dfrac{\partial u}{\partial x}+\dfrac{\partial v}{\partial y}=2x-2x=0$

② $\dfrac{\partial u}{\partial x}=4x,\ \dfrac{\partial v}{\partial y}=4x$

③ $\dfrac{\partial u}{\partial x}=2x,\ \dfrac{\partial v}{\partial y}=-4y$

④ $\dfrac{\partial u}{\partial x}=2+3y,\ \dfrac{\partial v}{\partial y}=-4x+3$

52 다음 변수 중에서 무차원수는 어느 것인가?

① 가속도 ② 동점성계수

③ 비중 ④ 비중량

해설 ⊕

① m/s^2

② m^2/s

③ 비중 $s=\dfrac{\rho}{\rho_w}=\dfrac{\gamma}{\gamma_w}$ 이므로 무차원

④ N/m^3

53 밀도가 ρ인 액체와 접촉하고 있는 기체 사이의 표면장력이 σ라고 할 때 그림과 같은 지름 d의 원통 모세관에서 액주의 높이 h를 구하는 식은?(단, g는 중력가속도이다.)

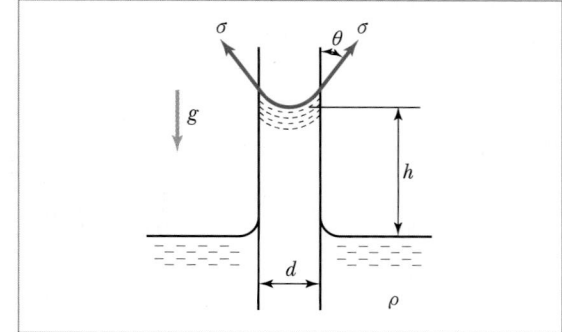

① $\dfrac{\sigma\sin\theta}{\rho gd}$ ② $\dfrac{\sigma\cos\theta}{\rho gd}$

③ $\dfrac{4\sigma\sin\theta}{\rho gd}$ ④ $\dfrac{4\sigma\cos\theta}{\rho gd}$

해설 ⊕

$h=\dfrac{4\sigma\cos\theta}{\gamma d}=\dfrac{4\sigma\cos\theta}{\rho\cdot gd}$

54 유량 측정장치 중 관의 단면에 축소 부분이 있어서 유체를 그 단면에서 가속시킴으로써 생기는 압력강하를 이용하여 측정하는 것이 있다. 다음 중 이러한 방식을 사용한 측정 장치가 아닌 것은?

① 노즐 ② 오리피스

③ 로터미터 ④ 벤투리미터

해설 ⊕

테이퍼 관 속에 부표를 띄우고 측정유체를 아래에서 위로 흘려보낼 때 유량의 증감에 따라 부표가 상하로 움직여 생기는 가변면적으로 유량을 구하는 장치가 로터미터이다.

55 그림과 같은 수압기에서 피스톤의 지름이 $d_1 = $ 300mm, 이것과 연결된 램(Ram)의 지름이 $d_2 = $ 200mm이다. 압력 P_1이 1MPa의 압력을 피스톤에 작용시킬 때 주 램의 지름이 $d_3 = 400$mm이면 주 램에서 발생하는 힘(W)은 약 몇 kN인가?

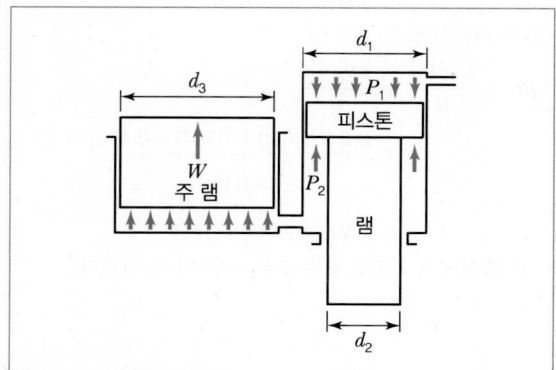

① 226   ② 284

③ 334   ④ 438

해설 ⊕

비압축성 유체에서 압력은 동일한 세기로 전달된다는 파스칼의 원리를 적용하면 P_2의 압력으로 주 램을 들어올린다. 그림에서 $W = P_2 A_3$이며, $P_1 A_1 = P_2 A_2$이므로

$$P_2 = \frac{A_1}{A_2} P_1 = \frac{\frac{\pi}{4} d_1^{\,2}}{\frac{\pi}{4}\left(d_1^{\,2} - d_2^{\,2}\right)} \times P_1$$

$$= \frac{d_1^{\,2}}{\left(d_1^{\,2} - d_2^{\,2}\right)} \times P_1$$

$$= \frac{0.3^2}{\left(0.3^2 - 0.2^2\right)} \times 1 \times 10^6 = 1.8 \times 10^6 \text{Pa}$$

$$\therefore\ W = 1.8 \times 10^6 \times \frac{\pi}{4} d_3^{\,2}$$

$$= 1.8 \times 10^6 \times \frac{\pi}{4} \times 0.4^2$$

$$= 226{,}194.7\text{N} = 226.2\text{kN}$$

56 높이 1.5m의 자동차가 108km/h의 속도로 주행할 때의 공기흐름 상태를 높이 1m의 모형을 사용해서 풍동 실험하여 알아보고자 한다. 여기서 상사법칙을 만족시키기 위한 풍동의 공기 속도는 약 몇 m/s인가? (단, 그 외 조건은 동일하다고 가정한다.)

① 20   ② 30

③ 45   ④ 67

해설 ⊕

$$Re)_m = Re)_p$$

$$\left(\frac{\rho V d}{\mu}\right)_m = \left(\frac{\rho V d}{\mu}\right)_p$$

$$\rho_m = \rho_p,\ \mu_m = \mu_p \text{이므로}$$

$$V_m d_m = V_p d_p$$

$$V_m = V_p \cdot \frac{d_p}{d_m}$$

$$\left(\text{여기서, } \frac{d_p}{d_m} = \frac{1}{\frac{d_m}{d_p}} = \frac{1}{\lambda}\ (\text{상사비} : \lambda)\right)$$

$$= 108 \times \frac{1.5}{1} = 162\text{km/h}$$

$$\frac{162\text{km} \times \frac{1{,}000\text{m}}{1\text{km}}}{\text{h} \times \frac{3{,}600\text{s}}{1\text{h}}} = 45\text{m/s}$$

57 무게가 1,000N인 물체를 지름 5m인 낙하산에 매달아 낙하할 때 종속도는 몇 m/s가 되는가?(단, 낙하산의 항력계수는 0.8, 공기의 밀도는 1.2kg/m³이다.)

① 5.3   ② 10.3

③ 18.3   ④ 32.2

정답   55 ①   56 ③   57 ②

해설 ➕

무게＝항력＋부력

$W = D + F_B$

F_B는 물체와 낙하산을 배제한 공기의 무게인 부력으로서 매우 작으므로 무시하고 해석하면

$$W = D = C_D \cdot \frac{\rho A V^2}{2}$$

$$\therefore V = \sqrt{\frac{2W}{C_D \cdot \rho \cdot A}} = \sqrt{\frac{2 \times 1,000}{0.8 \times 1.2 \times \frac{\pi}{4} \times 5^2}}$$

$$= 10.3\text{m/s}$$

58 유효 낙차가 100m인 댐의 유량이 10m³/s일 때 효율 90%인 수력터빈의 출력은 약 몇 MW인가?

① 8.83 ② 9.81

③ 10.9 ④ 12.4

해설 ➕

터빈효율 $\eta_T = \dfrac{\text{실제동력}}{\text{이론동력}}$

$$\therefore \text{실제출력동력} = \eta_T \times \gamma \times H_T \times Q$$

$$= 0.9 \times 9,800 \times 100 \times 10$$

$$= 8.82 \times 10^6 \text{W}$$

$$= 8.82\text{MW}$$

59 안지름 10cm인 파이프에 물이 평균속도 1.5cm/s로 흐를 때(경우 ⓐ)와 비중이 0.60이고 점성계수가 물의 1/5인 유체 A가 물과 같은 평균속도로 동일한 관에 흐를 때(경우 ⓑ) 중 파이프 중심에서 최고속도는 어느 경우가 더 빠른가?(단, 물의 점성계수는 0.001kg/(m · s)이다.)

① 경우 ⓐ

② 경우 ⓑ

③ 두 경우 모두 최고속도가 같다.

④ 어느 경우가 더 빠른지 알 수 없다.

해설 ➕

• ⓐ의 레이놀즈수

$$Re = \frac{\rho_w \cdot Vd}{\mu} \quad (\text{여기서,} \ V = 0.015\text{m/s})$$

$$= \frac{1,000 \times 0.015 \times 0.1}{0.001} = 1,500 < 2,100 \ (\text{층류})$$

• ⓑ의 레이놀즈수

$$Re = \frac{\rho \cdot Vd}{\mu} = \frac{s\rho_w Vd}{\mu}$$

$$= \frac{0.6 \times 1,000 \times 0.015 \times 0.1}{\frac{1}{5} \times 0.001}$$

$$= 4,500 > 2,100 \ (\text{난류})$$

∴ 관 중심에서 최고속도는 층류 ⓐ일 때 더 빠르다.

60 나란히 놓인 두 개의 무한한 평판 사이의 층류 유동에서 속도 분포는 포물선 형태를 보인다. 이때 유동의 평균속도(V_{av})와 중심에서의 최대속도($V_{\max}$)의 관계는?

① $V_{av} = \dfrac{1}{2} V_{\max}$ ② $V_{av} = \dfrac{2}{3} V_{\max}$

③ $V_{av} = \dfrac{3}{4} V_{\max}$ ④ $V_{av} = \dfrac{\pi}{4} V_{\max}$

해설 ➕

평판 사이의 간격이 a일 때

$$V_{av} = -\frac{1}{12\mu}\left(\frac{\partial p}{\partial x}\right)a^2$$

$$V_{\max} = -\frac{1}{8\mu}\left(\frac{\partial p}{\partial x}\right)a^2 = \frac{3}{2} V_{av}$$

$$\therefore V_{av} = \frac{2}{3} V_{\max}$$

정답 58 ① 59 ① 60 ②

4과목 유체기계 및 유압기기

61 절대진공에 가까운 저압의 기체를 대기압까지 압축하는 펌프는?

① 왕복펌프　　　　② 진공펌프
③ 나사펌프　　　　④ 축류펌프

해설 ⊕

진공펌프는 대기압 이하에서 절대진공까지의 상태에 있는 기체를 압축하여 대기로 방출하는 기계이다.

62 수차 중 물의 송출방향이 축방향이 아닌 것은?

① 펠턴수차　　　　② 프란시스수차
③ 사류수차　　　　④ 프로펠러수차

해설 ⊕

펠턴수차는 분류를 터빈 둘레에 있는 버킷에 충돌시킴으로써 터빈을 회전시켜 축동력(기계에너지)을 만들어 내는 기계이며 버킷은 터빈(수차)의 접선방향으로 설치되어 있어 동력을 만들어 낸 후 축방향의 수직방향으로 물이 나간다.

63 다음 중 유체기계의 분류에 대한 설명으로 옳지 않은 것은?

① 유체기계는 취급되는 유체에 따라 수력기계, 공기 기계로 구분된다.
② 공기기계는 송풍기, 압축기, 수차 등이 있으며 원심형, 횡류형, 사류형 등으로 구분된다.
③ 수차는 크게 중력수차, 충동수차, 반동수차로 구분할 수 있다.
④ 유체기계는 작동원리에 따라 터보형 기계, 용적형 기계 그 외 특수형 기계로 분류할 수 있다.

해설 ⊕

공기기계는 용적형과 터보형으로 구분된다.

64 펌프에서 발생하는 축추력의 방지책으로 거리가 먼 것은?

① 평형판을 사용
② 밸런스홀을 설치
③ 단방향 흡입형 회전차를 채용
④ 스러스트베어링을 사용

해설 ⊕

축추력을 방지하기 위해 양방향 흡입형 회전차를 채용한다.

65 토크컨버터의 기본 구성요소에 포함되지 않는 것은?

① 임펠러　　　　② 러너
③ 안내깃　　　　④ 흡출관

해설 ⊕

토크컨버터의 구성요소는 회전차(Impeller), 러너(Runner), 안내깃(Stator)이 있으며, 흡출관은 프란시스수차의 하부에 설치한 확대관으로 속도에너지를 위치에너지로 회복시킨다.

66 압축기의 손실을 기계손실과 유체손실로 구분할 때 다음 중 유체손실에 속하지 않는 것은?

① 흡입구에서 송출구에 이르기까지 유체 전체에 관한 마찰손실
② 곡관이나 단면 변화에 의한 손실
③ 베어링, 패킹상자 및 기밀장치 등에 의한 손실
④ 회전차 입구 및 출구에서의 충돌손실

유체손실은 점성에 의한 유체마찰손실, 곡관이나 단면 변화에 따른 부차적 손실, 임펠러 입출구의 충돌손실을 의미한다.

67 수차의 유효낙차는 총낙차에서 여러 가지 손실수두를 제외한 값을 의미하는 데, 다음 중 이 손실수두에 속하지 않는 것은?

① 도수로에서의 손실수두
② 수압관 속의 마찰손실수두
③ 수차에서의 기계손실수두
④ 방수로에서의 손실수두

해설 ➕

수차의 유효낙차 $H = H_g - (h_1 + h_2 + h_3)$
　여기서, H_g : 방수로의 수면부터 물을 보내는 취수구의 수면까지의 높이
　　　h_1 : 도수로에서의 손실수두
　　　h_2 : 수압관 속에서의 손실수두
　　　h_3 : 방수로에서의 손실수두

68 펌프에서 공동현상(Cavitation)이 주로 일어나는 곳을 옳게 설명한 것은?

① 회전차날개의 입구를 조금 지나 날개의 표면(Front)에서 일어난다.
② 펌프의 흡입구에서 일어난다.
③ 흡입구 바로 앞에 있는 곡관부에서 일어난다.
④ 회전차날개의 입구를 조금 지나 날개의 이면(Back)에서 일어난다.

해설 ➕

원심펌프의 공동현상은 임펠러(회전차)날개의 입구를 조금 지나 날개의 이면(후면슈라우드)에서 주로 일어난다.

69 970rpm으로 0.6m³/min의 수량을 방출할 수 있는 펌프가 있는데 이를 1,450rpm으로 운전할 때 수량은 약 몇 m³/min인가?(단, 이 펌프는 상사법칙이 적용된다.)

① 0.9
② 1.5
③ 1.9
④ 2.5

해설 ➕

원심펌프의 상사법칙을 적용하면
$$Q_2 = Q_1 \times \frac{n_2}{n_1} = 0.6 \times \frac{1,450}{970} = 0.897 \text{m}^3/\text{min}$$

70 다음 중 반동수차에 속하지 않는 것은?

① 펠턴수차
② 카플란수차
③ 프란시스수차
④ 프로펠러수차

해설 ➕

펠턴수차는 충격수차이다.

71 다음 중 일반적으로 가변용량형 펌프로 사용할 수 없는 것은?

① 내접기어펌프
② 축류형 피스톤펌프
③ 반경류형 피스톤펌프
④ 압력불평형형 베인펌프

해설 ➕

• 정용량형 펌프 : 기어펌프(나사펌프), 베인펌프, 피스톤펌프
• 가변용량형 펌프 : 베인펌프, 피스톤펌프

72 그림과 같이 액추에이터의 공급 쪽 관로 내의 흐름을 제어함으로써 속도를 제어하는 회로는?

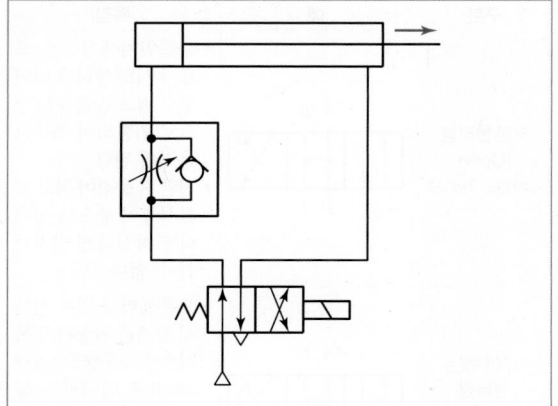

① 시퀀스회로 ② 체크백회로
③ 미터인회로 ④ 미터아웃회로

해설 ⊕

미터인회로
피스톤 입구 쪽 관로에 1방향 교축 밸브를 사용하여 작동유량을 조절함으로써 피스톤의 전진속도를 조절하는 회로

73 다음 중 드레인배출기붙이필터를 나타내는 공유압기호는?

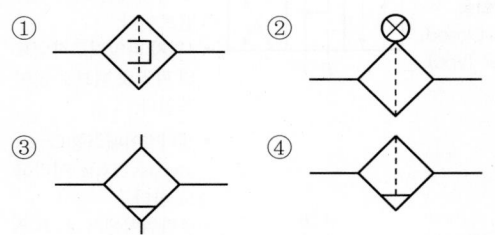

해설 ⊕

① 자석붙이필터
② 눈막힘표시기붙이필터
③ 기름분무분리기(수동드레인)
④ 드레인배출기붙이필터(수동드레인)

74 그림의 유압 회로도에서 ㉠의 밸브 명칭으로 옳은 것은?

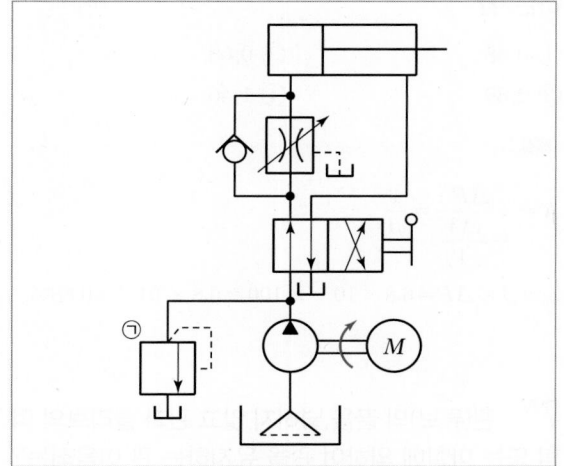

① 스톱 밸브 ② 릴리프 밸브
③ 무부하 밸브 ④ 카운터 밸런스 밸브

75 그림과 같은 유압기호의 조작방식에 대한 설명으로 옳지 않은 것은?

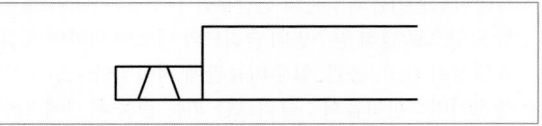

① 2방향 조작이다.
② 파일럿 조작이다.
③ 솔레노이드 조작이다.
④ 복동으로 조작할 수 있다.

해설 ⊕

전기조작 직선형 복동 솔레노이드

76 기름의 압축률이 6.8×10^{-5} cm²/kg₁일 때 압력을 0에서 100kg₁/cm²까지 압축하면 체적은 몇 % 감소하는가?

① 0.48 ② 0.68
③ 0.89 ④ 1.46

해설 ➕

$$K = \frac{\Delta P}{-\dfrac{\Delta V}{V}} = \frac{1}{\beta}$$

$$\varepsilon_v = \beta \times \Delta P = 6.8 \times 10^{-5} \times 100 = 6.8 \times 10^{-3} = 0.68\%$$

77 관(튜브)의 끝을 넓히지 않고 관과 슬리브의 먹힘 또는 마찰에 의하여 관을 유지하는 관 이음쇠는?

① 스위블이음쇠 ② 플랜지관이음쇠
③ 플레어드관이음쇠 ④ 플레어리스관이음쇠

해설 ➕

② 플랜지관이음쇠 : 관단을 플랜지에 끼워 용접하고 두 개의 플랜지를 볼트로 결합한 것으로 고압, 저압, 대관경의 관로용이며, 분해, 보수가 용이하다.

③ 플레어드관이음쇠 : 관의 선단부를 원추형의 Punch로 나팔 모양으로 넓혀 원추면의 슬리브와 너트에 의하여 체결, 유밀성이 높고, 동관, 알루미늄관에 적합하다.

④ 플레어리스관이음쇠 : 슬리브를 끼운 관을 본체에 밀어넣고, 너트를 죄어 가면 끝부분 외주가 테이퍼 면에 압착되어 관의 외주에 먹혀 들어가 관 이음쇠를 고정한다.

78 4포트 3위치 방향 밸브에서 일명 센터바이패스형이라고도 하며, 중립위치에서 A, B 포트가 모두 닫히면 실린더는 임의의 위치에서 고정되고, 또 P 포트와 T 포트가 서로 통하게 되므로 펌프를 무부하시킬 수 있는 형식은?

① 탠덤센터형 ② 오픈센터형
③ 클로즈드센터형 ④ 펌프클로즈드센터형

해설 ➕

3위치 4방향 밸브의 중립위치 형식

구분	예	특징
오픈센터형 (Open Center Type)		• 중립위치에서 모든 포트가 서로 통하게 되어 있어 펌프 송출유는 탱크로 귀환되어 무부하 운전이 된다. • 전환 시 충격이 적고 전환성능이 좋으나 실린더를 확실하게 정지시킬 수 없다.
세미오픈 센터형 (Semi Open Center Type)		• 오픈센터형 밸브 전환 시 충격을 완충시킬 목적으로 스풀랜드(Spool Land)에 테이퍼를 붙여 포트 사이를 교축시킨 밸브이다. • 대용량의 경우에 완충용으로 사용한다.
클로즈드 센터형 (Closed Center Type)		• 중립위치에서 모든 포트를 막은 형식으로 이 밸브를 사용하면 실린더를 임의의 위치에서 고정시킬 수 있다. • 밸브의 전환을 급격하게 작동하면 서지압(Surge Pressure)이 발생하므로 주의를 요한다.
펌프클로즈드 센터형 (Pump Closed Center Type)		• 중립에서 P포트가 막히고 다른 포트들은 서로 통하게끔 되어 있는 밸브이다. • 3위치 파일럿조작밸브의 파일럿 밸브로 많이 쓰인다.
탠덤 센터형 (Tandem Center Type)		• 센터바이패스형(Center Bypass Type)이라고도 한다. • 중립위치에서 A, B 포트가 모두 닫히면 실린더는 임의의 위치에서 고정되며, P포트와 T 포트가 서로 통하게 되므로 펌프를 무부하시킬 수 있다.

79 공기압장치와 비교하여 유압장치의 일반적인 특징에 대한 설명 중 틀린 것은?

① 인화에 따른 폭발의 위험이 적다.
② 작은 장치로 큰 힘을 얻을 수 있다.
③ 입력에 대한 출력의 응답이 빠르다.
④ 방청과 윤활이 자동적으로 이루어진다.

해설 ➕

구분	유압	공기압
압축성	비압축성	압축성
압력	고압 발생이 용이	저압
조작력	매우 크다 (수백 kN)	크다 (수 kN)
조작속도	빠르다(1m/s)	매우 빠르다(10m/s)
응답속도	빠르다	늦다
정밀제어	쉽다	어렵다
응답성	양호	불량
부하에 따른 특성변화	조금 있다	매우 크다
구조	복잡	간단
복귀관로	필요	불필요
인화성(위험성)	있다	없다

80 비중량(Specific Weight)의 MLT계 차원은? (단, M : 질량, L : 길이, T : 시간)

① $ML^{-1}T^{-1}$ ② ML^2T^{-3}
③ $ML^{-2}T^{-2}$ ④ ML^2T^{-2}

해설 ➕

비중량 $= \dfrac{중량}{부피}$

$\rightarrow \dfrac{N}{m^3} = \dfrac{kg \cdot m}{s^2 m^3} = \dfrac{kg}{s^2 m^2} [ML^{-2}T^{-2}]$

5과목 **건설기계일반 및 플랜트배관**

81 다음 중 스크레이퍼의 작업가능 범위로 거리가 먼 것은?

① 굴착 ② 운반
③ 적재 ④ 파쇄

해설 ➕

스크레이퍼의 용도
흙 깎기, 운반, 스프레딩작업

82 아스팔트피니셔의 규격표시방법은?

① 아스팔트콘크리트를 포설할 수 있는 표준포장너비
② 아스팔트를 포설할 수 있는 아스팔트의 무게
③ 아스팔트콘크리트를 포설할 수 있는 도로의 너비
④ 아스팔트콘크리트를 포설할 수 있는 타이어의 접지너비

83 버킷계수는 1.15, 토량환산계수는 1.1, 작업효율은 80%이고, 1회 사이클타임은 30초, 버킷용량은 1.4인 로더의 시간당 작업량은 약 몇 m³/hr인가?

① 141 ② 170
③ 192 ④ 215

해설 ➕

$$Q = \dfrac{3,600qfKE}{C_m} = \dfrac{3,600 \times 1.4 \times 1.1 \times 1.15 \times 0.8}{30}$$
$$= 170 m^3/hr$$

여기서, Q : 운전시간당의 작업량(m³/hr)
　　　q : 버킷용량(1.4m³)
　　　K : 버킷계수-흙의 종류에 따라 다르다.(1.15)
　　　f : 체적변환계수(토량환산계수)(1.1)
　　　E : 작업효율-흙의 상태와 현장조건에 의한 값(0.8)
　　　C_m : 사이클타임(초)

84 굴삭기의 작업장치 중 유압셔블(Shovel)에 대한 설명으로 틀린 것은?

① 장비가 있는 지면보다 낮은 곳을 굴삭하기에 적합하다.
② 산악지역에서 토사, 암반 등을 굴삭하여 트럭에 싣기에 적합한 장치이다.
③ 페이스셔블(Face Shovel)이라고도 한다.
④ 백호버킷을 뒤집어 사용하기도 한다.

해설 ⊕

유압셔블(=페이스셔블 : Face Shovel)
• 버킷을 상향으로 뒤집은 형상으로, 굴삭기의 작업위치보다 높은 부분을 굴착하는 데 적합하다.
• 산과 임야에서 토사, 암반 등을 굴착하여 트럭에 싣기에 적합한 굴착기이다.

85 다음 중 모터스크레이퍼(자주식 스크레이퍼)의 특징에 대한 설명으로 틀린 것은?

① 피견인식에 비해 이동속도가 빠르다.
② 피견인식에 비해 작업 범위가 넓다.
③ 볼의 용량이 6~9m³ 정도이다.
④ 험난지작업이 곤란하다.

해설 ⊕

스크레이퍼의 분류

피견인식 (=비자주식)	모터식 (자주식 =모터스크레이퍼)
도저와 트랙터에 의해 견인	스스로 이동이 가능
볼(적재함)의 용량은 6~9m³	볼(적재함)의 용량은 10~20m³
운반거리는 50~300m 정도	운반거리는 300~500m 정도
험난지작업에 사용	험난지작업이 곤란
이동속도가 느림	이동속도가 빠름
굴착력이 커서 하천개수공사, 재해복구공사에 적합	굴착력이 작아서 크게 하려면 다른 차량의 푸싱이 필요

86 무한궤도식 건설기계의 주행장치에서 하부구동체의 구성품이 아닌 것은?

① 트랙롤러   ② 캐리어롤러
③ 스프로킷   ④ 클러치요크

해설 ⊕

무한궤도식 건설기계의 바퀴 구조

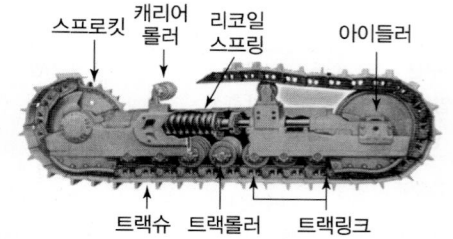

87 로더를 적재방식에 따라 분류한 것으로 틀린 것은?

① 스윙로더   ② 리어엔드로더
③ 오버헤드로더   ④ 사이드덤프형 로더

해설 ⊕

로더의 적재방식에 의한 분류
프런트엔드형(Front End Type), 사이드덤프형(Side Dump Type), 백호셔블형(Back Hoe Shovel Type), 오버헤드형(Over Head Type), 스윙형(Swing Type)

88 굴착력이 강력하여 견고한 지반이나 깨어진 암석 등을 준설하는 데 가장 적합한 준설선은?

① 버킷준설선(Bucket Dredger)
② 펌프준설선(Pump Dredger)
③ 디퍼준설선(Dipper Dredger)
④ 그래브준설선(Grab Dredger)

정답   84 ① 85 ③ 86 ④ 87 ② 88 ③

해설 ➕

디퍼준설선(Dipper Dredger)

버킷(디퍼)을 사용하여 경토반을 굴착 또는 준설하는 선박이며, 선체에 설치한 긴 암의 선두에 버킷이 있고 암을 회전시키면서 버킷으로 토사를 떠 올려 이것을 토사운반선에 옮겨 준설한다. 준설선을 수중 바닥에 기둥으로 고정시키는 스퍼드와 토사를 떠 올리는 디퍼암의 조작으로 선체가 이동한다. 굴착력이 강하여 견고한 지반이나 깨어진 암석 등을 준설하는 데 가장 적합한 준설선이다.

89 플랜트배관설비에서 열응력이 주요 요인이 되는 경우, 파이프래크상의 배관배치에 관한 설명으로 틀린 것은?

① 루프형 신축곡관을 많이 사용한다.
② 온도가 높은 배관일수록 내측(안쪽)에 배치한다.
③ 관 지름이 큰 것일수록 외측(바깥쪽)에 배치한다.
④ 루프형 신축곡관은 파이프래크상의 다른 배관보다 높게 배치한다.

해설 ➕

온도가 높은 배관일수록 외측(바깥쪽)에 배치한다.

90 6－4황동이라고도 하는 문즈메탈의 주요 성분은?

① Cu : 40%, Zn : 60%
② Cu : 40%, Sn : 60%
③ Cu : 60%, Zn : 40%
④ Cu : 60%, Sn : 40%

해설 ➕

6－4황동(Muntz Metal) : Cu 60%－Zn 40%

91 배관공사 중 또는 완공 후에 각종 기기와 배관라인 전반의 이상 유무를 확인하기 위한 배관시험의 종류가 아닌 것은?

① 수압시험
② 기압시험
③ 만수시험
④ 통전시험

해설 ➕

배관검사

• 급배수배관시험 : 수압시험, 기압시험, 만수시험, 연기시험, 통수시험
• 냉난방배관시험 : 수압시험, 기밀시험, 진공시험, 통기시험

92 다음 중 동관용 공구로 가장 거리가 먼 것은?

① 리머
② 사이징툴
③ 플레어링툴
④ 링크형 파이프커터

해설 ➕

동관용 공구

확관기(Expander), 티뽑기(Extractors), 굴관기(Bender), 파이프커터(Pipe Cutter), 리머(Reamer), 사이징툴(Sizing Tool)
※ 링크형 파이프커터는 주철관용 공구이다.

93 펌프에서 발생하는 진동 및 밸브의 급격한 폐쇄에서 발생하는 수격작용을 방지하거나 억제시키는 지지장치는?

① 서포트
② 행거
③ 브레이스
④ 레스트레인트

해설 ➕

브레이스(Brace)

펌프에서 발생하는 진동 및 밸브의 급격한 폐쇄로 인해 생기는 수격작용을 방지하거나 억제시키는 지지장치를 말한다. 펌프, 압축기 등에서 진동을 억제하는 데 사용한다.

정답 89 ② 90 ③ 91 ④ 92 ④ 93 ③

94 사용압력 50kg$_f$/cm^2, 배관의 호칭지름 50A, 관의 인장강도 20kg$_f$/mm^{2}인 압력배관용 탄소강관의 스케줄번호는?(단, 안전율은 4이다.)

① 80   ② 100
③ 120   ④ 140

해설 ⊕

우선, 허용응력$(S) = \dfrac{인장강도}{안전율} = \dfrac{20}{4} = 5\text{kg}_f/\text{mm}^2$

따라서, 스케줄번호$(\text{SCH}) = 10 \times \dfrac{사용압력}{허용응력}$

$= 10 \times \dfrac{50}{5} = 100$

95 가단주철제 나사식 관 이음재의 부속품과 명칭의 연결로 틀린 것은?

①

티(Tee)

②

90도 엘보

③

캡

④

45도 엘보

해설 ⊕

③은 플러그이다.

96 배관의 유지 · 관리 효율화 및 안전을 위해 색채로 배관을 표시하고 있다. 배관 내 흐름유체가 가스일 경우 식별색은?

① 파란색   ② 빨간색
③ 백색   ④ 노란색

해설 ⊕

물질의 종류와 식별색

유체 종류	물	증기	공기	가스	산 또는 알칼리	기름
식별 색상	파란색	적색	흰색	노란색	회색	황적색

97 평면상의 변위뿐만 아니라 입체적인 변위까지도 안전하게 흡수하므로 어떠한 형상에 의한 신축에도 배관이 안전하며 설치공간이 적은 신축이음은?

① 슬리브형 신축이음   ② 벨로즈형 신축이음
③ 볼조인트형 신축이음   ④ 스위블형 신축이음

해설 ⊕

볼조인트
• 평면상의 변위뿐만 아니라 입체적인 변위까지도 안전하게 흡수하므로 볼이음쇠를 2개 이상 사용하면 회전과 움직임이 동시에 가능하다.
• 배관계의 축방향 힘과 굽힘부분에 작용하는 회전력을 동시에 처리할 수 있으므로 고온수배관 등에 많이 사용한다.
• 아주 간단히 설치할 수 있고, 면적도 작게 소요된다.

98 배관의 지지장치 중 행거의 종류가 아닌 것은?

① 리지드행거   ② 스프링행거
③ 콘스턴트행거   ④ 스토퍼행거

해설 ⊕

행거(Hanger)의 종류
리지드행거, 스프링행거, 콘스턴트행거

정답   94 ②   95 ③   96 ④   97 ③   98 ④

99 일반적으로 배관용 가스절단기의 절단조건이 아닌 것은?

① 모재의 성분 중 연소를 방해하는 원소가 적어야 한다.
② 모재의 연소온도가 모재의 용융온도보다 높아야 한다.
③ 금속산화물의 용융온도가 모재의 용융온도보다 낮아야 한다.
④ 금속산화물의 유동성이 좋으며, 모재로부터 쉽게 이탈될 수 있어야 한다.

해설 ⊕

모재의 연소온도가 모재의 용융온도보다 낮아야 한다.

100 덕타일주철관은 구상흑연주철관이라고도 하며 물 수송에 사용하는 관이다. 이 관의 특징으로 틀린 것은?

① 보통 회주철관보다 관의 수명이 길다.
② 강관과 같은 높은 강도와 인성이 있다.
③ 변형에 대한 높은 가요성과 가공성이 있다.
④ 보통 주철관과 같이 내식성이 풍부하지 않다.

해설 ⊕

보통 회주철관보다 구상흑연주철관은 부식에 강해 내식성이 풍부하다.

1과목 재료역학

01 단면 지름이 3cm인 환봉이 25kN의 전단하중을 받아서 0.00075rad의 전단변형률을 발생시켰다. 이 때 재료의 세로탄성계수는 약 몇 GPa인가?(단, 이 재료의 포아송비는 0.3이다.)

① 75.5
② 94.4
③ 122.6
④ 157.2

해설 ➕

- 전단응력 $\tau = \dfrac{F}{A} = \dfrac{F}{\dfrac{\pi}{4}d^2} = \dfrac{4F}{\pi d^2} = \dfrac{4 \times 25 \times 10^3}{\pi \times 0.03^2}$

$$= 35.37 \times 10^6 \mathrm{Pa}$$

- 전단변형률 $\gamma = 0.00075$

$\tau = G \cdot \gamma$ 에서

$$G = \dfrac{\tau}{\gamma} = \dfrac{35.37 \times 10^6}{0.00075} = 4.716 \times 10^{10} \mathrm{Pa}$$

$$= 47.16 \times 10^9 \mathrm{Pa} = 47.16 \mathrm{GPa}$$

$\therefore$ 세로탄성계수 $E = 2G(1 + \mu)$

$$= 2 \times 47.16 \times (1 + 0.3)$$

$$= 122.62 \mathrm{GPa}$$

02 비중량 $\gamma = 7.85 \times 10^4 \mathrm{N/m^3}$인 강선을 연직으로 매달려고 할 때 자중에 의해서 견딜 수 있는 최대길이는 약 몇 m인가?(단, 강선의 허용인장응력은 12MPa이다.)

① 152
② 228
③ 305
④ 382

해설 ➕

x만큼 떨어진 부분에서 자중에 의한 응력은

$$\sigma_x = \dfrac{W_x}{A} = \dfrac{\gamma \times A \times x}{A} = \gamma \times x$$

$x = l$에서 최대응력 σ_{max}가 발생하므로

$$\sigma_{x=l} = \sigma_{max} = \gamma \times l$$

$$\sigma_{max} \leq \sigma_a$$

$$\gamma \times l \leq 12 \times 10^6 \mathrm{Pa}$$

$$7.85 \times 10^4 \times l\,\mathrm{Pa} \leq 12 \times 10^6 \mathrm{Pa}$$

$$l \leq \dfrac{12 \times 10^6}{7.85 \times 10^4} = 152.87 \mathrm{m}$$

03 그림과 같이 일단고정 타단자유단인 기둥의 좌굴에 대한 임계하중(Buckling Load)은 약 몇 kN인가? (단, 기둥의 세로탄성계수는 300GPa이고, 단면(폭×높이)은 2cm×2cm의 정사각형이다. 오일러의 좌굴하중을 적용한다.)

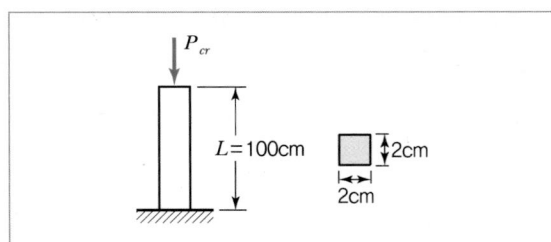

① 34
② 20.2
③ 9.8
④ 5.8

해설 ➕

$$P_{cr} = n\pi^2 \dfrac{EI}{l^2} \left(\text{여기서, 단말계수 } n = \dfrac{1}{4}\right)$$

$$P_{cr} = \frac{1}{4} \times \pi^2 \times \frac{300 \times 10^9 \times \dfrac{0.02 \times 0.02^3}{12}}{1^2}$$

$$= 9{,}869.70\text{N} \fallingdotseq 9.87\text{kN}$$

04 그림과 같이 반지름이 5cm인 원형 단면을 갖는 ㄱ자 프레임의 A점 단면의 수직응력(σ)은 약 몇 MPa 인가?

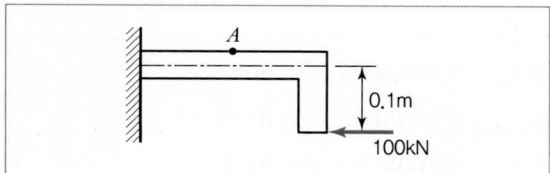

① 79.1   ② 89.1
③ 99.1   ④ 109.1

해설

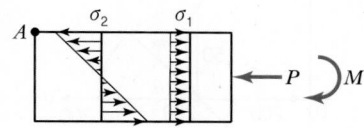

힘우력계를 가지고 P(100kN)를 A단면부의 중심으로 옮기면 그림과 같이 P와 $M(P \cdot e$(편심량))으로 해석한다.

$\dfrac{P}{A} < \dfrac{M}{Z}$ 이므로 자유물체도에서 표시한 조합응력에 의해 A부분은 인장된다.

$$\sigma_A = \sigma_2 - \sigma_1 = \frac{M}{Z} - \frac{P}{A}$$

$$= \frac{100 \times 10^3 \times 0.1}{\frac{\pi}{32} \times 0.1^3} - \frac{100 \times 10^3}{\frac{\pi}{4} \times 0.1^2}$$

$$= 89{,}126{,}768.15\,\text{Pa} \fallingdotseq 89.1\text{MPa}$$

05 그림과 같이 재료와 단면이 같고 길이가 서로 다른 강봉에 지지되어 있는 강체보에 하중을 가했을 때 A, B에서의 변위의 비 δ_A/δ_B는?

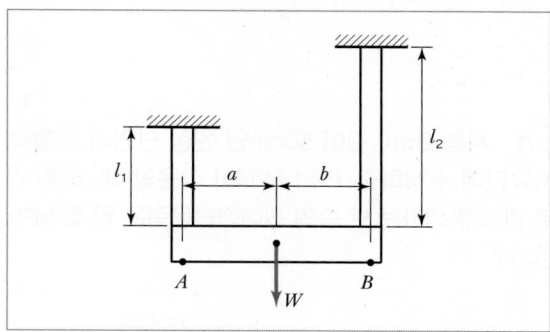

① $\dfrac{bl_1}{al_2}$ ② $\dfrac{al_1}{bl_2}$

③ $\dfrac{bl_2}{al_1}$ ④ $\dfrac{al_2}{bl_1}$

해설

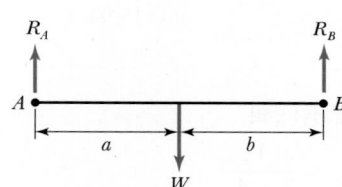

- $\sum M_{A지점} = 0$:

$$Wa - R_B(a+b) = 0$$

$$\therefore R_B = \frac{Wa}{a+b}$$

- $\sum M_{B지점} = 0$:

$$R_A(a+b) - Wb = 0$$

$$\therefore R_A = \frac{Wb}{a+b}$$

$\sigma = E\varepsilon$에서 $E = \dfrac{\varepsilon_A}{\sigma_A} = \dfrac{\varepsilon_B}{\sigma_B}$ 이므로 $\dfrac{\varepsilon_A}{\sigma_A} = \dfrac{\varepsilon_B}{\sigma_B}$

$$\frac{\dfrac{\delta_A}{l_A}}{\dfrac{R_A}{A}} = \frac{\dfrac{\delta_B}{l_B}}{\dfrac{R_B}{A}}$$

$$\frac{\delta_A}{l_1 \times R_A} = \frac{\delta_B}{l_2 \times R_B}$$

$$\therefore \frac{\delta_A}{\delta_B} = \frac{R_A}{R_B} \times \frac{l_1}{l_2} = \frac{b}{a} \times \frac{l_1}{l_2}$$

06 지름 2cm, 길이 50cm인 원형 단면의 외팔보 자유단에 수직하중 $P = 1.5$kN이 작용할 때, 하중 P로 인해 발생하는 보 속의 최대전단응력은 약 몇 MPa 인가?

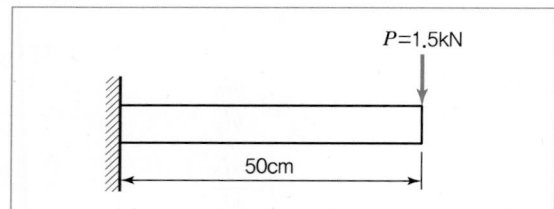

① 3.19 ② 6.37
③ 12.74 ④ 15.94

해설 ➕ -

보 속의 최대전단응력

$$\tau_{max} = \frac{4}{3}\tau_{av} = \frac{4}{3}\frac{V_{max}}{A}$$

보의 전단력 $V_{max} = R_A = 1.5$kN이므로

$$\tau_{max} = \frac{4}{3} \times \frac{1,500}{\frac{\pi}{4} \times 0.02^2} = 6.37 \times 10^6 \text{N/m}^2 = 6.37\text{MPa}$$

07 그림과 같은 평면응력상태에서 $\sigma_x = 300$MPa, $\sigma_y = 200$MPa이 작용하고 있을 때 재료 내에 생기는 최대전단응력(τ_{max})의 크기와 그 방향(θ)은?

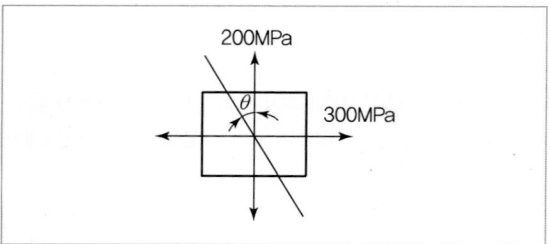

① $\tau_{max} = 300$MPa, $\theta = 90°$
② $\tau_{max} = 200$MPa, $\theta = 0°$
③ $\tau_{max} = 100$MPa, $\theta = 22.5°$
④ $\tau_{max} = 50$MPa, $\theta = 45°$

해설 ➕ -

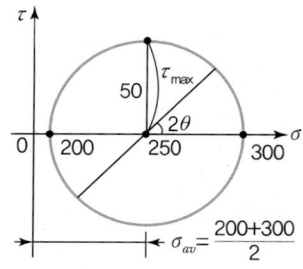

모어의 응력원에서 $\theta = 45°$일 때 $2\theta = 90°$가 되어 최대전단응력이 된다.

$$\tau_{max} = R = 300 - 250 = 50\text{MPa}$$

2017

08 그림과 같이 선형적으로 증가하는 불균일분포하중을 받고 있는 단순보의 전단력 선도로 적합한 것은?

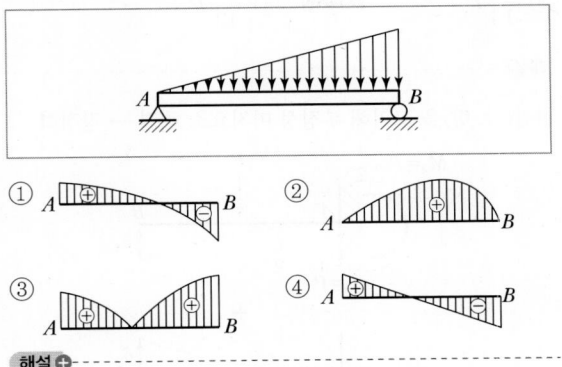

① ②

③ ④

09 다음 중 그림과 같은 외팔보에서의 허용굽힘응력은 50kN/cm²라 할 때, 최대하중 P는 약 몇 kN인가?(단, 보의 단면은 10cm×10cm이다.)

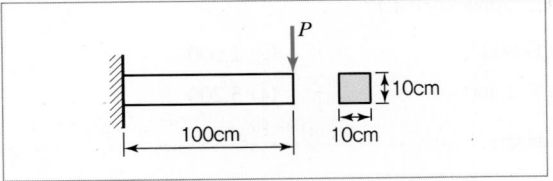

① 110.5 ② 100.0

③ 95.6 ④ 83.3

해설 +

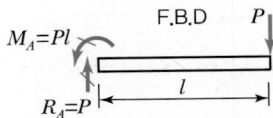

$M_{max} = M_A = Pl$ 과 $M_{max} = \sigma_b Z$에서

$$P = \frac{\sigma_b Z}{l} = \frac{\sigma_b \times \frac{b \times h^2}{6}}{l}$$

$$= \frac{50 \times 10^3 \times 10^4 \times \frac{0.1 \times 0.1^2}{6}}{1} = 83.33 \text{kN}$$

해설 +

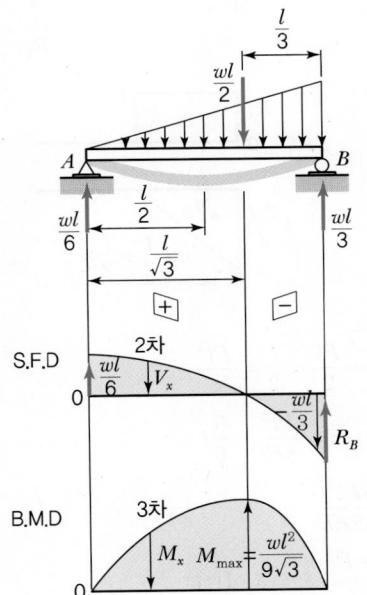

$$\frac{l}{3}$$

$$\frac{wl}{2}$$

$$\frac{wl}{6} \qquad \frac{wl}{3}$$

$$\frac{l}{2}$$

$$\frac{l}{\sqrt{3}}$$

S.F.D 2차 $\frac{wl}{6}$ V_x $\frac{wl}{3}$ R_B

B.M.D 3차 $M_x \quad M_{max} = \frac{wl^2}{9\sqrt{3}}$

10 축에 발생하는 전단응력은 τ, 축에 가해진 비틀림모멘트는 T라 할 때 축 지름 d를 나타내는 식은?

① $d = \sqrt[3]{\dfrac{32\,T}{\pi\tau}}$ ② $d = \sqrt[3]{\dfrac{\pi\tau}{16\,T}}$

③ $d = \sqrt[3]{\dfrac{\pi\tau}{32\,T}}$ ④ $d = \sqrt[3]{\dfrac{16\,T}{\pi\tau}}$

해설 +

$$T = \tau Z_P = \tau \times \frac{\pi d^3}{16}$$

$$d = \sqrt[3]{\frac{16\,T}{\pi\tau}}$$

11 단면계수가 0.01m³인 사각형 단면의 양단고정 보가 2m의 길이를 가지고 있다. 중앙에 최대 몇 kN의 집중하중을 가할 수 있는가?(단, 재료의 허용굽힘응력은 80MPa이다.)

① 800   ② 1,600
③ 2,400   ④ 3,200

해설 ⊕ ----------

집중하중이 작용하는 양단 고정보

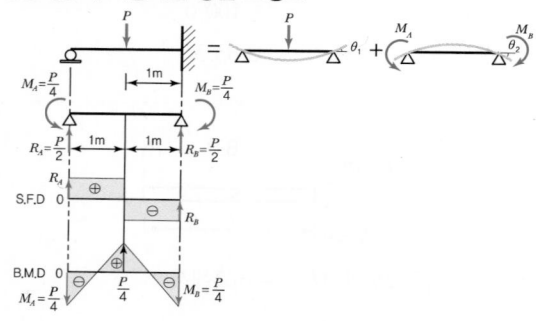

$$\theta_B = \theta_1 - \theta_2 = 0 \quad \therefore \theta_1 = \theta_2$$

$$\theta_1 = \frac{Pl^2}{16EI}, \quad \theta_2 = \frac{M_A l}{6EI} + \frac{M_B l}{3EI} = \frac{M_A l}{2EI}(\because M_A = M_B)$$

$$\frac{Pl^2}{16EI} = \frac{M_A l}{2EI} \quad \therefore M_A = \frac{Pl}{8}$$

$$M_{\max} = M_A = \sigma_b Z$$

$$\frac{P \times 2}{8} = 80 \times 10^6 \times 0.01$$

$$\therefore P = 3,200\text{kN}$$

12 다음 부정정보에서 B점에서의 반력은?(단, 보의 굽힘강성 EI는 일정하다.)

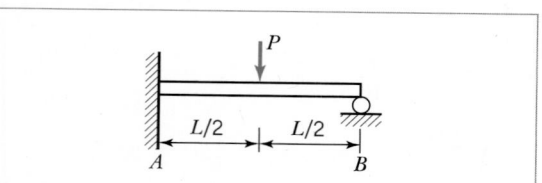

① $\frac{5}{48}P$ ② $\frac{5}{24}P$

③ $\frac{5}{16}P$ ④ $\frac{5}{12}P$

해설 ⊕ ----------

처짐(각, 량)을 고려해 부정정 미지요소 해결 → 정정화

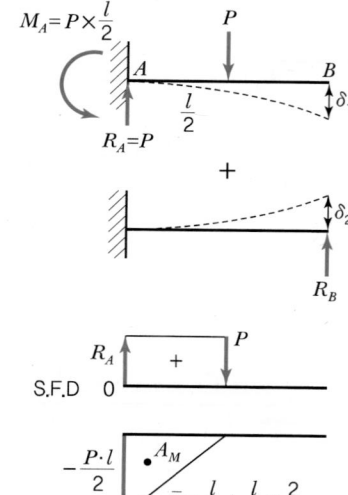

$$A_M = \frac{1}{2} \times \frac{Pl}{2} \times \frac{l}{2} = \frac{Pl^2}{8}$$

$$\delta_1 = \frac{A_M}{EI} \cdot \overline{x} = \frac{Pl^2}{8EI} \times \frac{5}{6}l$$

$$\therefore \delta_1 = \frac{5Pl^3}{48EI}$$

$$\delta_2 = \frac{R_B \cdot l^3}{3EI}, \quad \delta_1 = \delta_2 \text{이므로}$$

$$\frac{5Pl^3}{48EI} = \frac{R_B \cdot l^3}{3EI}$$

$$\therefore R_B = \frac{5}{16}P$$

13 다음 그림과 같이 2가지 재료로 이루어진 길이 L의 환봉이 있다. 이 봉에 비틀림모멘트 T가 작용할 때 이 환봉은 몇 rad로 비틀림이 발생하는가?(단, 재질 a의 가로탄성계수는 G_a, 재질 a의 극관성모멘트는 I_{pa}이고, 재질 b의 가로탄성계수는 G_b, 재질 b의 극관성모멘트는 I_{pb}이다.)

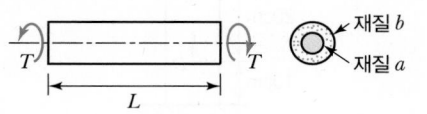

① $\dfrac{2TL}{G_a I_{pa}} + \dfrac{2TL}{G_b I_{pb}}$ ② $\dfrac{2TL}{G_a I_{pa} + G_b I_{pb}}$

③ $\dfrac{TL}{G_a I_{pa}} + \dfrac{TL}{G_b I_{pb}}$ ④ $\dfrac{TL}{G_a I_{pa} + G_b I_{pb}}$

해설 ⊕ -

2가지 재질로 된 a, b에 발생하는 비틀림모멘트를 T_a, T_b라 할 때

$T_a + T_b = T \cdots$ ⓐ

한 축이므로 T_a에 의한 비틀림각 θ_a와 T_b에 의한 비틀림각 θ_b는 동일하다.

$$\theta_a = \theta_b \rightarrow \frac{T_a L}{G_a I_{pa}} = \frac{T_b L}{G_b I_{pb}} \rightarrow T_a = \frac{G_a I_{pa}}{G_b I_{pb}} T_b \cdots ⓑ$$

ⓑ를 ⓐ에 대입하면

$$\frac{G_a I_{pa}}{G_b I_{pb}} T_b + T_b = T \rightarrow \frac{G_a I_{pa} + G_b I_{pb}}{G_b I_{pb}} T_b = T \rightarrow$$

$$T_b = \frac{G_b I_{pb}}{G_a I_{pa} + G_b I_{pb}} T$$

$$\therefore \theta_b = \frac{T_b L}{G_b I_{pb}} = \frac{\dfrac{G_b I_{pb}}{G_a I_{pa} + G_b I_{pb}} T}{G_b I_{pb}} L = \frac{TL}{G_a I_{pa} + G_b I_{pb}}$$

14 안지름이 25mm, 바깥지름이 30mm인 중공강 철관에 10kN의 축인장하중을 가할 때 인장응력은 몇 MPa인가?

① 14.2 ② 20.3
③ 46.3 ④ 145.5

해설 ⊕ -

$$\sigma = \frac{P}{A} = \frac{P}{\dfrac{\pi}{4}(d_2{}^2 - d_1{}^2)} = \frac{10 \times 10^3}{\dfrac{\pi}{4} \times (0.03^2 - 0.025^2)}$$

$$= 46.3 \times 10^6 \text{Pa} = 46.3 \text{MPa}$$

15 철도용 레일의 양단을 고정한 후 온도가 20℃에서 5℃로 내려가면 발생하는 열응력은 약 몇 MPa인가?(단, 레일재료의 열팽창계수 $\alpha = 0.000012/℃$이고, 균일한 온도 변화를 가지며, 탄성계수 $E = 210\text{GPa}$이다.)

① 50.4 ② 37.8
③ 31.2 ④ 28.0

해설 ⊕ -

온도가 내려가 레일은 줄어들어야 하지만, 양단이 고정돼 있어 레일에는 인장응력이 작용하게 된다.

열변형률 $\varepsilon = \alpha \Delta t$
열응력 $\sigma = E\varepsilon = E\alpha\Delta t$

$$= 210 \times 10^9 \times 0.000012 \times (20 - 5)$$
$$= 37.8 \times 10^6 \text{Pa}$$
$$= 37.8 \text{MPa}$$

16 지름 50mm의 속이 찬 환봉축이 1,228N · m의 비틀림모멘트를 받을 때 이 축에 생기는 최대비틀림응력은 약 몇 MPa인가?

① 20 ② 30
③ 40 ④ 50

해설 ⊕ --------------------

$$T = \tau \cdot Z_p = \tau \cdot \frac{\pi d^3}{16}$$ 에서

$$\tau = \frac{16\,T}{\pi d^3} = \frac{16 \times 1,228}{\pi \times 0.05^3} = 50.03 \times 10^6 \text{Pa} = 50.03\text{MPa}$$

17
그림과 같은 외팔보의 C점에 100kN의 하중이 걸릴 때 B점의 처짐량은 약 몇 cm인가?(단, 이 보의 굽힘강성(EI)은 10kN · m²이다.)

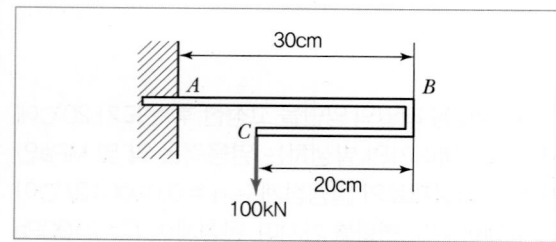

① 0　　　　　　　② 0.09

③ 0.16　　　　　　④ 0.64

해설 ⊕ --------------------

그림처럼 하중을 B점으로 옮기면 힘우력계에 의해 우력과 집중하중이 발생한다.

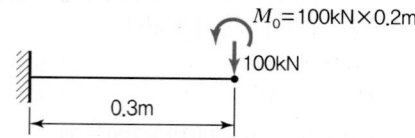

중첩법에 의해

$$\delta = \frac{P\,l^3}{3EI} - \frac{M_o\,l^2}{2EI}$$

$$= \frac{100 \times 10^3 \times 0.3^3}{3 \times 10 \times 10^3} - \frac{100 \times 10^3 \times 0.2 \times 0.3^2}{2 \times 10 \times 10^3} = 0$$

여기서, $P = 100$kN, $M_o = 100 \times 10^3 \times 0.2$N · m,

$l = 0.3$m, $EI = 10 \times 10^3$N · m²

18
그림과 같은 구조물에 C점과 D점에 각각 20kN, 40kN의 하중이 아래방향으로 작용할 때 상단의 반력 R_a는 약 몇 kN인가?

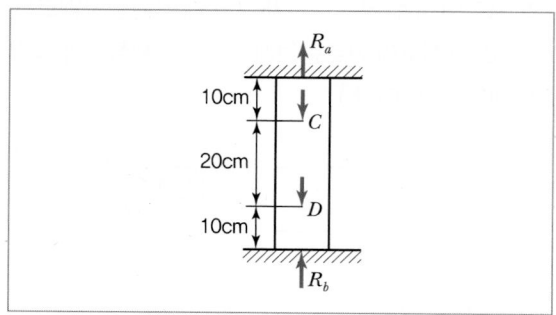

① 25　　　　　　　② 30

③ 20　　　　　　　④ 35

해설 ⊕ --------------------

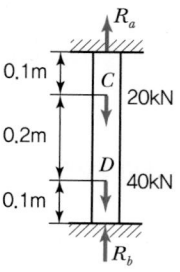

자유물체도 그림에서 R_a에 의해 늘어난 길이는 C와 D에 의해 줄어든 길이와 같다.

신장량 $\lambda = \dfrac{Pl}{AE}$ 과 전체신장량은 "0"이므로

$$\rightarrow \frac{R_a \times 0.4\text{m}}{AE} - \frac{20\text{kN} \times 0.3\text{m}}{AE} - \frac{40\text{kN} \times 0.1\text{m}}{AE} = 0$$

$$R_a \times 0.4\text{m} - 20\text{kN} \times 0.3\text{m} - 40\text{kN} \times 0.1\text{m} = 0$$

$$R_a = \frac{20\text{kN} \times 0.3\text{m} + 40\text{kN} \times 0.1\text{m}}{0.4\text{m}}$$

$$\therefore \ R_a = 25\text{kN}$$

19 길이 l의 외팔보의 전 길이에 걸쳐서 w의 등분포하중이 작용할 때 최대굽힘모멘트($M_{\max}$)의 값은?

① $\dfrac{wl^2}{8}$

② $\dfrac{wl^2}{4}$

③ $\dfrac{wl^2}{2}$

④ $\dfrac{wl^2}{12}$

해설 ⊕

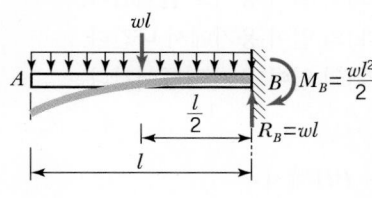

$$M_B = M_{\max} = \frac{wl^2}{2}$$

20 폭과 높이가 80mm인 정사각형 단면의 회전 반지름(Radius Of Gyration)은 약 몇 m인가?

① 0.034

② 0.064

③ 0.023

④ 0.017

해설 ⊕

$$K = \sqrt{\frac{I}{A}} = \sqrt{\frac{\dfrac{bh^3}{12}}{A}} = \sqrt{\frac{\dfrac{0.08 \times 0.08^3}{12}}{0.08^2}} = 0.023\text{m}$$

2과목 **기계열역학**

21 어느 발명가가 바닷물로부터 매시간 1,800kJ의 열량을 공급받아 0.5kW 출력의 열기관을 만들었다고 주장한다면, 이 사실은 열역학 제 몇 법칙에 위반되겠는가?

① 제0법칙

② 제1법칙

③ 제2법칙

④ 제3법칙

해설 ⊕

열기관 효율

$$\eta_{th} = \frac{W}{Q_H} = \frac{0.5\text{kW}}{1{,}800\dfrac{\text{kJ}}{\text{h}} \times \dfrac{1}{3{,}600}\dfrac{\text{h}}{\text{s}}} = 1 = 100\%$$

열효율 100%인 제2종 영구기관은 열역학 제2법칙에 위배된다.

22 랭킨사이클로 작동되는 증기동력발전소에서 20MPa, 45℃의 물이 보일러에 공급되고, 응축기 출구에서의 온도는 20℃, 압력은 2.339kPa이다. 이때 급수펌프에서 수행하는 단위질량당 일은 약 몇 kJ/kg인가?(단, 20℃에서 포화액 비체적은 0.001002m³/kg, 포화증기 비체적은 57.79m³/kg이며, 급수펌프에서는 등엔트로피 과정으로 변화한다고 가정한다.)

① 0.468

② 20.04

③ 27.14

④ 1,020.6

해설 ⊕

랭킨사이클은 개방계이며, 등엔트로피과정(단열과정)

$$\cancel{q_{cv}}^{0} + h_i = h_e + w_{cv}$$

$$w_{cv} = w_P = h_i - h_e < 0 \text{(계가 일 받음(−))}$$

$$\therefore\ w_P = h_e - h_i > 0$$

여기서, $\cancel{\delta q}^{0} = dh - vdp \rightarrow dh = vdp$

$$\therefore\ w_P = h_e - h_i = \int_i^e vdp\text{(물의 비체적 } v = c)$$

$$= v(p_e - p_i)$$

$$= 0.001002 \times (20 \times 10^6 - 2.339 \times 10^3)$$

$$= 20{,}038\text{J/kg}$$

$$= 20.04\text{kJ/kg}$$

23 다음 중 이론적인 카르노사이클과정(순서)을 옳게 나타낸 것은?(단, 모든 사이클은 가역사이클이다.)

① 단열압축 → 정적가열 → 단열팽창 → 정적방열
② 단열압축 → 단열팽창 → 정적가열 → 정적방열
③ 등온팽창 → 등온압축 → 단열팽창 → 단열압축
④ 등온팽창 → 단열팽창 → 등온압축 → 단열압축

해설 ⊕ -

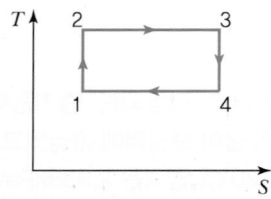

카르노사이클은 이상적인 2개의 등온과정과 이상적인 2개의 단열과정으로 이루어진다.
등온팽창은 T–S선도의 2 → 3과정이고 등온압축은 T–S선도의 4 → 1과정이다.

24 1kg의 기체로 구성되는 밀폐계가 50kJ의 열을 받아 15kJ의 일을 했을 때 내부에너지 변화량은 얼마인가?(단, 운동에너지의 변화는 무시한다.)

① 65kJ   ② 35kJ
③ 26kJ   ④ 15kJ

해설 ⊕ -

$\delta Q - \delta W = dU$에서
$_1Q_2 - _1W_2 = U_2 - U_1$
$U_2 - U_1 = \Delta U = _1Q_2 - _1W_2$

（열부호 흡열(+), 일부호 계가 한 일(+)）
$= 50 - 15$
$= 35kJ$

25 체적이 0.1m³인 용기 안에 압력 1MPa, 온도 250℃의 공기가 들어 있다. 정적과정을 거쳐 압력이 0.35MPa로 될 때 이 용기에서 일어난 열전달과정으로 옳은 것은?(단, 공기의 기체상수는 0.287kJ/(kg · K), 정압비열은 1.0035kJ/(kg · K), 정적비열은 0.7165kJ/(kg · K)이다.)

① 약 162kJ의 열이 용기에서 나간다.
② 약 162kJ의 열이 용기로 들어간다.
③ 약 227kJ의 열이 용기에서 나간다.
④ 약 227kJ의 열이 용기로 들어간다.

해설 ⊕ -

$\delta Q = dU + PdV$에서
정적과정이므로 $V = c, \, dV = 0, \, du = C_v dT$ 적용
$\therefore \, _1Q_2 = U_2 - U_1 = m C_v(T_2 - T_1)$
$\quad = 0.666 \times 0.7165 \times [183.05 - (250 + 273)]$
$\quad = -162.22kJ \, (열부호 \, (-)이므로 \, 방열)$

여기서, $V = \dfrac{mRT}{P} = \dfrac{mRT_1}{P_1} = \dfrac{mRT_2}{P_2}$

$T_2 = T_1 \dfrac{P_2}{P_1} = (273 + 250) \times \dfrac{0.35 \times 10^6}{1 \times 10^6} = 183.05K$

$m = \dfrac{P_1 V_1}{RT_1} = \dfrac{1,000 \times 0.1}{0.287 \times (250 + 273)} = 0.666kg$

26 체적이 0.5m³, 온도가 80℃인 밀폐압력용기 속에 이상기체가 들어 있다. 이 기체의 분자량이 24이고, 질량이 10kg이라면 용기 속의 압력은 약 몇 kPa인가?

① 1,845.4   ② 2,446.9
③ 3,169.2   ④ 3,885.7

$$R = \frac{\overline{R}}{M} = \frac{8.3144}{24} = 0.3464 \text{kJ/(kmol} \cdot \text{K)}$$

(일반기체상수 8.3144kJ/(kmol · K))

이상기체상태방정식 $PV = mRT$에서

$$P = \frac{mRT}{V} = \frac{10 \times 0.3464 \times 10^3 \times (80+253)}{0.5}$$
$$= 2,445,584 \text{Pa} = 2,446 \text{kPa}$$

27 오토사이클(Otto Cycle)기관에서 헬륨(비열비 $=1.66$)을 사용하는 경우의 효율(η_{He})과 공기(비열비 $=1.4$)를 사용하는 경우의 효율(η_{air})을 비교하고자 한다. 이때 η_{He}/η_{air} 값은?(단, 오토사이클의 압축비는 10이다.)

① 0.681 ② 0.770
③ 1.298 ④ 1.468

해설 ➕

오토사이클효율 $\eta_o = 1 - \left(\frac{1}{\varepsilon}\right)^{k-1}$ 에서

• 헬륨을 사용 → $k = 1.66$

$$\eta_{He} = 1 - \left(\frac{1}{10}\right)^{1.66-1} = 0.781$$

• 공기를 사용 → $k = 1.4$

$$\eta_{air} = 1 - \left(\frac{1}{10}\right)^{1.4-1} = 0.602$$

$$\therefore \frac{\eta_{He}}{\eta_{air}} = \frac{0.781}{0.602} = 1.297$$

28 가스터빈으로 구동되는 동력발전소의 출력이 10MW이고 열효율이 25%라고 한다. 연료의 발열량이 45,000kJ/kg이라면 시간당 공급해야 할 연료량은 약 몇 kg/h인가?

① 3,200 ② 6,400
③ 8,320 ④ 12,800

해설 ➕

$$\eta = \frac{\text{output}}{\text{input}} = \frac{10\text{MW}}{H_l(\text{kJ/kg}) \times F_B(\text{kg/h})}$$

$$25\% = 0.25 = \frac{10 \times 10^3 \times 3,600}{45,000 \times F_B}$$

여기서, $\dfrac{\text{kWh}}{\text{kJ}} \times \dfrac{3,600\text{kJ}}{1\text{kWh}}$ (단위환산)

$$\therefore F_B = \frac{10 \times 10^3 \times 3,600}{45,000 \times 0.25} = 3,200\text{kg/h}$$

29 3kg의 공기가 들어 있는 실린더가 있다. 이 공기가 200kPa, 10℃인 상태에서 600kPa이 될 때까지 압축할 때 공기가 한 일은 약 몇 kJ인가?(단, 이 과정은 폴리트로픽변화로서 폴리트로픽지수는 1.30이다. 또한 공기의 기체상수는 0.287kJ/(kg · K)이다.)

① -285 ② -235
③ 13 ④ 125

해설 ➕

밀폐계의 일=절대일

$\delta W = PdV \, (PV^n = C \rightarrow P = CV^{-n})$

$${}_1W_2 = \int_1^2 CV^{-n}dV$$

$$= \frac{C}{-n+1}\left[V^{-n+1}\right]_1^2$$

$$= \frac{C}{-n+1}\left(V_2^{-n+1} - V_1^{-n+1}\right)$$

$C = P_1V_1^n = P_2V_2^n$을 적용하면

$${}_1W_2 = \frac{1}{n-1}\left(P_1V_1 - P_2V_2\right)$$

$$= \frac{mR}{n-1}\left(T_1 - T_2\right)$$

$$= \frac{mRT_1}{n-1}\left(1 - \frac{T_2}{T_1}\right)$$

$$= \frac{mRT_1}{n-1}\left(1-\left(\frac{P_2}{P_1}\right)^{\frac{n-1}{n}}\right)$$

$$= \frac{3\times0.287\times283}{1.3-1}\times\left(1-\left(\frac{600}{200}\right)^{\frac{1.3-1}{1.3}}\right)$$

$$=-234.37\text{kJ }((-)부호 \to 계가 일 받음을 의미)$$

$$= P_1V_1\ln\frac{V_2}{V_1}$$

$$= 300\times10^3\times0.05\times\ln\frac{0.2}{0.05}$$

$$= 20,794.4\text{J}$$

$$= 20.79\text{kJ}$$

30 그림과 같이 다수의 추를 올려놓은 피스톤이 설치된 실린더 안에 가스가 들어 있다. 이때 가스의 최초 압력이 300kPa이고, 초기 체적은 0.05m³이다. 여기에 열을 가하여 피스톤을 상승시킴과 동시에 피스톤 추를 덜어 내어 가스온도를 일정하게 유지하여 실린더 내부의 체적을 증가시킬 경우 이 과정에서 가스가 한 일은 약 몇 kJ인가?(단, 이상기체 모델로 간주하고, 상승 후의 체적은 0.2m³이다.)

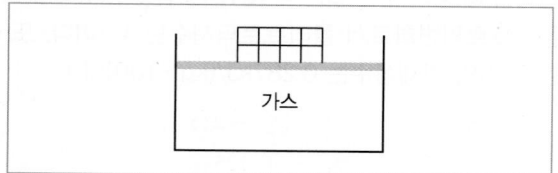

① 10.79kJ ② 15.79kJ
③ 20.79kJ ④ 25.79kJ

해설 ➕ -

주어진 조건은 P_1, V_1, V_2 이고 등온과정이면 $T=C$이므로
$PV=C$, 밀폐계의 일=절대일
$\delta W = PdV$

$$_1W_2 = \int_1^2 PdV \left(\leftarrow P=\frac{C}{V}\right)$$

$$= \int_1^2 \frac{C}{V}dV$$

$$= C\int_1^2 \frac{1}{V}dV$$

$$= C\ln\frac{V_2}{V_1}$$

(여기서, 등온과정이므로 $C=P_1V_1=P_2V_2$)

31 물 2L를 1kW의 전열기를 사용하여 20℃에서 100℃까지 가열하는 데 소요되는 시간은 약 몇 분(min)인가?(단, 전열기 열량의 50%가 물을 가열하는 데 유효하게 사용되고, 물은 증발하지 않는 것으로 가정한다. 물의 비열은 4.18kJ/(kg·K)이다.)

① 22.3 ② 27.6
③ 35.4 ④ 44.6

해설 ➕ -

$\dot{Q}$(열전달률)$=\dfrac{Q}{t}$

$\delta Q = mc\Delta t = \rho V_c \Delta t$ 에서 열효율 50%와 $1\text{L}=10^{-3}\text{m}^3$ 를 적용하면

$$0.5\times1,000\text{J/s}\times x\min\times\frac{60\text{s}}{1\min}$$

$$= 1,000\times2\times10^{-3}\times4,180\times(100-20)$$

$$\therefore x = 22.29\min$$

32 다음 중 강도성 상태량(Intensive Property)에 속하는 것은?

① 온도 ② 체적
③ 질량 ④ 내부에너지

해설 ➕ -

반으로 나누었을 때 값이 변하면 종량성 상태량이고, 변하지 않으면 강도성 상태량이다.

33 그림과 같이 A, B 두 종류의 기체가 한 용기 안에서 박막으로 분리되어 있다. A의 체적은 0.1m³, 질량은 2kg이고, B의 체적은 0.4m³, 밀도는 1kg/m³ 이다. 박막이 파열되고 난 후에 평형에 도달하였을 때 기체혼합물의 밀도는 약 몇 kg/m³인가?

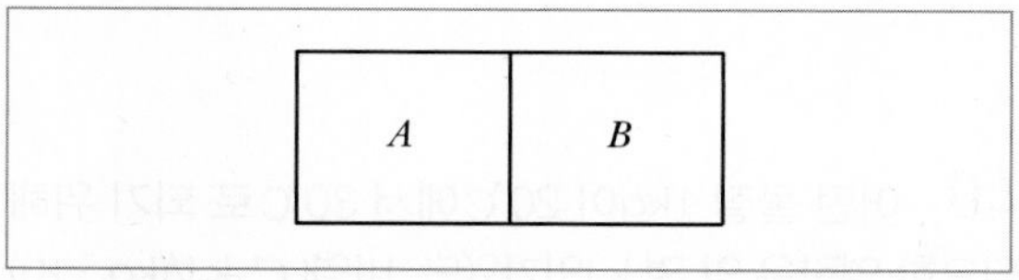

① 4.8　　　　　　② 6.0
③ 7.2　　　　　　④ 8.4

해설 ⊕

$$m_t = m_1 + m_2 \left(\rho = \frac{m}{V} \text{에서} \right)$$

여기서, m_t : 기체혼합물 총질량

$$\rho_m V_t = \rho_1 V_1 + \rho_2 V_2$$

혼합물의 밀도 $\rho_m = \dfrac{\rho_1 V_1 + \rho_2 V_2}{V_t}$

$$= \frac{\dfrac{2}{0.1} \times 0.1 + 1 \times 0.4}{0.5}$$

$$= 4.8$$

34 초기 온도 T, 압력 P 상태의 기체(질량 m)가 들어 있는 견고한 용기에 같은 기체를 추가로 주입하여 최종적으로 질량 $3m$, 온도 $2T$ 상태가 되었다. 이때 최종상태에서의 압력은?(단, 기체는 이상기체이고, 온도는 절대온도를 나타낸다.)

① $6P$　　　　　　② $3P$
③ $2P$　　　　　　④ $\dfrac{3P}{2}$

해설 ⊕

체적이 일정한 용기 안이므로 정적과정 $V = C$
이상기체상태방정식 $PV = mRT$에서

$$V = \frac{m_1 R T_1}{P_1} = \frac{m_2 R T_2}{P_2}$$

$$P_2 = P_1 \frac{m_2 R T_2}{m_1 R T_1} = P \frac{3m}{m} \frac{2T}{T} = 6P$$

35 1kg의 이상기체가 압력 100kPa, 온도 20℃의 상태에서 압력 200kPa, 온도 100℃의 상태로 변화하였다면 체적은 어떻게 되는가?(단, 변화 전 체적을 V라고 한다.)

① $0.64V$　　　　　② $1.57V$
③ $3.64V$　　　　　④ $4.57V$

해설 ⊕

보일－샤를법칙에서
$$\frac{P_1 V_1}{T_1} = \frac{P_2 V_2}{T_2} \text{이므로}$$

$$V_2 = \frac{T_2 P_1}{T_1 P_2} V_1 = \frac{373 \times 100}{293 \times 200} V_1 = 0.64 V_1 = 0.64 V$$

36 이론적인 카르노열기관의 효율(η)을 구하는 식으로 옳은 것은?(단, 고열원의 절대온도는 T_H, 저열원의 절대온도는 T_L이다.)

① $\eta = 1 - \dfrac{T_H}{T_L}$　　　　② $\eta = 1 + \dfrac{T_L}{T_H}$

③ $\eta = 1 - \dfrac{T_L}{T_H}$　　　　④ $\eta = 1 + \dfrac{T_H}{T_L}$

해설 ⊕

카르노사이클의 효율은 온도만의 함수이므로

$$\eta = \frac{T_H - T_L}{T_H} = 1 - \frac{T_L}{T_H}$$

37 출력 15kW의 디젤기관에서 마찰손실이 그 출력의 15%일 때 그 마찰손실에 의해서 시간당 발생하는 열량은 약 몇 kJ인가?

① 2.25 ② 25

③ 810 ④ 8,100

해설 ⊕

$$\dot{Q} = 15\text{kW} \times 0.15 \times \frac{3,600\text{kJ}}{1\text{kWh}} = 8,100\text{kJ/h}$$

38 다음 중 냉매의 구비조건으로 틀린 것은?

① 증발압력이 대기압보다 낮을 것

② 응축압력이 높지 않을 것

③ 비열비가 작을 것

④ 증발열이 클 것

해설 ⊕

냉매의 구비조건
- 냉매의 비체적이 작을 것
- 증발압력은 대기압보다 높을 것
- 냉매의 증발잠열이 클 것
- 응축압력이 적당히 낮을 것
- 임계온도가 충분히 높을 것
- 전기절연성이 좋을 것

39 어느 냉장고의 소비전력이 2kW이고, 이 냉장고의 응축기에서 방열되는 열량이 5kW라면, 냉장고의 성적계수는 얼마인가?(단, 이론적인 증기압축냉동사이클로 운전된다고 가정한다.)

① 0.4 ② 1.0

③ 1.5 ④ 2.5

해설 ⊕

$$\varepsilon_R = \frac{q_L}{q_H - q_L} = \frac{q_L + q_H - q_H}{q_H - q_L} = \frac{q_H}{q_H - q_L} - 1$$

$$= \frac{Q_H}{W_c} - 1 = \frac{5}{2} - 1 = 1.5$$

40 어떤 물질 1kg이 20℃에서 30℃로 되기 위해 필요한 열량은 약 몇 kJ인가?(단, 비열(C, kJ/(kg · K))은 온도에 대한 함수로서 $C = 3.594 + 0.0372\,T$이며, 여기서 온도(T)의 단위는 K이다.)

① 4 ② 24

③ 45 ④ 147

해설 ⊕

비열량

$$_1q_2 = \int_1^2 C dT \ (C\text{가 온도 }T\text{의 함수로 주어져 있으므로})$$

$$= \int_1^2 (3.594 + 0.0372\,T) dT$$

$$= [3.594\,T]_1^2 + 0.0372 \left[\frac{T^2}{2}\right]_1^2$$

$$= 3.594(T_2 - T_1) + 0.0372 \times \frac{1}{2}\left(T_2{}^2 - T_1{}^2\right)$$

$$= 3.594 \times (303 - 293) + 0.0372 \times \frac{1}{2}\left(303^2 - 293^2\right)$$

$$= 146.796\text{kJ/kg}$$

전열량 $_1Q_2 = m\,_1q_2$

$$= 1\text{kg} \times 146.796\,(\text{kJ/kg})$$

$$= 146.796\text{kJ}$$

정답 37 ④ 38 ① 39 ③ 40 ④

3과목 기계유체역학

41 그림과 같이 속도 V인 유체가 곡면에 부딪힌 후 θ의 각도로 유동방향이 바뀌어 같은 속도로 분출된다. 이때 유체가 곡면에 가하는 힘의 크기를 θ에 대한 함수로 옳게 나타낸 것은?(단, 유동단면적은 일정하고, θ의 각도는 $0° \leq \theta \leq 180°$ 이내에 있다고 가정한다. 또한 Q는 유량, ρ는 유체밀도이다.)

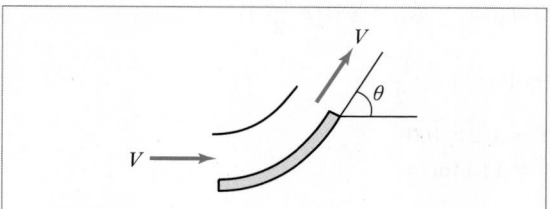

① $F = \dfrac{1}{2}\rho QV\sqrt{1-\cos\theta}$

② $F = \dfrac{1}{2}\rho QV\sqrt{2(1-\cos\theta)}$

③ $F = \rho QV\sqrt{1-\cos\theta}$

④ $F = \rho QV\sqrt{2(1-\cos\theta)}$

해설 ➕ -

- x방향 : $-f_x = \rho Q(V_{2x} - V_{1x})$

$\qquad$ 여기서, $V_{2x} = V\cos\theta,\ V_{1x} = V$

$\qquad -f_x = \rho Q(V\cos\theta - V)$

$\qquad\ f_x = \rho QV(1-\cos\theta)$

- y방향 : $f_y = \rho Q(V_{2y} - V_{1y})$

$\qquad$ 여기서, $V_{2y} = V\sin\theta,\ V_{1y} = 0$

$\qquad\ f_y = \rho Q(V\sin\theta)$

$\therefore F = \sqrt{{f_x}^2 + {f_y}^2} = \rho QV\sqrt{(1-\cos\theta)^2 + (\sin\theta)^2}$

$\qquad\qquad = \rho QV\sqrt{2(1-\cos\theta)}$

42 어떤 오일의 점성계수가 0.3kg/m · s이고 비중이 0.3이라면 동점성계수는 약 몇 m²/s인가?

① 0.1 ② 0.5

③ 0.001 ④ 0.005

해설 ➕ -

$$\nu = \frac{\mu}{\rho} = \frac{\mu}{s\rho_w} = \frac{0.3}{0.3 \times 1,000} = 0.001\,\text{m}^2/\text{s}$$

43 공기 중에서 무게가 900N인 돌이 물에 완전히 잠겨 있다. 물속에서의 무게가 400N이라면, 이 돌의 체적(V)과 비중(SG)은 약 얼마인가?

① $V = 0.051\text{m}^3,\ SG = 1.8$

② $V = 0.51\text{m}^3,\ SG = 1.8$

③ $V = 0.051\text{m}^3,\ SG = 3.6$

④ $V = 0.51\text{m}^3,\ SG = 3.6$

해설 ➕ -

$\Sigma F_y = 0 : F_B + 400 - 900 = 0$

$\therefore F_B = 500\text{N}$

부력은 물체에 의해 배제된 유체의 무게

$F_B = \gamma_w V_B = 500\text{N}$

$9,800 \times V_B = 500$

$\therefore V_B = 0.051\text{m}^3$

돌무게 $= 900\text{N} = \gamma_B V_B = s_B \gamma_w V_B$

$\therefore$ 돌의 비중$(s_B) = SG = \dfrac{900}{\gamma_w V_B} = \dfrac{900}{9,800 \times 0.051} = 1.8$

44 바다 속에서 속도 9km/h로 운항하는 잠수함이 지름 280mm인 구형의 음파탐지기를 끌면서 움직일 때 음파탐지기에 작용하는 항력을 풍동실험을 통해 예측하려고 한다. 풍동실험에서 Reynolds수는 얼마로 맞추어야 하는가?(단, 바닷물의 평균밀도는 1,025 kg/m^3이며, 동점성계수는 $1.4 \times 10^{-6}m^2/s$이다.)

① 5.0×10^5 ② 5.8×10^6
③ 5.2×10^8 ④ 1.87×10^9

해설 ⊕

$$Re = \frac{\rho V d}{\mu} = \frac{Vd}{\nu} = \frac{2.5 \times 0.28}{1.4 \times 10^{-6}} = 5 \times 10^5$$

$$여기서, \ V = 9\frac{km}{h} \times \frac{1,000m}{1km} \times \frac{1h}{3,600s} = 2.5 m/s$$

45 다음 중 이상기체에 대한 음속(Acoustic Velocity)의 식으로 거리가 먼 것은?(단, ρ는 밀도, P는 압력, k는 비열비, R은 기체상수, T는 절대온도, s는 엔트로피이다.)

① $\sqrt{\dfrac{PT}{\rho}}$ ② $\sqrt{\left(\dfrac{\partial P}{\partial \rho}\right)_s}$
③ $\sqrt{\dfrac{kP}{\rho}}$ ④ $\sqrt{kRT}$

해설 ⊕

유체 내의 교란에 의하여 생긴 압력파의 전파속도(음속)는
$$\alpha_s = \sqrt{\frac{dP}{d\rho}} = \sqrt{\frac{K}{\rho}}$$

단열일 때 체적탄성계수 $K = kP, \ Pv = \dfrac{P}{\rho} = RT$

$$\alpha_s = \sqrt{\frac{K}{\rho}} = \sqrt{\frac{kP}{\rho}} = \sqrt{kRT}$$

46 피토관으로 가스의 유속을 측정하였는데 정체압과 정압의 차이가 100Pa이었다. 가스의 밀도가 $1kg/m^3$라면 가스의 속도는 약 몇 m/s인가?

① 0.45m/s ② 0.9m/s
③ 10m/s ④ 14m/s

해설 ⊕

전압력은 정체압력 = 정압 + 동압

정체압력 − 정압 = 동압 $\left(\rho\dfrac{V^2}{2}\right)$

$$100Pa = 1 \times \frac{V^2}{2}Pa$$

$$V = \sqrt{2 \times 100}$$
$$= 14.14 m/s$$

47 항구의 모형을 400 : 1로 축소 제작하려고 한다. 조수 간만의 주기가 12시간이면 모형 항구의 조수 간만의 주기는 몇 시간이 되어야 하는가?

① 0.05 ② 0.1
③ 0.4 ④ 0.6

해설 ⊕

조파저항은 수면의 표면파로, 중력에 의해 발생한다.
모형과 실형의 프루드수가 같아야 한다.

$$\left.\frac{V}{\sqrt{Lg}}\right)_m = \left.\frac{V}{\sqrt{Lg}}\right)_p$$

$$\frac{V_m}{\sqrt{L_m}} = \frac{V_p}{\sqrt{L_p}} \ (\because \ g_m = g_p)$$

$$\frac{V_p}{V_m} = \sqrt{\frac{L_p}{L_m}} = \sqrt{\frac{400}{1}} = 20$$

시간과 속도는 반비례(속도 = 거리/시간)하므로 모형 항구의 조수 간만의 주기는

$$\frac{V_p}{V_m} = \frac{t_p}{t_m} 에서$$

$$\therefore t_m = \frac{t_p}{20} = \frac{12시간}{20} = 0.6시간$$

48 다음 경계층에 관한 설명으로 옳지 않은 것은?

① 경계층은 물체가 유체유동에서 받는 마찰저항에 관계한다.

② 경계층은 얇은 층이지만 매우 큰 속도구배가 나타나는 곳이다.

③ 경계층은 오일러방정식으로 취급할 수 있다.

④ 일반적으로 평판 위의 경계층 두께는 평판으로부터 상류속도의 99% 속도가 나타나는 곳까지의 수직거리로 한다.

해설 ➕ -

경계층은 평판의 선단으로부터 점성의 영향을 받는 얇은 층이므로, 비점성을 기본으로 해석하는 오일러의 운동방정식으로 다룰 수 없다.

49 그림과 같이 직각으로 된 유리판을 수면으로부터 3cm 아래에 놓았을 때 수면으로부터 올라온 물의 높이가 10cm이다. 이곳에서 흐르는 물의 평균속도는 약 몇 m/s인가?

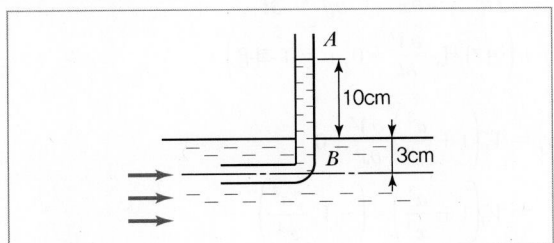

① 0.72　　　　② 1.40

③ 1.59　　　　④ 2.52

해설 ➕ -

피토관의 속도(V) $= \sqrt{2g\Delta h} = \sqrt{2 \times 9.8 \times 0.1} = 1.4 \text{m/s}$

50 반지름 R인 하수도관의 절반이 비중량(Specific Weight) γ인 물로 채워져 있을 때 하수도관의 1m 길이당 받는 수직력의 크기는?(단, 하수도관은 수평으로 놓여 있다.)

① $\gamma\left(2 - \dfrac{\pi}{2}\right)R^2$　　　　② $\gamma\left(1 + \dfrac{\pi}{2}\right)R^2$

③ $\dfrac{\gamma\pi R^2}{2}$　　　　④ $\gamma\left(1 + \dfrac{\pi}{4}\right)R^2$

해설 ➕ -

곡면에 작용하는 합력의 수직분력은 곡면 위에 놓인 액체의 총중량과 같으므로

$$\sum F_y = 0 : - W + F_y = 0$$

$$F_y = W = \gamma V = \gamma \times \frac{\pi R^2}{2} \times 1 = \frac{\gamma\pi R^2}{2}$$

51 원통좌표계(r, θ, z)에서 무차원속도포텐셜이 $\phi = 2r$일 때, $r = 2$에서의 반지름방향(r방향) 속도성분의 크기는?

① 0.5　　　　② 1

③ 2　　　　④ 4

해설 ➕ -

퍼텐셜함수

$\phi = 2r$, $\vec{V} = V_r \cdot e_r + V_\theta \cdot e_\theta + V_z \cdot k$이므로

$$V_r = \frac{\partial \phi}{\partial r} = 2$$

정답　　48 ③　49 ②　50 ③　51 ③

52
지름이 5cm인 원형 관에 비중이 0.7인 오일이 3m/s의 속도로 흐를 때, 체적유량(Q)과 질량유량($\dot{m}$)은 각각 얼마인가?

① $Q = 0.59\text{m}^3/\text{s}, \dot{m} = 41.2\text{kg/s}$

② $Q = 0.0059\text{m}^3/\text{s}, \dot{m} = 41.2\text{kg/s}$

③ $Q = 0.0059\text{m}^3/\text{s}, \dot{m} = 4.12\text{kg/s}$

④ $Q = 0.59\text{m}^3/\text{s}, \dot{m} = 4.12\text{kg/s}$

해설 ⊕

비중 $S = \dfrac{\rho}{\rho_w}$ 에서

오일의 밀도 $\rho = S\rho_w = 0.7 \times 1{,}000 = 700\text{kg/m}^3$

$Q = A \cdot V = \dfrac{\pi}{4} \times 0.05^2 \times 3 = 5.89 \times 10^{-3} = 0.0059\text{m}^3/\text{s}$

$\dot{m} = \rho \cdot A \cdot V = \rho \cdot Q = 700 \times 0.0059 = 4.13\text{kg/s}$

53
수평원관 속을 유체가 층류(Laminar Flow)로 흐르고 있을 때 유량에 대한 설명으로 옳은 것은?

① 관 지름의 4제곱에 비례한다.

② 점성계수에 비례한다.

③ 관의 길이에 비례한다.

④ 압력강하에 반비례한다.

해설 ⊕

하겐푸아죄유의 방정식

$Q = \dfrac{\Delta p \pi d^4}{128 \mu l}$

54
비압축성, 비점성 유체가 그림과 같이 반지름 a인 구(Sphere) 주위를 일정하게 흐른다. 유동해석에 의해 유선 $A - B$상에서의 유체속도(V)가 다음과 같이 주어질 때 유체입자가 이 유선 $A - B$를 따라 흐를 때의 x방향 가속도(a_x)를 구하면?(단, V_0는 구로부터 먼 상류의 속도이다.)

$$V = u(x)\vec{i} = V_0\left(1 + \frac{a^3}{x^3}\right)\vec{i}$$

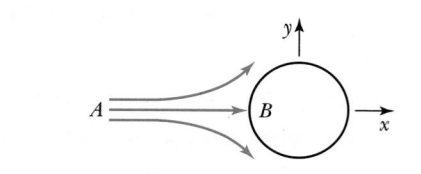

① $a_x = -(V_0^2/a)\dfrac{1 + (a/x)^3}{(x/a)^4}$

② $a_x = -3(V_0^2/a)\dfrac{1 + (a/x)^3}{(x/a)^4}$

③ $a_x = -(V_0^2/a)\dfrac{1 + (a/x)^2}{(x/a)^3}$

④ $a_x = -3(V_0^2/a)\dfrac{1 + (a/x)^2}{(x/a)^4}$

해설 ⊕

2차원 정상유동이므로 속도장 내 유체입자의 가속도 표현은

$a = \dfrac{DV}{Dt} = u\dfrac{\partial V}{\partial x} + v\dfrac{\partial V}{\partial y} + \dfrac{\partial V}{\partial t}$

$\left(\text{여기서, } \dfrac{\partial V}{\partial t} = 0,\ v = 0 \text{ 적용}\right)$

$a_x = V_0\left(1 + \dfrac{a^3}{x^3}\right)\dfrac{\partial V}{\partial x} + 0$

$\quad = V_0\left(1 + \dfrac{a^3}{x^3}\right) \times \left(-V_0\dfrac{3a^3}{x^4}\right)$

$\quad = \dfrac{-3(V_0^2/a)\left(1 + \dfrac{a^3}{x^3}\right)}{\left(\dfrac{x^4}{a^4}\right)}$

55 비행기 이착륙 시 플랩(Flap)을 주날개에서 내려 날개의 넓이를 늘리는 이유(목적)로 가장 옳게 설명한 것은?

① 양력을 증가시켜 조정을 용이하게 하기 위해
② 항력을 증가시켜 조정을 용이하게 하기 위해
③ 양력을 감소시켜 조정을 용이하게 하기 위해
④ 항력을 감소시켜 조정을 용이하게 하기 위해

해설 ➕

양력 $L = C_L \cdot \dfrac{\rho A V^2}{2}$ 에서 날개의 넓이 A가 증가하면 양력이 증가한다.

56 밀도 890kg/m³, 점성계수 2.3kg/(m·s)인 오일이 지름 40cm, 길이 100m인 수평원관 내를 평균속도 0.5m/s로 흐른다. 입구의 영향을 무시하고 압력강하를 이길 수 있는 펌프의 소요동력은 약 몇 kW인가?

① 0.58
② 1.45
③ 2.90
④ 3.63

해설 ➕

펌프의 동력 $H_{kW} = \dfrac{\gamma H_P Q}{1,000}$

하겐푸아죄유 방정식에서

$Q = \dfrac{\Delta P \pi d^4}{128 \mu l} \rightarrow \Delta P = \dfrac{128 \mu l Q}{\pi d^4}$

펌프수두와 압력강하에 의한 수두가 같아야 하므로

$H_P = \dfrac{\Delta P}{\gamma} \rightarrow \Delta P = \gamma H_P$

$\gamma H_P Q = \Delta P Q = \dfrac{128 \mu l Q^2}{\pi d^4} = \dfrac{128 \mu l}{\pi d^4} \left(\dfrac{\pi}{4} d^2 \times V \right)^2$

$\qquad = \dfrac{128 \mu l}{\pi d^4} \times \dfrac{\pi^2}{16} d^4 \times V^2 = 8 \pi \mu l V^2$

$\therefore H_{kW} = \dfrac{\gamma H_P Q}{1,000} = \dfrac{8\pi \times 2.3 \times 100 \times (0.5)^2}{1,000} = 1.45 kW$

57 그림과 같은 밀폐된 탱크용기에 압축공기와 물이 담겨 있다. 비중 13.6인 수은을 사용한 마노미터가 대기 중에 노출되어 있으며 대기압이 100kPa이고, 압축공기의 절대압력이 114kPa이라면 수은의 높이 h는 약 몇 cm인가?

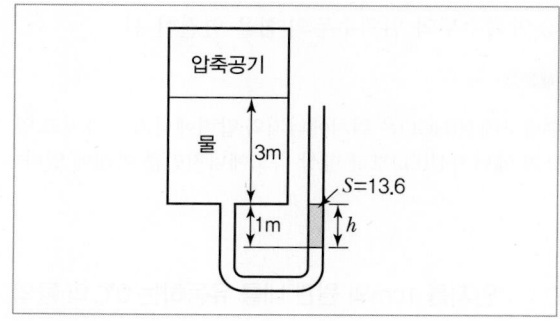

① 20
② 30
③ 40
④ 50

해설 ➕

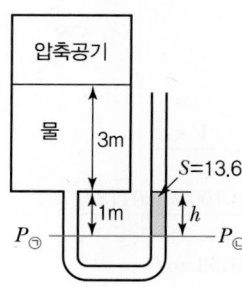

$P_{\text{㉠}} = 114kPa + \gamma_w \times 4m$

$P_{\text{㉡}} = 100kPa + \gamma_{Hg} \times h$

등압면이므로 $P_{\text{㉠}} = P_{\text{㉡}}$

$114kPa + \gamma_w \times 4m = 100kPa + \gamma_{Hg} \times h$

$\gamma_{Hg} \times h = 14kPa + \gamma_w \times 4m$

$h = \dfrac{14kPa + \gamma_w \times 4m}{\gamma_{Hg}}$

$\quad = \dfrac{14,000Pa + 9,800N/m^3 \times 4m}{13.6 \times 9,800N/m^3}$

$\quad = 0.4m$

$\quad = 40cm$

58 다음 중 수력기울기선(Hydraulic Grade Line)이란?

① 위치수두, 압력수두 및 속도수두의 합을 연결한 선
② 위치수두와 속도수두의 합을 연결한 선
③ 압력수두와 속도수두의 합을 연결한 선
④ 압력수두와 위치수두의 합을 연결한 선

해설 ➕
수력구배선(HGL)은 위치에너지와 압력에너지를 가지고 있으며 에너지선(EL)보다 항상 속도에너지만큼 아래에 있다.

59 안지름 1cm의 원관 내를 유동하는 0℃의 물의 층류임계레이놀즈수가 2,100일 때 임계속도는 약 몇 cm/s인가?(단, 0℃ 물의 동점성계수는 0.01787 cm²/s이다.)

① 75.1　　　　② 751
③ 37.5　　　　④ 375

해설 ➕

$$Re = \frac{\rho \cdot V \cdot d}{\mu} = \frac{V \cdot d}{\nu}$$

$$V = \frac{Re \cdot \nu}{d} = \frac{2,100 \times 0.01787}{1}$$
$$= 37.53\text{cm/s}$$

60 다음 중 밀도가 가장 큰 액체는?

① 1g/cm³　　　　② 비중 1.5
③ 1,200kg/m³　　　　④ 비중량 8,000N/m³

해설 ➕

① $1\text{g/cm}^3 = \frac{10^{-3}\text{kg}}{10^{-6}\text{m}^3} = 1,000\text{kg/m}^3$

② $\rho = S\rho_w = 1.5 \times 1,000 = 1,500\text{kg/m}^3$

③ $1,200\text{kg/m}^3$

④ $\gamma = \rho g \rightarrow 8,000\text{N/m}^3 = \rho \times 9.8\text{m/s}^2$

$$\therefore \rho = \frac{8,000\text{N/m}^3}{9.8\text{m/s}^2} = 816.33\text{kg/m}^3$$

4과목　유체기계 및 유압기기

61 다음 중 왕복 펌프의 양수량 $Q(\text{m}^3/\text{min})$ 를 구하는 식으로 옳은 것은?(단, 실린더 지름을 $D(\text{m})$, 행정을 $L(\text{m})$, 크랭크 회전수를 $n(\text{rpm})$, 체적효율을 η_v, 크랭크 각속도를 $\omega(\text{s}^{-1})$라 한다.)

① $Q = \eta_v \dfrac{\pi}{4} DLn$　　　② $Q = \dfrac{\pi}{4} D^2 L\omega$

③ $Q = \eta_v \dfrac{\pi}{4} D^2 Ln$　　　④ $Q = \eta_v \dfrac{\pi}{4} D^2 L\omega$

해설 ➕

이론송출량$(Q_{th}) = ALn = \dfrac{\pi D^2}{4} Ln(\text{m}^3/\text{min})$

실제 양수량$(Q) = \eta_v \dfrac{\pi D^2}{4} Ln(\text{m}^3/\text{min})$

여기서, 체적효율 $\eta_v = \dfrac{V}{V_0}$: 피스톤 1왕복에서 실제 송출량 V와 행정체적 V_0의 비

62 다음 중 펌프의 비속도(Specific Speed)를 나타낸 것은?(단, Q는 유량, H는 양정, N는 회전수이다.)

① $\dfrac{NH^{1/3}}{Q^{4/3}}$　　　　② $\dfrac{NQ^{1/2}}{H^{3/4}}$

③ $\dfrac{QH^{1/2}}{N^{3/4}}$　　　　④ $\dfrac{NH^{1/2}}{Q^{3/4}}$

정답　58 ④　59 ③　60 ②　61 ③　62 ②

50 경계층(Boundary Layer)에 관한 설명 중 틀린 것은?

① 경계층 바깥의 흐름은 퍼텐셜 흐름에 가깝다.
② 균일 속도가 크고, 유체의 점성이 클수록 경계층의 두께는 얇아진다.
③ 경계층 내에서는 점성의 영향이 크다.
④ 경계층은 평판 선단으로부터 하류로 갈수록 두꺼워진다.

해설 ⊕

경계층은 평판의 선단으로부터 점성의 영향이 미치는 얇은 층으로, 속도가 크고 점성(유체마찰)이 클수록 점성의 영향이 미치는 경계층 두께는 두꺼워진다.

51 안지름이 20cm, 높이가 60cm인 수직 원통형 용기에 밀도 850kg/m³인 액체가 밑면으로부터 50cm 높이만큼 채워져 있다. 원통형 용기와 액체가 일정한 각속도로 회전할 때, 액체가 넘치기 시작하는 각속도는 약 몇 rpm인가?

① 134
② 189
③ 276
④ 392

해설 ⊕

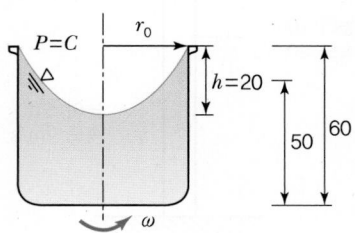

50cm가 자유표면인데, 용기를 회전시키면 가운데 부분은 내려가고 원통부분은 올라가므로 그림처럼 20cm의 높이가 될 때 물이 넘치기 시작한다.

$h = \dfrac{r_0^2 \omega^2}{2g}$ 에서

$\omega = \dfrac{1}{r_0}\sqrt{2gh} = \dfrac{1}{0.1}\sqrt{2 \times 9.8 \times 0.2} = 19.8\text{rad/s}$

$\omega = \dfrac{2\pi N}{60}$ 에서

$\therefore N = \dfrac{60\omega}{2\pi} = \dfrac{60 \times 19.8}{2\pi} = 189.1\text{rpm}$

52 유체 계측과 관련하여 크게 유체의 국소 속도를 측정하는 것과 체적유량을 측정하는 것으로 구분할 때 다음 중 유체의 국소속도를 측정하는 계측기는?

① 벤투리미터
② 얇은 판 오리피스
③ 열선속도계
④ 로터미터

해설 ⊕

열선속도계
두 지지대 사이에 연결된 금속선에 전류가 흐를 때 금속선의 온도와 전기저항의 관계를 가지고 유속을 측정하는 장치(난류속도 측정)

53 유체(비중량 10N/m³)가 중량유량 6.28N/s로 지름 40cm인 관을 흐르고 있다. 이 관 내부의 평균 유속은 약 몇 m/s인가?

① 50.0
② 5.0
③ 0.2
④ 0.8

해설 ⊕

중량유량 $\dot{G} = \gamma A V$ 에서

$V = \dfrac{\dot{G}}{\gamma A} = \dfrac{6.28}{10 \times \dfrac{\pi \times 0.4^2}{4}} = 5.0\text{m/s}$

정답 50 ② 51 ② 52 ③ 53 ②

54 (x, y)좌표계의 비회전 2차원 유동장에서 속도 퍼텐셜(Potential) ϕ는 $\phi = 2x^2y$로 주어졌다. 이때 점 $(3, 2)$인 곳에서 속도 벡터는?(단, 속도퍼텐셜 ϕ는 $\vec{V} \equiv \nabla\phi = grad\phi$로 정의된다.)

① $24\vec{i} + 18\vec{j}$

② $-24\vec{i} + 18\vec{j}$

③ $12\vec{i} + 9\vec{j}$

④ $-12\vec{i} + 9\vec{j}$

해설 🔵

$$\vec{V} = \nabla\phi = \frac{\partial\phi}{\partial x}\vec{i} + \frac{\partial\phi}{\partial y}\vec{j} = 4xy\vec{i} + 2x^2\vec{j} \leftarrow (3, 2) \text{ 대입}$$

$$= (4 \times 3 \times 2)\vec{i} + (2 \times 3^2)\vec{j} = 24\vec{i} + 18\vec{j}$$

55 수평면과 $60°$ 기울어진 벽에 지름이 4m인 원형 창이 있다. 창의 중심으로부터 5m 높이에 물이 차있을 때 창에 작용하는 합력의 작용점과 원형 창의 중심(도심)과의 거리(C)는 약 몇 m인가?(단, 원의 2차 면적 모멘트는 $\dfrac{\pi R^4}{4}$이고, 여기서 R은 원의 반지름이다.)

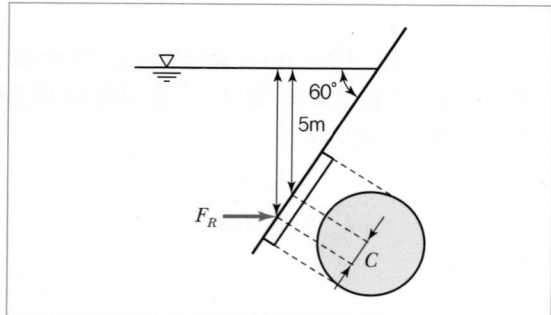

① 0.0866

② 0.173

③ 0.866

④ 1.73

해설 🔵

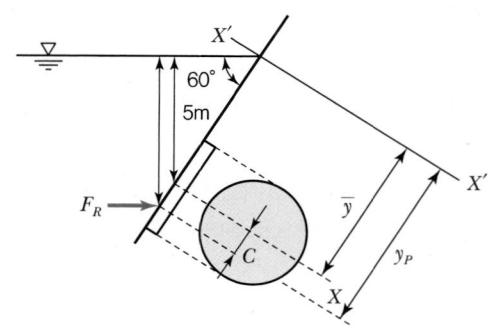

전압력중심 $y_P = \overline{y} + \dfrac{I_X}{A\overline{y}}$

$\overline{h} = \overline{y}\sin\theta$에서

$\overline{y} = \dfrac{\overline{h}}{\sin\theta} = \dfrac{5}{\sin 60°} = 5.77\text{m}$

$y_P - \overline{y} = C$이므로 $C = \dfrac{I_X}{A\overline{y}} = \dfrac{\dfrac{\pi \times 4^4}{64}}{\pi \times 2^2 \times 5.77} = 0.173\text{m}$

56 연직하방으로 내려가는 물 제트에서 높이 10m인 곳에서 속도는 20m/s였다. 높이 5m인 곳에서의 물의 속도는 약 몇 m/s인가?

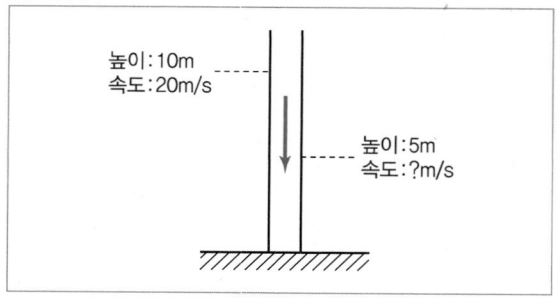

① 29.45

② 26.34

③ 23.88

④ 22.32

해설 ⊕ ----------

10m와 5m에 베르누이방정식 적용(압력은 동일)

$$\frac{V_1^2}{2g} + 10 = \frac{V_2^2}{2g} + 5$$

$$\frac{V_2^2}{2g} = \frac{V_1^2}{2g} + 5$$

$$V_2^2 = V_1^2 + 10g$$

$$\therefore V_2 = \sqrt{V_1^2 + 10g} = \sqrt{20^2 + 10 \times 9.8} = 22.32 \text{m/s}$$

57 그림에서 압력차($P_x - P_y$)는 몇 kPa인가?

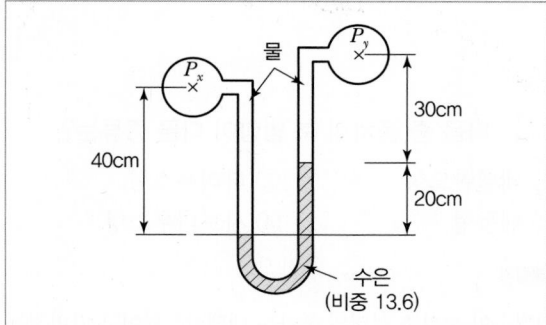

① 25.67　　　　② 2.57

③ 51.34　　　　④ 5.13

해설 ⊕ ----------

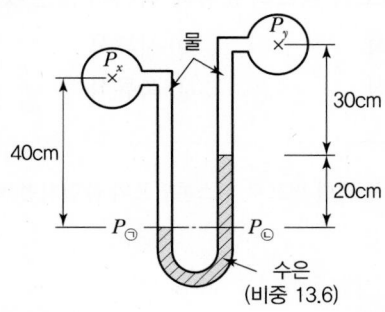

등압면이므로 $P_⑦ = P_ⓒ$

$$P_⑦ = P_x + \gamma_물 \times 0.4$$

$$P_ⓒ = P_y + \gamma_물 \times 0.3 + \gamma_{수은} \times 0.2$$

$$P_x + \gamma_물 \times 0.4 = P_y + \gamma_물 \times 0.3 + \gamma_{수은} \times 0.2$$

$$\therefore P_x - P_y = \gamma_물 \times 0.3 + \gamma_{수은} \times 0.2 - \gamma_물 \times 0.4$$

$$= \gamma_물 \times 0.3 + S_{수은} \gamma_물 \times 0.2 - \gamma_물 \times 0.4$$

$$= 9,800 \times 0.3 + 13.6 \times 9,800 \times 0.2 - 9,800 \times 0.4$$

$$= 25,676 \,\text{Pa} = 25.68 \,\text{kPa}$$

58 공기로 채워진 0.189m³의 오일 드럼통을 사용하여 잠수부가 해저 바닥으로부터 오래된 배의 닻을 끌어올리려 한다. 바닷물 속에서 닻을 들어 올리는 데 필요한 힘은 1,780N이고, 공기 중에서 드럼통을 들어올리는 데 필요한 힘은 222N이다. 공기로 채워진 드럼통을 닻에 연결한 후 잠수부가 이 닻을 끌어올리는 데 필요한 최소 힘은 약 몇 N인가?(단, 바닷물의 비중은 1.025이다.)

① 72.8　　　　② 83.4

③ 92.5　　　　④ 103.5

해설 ⊕ ----------

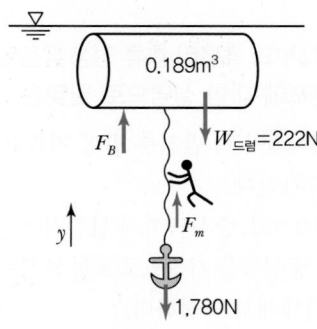

$$\Sigma F_y = 0 : F_m + F_B - W_{드럼} - 1,780 = 0$$

$$\therefore F_m = 1,780 + 222 - F_B$$

여기서, $F_B = \gamma_{바닷물} V_{드럼}$

$$= s \gamma_w V_{드럼}$$

$$= 1.025 \times 9,800 \times 0.189 = 1,898.5 \text{N}$$

잠수부가 닻을 끌어올리는 데 필요한 최소 힘

$$F_m = 1,780 + 222 - 1,898.5 = 103.5 \text{N}$$

59 수력기울기선(HGL : Hydraulic Grade Line) 이 관보다 아래에 있는 곳에서의 압력은?

① 완전 진공이다.　　② 대기압보다 낮다.
③ 대기압과 같다.　　④ 대기압보다 높다.

해설 ✚ -

수력구배선(HGL)은 위치와 압력에너지를 가지고 있는데, 그림처럼 관 아래에 있다면 기본적인 관 중심의 대기압 상태에서 위치에너지보다 작은 값을 나타내므로 압력이 대기압보다 낮음을 알 수 있다.

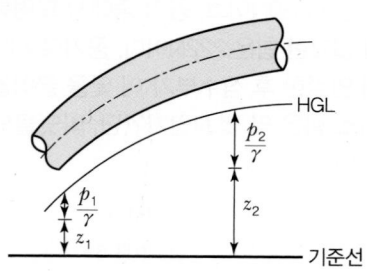

60 원관 내부의 흐름이 층류 정상 유동일 때 유체의 전단응력 분포에 대한 설명으로 알맞은 것은?

① 중심축에서 0이고, 반지름 방향 거리에 따라 선형적으로 증가한다.
② 관벽에서 0이고, 중심축까지 선형적으로 증가한다.
③ 단면에서 중심축을 기준으로 포물선 분포를 가진다.
④ 단면적 전체에서 일정하다.

해설 ✚ -

층류유동에서 전단응력분포와 속도분포 그림을 이해하면 된다. 전단응력은 관 중심에서 0이고 관벽에서 최대이다.

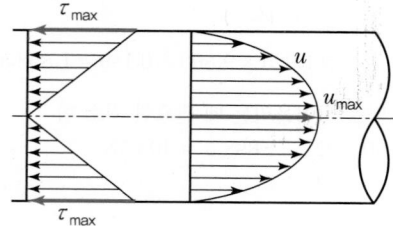

4과목 **유체기계 및 유압기기**

61 유량은 20m³/min, 양정은 50m, 펌프회전수는 1,800rpm인 2단 편흡입 원심펌프의 비속도(Specific Speed, (m³/min, m, rpm))는 약 얼마인가?

① 303　　　　　　② 428
③ 720　　　　　　④ 1,048

해설 ✚ -

$$비속도\ n_s = \frac{nQ^{1/2}}{\left(\dfrac{H}{i}\right)^{3/4}} = \frac{1,800 \times \sqrt{20}}{\left(\dfrac{50}{2}\right)^{3/4}}$$
$$= 720[\mathrm{m^3/min, m, rpm}]$$

62 다음 중 풍차의 축 방향이 다른 종류는?

① 네델란드형　　　② 다리우스형
③ 패들형　　　　　④ 사보니우스형

해설 ✚ -

회전축이 수평축 형태의 풍차는 네델란드형이고 나머지는 수직축형이다.

63 터보형 펌프의 분류에 속하지 않는 것은?

① 원심식　　　　　② 사류식
③ 왕복식　　　　　④ 축류식

해설 ✚ -

왕복식은 용적형 펌프로 피스톤펌프와 플런저펌프가 있다.

5과목 건설기계일반 및 플랜트배관

81 다음 중 도로포장을 위한 다짐작업에 주로 쓰이는 건설기계는?

① 롤러 ② 로더
③ 지게차 ④ 덤프 트럭

해설

롤러(Roller)
도로, 활주로, 비행장, 제방 공사등의 마무리 작업으로 노면을 다져주는 건설장비이다.

82 자주식 로드 롤러(Road Roller)를 축의 배열과 바퀴의 배열로 구분할 때 머캐덤(Macadam)롤러에 해당되는 것은?

① 1축 1륜 ② 2축 2륜
③ 2축 3륜 ④ 3축 3륜

83 탄소강과 철강의 5대 원소가 아닌 것은?

① C ② Si
③ Mn ④ Mg

해설

탄소강의 5대 원소
탄소(C), 규소(Si), 망간(Mn), 인(P), 황(S)

84 불도저의 시간당 작업량 계산에 필요한 사이클 타임 C_m(min)은 다음 중 어느 것인가?(단, l = 운반거리(m), v_1 = 전진속도(m/min), v_2 = 후진속도(m/min), t = 기어변속시간(min)이다.)

① $C_m = \frac{v_1}{l} + \frac{v_2}{l} - t$

② $C_m = \frac{l}{v_1} + \frac{l}{v_2} - t$

③ $C_m = \frac{l}{v_1} + \frac{l}{v_2} + t$

④ $C_m = \frac{l}{v_1} - \frac{l}{v_2} - t$

해설

1회 사이클 타임 : $C_m = \frac{l}{v_1} + \frac{l}{v_2} + t$

85 다음 중 전압식 롤러에 해당하지 않는 것은?

① 머캐덤 롤러(Macadam Roller)
② 타이어 롤러(Tire Roller)
③ 탬핑 롤러(Tamping Roller)
④ 탬퍼(Tamper)

해설

롤러의 종류
• 전압식 : 탬핑롤러, 로드롤러(머캐덤롤러, 탠덤롤러), 타이어롤러
• 충격식 : 소일콤팩터, 탬퍼, 래머, 진동콤팩터

86 난방과 온수공급에 쓰이는 대규모 보일러설비의 주요 부분 중 포화증기를 과열증기로 가열시키는 장치의 이름은 무엇인가?

① 과열기 ② 절탄기
③ 통풍장치 ④ 공기예열기

해설

과열기(Superheater)
보일러 본체에서 발생한 증기는 건도가 거의 1에 가까운 습증

정답 81 ① 82 ③ 83 ④ 84 ③ 85 ④ 86 ①

기(습포화증기)로서 난방용과 공장용 등에서는 보일러에서 나오는 상태 그대로 사용한다. 그러나 동력발생용에서는 과열증기를 사용하므로 습포화증기에서의 수분을 증발시키고 나아가서 온도를 상승시켜서 과열증기를 만들기 위해 사용하는 장치이다.

87 일반적으로 지게차 조향장치는 어떠한 방식을 사용하는가?

① 전륜 조향식에 유압식으로 제어
② 후륜 조향식에 유압식으로 제어
③ 전륜 조향식에 공압식으로 제어
④ 후륜 조향식에 공압식으로 제어

88 굴삭기의 시간당 작업량[Q, m³/h]을 산정하는 식으로 옳은 것은?(단, q는 버킷 용량[m³], f는 체적환산계수, E는 작업효율, k는 버킷 계수, cm은 1회 사이클 시간[초]이다.)

① $Q = \dfrac{3,600 \cdot q \cdot k \cdot f}{E \cdot cm}$

② $Q = \dfrac{3,600 \cdot q \cdot k \cdot f \cdot E}{cm}$

③ $Q = \dfrac{3,600 \cdot E \cdot k \cdot f}{cm \cdot q}$

④ $Q = \dfrac{E \cdot k \cdot f \cdot q}{3,600 \cdot cm}$

해설 ➕

굴삭기의 시간당 작업량

$Q = \dfrac{3,600 \cdot q \cdot k \cdot f \cdot E}{C_m}$

여기서, Q : 운전시간당의 작업량(m³/hr)
　　　　q : 버킷 용량(m³)
　　　　k : 버킷 계수 – 흙의 종류에 따라 달라진다.
　　　　f : 체적변환계수(토량환산계수)

E : 작업효율 – 흙의 상태와 현장조건에 의해 기준값이 주어진다.
C_m : 1회 작업의 사이클 타임(sec)

89 모터그레이더의 동력전달 순서로 옳은 것은?

① 클러치 – 탠덤드라이브 – 피니언베벨기어 – 감속기어 – 변속기 – 휠
② 기관 – 클러치 – 감속기어 – 변속기 – 탠덤드라이브 – 피니언베벨기어 – 휠
③ 기관 – 클러치 – 변속기 – 감속기어 – 피니언베벨기어 – 탠덤드라이브 – 휠
④ 감속기어 – 클러치 탠덤드라이브 – 피니언베벨기어 – 변속기 휠

해설 ➕

모터그레이더의 동력전달순서

기관(엔진) → 클러치 → 변속기 → 감속기어 → 피니언베벨기어 → 최종감속기어 → 탠덤드라이브 → 구동바퀴

90 유압식 크로울러 드릴 작업 시 주의사항으로 옳지 않은 것은?

① 천공 방법을 확인한다.
② 천공작업장의 수평상태를 확인한다.
③ 천공작업 중 암석가루가 밖으로 잘 나오는지 확인한다.
④ 천공작업 시 다른 크로울러 드릴 장비가 이미 천공한 구멍을 다시 천공해도 된다.

해설 ➕

천공작업 시 다른 크로울러 드릴장비가 이미 천공한 구멍은 다시 천공하지 않는다.

91 다음 배관 이름에 관한 설명으로 틀린 것은?

① 유니언은 기계적 강도가 크다.

② 부싱은 이경 소켓에 비해 강도가 약하다.

③ 부싱은 한쪽은 암나사, 다른 쪽은 수나사로 되어 있다.

④ 유니언은 소구경관에 사용하고, 플랜지는 대구경 관에 사용한다.

해설 ⊕

① 유니언은 기계적 강도가 작다.

92 증기온도 102℃, 실내온도 21℃로 증기난방을 하고자 할 때 방열면적 $1m^2$당 표준방열량은 몇 kcal/h 인가?

① 450

② 550

③ 650

④ 750

해설 ⊕

$$S = \frac{H_L}{650} (m^2)$$

여기서, S : 필요방열면적(m2)

H_L : 손실열량(방열량, kcal/hr)

결국, $H_L = 650S = 650 \times 1 = 650 kcal/hr$

93 배관용 탄소강관 또는 아크용접 탄소강관에 콜 타르에나멜이나 폴리에틸렌 등으로 피복한 관으로 수 도, 하수도 등의 매설 배관에 주로 사용되는 강관은?

① 배관용 합금강 관

② 수도용 아연도금 강관

③ 압력 배관용 탄소강관

④ 상수도용 도복장 강관

해설 ⊕

상수도용 도복장 강관(기호 : STPW)

상수도용 급수관으로서 주로 지하에 매설하여 사용하는 강 관이다. 지하매장용으로 사용하는 도복장 강관은 배관용 탄 소강 강관(SPP) 또는 아크용접 탄소강 강관(SPW)에 피복을 입힌 관으로 내구성, 내식성면에서 주철에 뒤지지만, 녹 방지 피복 기술의 진보로 현재는 주철관에 뒤지지 않는다. 정수두 100m 이하의 급수용 배관에 사용된다.

94 다음 중 배관의 끝을 막을 때 사용하는 부속은?

① 플러그

② 유니언

③ 부싱

④ 소켓

해설 ⊕

관의 끝을 막을 때 : 캡(Cap), 플러그(Plug), 막힘플랜지

95 동력 나사절삭기의 종류가 아닌 것은?

① 호브식

② 로터리식

③ 오스터식

④ 다이헤드식

해설 ⊕

동력을 이용하여 나사를 절삭하는 기계로 오스터를 이용 한 것, 다이헤드(Die Head), 호브(Hob) 등을 이용한 것 등 이 있다.

96 다음 중 스트레이너를 방치했을 때 발생하는 현 상 중 가장 큰 문제점은?

① 진동이나 발열

② 유체의 흐름장애

③ 불완전 연소나 폭발

④ 보일러부식 및 슬러지 생성

정답 91 ① 92 ③ 93 ④ 94 ① 95 ② 96 ②

해설 ⊕

스트레이너(Strainer)
관의 이물질을 제거하여 기기의 성능을 보호하는 기구로서, 여과망을 자주 꺼내어 청소하지 않으면 여과망이 막혀 저항이 커지므로 유체의 흐름장애를 야기한다.

97 방열기의 환수구나 증기배관의 말단에 설치하고 응축수와 증기를 분리하여 자동으로 환수관에 배출시키고, 증기를 통과하지 않게 하는 장치는?

① 신축이음　　　　② 증기트랩
③ 감압밸브　　　　④ 스트레이너

해설 ⊕

증기트랩(Steam Trap)
증기배관계통에서 방열기의 후단 또는 장축 배관의 도중에 설치하여 증기와 응축수를 분리한 후 응축수만을 통과시키는 장치이다.

98 일반 배관용 스테인리스강관의 종류로 옳은 것은?

① STS 304 TPD, STS 316 TPD
② STS 304 TPD, STS 415 TPD
③ STS 316 TPD, STS 404 TPD
④ STS 404 TPD, STS 415 TPD

99 배수 직수관, 배수 횡주관 및 기구 배수관의 완료 지점에서 각 층마다 분류하여 배관의 최상부로 물을 넣어 이상 여부를 확인하는 시험은?

① 수압시험　　　　② 통수시험
③ 만수시험　　　　④ 기압시험

• 수압시험 : 배관시공이 끝난 뒤에 관로이음의 수밀성 및 안전성을 확인할 필요가 있을 때 하는 시험으로 현장수압시험이다.
• 통수시험 : 전체 공사가 끝난 다음, 전체 배관계와 기기를 완전한 상태에서 사용할 수 있는가 조사하는 시험이다. 기기류와 배관을 접속하여 실제로 사용할 때와 같은 상태에서 물을 배출하여 배관기능이 충분히 발휘되는가를 조사함과 동시에 기기설치 부분의 누수를 점검하는 시험이다.
• 만수시험 : 만수시험은 배수관 및 통기관의 배관 완료 후 또는 일부 종료 후 각 기구 접속구 등을 밀폐하고, 배관 최상부에서 배관 내에 물을 가득 채운 상태에서 누수의 유무를 시험한다. 만수상태로 30분 이상 견디어야 한다.
• 기압시험 : 공기시험이라고도 하며, 물 대신 압축공기를 관속에 압입하여 이음매에서 공기가 새는 것을 조사한다.

100 관 접합부의 이음쇠 및 부속류 분해 또는 이음 시 사용되는 공구는?

① 파이프 커터　　　　② 파이프 리머
③ 파이프 바이스　　　　④ 파이프 렌치

해설 ⊕

• 파이프 커터 : 관을 절단할 때 사용한다.
• 파이프 리머 : 관 절단 후 관단면의 안쪽에 생기는 거스러미를 제거하는 공구이다.
• 파이프 바이스 : 관의 절단과 나사절삭 및 조립 시 관을 고정하는데 사용한다.
• 파이프 렌치 : 나사를 가공한 관을 죌 때 사용하는 공구이다.

2018년 4월 28일 시행

1과목   **재료역학**

01   원형 단면축이 비틀림을 받을 때, 그 속에 저장되는 탄성변형에너지 U는 얼마인가?(단, T : 토크, L : 길이, G : 가로탄성계수, I_P : 극관성모멘트, I : 관성모멘트, E : 세로 탄성계수이다.)

① $U = \dfrac{T^2 L}{2GI}$ ② $U = \dfrac{T^2 L}{2EI}$

③ $U = \dfrac{T^2 L}{2EI_P}$ ④ $U = \dfrac{T^2 L}{2GI_P}$

해설 ⊕

$U = \dfrac{1}{2} T\theta$ 와 $\theta = \dfrac{TL}{GI_P}$ 에서

$U = \dfrac{1}{2} T\theta = \dfrac{1}{2} \times T \times \dfrac{TL}{GI_P} = \dfrac{T^2 L}{2GI_P}$

02   그림과 같은 전 길이에 걸쳐 균일 분포하중 w를 받는 보에서 최대처짐 $\delta_{\max}$ 를 나타내는 식은?(단, 보의 굽힘강성계수는 EI이다.)

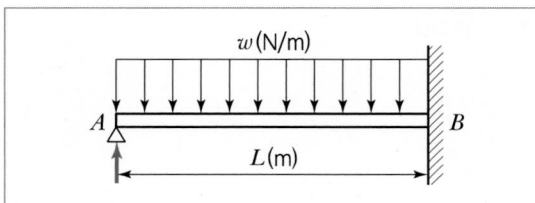

① $\dfrac{wL^4}{64EI}$ ② $\dfrac{wL^4}{128.5EI}$

③ $\dfrac{wL^4}{184.6EI}$ ④ $\dfrac{wL^4}{192EI}$

해설 ⊕

$\delta_{\max} = \dfrac{wL^4}{184.6EI}$ (처짐각이 zero인 위치의 처짐량값)

03   그림과 같은 보에서 발생하는 최대 굽힘모멘트는 몇 kN·m인가?

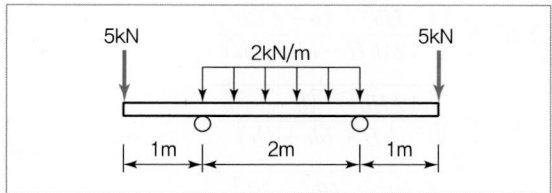

① 2   ② 5

③ 7   ④ 10

해설 ⊕

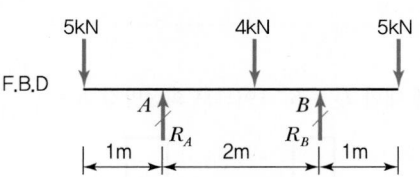

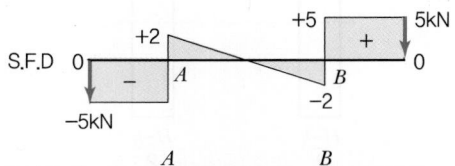

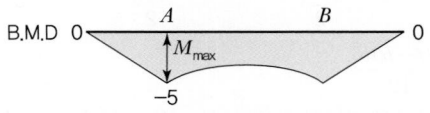

좌우대칭이므로 $R_A = R_B = 7$kN (∵ 전체하중 14kN ÷ 2)
B.M.D 그림에서 $M_{\max}$ 는 A와 B점에 발생하므로 A지점의 $M_{\max}$ 는 0~1m까지의 S.F.D 면적과 같다.

∴ 5kN × 1m = 5kN·m

04 그림의 H형 단면의 도심축인 Z축에 관한 회전반경(Radius of Gyration)은 얼마인가?

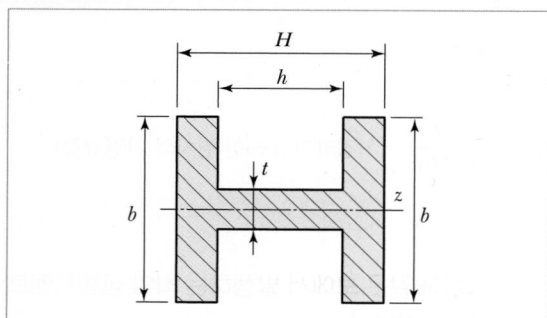

① $K_z = \sqrt{\dfrac{Hb^3 - (b-t)^3 b}{12(bH - bh + th)}}$

② $K_z = \sqrt{\dfrac{12Hb^3 - (b-t)^3 b}{(bH + bh + th)}}$

③ $K_z = \sqrt{\dfrac{ht^3 + Hb^3 - hb^3}{12(bH - bh + th)}}$

④ $K_z = \sqrt{\dfrac{12Hb^3 + (b+t)^3 b}{(bH + bh - th)}}$

해설 ➕ ----------------------------

도심축에 대한 $I_Z = K^2 A$이므로 회전반경 $K = \sqrt{\dfrac{I_Z}{A}}$

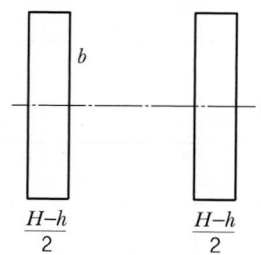

$I_Z = \dfrac{(H-h)b^3}{12}$

(∵ 두 사각형 밑변의 전체길이는 $H-h$이다.)

$A = (H-h)b$

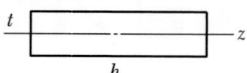

$I_Z = \dfrac{h t^3}{12}$, $A = h t$

H빔 전체 $I_Z = \dfrac{(H-h)b^3}{12} + \dfrac{ht^3}{12} = \dfrac{Hb^3 - hb^3 + h t^3}{12}$

$\qquad = \dfrac{ht^3 + Hb^3 - hb^3}{12}$

H빔 전체 $A = (H-h)b + ht = bH - bh + h t$

$\therefore K = \sqrt{\dfrac{I_Z}{A}} = \sqrt{\dfrac{ht^3 + Hb^3 - hb^3}{12(bH - bh + h t)}}$

05 그림에 표시한 단순 지지보에서의 최대 처짐량은?(단, 보의 굽힘 강성은 EI이고, 자중은 무시한다.)

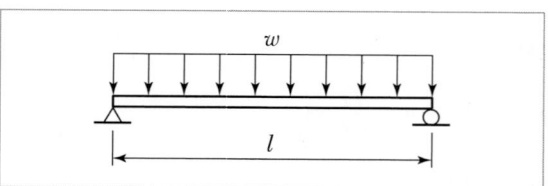

① $\dfrac{wl^3}{48EI}$

② $\dfrac{wl^4}{24EI}$

③ $\dfrac{5wl^3}{253EI}$

④ $\dfrac{5wl^4}{384EI}$

해설 ➕ ----------------------------

$\delta_{\max} = \dfrac{5wl^4}{384EI}$

06

그림에서 784.8N과 평형을 유지하기 위한 힘 F_1과 F_2는?

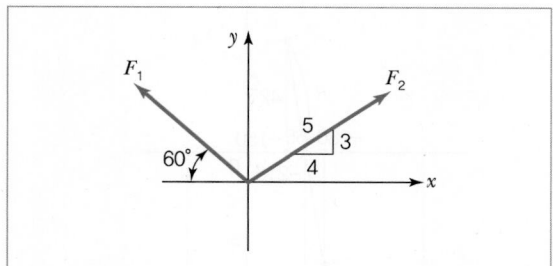

① $F_1 = 392.5\text{N}$, $F_2 = 632.4\text{N}$

② $F_1 = 790.4\text{N}$, $F_2 = 632.4\text{N}$

③ $F_1 = 790.4\text{N}$, $F_2 = 395.2\text{N}$

④ $F_1 = 632.4\text{N}$, $F_2 = 395.2\text{N}$

해설 ⊕ -

$$\theta = \tan^{-1}\left(\frac{3}{4}\right) = 36.87°$$

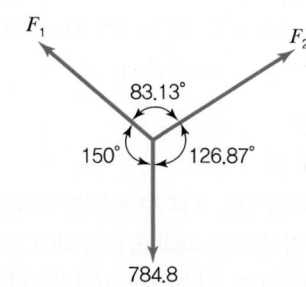

라미의 정리에 의해

$$\frac{F_1}{\sin 126.87°} = \frac{F_2}{\sin 150°} = \frac{784.8}{\sin 83.13°}$$

$$\therefore F_1 = 784.8 \times \frac{\sin 126.87°}{\sin 83.13°} = 632.38\text{N}$$

$$\therefore F_2 = 784.8 \times \frac{\sin 150°}{\sin 83.13°} = 395.24\text{N}$$

07

지름이 60mm인 연강축이 있다. 이 축의 허용전단응력은 40MPa이며 단위 길이 1m당 허용 회전각도는 1.5°이다. 연강의 전단탄성계수를 80GPa이라 할 때 이 축의 최대 허용 토크는 약 몇 N · m인가?(단, 이 코일에 작용하는 힘은 P, 가로탄성계수는 G이다.)

① 696

② 1,696

③ 2,664

④ 3,664

해설 ⊕ -

$\theta = \dfrac{Tl}{GI_P}$ 에서

$T = \dfrac{GI_P\theta}{l}$ (여기서, $\dfrac{\theta}{l}$: 단위길이당 비틀림각)

$$= 80 \times 10^9 \frac{\text{N}}{\text{m}^2} \times \frac{\pi \times 0.06^4}{32}\text{m}^4 \times \frac{1.5°}{1\text{m}} \times \frac{\pi}{180°}$$

$$= 2,664.79\text{N·m}$$

08

지름 3cm인 강축이 26.5rev/s의 각속도로 26.5kW의 동력을 전달하고 있다. 이 축에 발생하는 최대전단응력은 약 몇 MPa인가?

① 30

② 40

③ 50

④ 60

해설 ⊕ -

$H = T\omega$에서

$$T = \frac{H}{\omega} = \frac{26.5 \times 10^3 \text{W}}{26.5 \frac{\text{rev}}{\text{s}} \times \frac{2\pi\,\text{rad}}{1\text{rev}}} = 159.15\text{N·m}$$

$T = \tau Z_P$에서

최대전단응력

$$\tau_{\max} = \frac{T}{Z_P} = \frac{159.15}{\frac{\pi \times 0.03^3}{16}} = 30.02 \times 10^6 \text{N/m}^2$$

$$= 30.02\text{MPa}$$

09 폭 3cm, 높이 4cm의 직사각형 단면을 갖는 외팔보가 자유단에 그림에서와 같이 집중하중을 받을 때 보 속에 발생하는 최대전단응력은 몇 N/cm²인가?

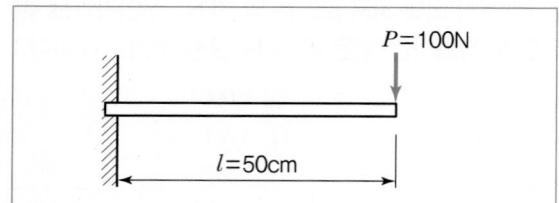

① 12.5   ② 13.5

③ 14.5   ④ 15.5

해설 ⊕

보 속의 최대전단응력

$$\tau_{\max} = 1.5\tau_{av} = 1.5\frac{V_{\max}}{A}$$

보의 전단력 $V_{\max} = R_A = 100\text{N}$이므로

$$\tau_{\max} = 1.5 \times \frac{100\text{N}}{3\text{cm} \times 4\text{cm}} = 12.5\text{N/cm}^2$$

10 평면 응력 상태에서 $\varepsilon_x = -150 \times 10^{-6}$, $\varepsilon_y = -280 \times 10^{-6}$, $\gamma_{xy} = 850 \times 10^{-6}$일 때, 최대주변형률($\varepsilon_1$)과 최소주변형률($\varepsilon_2$)은 각각 약 얼마인가?

① $\varepsilon_1 = 215 \times 10^{-6}$, $\varepsilon_2 = 645 \times 10^{-6}$

② $\varepsilon_1 = 645 \times 10^{-6}$, $\varepsilon_2 = 215 \times 10^{-6}$

③ $\varepsilon_1 = 315 \times 10^{-6}$, $\varepsilon_2 = 645 \times 10^{-6}$

④ $\varepsilon_1 = -545 \times 10^{-6}$, $\varepsilon_2 = 315 \times 10^{-6}$

해설 ⊕

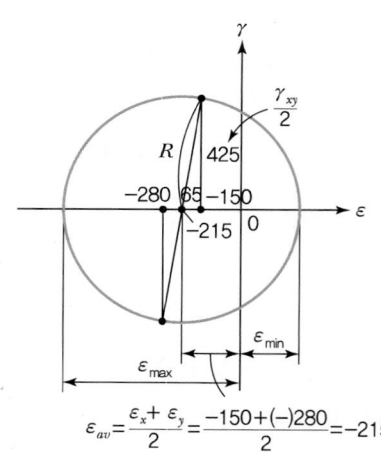

$$\varepsilon_{av} = \frac{\varepsilon_x + \varepsilon_y}{2} = \frac{-150 + (-)280}{2} = -215$$

※ 모어의 응력원에 나타난 수치값들은 10^{-6}을 생략하고 쓴 수치임

모어의 응력원에서 반지름 $R = \sqrt{65^2 + 425^2} = 429.94$

$$\varepsilon_1 = \varepsilon_{\max} = \varepsilon_{av} - R = (-215 - 429.94) \times 10^{-6}$$
$$= -644.94 \times 10^{-6}(\text{절댓값})$$

$$\varepsilon_2 = \varepsilon_{\min} = \varepsilon_{av} + R = (-215 + 429.94) \times 10^{-6}$$
$$= 214.94 \times 10^{-6}$$

11 길이 6m인 단순 지지보에 등분포하중 q가 작용할 때 단면에 발생하는 최대 굽힘응력이 337.5MPa이라면 등분포하중 q는 약 몇 kN/m인가?(단, 보의 단면은 폭×높이 = 40mm×100mm이다.)

① 4   ② 5

③ 6   ④ 7

해설 ⊕

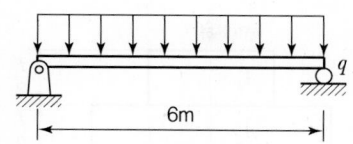

F.B.D (자유물체도)

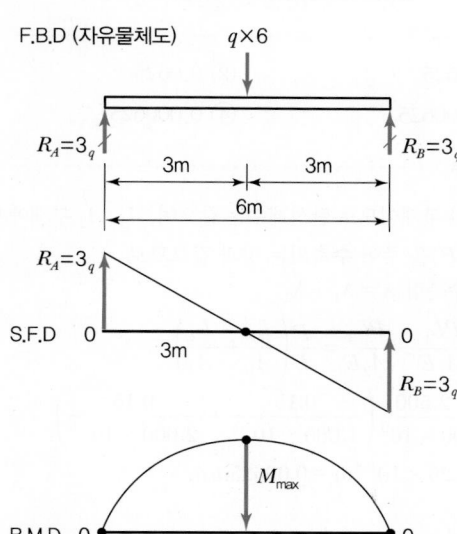

$M_{\max}$는 0~3m까지의 S.F.D 면적과 동일하므로

$M_{\max} = \dfrac{1}{2} \times 3 \times 3q = 4.5q$

$M_{\max} = \sigma_b Z$

$4.5q = 337.5 \times 10^6 \times \dfrac{0.04 \times 0.1^2}{6}$

$\therefore q = 5{,}000 \text{N/m} = 5\text{kN/m}$

12 보의 자중을 무시할 때 그림과 같이 자유단 C에 집중하중 $2P$가 작용하는 경우 B점에서 처짐 곡선의 기울기각은?

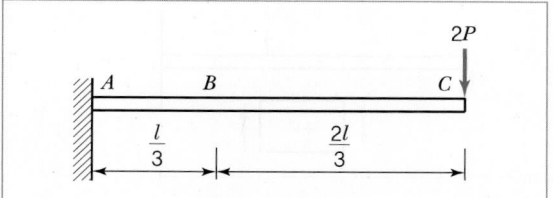

① $\dfrac{5}{9}\dfrac{Pl^2}{EI}$ ② $\dfrac{5}{18}\dfrac{Pl^2}{EI}$

③ $\dfrac{5}{27}\dfrac{Pl^2}{EI}$ ④ $\dfrac{5}{36}\dfrac{Pl^2}{EI}$

해설 ⊕

외팔보의 처짐상태는 하중 $2P$에 대해 연속함수이므로 하중을 B점으로 옮겨 해석할 수 있다. → 중첩법으로 해석

하중 $2P$에 의한 처짐각

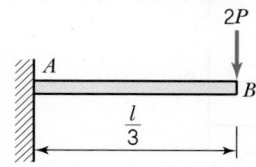

$\theta_1 = \dfrac{2P\left(\dfrac{l}{3}\right)^2}{2EI} = \dfrac{Pl^2}{9EI}$

우력(M_0)에 의한 처짐각

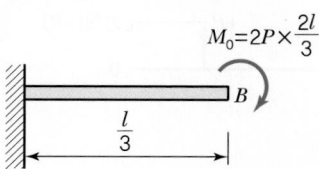

$\theta_2 = \dfrac{M_0\left(\dfrac{l}{3}\right)}{EI} = \dfrac{\dfrac{4Pl}{3} \times \dfrac{l}{3}}{EI} = \dfrac{4Pl^2}{9EI}$

$\theta = \theta_1 + \theta_2 = \dfrac{Pl^2}{9EI} + \dfrac{4Pl^2}{9EI} = \dfrac{5Pl^2}{9EI}$

13 그림과 같은 외팔보에 대한 전단력 선도로 옳은 것은?(단, 아랫방향을 양(+)으로 본다.)

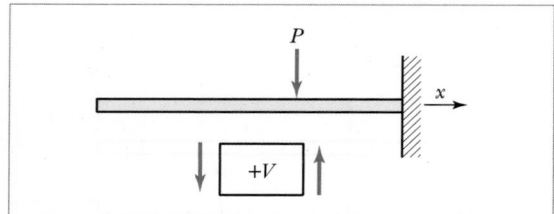

①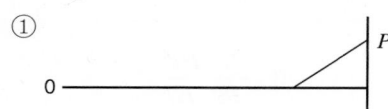

②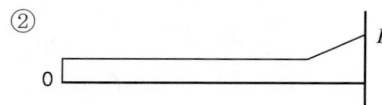

③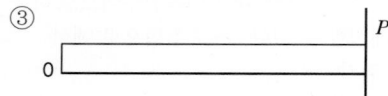

④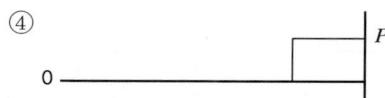

해설 ➕ -------------------------------

아랫방향을 양(+)으로 가정했으므로 P작용점에서 올라가서 일정하게 작용하다 고정단에서 반력(P)으로 내려오는 전단력 선도가 그려진다.

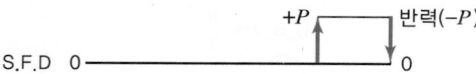

14 그림과 같이 길이가 동일한 2개의 기둥 상단에 중심 압축 하중 2,500N이 작용할 경우 전체 수축량은 약 몇 mm인가?(단, 단면적 $A_1 = 1,000\text{mm}^2$, $A_2 = 2,000\text{mm}^2$, 길이 $L = 300\text{mm}$, 재료의 탄성계수 $E = 90\text{GPa}$이다.)

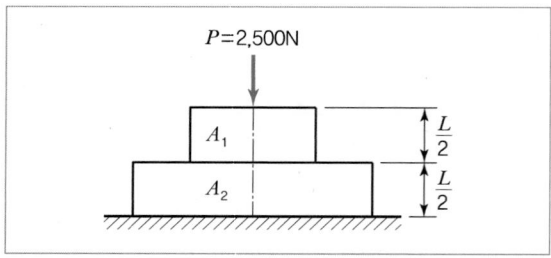

① 0.625   ② 0.0625

③ 0.00625   ④ 0.000625

해설 ➕ -------------------------------

동일한 부재이므로 탄성계수는 같으며, A_1, A_2 부재에 따로 하중(P)을 주어 수축되는 양과 같으므로

전체수축량 $\lambda = \lambda_1 + \lambda_2$

$$\lambda = \frac{PL_1}{A_1 E} + \frac{PL_2}{A_2 E} = \frac{P}{E}\left(\frac{L_1}{A_1} + \frac{L_2}{A_2}\right)$$

$$= \frac{2,500}{90 \times 10^9}\left(\frac{0.15}{1,000 \times 10^{-6}} + \frac{0.15}{2,000 \times 10^{-6}}\right)$$

$$= 6.25 \times 10^{-6}\text{m} = 0.00625\text{mm}$$

15 최대 사용강도 400MPa의 연강봉에 30kN의 축방향의 인장하중이 가해질 경우 강봉의 최소지름은 몇 cm까지 가능한가?(단, 안전율은 5이다.)

① 2.69   ② 2.99

③ 2.19   ④ 3.02

해설 ➕ -------------------------------

$$\sigma_a = \frac{\sigma_u}{s} = \frac{400}{5} = 80\text{MPa}$$

사용응력(σ_w)은 허용응력 이내이므로

$$\sigma_w = \frac{P}{A} = \frac{P}{\frac{\pi d^2}{4}} \leq \sigma_a$$

$$\therefore d \geq \sqrt{\frac{4P}{\pi \sigma_a}} = \sqrt{\frac{4 \times 30 \times 10^3}{\pi \times 80 \times 10^6}} = 0.02185\text{m}$$

$$= 2.19\text{cm}$$

16 그림과 같이 A, B의 원형 단면봉은 길이가 같고, 지름이 다르며, 양단에서 같은 압축하중 P를 받고 있다. 응력은 각 단면에서 균일하게 분포된다고 할 때 저장되는 탄성변형에너지의 $\dfrac{U_B}{U_A}$는 얼마가 되겠는가?

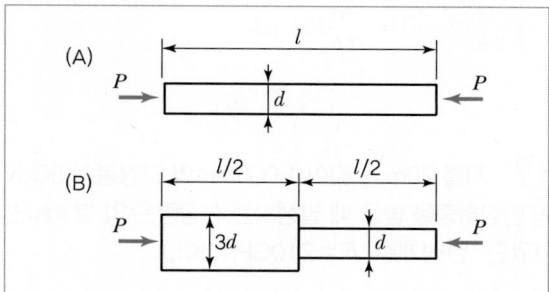

① $\dfrac{1}{3}$ ② $\dfrac{5}{9}$

③ 2 ④ $\dfrac{9}{5}$

해설 ⊕

수직응력에 의한 탄성에너지 $U = \dfrac{1}{2}P\lambda = \dfrac{P^2 l}{2AE}$

A에서 $U_A = \dfrac{P^2 l}{2 \times \dfrac{\pi d^2}{4} \times E} = \dfrac{2P^2 l}{\pi d^2 E}$

B에서 $U_B = \dfrac{P^2 \times \dfrac{l}{2}}{2 \times \dfrac{\pi (3d)^2}{4} \times E} + \dfrac{P^2 \times \dfrac{l}{2}}{2 \times \dfrac{\pi d^2}{4} \times E}$

$\qquad = \dfrac{P^2 l}{9\pi d^2 E} + \dfrac{P^2 l}{\pi d^2 E}$

$\qquad = \dfrac{10 P^2 l}{9\pi d^2 E}$

$\therefore \dfrac{U_B}{U_A} = \dfrac{\dfrac{10}{9}}{2} = \dfrac{5}{9}$

17 다음과 같이 3개의 링크를 핀을 이용하여 연결하였다. 2,000N의 하중 P가 작용할 경우 핀에 작용되는 전단응력은 약 몇 MPa인가?(단, 핀의 직경은 1cm이다.)

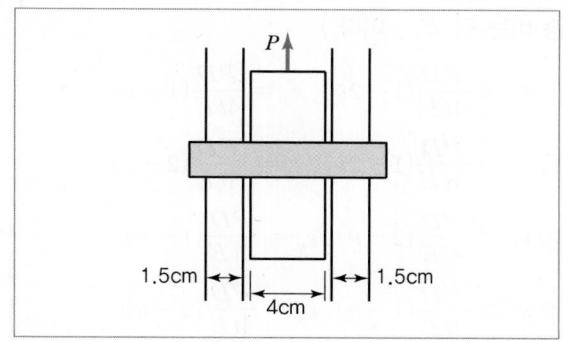

① 12.73 ② 13.24

③ 15.63 ④ 16.56

해설 ⊕

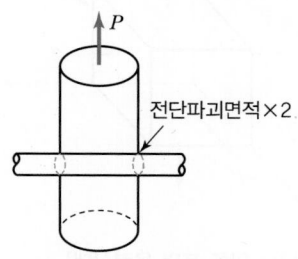

전단파괴면적×2

하중 P에 의해 링크 핀은 그림처럼 양쪽에서 전단된다.

$\tau = \dfrac{P_s}{A_\tau} = \dfrac{P}{\dfrac{\pi d^2}{4} \times 2} = \dfrac{2P}{\pi d^2} = \dfrac{2 \times 2,000}{\pi \times 0.01^2}$

$\qquad = 12.73 \times 10^6 \text{Pa}$

$\qquad = 12.73 \text{MPa}$

18 원통형 압력용기에 내압 P가 작용할 때, 원통부에 발생하는 축 방향의 변형률 ε_x 및 원주 방향 변형률 ε_y는?(단, 강판의 두께 t는 원통의 지름 D에 비하여 충분히 작고, 강판 재료의 탄성계수 및 포아송 비는 각 E, ν이다.)

① $\varepsilon_x = \dfrac{PD}{4tE}(1-2\nu)$, $\varepsilon_y = \dfrac{PD}{4tE}(1-\nu)$

② $\varepsilon_x = \dfrac{PD}{4tE}(1-2\nu)$, $\varepsilon_y = \dfrac{PD}{4tE}(2-\nu)$

③ $\varepsilon_x = \dfrac{PD}{4tE}(2-\nu)$, $\varepsilon_y = \dfrac{PD}{4tE}(1-\nu)$

④ $\varepsilon_x = \dfrac{PD}{4tE}(1-\nu)$, $\varepsilon_y = \dfrac{PD}{4tE}(2-\nu)$

해설 ➕

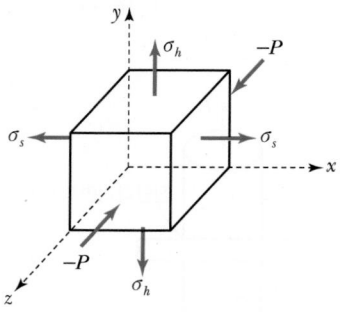

[원통형 압력용기 – 안쪽 표면 응력상태]

$\nu = \mu$, $\sigma_z = 0$ (압력은 존재하지만 재료 내부 평면에 발생하는 응력(내력)의 개념이 아니다.)

$$\sigma_x = \sigma_s = \frac{p \cdot d}{4t}$$

$$\sigma_y = \sigma_h = \frac{p \cdot d}{2t} = 2\sigma_x$$

$$\varepsilon_x = \frac{\sigma_x}{E} - \frac{\mu}{E}(\sigma_y + \sigma_z)$$

(여기서, x방향이 늘면 y, z 방향은 줄어드는 개념 적용)

$$\varepsilon_y = \frac{\sigma_y}{E} - \frac{\mu}{E}(\sigma_x + \sigma_z)$$

$$\varepsilon_x = \frac{\sigma_x}{E} - \frac{\mu}{E}(\sigma_y + 0) = \frac{\sigma_x}{E} - \frac{\mu}{E}(2\sigma_x)$$

$$= \frac{\sigma_x}{E}(1 - 2\mu) = \frac{Pd}{4tE}(1 - 2\mu)$$

$$\varepsilon_y = \frac{\sigma_y}{E} - \frac{\mu}{E}(\sigma_x + \sigma_z) = \frac{\sigma_y}{E} - \frac{\mu}{E}(\sigma_x + 0)$$

$$= \frac{\sigma_y}{E} - \frac{\mu}{E}\left(\frac{\sigma_y}{2}\right) = \frac{\sigma_y}{E}\left(1 - \frac{\mu}{2}\right)$$

$$= \frac{\sigma_y}{2E}(2 - \mu) = \frac{Pd}{4tE}(2 - \mu)$$

19 지름 20mm, 길이 1,000mm의 연강봉이 50kN의 인장하중을 받을 때 발생하는 신장량은 약 몇 mm인가?(단, 탄성계수 $E = 210$GPa이다.)

① 7.58 ② 0.758

③ 0.0758 ④ 0.00758

해설 ➕

$$\lambda = \frac{Pl}{AE} = \frac{50 \times 10^3 \times 1}{\frac{\pi}{4} \times 0.02^2 \times 210 \times 10^9} = 0.000758\text{m}$$

$$= 0.758\text{mm}$$

20 지름이 0.1m이고 길이가 15m인 양단힌지 원형 강 장주의 좌굴임계하중은 약 몇 kN인가?(단, 장주의 탄성계수는 200GPa이다.)

① 43 ② 55

③ 67 ④ 79

해설 ➕

$$P_{cr} = n\pi^2 \frac{EI}{l^2} \text{ (양단힌지일 때 단말계수 } n = 1)$$

$$= 1 \times \pi^2 \times \frac{200 \times 10^9 \times \dfrac{\pi \times 0.1^4}{64}}{15^2}$$

$$= 43,064.27\text{N}$$

$$= 43.06\text{kN}$$

정답 18 ② 19 ② 20 ①

2과목 기계열역학

21 온도 150℃, 압력 0.5MPa의 공기 0.2kg이 압력이 일정한 과정에서 원래 체적의 2배로 늘어난다. 이 과정에서의 일은 약 몇 kJ인가?(단, 공기는 기체상수가 0.287kJ/(kg · K)인 이상기체로 가정한다.)

① 12.3kJ
② 16.5kJ
③ 20.5kJ
④ 24.3kJ

해설⊕

밀폐계의 일 → 절대일 $\delta W = PdV$

$$_1W_2 = \int_1^2 PdV \,(\text{정압과정이므로})$$

$$= P\int_1^2 dV$$

$$= P(V_2 - V_1) \leftarrow (V_2 = 2V_1)$$

$$= P(2V_1 - V_1)$$

$$= PV_1 \leftarrow (PV = mRT)$$

$$= mRT_1$$

$$= 0.2 \times 0.287 \times 10^3 \times (150 + 273) = 24,280.2\text{J}$$

$$= 24.28\text{kJ}$$

22 마찰이 없는 실린더 내에 온도 500K, 비엔트로피 3kJ/(kg · K)인 이상기체가 2kg 들어 있다. 이 기체의 비엔트로피가 10kJ/(kg · K)이 될 때까지 등온과정으로 가열한다면 가열량은 약 몇 kJ인가?

① 1,400kJ
② 2,000kJ
③ 3,500kJ
④ 7,000kJ

해설⊕

$$ds = \frac{\delta q}{T} \rightarrow \delta q = Tds$$

$$_1q_2 = \int_1^2 Tds \,(\text{온도가 일정한 등온과정})$$

$$= T(s_2 - s_1) = 500(10 - 3) = 3,500\text{kJ/kg}$$

$$_1Q_2 = m \cdot {}_1q_2 = 2\text{kg} \times 3,500\text{kJ/kg} = 7,000\text{kJ}$$

23 랭킨사이클의 열효율을 높이는 방법으로 틀린 것은?

① 복수기의 압력을 저하시킨다.
② 보일러 압력을 상승시킨다.
③ 재열(Reheat) 장치를 사용한다.
④ 터빈 출구온도를 높인다.

해설⊕

랭킨사이클의 열효율을 증가시키는 방법

① 터빈의 배기압력과 온도를 낮추면 효율이 증가하며 복수기 압력 저하
② 보일러의 최고압력을 높게 하면 열효율 증가
③ 재열기(Reheater) 사용 → 열효율과 건도 증가로 터빈 부식 방지
④ 터빈의 출구온도를 높이면 → ① 내용과 반대가 되어 열효율이 감소

24 유체의 교축과정에서 Joule – Thomson 계수(μ_J)가 중요하게 고려되는데, 이에 대한 설명으로 옳은 것은?

① 등엔탈피 과정에 대한 온도변화와 압력변화의 비를 나타내며 $\mu_J < 0$인 경우 온도상승을 의미한다.
② 등엔탈피 과정에 대한 온도변화와 압력변화의 비를 나타내며 $\mu_J < 0$인 경우 온도 강하를 의미한다.
③ 정적 과정에 대한 온도변화와 압력변화의 비를 나타내며 $\mu_J < 0$인 경우 온도 상승을 의미한다.
④ 정적 과정에 대한 온도변화와 압력변화의 비를 나타내며 $\mu_J < 0$인 경우 온도 강하를 의미한다.

해설 ⊕ -

엔탈피가 일정한 과정에서 압력과 온도의 시간에 따른 변화를 가리켜 줄─톰슨(Joule─Thomson) 계수(μ_J)라 한다.

$$\left(\frac{\partial H}{\partial P}\right)_T \partial P = -C_P \partial T \ \ (\text{양변} \div \partial P)$$

$$\left(\frac{\partial H}{\partial P}\right)_T = -C_P \left(\frac{\partial T}{\partial P}\right)_H = -C_P \times \mu_J$$

• 우측 항 전체 부호 값이 "+"가 되려면 줄─톰슨계수(μ_J)가 0보다 작아 $\frac{dT}{dP} < 0$이 되며, 이는 압력이 내려가면 온도가 올라간다는 것을 의미하므로 기체는 팽창하면서 가열된다.(기울기가 음수이므로 분모 분자의 변화 반대 → 예) 히터, 엔진)

• 우측 항 전체 부호 값이 "─"가 되려면 줄─톰슨계수(μ_J)가 0보다 커서 $\frac{dT}{dP} > 0$이 되며, 이는 압력이 내려가면 온도도 내려간다는 것을 의미하므로 기체는 팽창하면서 냉각된다.(기울기가 양수이므로 분모, 분자의 변화 동일 → 예) 냉장고, 에어컨)

25 이상적인 카르노 사이클의 열기관이 500℃인 열원으로부터 500kJ을 받고, 25℃의 열을 방출한다. 이 사이클의 일(W)과 효율(η_{th})은 얼마인가?

① $W = 307.2\text{kJ}, \eta_{th} = 0.6143$

② $W = 207.2\text{kJ}, \eta_{th} = 0.5748$

③ $W = 250.3\text{kJ}, \eta_{th} = 0.8316$

④ $W = 401.5\text{kJ}, \eta_{th} = 0.6517$

해설 ⊕ -

카르노사이클의 열효율은 온도만의 함수이다.
$T_H = 500 + 273 = 773\text{K}, \ T_L = 25 + 273 = 298\text{K}$

$$\eta_{th} = 1 - \frac{T_L}{T_H} = 1 - \frac{298}{773} = 0.6145$$

$$\eta_{th} = \frac{W}{Q_H} \text{이므로}$$

$$W = \eta_{th} \times Q_H = 0.6145 \times 500\text{kJ} = 307.25\text{kJ}$$

26 Brayton 사이클에서 압축기 소요일은 175kJ/kg, 공급열은 627kJ/kg, 터빈 발생일은 406kJ/kg으로 작동될 때 열효율은 약 얼마인가?

① 0.28   ② 0.37

③ 0.42   ④ 0.48

해설 ⊕ -

$$\eta_B = \frac{w_{net}}{q_H} = \frac{w_T - w_c}{q_H} = \frac{406 - 175}{627} = 0.3684$$

27 그림과 같이 다수의 추를 올려놓은 피스톤이 장착된 실린더가 있는데, 실린더 내의 압력은 300kPa, 초기 체적은 0.05m³이다. 이 실린더에 열을 가하면서 적절히 추를 제거하여 폴리트로픽 지수가 1.3인 폴리트로픽 변화가 일어나도록 하여 최종적으로 실린더 내의 체적이 0.2m³가 되었다면 가스가 한 일은 약 몇 kJ인가?

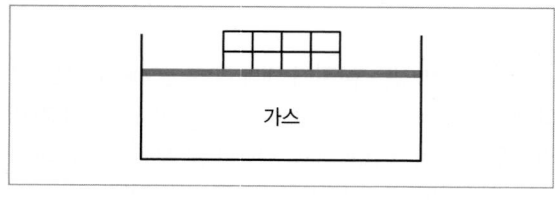

① 17   ② 18

③ 19   ④ 20

해설 ✚

밀폐계의 일이므로 절대일이다.

$\delta W = PdV$ (폴리트로픽 과정 : $PV^n = C \rightarrow P = CV^{-n}$)

$$_1W_2 = \int_1^2 CV^{-n}dV$$

$$= \frac{C}{-n+1}\left[V^{-n+1}\right]_1^2$$

$$= \frac{C}{-n+1}\left(V_2^{-n+1} - V_1^{-n+1}\right)$$

(여기서, $C = P_1V_1^n = P_2V_2^n$)

$$\therefore _1W_2 = \frac{1}{n-1}(P_1V_1 - P_2V_2)$$

$$= \frac{1}{1.3-1}(300 \times 10^3 \times 0.05 - 49.48 \times 10^3 \times 0.2)$$

$$= 17,013.3\text{J} = 17.01\text{kJ}$$

여기서, 폴리트로픽 과정이므로

$$\left(\frac{P_2}{P_1}\right)^{\frac{n-1}{n}} = \left(\frac{V_1}{V_2}\right)^{n-1}$$

$$P_2 = P_1\left(\frac{V_1}{V_2}\right)^n = 300 \times \left(\frac{0.05}{0.2}\right)^{1.3} = 49.48\text{kPa}$$

28 다음의 열역학 상태량 중 종량적 상태량 (Extensive Property)에 속하는 것은?

① 압력　　　　　② 체적
③ 온도　　　　　④ 밀도

해설 ✚

반으로 나누어 값이 변하면 종량성 상태량이다.

29 피스톤–실린더 장치 내 공기가 0.3m³에서 0.1 m³로 압축되었다. 압축되는 동안 압력(P)과 체적(V) 사이에 $P = aV^{-2}$의 관계가 성립하며, 계수 $a = 6$ kPa · m⁶이다. 이 과정 동안 공기가 한 일은 약 얼마인가?

① −53.3kJ　　　　② −1.1kJ
③ 253kJ　　　　　④ −40kJ

해설 ✚

$P = aV^{-2}$에서

$$= 6 \times 10^3 \frac{\text{N}}{\text{m}^2}\text{m}^6\,V^{-2}\frac{1}{\text{m}^6}$$

$$\therefore P = 6 \times 10^3 V^{-2}(\text{Pa})$$

밀폐계의 일 = 절대일

$$_1W_2 = \int_1^2 PdV$$

$$= 6 \times 10^3 \int_1^2 V^{-2}dV$$

$$= 6 \times 10^3 \times \frac{1}{-2+1}\left[V^{-2+1}\right]_1^2$$

$$= 6 \times 10^3 \times (-1)\left(V_2^{-1} - V_1^{-1}\right)$$

$$= 6 \times 10^3\left(\frac{1}{V_1} - \frac{1}{V_2}\right)$$

$$= 6 \times 10^3\left(\frac{1}{0.3} - \frac{1}{0.1}\right)$$

$$= -40,000\text{J}$$

$$= -40\text{kJ} \;((-)\text{부호} \rightarrow \text{계가 일 받음을 의미})$$

30 매시간 20kg의 연료를 소비하여 74kW의 동력을 생산하는 가솔린 기관의 열효율은 약 몇 %인가?(단, 가솔린의 저위발열량은 43,470kJ/kg이다.)

① 18　　　　　② 22
③ 31　　　　　④ 43

해설 ✚

$$\eta = \frac{H_{\text{kW}}}{H_l \times f_b}$$

$$= \frac{74\text{kW} \times \dfrac{3,600\text{kJ}}{1\text{kWh}}}{43,470\dfrac{\text{kJ}}{\text{kg}} \times 20\dfrac{\text{kg}}{\text{h}}} = 0.3064 = 30.64\%$$

31 다음 중 이상적인 증기 터빈의 사이클인 랭킨사이클을 옳게 나타낸 것은?

① 가역등온압축 → 정압가열 → 가역등온팽창 → 정압냉각

② 가역단열압축 → 정압가열 → 가역단열팽창 → 정압냉각

③ 가역등온압축 → 정적가열 → 가역등온팽창 → 정적냉각

④ 가역단열압축 → 정적가열 → 가역단열팽창 → 정적냉각

해설 ➕--------------------------------------

증기원동소의 이상 사이클인 랭킨사이클은 2개의 단열과정과 2개의 정압과정으로 이루어져 있으며, 펌프에서 단열압축한 다음, 보일러에서 정압가열 후 터빈으로 보내 단열팽창시켜 출력을 얻은 다음, 복수기(응축기)에서 정압방열 하여 냉각시킨 후 그 물이 다시 펌프로 보내진다.

32 내부 에너지가 30kJ인 물체에 열을 가하여 내부 에너지가 50kJ이 되는 동안에 외부에 대하여 10kJ의 일을 하였다. 이 물체에 가해진 열량은?

① 10kJ   ② 20kJ

③ 30kJ   ④ 60kJ

해설 ➕--------------------------------------

일부호는 (+)

$\delta Q - \delta W = dU \rightarrow \delta Q = dU + \delta W$

$\therefore {}_1 Q_2 = U_2 - U_1 + {}_1 W_2 = (50 - 30) + 10 = 30 \text{kJ}$

33 천제연폭포의 높이가 55m이고 주위의 열교환을 무시한다면 폭포수가 낙하한 후 수면에 도달할 때까지 온도 상승은 약 몇 K인가?(단, 폭포수의 비열은 4.2kJ/(kg · K)이다.)

① 0.87   ② 0.31

③ 0.13   ④ 0.68

해설 ➕--------------------------------------

에너지 보존의 법칙을 적용하면

→ 위치에너지(Wh)가 열에너지로 바뀐다.

$Wh = mgh = mc(T_2 - T_1)$

$\therefore T_2 - T_1 = \Delta T = \dfrac{gh}{c} = \dfrac{9.8 \times 55}{4.2 \times 10^3} = 0.128 \text{K}$

34 어떤 카르노 열기관이 100℃와 30℃ 사이에서 작동되며 100℃의 고온에서 100kJ의 열을 받아 40kJ의 유용한 일을 한다면 이 열기관에 대하여 가장 옳게 설명한 것은?

① 열역학 제1법칙에 위배된다.

② 열역학 제2법칙에 위배된다.

③ 열역학 제1법칙과 제2법칙에 모두 위배되지 않는다.

④ 열역학 제1법칙과 제2법칙에 모두 위배된다.

해설 ➕--------------------------------------

열기관의 이상 사이클인 카르노사이클의 열효율(η_c)은

$T_H = 100 + 273 = 373 \text{K}, \ T_L = 30 + 273 = 303 \text{K}$

$\eta_c = 1 - \dfrac{T_L}{T_H} = 1 - \dfrac{303}{373} = 0.1877 = 18.77\%$

열기관효율 $\eta_{th} = \dfrac{W}{Q_H} = \dfrac{40 \text{kJ}}{100 \text{kJ}} = 0.4 = 40\%$

두 기관의 효율을 비교하면 $\eta_c < \eta_{th}$이므로 모든 과정이 가역과정으로 이루어진 열기관의 이상 사이클인 카르노사이클보다 효율이 좋으므로 불가능한 열기관이며, 실제로는 손실이 존재해 카르노사이클보다 효율이 낮게 나와야 한다. 열기관의 비가역량(손실)이 발생한다는 열역학 제2법칙에 위배된다.

35 증기압축냉동사이클로 운전하는 냉동기에서 압축기 입구, 응축기 입구, 증발기 입구의 엔탈피가 각각 387.2kJ/kg, 435.1kJ/kg, 241.8kJ/kg일 경우 성능계수는 약 얼마인가?

① 3.0
② 4.0
③ 5.0
④ 6.0

해설 ⊕

증기압축냉동사이클의 $P-h$ 선도상에서 엔탈피 값을 나타내고, 성적계수를 구해보면

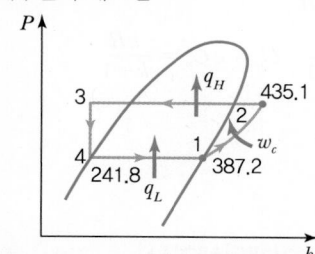

$$\varepsilon_R = \frac{q_L}{q_H - q_L} = \frac{h_1 - h_4}{(h_2 - h_3) - (h_1 - h_4)}$$

$$= \frac{h_1 - h_4}{h_2 - h_3 - h_1 + h_4} \quad (\because \text{교축과정 } h_3 = h_4)$$

$$\therefore \varepsilon_R = \frac{h_1 - h_4}{h_2 - h_1} = \frac{387.2 - 241.8}{435.1 - 387.2} = 3.04$$

참고로, $\varepsilon_R = \dfrac{q_L}{w_c} = \dfrac{h_1 - h_4}{h_2 - h_1}$ 로 압축기의 입력일에 대한 출력(냉장고의 흡열량)으로 계산해도 된다.

36 온도 20℃에서 계기압력 0.183MPa의 타이어가 고속주행으로 온도 80℃로 상승할 때 압력은 주행 전과 비교하여 약 몇 kPa 상승하는가?(단, 타이어의 체적은 변하지 않고, 타이어 내의 공기는 이상기체로 가정한다. 그리고 대기압은 101.3kPa이다.)

① 37kPa
② 58kPa
③ 286kPa
④ 445kPa

해설 ⊕

타이어 안에 있는 공기의 절대압력

$$P_{abs} = P_1$$

$$P_{abs} = P_o + P_g = 101.3\text{kPa} + 183\text{kPa} = 284.3\text{kPa}$$

체적이 일정한 정적과정의 $V = C$이므로

$$\frac{P_1}{T_1} = \frac{P_2}{T_2}$$

$$P_2 = P_1 \frac{T_2}{T_1} = 284.3 \times \frac{353}{293}$$

$$\therefore P_2 = 342.52\text{kPa}$$

압력상승값 $\Delta P = P_2 - P_1 = 342.5 - 284.3 = 58.22\text{kPa}$

37 온도가 T_1인 고열원으로부터 온도가 T_2인 저열원으로 열전도, 대류, 복사 등에 의해 Q만큼 열전달이 이루어졌을 때 전체 엔트로피 변화량을 나타내는 식은?

① $\dfrac{T_1 - T_2}{Q(T_1 \times T_2)}$
② $\dfrac{T_1 + T_2}{Q(T_1 \times T_2)}$
③ $\dfrac{Q(T_1 - T_2)}{T_1 \times T_2}$
④ $\dfrac{T_1 + T_2}{Q(T_1 \times T_2)}$

해설 ⊕

T_1 : 고열원, T_2 : 저열원

$dS = \dfrac{\delta Q}{T}$ 에서

$$\Delta S_1 = \frac{Q}{T_1} \quad (\text{엔트로피 감소량} \rightarrow \text{방열})$$

$$\Delta S_2 = \frac{Q}{T_2} \quad (\text{엔트로피 증가량} \rightarrow \text{흡열})$$

$$\Delta S = \Delta S_2 - \Delta S_1 = \frac{Q}{T_2} - \frac{Q}{T_1} = Q\left(\frac{T_1 - T_2}{T_1 \times T_2}\right)$$

38 1kg의 공기가 100℃를 유지하면서 가역등온팽창하여 외부에 500kJ의 일을 하였다. 이때 엔트로피의 변화량은 약 몇 kJ/K인가?

① 1.895
② 1.665
③ 1.467
④ 1.340

해설 ➕

일부호는 (+)

$$\delta Q - \delta W = dU \rightarrow 등온과정(dU = C_v dT^{\,0})$$

$$\therefore {}_1Q_2 = {}_1W_2$$

$$dS = \frac{\delta Q}{T} 에서$$

$$S_2 - S_1 = \frac{{}_1Q_2}{T} = \frac{{}_1W_2}{T} = \frac{500}{373} = 1.34 \text{kJ/K}$$

39 습증기 상태에서 엔탈피 h를 구하는 식은?(단, h_f는 포화액의 엔탈피, h_g는 포화증기의 엔탈피, x는 건도이다.)

① $h = h_f + (xh_g - h_f)$
② $h = h_f + x(h_g - h_f)$
③ $h = h_g + (xh_f - h_g)$
④ $h = h_g + x(h_g - h_f)$

해설 ➕

건도가 x인 습증기의 비엔탈피 값은 증기표에서 해당 값을 찾아 다음과 같이 계산한다.

$$h_x = h_f + x(h_g - h_f) = h_f + xh_{fg}$$

40 이상기체에 대한 관계식 중 옳은 것은?(단, C_p, C_v는 저압 및 정적 비열, k는 비열비이고, R은 기체상수이다.)

① $C_p = C_v - R$
② $C_p = \dfrac{k-1}{k}R$
③ $C_p = \dfrac{k}{k-1}R$
④ $R = \dfrac{C_p + C_v}{2}$

해설 ➕

$$C_p - C_v = R \cdots\cdots ⓐ$$

비열비 $k = \dfrac{C_p}{C_v} \rightarrow C_p = kC_v$를 ⓐ에 대입하면

$$kC_v - C_v = R$$

$$(k-1)C_v = R$$

$$\therefore C_v = \frac{R}{k-1}, \quad C_p = kC_v = \frac{kR}{k-1}$$

3과목　기계유체역학

41 길이가 150m의 배가 10m/s의 속도로 항해하는 경우를 길이 4m의 모형 배로 실험하고자 할 때 모형 배의 속도는 약 몇 m/s로 해야 하는가?

① 0.133
② 0.534
③ 1.068
④ 1.633

해설 ➕

배는 자유표면 위를 움직이므로 모형과 실형 사이에 프루드 수를 같게 하여 실험한다.

$$Fr)_m = Fr)_p$$

$$\left.\frac{V}{\sqrt{Lg}}\right)_m = \left.\frac{V}{\sqrt{Lg}}\right)_p \quad (여기서,\ g_m = g_p 이므로)$$

$$\frac{V_m}{\sqrt{L_m}} = \frac{V_p}{\sqrt{L_p}}$$

$$\therefore V_m = \sqrt{\frac{L_m}{L_p}} \cdot V_p = \sqrt{\frac{4}{150}} \times 10 = 1.633 \text{m/s}$$

42 그림과 같은 수문(폭×높이 = 3m×2m)이 있을 경우 수문에 작용하는 힘의 작용점은 수면에서 몇 m 깊이에 있는가?

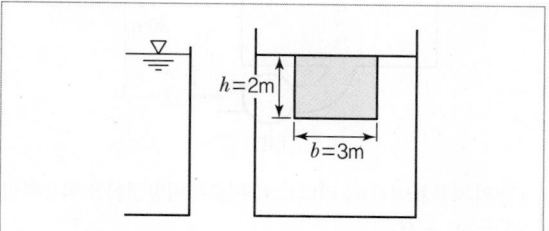

① 약 0.7m
② 약 1.1m
③ 약 1.3m
④ 약 1.5m

해설 ⊕

수직평판이므로 $\bar{y} = \bar{h} = 1m$

$$y_p = \bar{y} + \frac{I_X}{A\bar{y}} = 1 + \frac{\left(\dfrac{3 \times 2^3}{12}\right)}{(3 \times 2) \times 1} = 1.33\,m$$

43 흐르는 물의 속도가 1.4m/s일 때 속도 수두는 약 몇 m인가?

① 0.2
② 10
③ 0.1
④ 1

해설 ⊕

속도 에너지(수두)

$$\frac{V^2}{2g} = \frac{1.4^2}{2 \times 9.8} = 0.1\,m$$

44 다음의 무차원수 중 개수로와 같은 자유표면 유동과 가장 밀접한 관련이 있는 것은?

① Euler수
② Froude수
③ Mach수
④ Prandtl수

해설 ⊕

자유표면을 갖는 유체유동에서 중요한 무차원수는 프루드 (Froude)수이다.

45 x, y 평면의 2차원 비압축성 유동장에서 유동함수(Stream Function) ψ는 $\psi = 3xy$로 주어진다. 점 (6, 2)와 점 (4, 2) 사이를 흐르는 유량은?

① 6
② 12
③ 16
④ 24

해설 ⊕

유동함수 ψ는 유동장에서 유체의 흐름라인인 유선을 나타내며 2차원 유동함수 ψ는 x, y의 함수이므로 x, y 값을 넣어 해석한 다음 유량을 구한다.

점 (6, 2)에서 유선 $\psi = 3xy = 3 \times 6 \times 2 = 36 \rightarrow \psi_1$

점 (4, 2)에서 유선 $\psi = 3xy = 3 \times 4 \times 2 = 24 \rightarrow \psi_2$

유선 ψ_1, ψ_2 사이의 길이당 체적유량 q

$$q = \psi_1 - \psi_2 = 36 - 24 = 12\,m^3/s/m$$

46 원통 속의 물이 중심축에 대하여 ω의 각속도로 강체와 같이 등속회전 하고 있을 때 가장 압력이 높은 지점은?

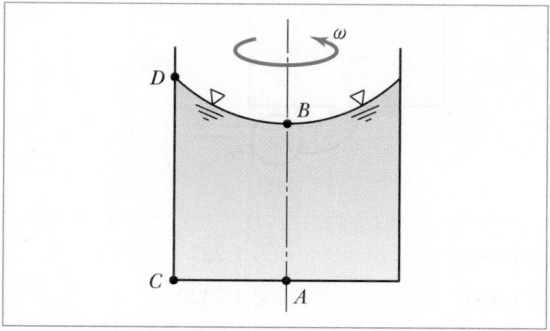

① 바닥면의 중심점 A
② 액체 표면의 중심점 B
③ 바닥면의 가장자리 C
④ 액체 표면의 가장자리 D

해설 ➕

압력은 수직깊이만의 함수이므로 C이다.$(P=\gamma h)$

47 개방된 탱크 내에 비중이 0.8인 오일이 가득차 있다. 대기압이 101kPa이라면, 오일탱크 수면으로부터 3m 깊이에서 절대압력은 약 몇 kPa인가?

① 25   ② 249

③ 12.5   ④ 125

해설 ➕

절대압 = 국소대기압 + 계기압

$$p_{abs}=p_o+p_g=p_o+\gamma_{oil}h=p_o+s_{oil}\gamma_w h$$
$$=101+0.8\times 9,800\times 3\times 10^{-3}=124.52\text{kPa}$$

48 그림과 같이 물이 고여 있는 큰 댐 아래에 터빈이 설치되어 있고, 터빈의 효율이 85%이다. 터빈 이외에서의 다른 모든 손실을 무시할 때 터빈의 출력은 약 몇 kW인가?(단, 터빈 출구관의 지름은 0.8m, 출구속도 V는 10m/s이고 출구압력은 대기압이다.)

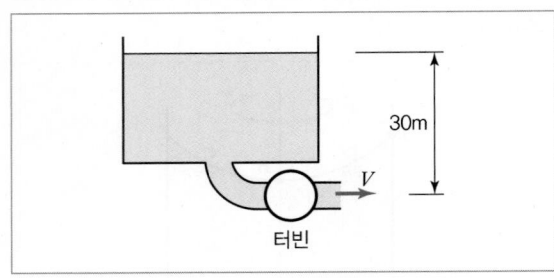

① 1,043   ② 1,227

③ 1,470   ④ 1,7320

해설 ➕

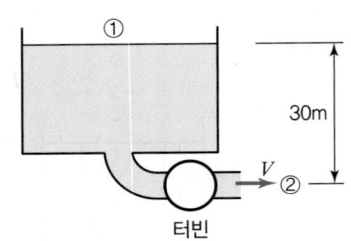

i) 댐의 자유표면①과 터빈 ②에 베르누이방정식을 적용하면

    ①=② $+H_T$

      여기서, H_T : 터빈수두

$$\frac{p_1}{\gamma}+\frac{V_1^{\,2}}{2g}+Z_1=\frac{p_2}{\gamma}+\frac{V_2^{\,2}}{2g}+Z_2+H_T$$

      여기서, $p_1=p_2\approx p_o$, $V_2\gg V_1$ (V_1 무시)

$$\therefore\ H_T=(Z_1-Z_2)-\frac{V_2^{\,2}}{2g}=30-\frac{10^2}{2\times 9.8}=24.9\text{m}$$

ii) 터빈 이론동력은

$$H_{th}=H_{KW}=\frac{\gamma H_T Q}{1,000}$$

$$=\frac{9,800\times 24.9\times \dfrac{\pi}{4}\times 0.8^2\times 10}{1,000}=1,226.58\text{kW}$$

iii) 터빈효율 $\eta_T=\dfrac{H_s}{H_{th}}=\dfrac{\text{실제축동력}}{\text{이론동력}}$

  출력동력(실제축동력)

$$H_s=\eta_T\times H_{th}=0.85\times 1,226.58=1,042.59\text{kW}$$

49 2차원 정상유동의 속도 방정식이 $V=3(-xi+yj)$라고 할 때, 이 유동의 유선의 방정식은?(단, C는 상수를 의미한다.)

① $xy=C$ ② $y/x=C$

③ $x^2y=C$ ④ $x^3y=C$

해설 ✚ -

유선의 방정식 $\dfrac{u}{dx} = \dfrac{v}{dy}$ 에서

$\dfrac{-3x}{dx} = \dfrac{3y}{dy} \rightarrow -xdy = ydx$ (양변 ÷ xy)

$\dfrac{1}{x}dx + \dfrac{1}{y}dy = 0$ (양변 적분)

$\ln x + \ln y = C$

$\ln xy = C$

$\therefore xy = e^C = C$

50 지름 2cm의 노즐을 통하여 평균속도 0.5m/s로 자동차의 연료 탱크에 비중 0.9인 휘발유 20kg을 채우는 데 걸리는 시간은 약 몇 s인가?

① 66 　　　　　　② 78
③ 102 　　　　　　④ 141

해설 ✚ -

질량유량 $\dot{m} = \rho A V = \dfrac{m}{t}$ (kg/s) $\rightarrow S\rho_w A V = \dfrac{m}{t}$

$\therefore t = \dfrac{m}{s\rho_w A V} = \dfrac{20}{0.9 \times 1,000 \times \dfrac{\pi}{4} \times 0.02^2 \times 0.5}$

$\qquad = 141.47\text{s}$

51 체적탄성계수가 2.086GPa인 기름의 체적을 1% 감소시키려면 가해야 할 압력은 몇 Pa인가?

① 2.086×10^7 　　　② 2.086×10^4
③ 2.086×10^3 　　　④ 2.086×10^2

해설 ✚ -

$K = \dfrac{1}{\beta} = \dfrac{1}{-\dfrac{\dfrac{dV}{V}}{dp}} = \dfrac{dp}{-\dfrac{dV}{V}}$ ((−) 압축 의미)

$\therefore p = K \cdot \dfrac{dV}{V} = 2.086 \times 10^9 \times 0.01$

$\qquad = 2.086 \times 10^7 \text{Pa}$

52 경계층의 박리(Separation) 현상이 일어나기 시작하는 위치는?

① 하류방향으로 유속이 증가할 때
② 하류방향으로 유속이 감소할 때
③ 경계층 두께가 0으로 감소될 때
④ 하류방향의 압력기울기가 역으로 될 때

해설 ✚ -

압력이 감소했다가 증가하는 역압력기울기에 의해 유체 입자가 물체 주위로부터 떨어져 나가는 현상을 박리라 한다.

53 원관 내에 완전발달 층류유동에서 유량에 대한 설명으로 옳은 것은?

① 관의 길이에 비례한다.
② 관 지름의 제곱에 반비례한다.
③ 압력강하에 반비례한다.
④ 점성계수에 반비례한다.

해설 ✚ -

하이겐포아젤 방정식

$Q = \dfrac{\Delta p \pi d^4}{128 \mu l}$

54 표면장력의 차원으로 맞는 것은?(단, M : 질량, L : 길이, T : 시간)

① MLT^{-2} 　　　　　② $ML^2 T^{-1}$
③ $ML^{-1} T^{-2}$ 　　　④ MT^{-2}

정답　　　50 ④　51 ①　52 ④　53 ④　54 ④

표면장력은 선분포(N/m)의 힘이다.

$$\frac{N}{m} \times \frac{1kg \cdot m}{1N \cdot s^2} = kg/s^2 \rightarrow MT^{-2} \text{ 차원}$$

55 수평으로 놓인 안지름 5cm인 곧은 원관 속에서 점성계수 0.4Pa · s의 유체가 흐르고 있다. 관의 길이 1m당 압력강하가 8kPa이고 흐름 상태가 층류일 때 관 중심부에서의 최대 유속(m/s)은?

① 3.125   ② 5.217

③ 7.312   ④ 9.714

달시비스바하 방정식에서 손실수두 $h_l = f \cdot \dfrac{L}{d} \cdot \dfrac{V^2}{2g}$ 와,

관마찰계수 $f = \dfrac{64}{Re} = \dfrac{64}{\left(\dfrac{\rho Vd}{\mu}\right)} = \dfrac{64\mu}{\rho Vd}$ 에서

$$\Delta P = \gamma h_l = \gamma f \frac{l}{d} \frac{V^2}{2g} = \rho f \frac{l}{d} \frac{V^2}{2}$$

문제에서 단위 길이당 압력강하량을 주었으므로

$$\frac{\Delta p}{l} = \frac{80 \times 10^3 \text{Pa}}{1\text{m}} = \rho f \frac{1}{d} \frac{V^2}{2} = \rho \frac{64\mu}{\rho Vd} \frac{1}{d} \frac{V^2}{2} = \frac{32\mu V}{d^2}$$

$$\therefore \ V = \frac{8 \times 10^3 \times d^2}{32\mu} = \frac{8 \times 10^3 \times 0.05^2}{32 \times 0.4} = 1.5625 \text{m/s}$$

$V = V_{av}$(단면의 평균속도)이므로 관 중심에서 최대속도

$$V_{\max} = 2V = 2 \times 1.5625 = 3.125 \text{m/s}$$

56 그림과 같이 비중 0.8인 기름이 흐르고 있는 개수로에 단순 피토관을 설치하였다. $\Delta h = 20$mm, $h = 30$mm일 때 속도 V는 약 몇 m/s인가?

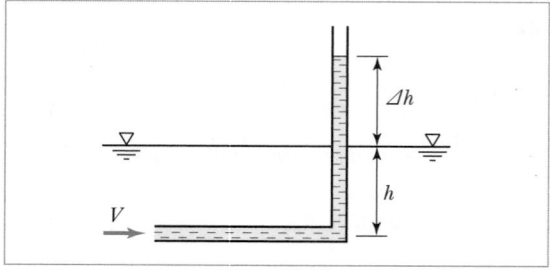

① 0.56   ② 0.63

③ 0.77   ④ 0.99

$$V = \sqrt{2g\Delta h} = \sqrt{2 \times 9.8 \times 0.02} = 0.63 \text{m/s}$$

57 벽면에 평행한 방향의 속도(u) 성분만이 있는 유동장에서 전단응력을 τ, 점성계수를 μ, 벽면으로부터의 거리를 y로 표시할 때 뉴턴의 점성법칙을 옳게 나타낸 식은?

① $\tau = \mu \dfrac{dy}{du}$ ② $\tau = \mu \dfrac{du}{dy}$

③ $\tau = \dfrac{1}{\mu} \dfrac{du}{dy}$ ④ $\tau = \mu \sqrt{\dfrac{du}{dy}}$

뉴턴의 점성법칙

$$F = \mu \frac{Au}{h} \rightarrow \tau = \mu \frac{du}{dy}$$

58 여객기가 888km/h로 비행하고 있다. 엔진의 노즐에서 연소가스를 375m/s로 분출하고, 엔진의 흡기량과 배출되는 연소가스의 양은 같다고 가정하면 엔진의 추진력은 약 몇 N인가?(단, 엔진의 흡기량은 30kg/s이다.)

① 3,850N   ② 5,325N

③ 7,400N   ④ 11,250N

해설 ⊕

압축성 유체에 운동량방정식을 적용하면

$$F_{th} = \dot{m}_2 V_2 - \dot{m}_1 V_1$$

$$= \dot{m}(V_2 - V_1) = 30(375 - 246.67) = 3,849.9N$$

(여기서, 문제의 조건에 의해 흡기량과 배출되는 연소 가스의 양은 같으므로 $\dot{m}_2 = \dot{m}_1 = \dot{m}$)

59 구형 물체 주위의 비압축성 점성 유체의 흐름에서 유속이 대단히 느릴 때(레이놀즈수가 1보다 작을 경우) 구형 물체에 작용하는 항력 D_r은?(단, 구의 지름은 d, 유체의 점성계수는 μ, 유체의 평균속도는 V라 한다.)

① $D_r = 3\pi\mu dV$ ② $D_r = 6\pi\mu dV$

③ $D_r = \dfrac{3\pi\mu dV}{g}$ ④ $D_r = \dfrac{3\pi dV}{\mu g}$

해설 ⊕

스토크스 법칙

$D = 3\pi\mu Vd \ (Re \leq 1)$

60 지름이 10mm인 매끄러운 관을 통해서 유량 0.02L/s의 물이 흐를 때 길이 10m에 대한 압력손실은 약 몇 Pa인가?(단, 물의 동점성계수는 1.4×10^{-6} m²/s이다.)

① 1,140Pa ② 1,819Pa

③ 1,140Pa ④ 1,819Pa

해설 ⊕

$Q = 0.02L/s = 0.02 \times 10^{-3} m^3/s$

$Q = AV$에서

$V = \dfrac{Q}{A} = \dfrac{Q}{\dfrac{\pi d^2}{4}} = \dfrac{0.02 \times 10^{-3}}{\dfrac{\pi \times 0.01^2}{4}} = 0.255 m/s$

흐름의 형태를 알기 위해

$Re = \dfrac{\rho Vd}{\mu} = \dfrac{Vd}{\nu} = \dfrac{0.255 \times 0.01}{1.4 \times 10^{-6}}$

$= 1,821.4 < 2,100 \ (층류)$

$h_l = f \cdot \dfrac{L}{d} \cdot \dfrac{V^2}{2g}, \ f = \dfrac{64}{Re} = \dfrac{64}{1,821.4} = 0.035$

$\therefore \Delta p = \gamma h_l$

$= \gamma f \dfrac{L}{d} \dfrac{V^2}{2g}$

$= \rho f \dfrac{L}{d} \dfrac{V^2}{2}$

$= 1,000 \times 0.035 \times \dfrac{10}{0.01} \times \dfrac{0.255^2}{2}$

$= 1,137.94 Pa$

4과목 유체기계 및 유압기기

61 펌프의 운전 중 관로에 장치된 밸브를 급폐쇄시키면 관로 내 압력이 변화(상승, 하강반복)되면서 충격파가 발생하는 현상을 무엇이라고 하는가?

① 공동 현상
② 수격 작용
③ 서징 현상
④ 부식 작용

해설 ⊕

수격작용(Water Hammering)

유체가 유동하고 있는 관로의 끝에 달린 밸브를 갑자기 닫을 경우, 유체의 감속된 분량의 운동에너지가 압력에너지로 변하기 때문에 밸브의 바로 앞 지점에서 고압이 발생하고, 이 고압은 압력파로 관로 속을 왕복 반복하여 관로의 벽면을 때리는 현상을 수격작용이라고 한다.

62 다음 각 수차에 대한 설명 중 틀린 것은?

① 중력수차 : 물이 낙하할 때 중력에 의해 움직이게 되는 수차

② 충동수차 : 물이 갖는 속도 에너지에 의해 물이 충격으로 회전하는 수차

③ 반동수차 : 물이 갖는 압력과 속도에너지를 이용하여 회전하는 수차

④ 프로펠러수차 : 물이 낙하할 때 중력과 속도에너지에 의해 회전하는 수차

해설 ➕

프로펠러 수차(Propeller Turbine)
작동원리는 프란시스 수차처럼 압력에너지와 운동에너지가 감소된 물이 축방향으로 통과하면서 프로펠러에 반동력을 주어 구동하지만, 반경방향의 흐름이 없으며, 프로펠러를 통과하는 물의 흐름이 축방향이기 때문에 축류수차(Axial Flow Turbine)라고도 한다.

63 토마계수 σ를 사용하여 펌프의 캐비테이션이 발생하는 한계를 표시할 때, 캐비테이션이 발생하지 않는 영역을 바르게 표시한 것은?(단, H는 유효낙차, Ha는 대기압 수두, Hv는 포화증기압 수두, Hs는 흡출고를 나타낸다. 또한, 펌프가 흡출하는 수면은 펌프 아래에 있다.)

① $Ha - Hv - Hs > \sigma \times H$

② $Ha + Hv - Hs > \sigma \times H$

③ $Ha - Hv - Hs < \sigma \times H$

④ $Ha + Hv - Hs < \sigma \times H$

해설 ➕

• 정미유효흡입양정 $NPSH = H_{sv} = \dfrac{p_1}{\gamma} = H_a - H_v - H_s$

여기서, H_a : 흡입 액면의 대기압 수두

H_v : 액체 온도에 해당하는 포화증기압 수두

H_s : 액면에서 펌프입구의 흡입부까지의 높이 (흡출고)

• 캐비테이션이 발생하지 않는 영역은 $NPSH$값이 $NPSH > \sigma H$(σ : 토마의 캐비테이션 계수, H : 유효낙차)의 조건을 만족할 때이다.

64 토크 컨버터에 대한 설명으로 틀린 것은?

① 유체 커플링과는 달리 입력축과 출력축의 토크 차를 발생하게 하는 장치이다.

② 토크 컨버터는 유체 커플링의 설계점 효율에 비하여 다소 낮은 편이다.

③ 러너의 출력축 토크는 회전차의 토크에 스테이터의 토크를 뺀 값으로 나타난다.

④ 토크 컨버터의 동력 손실은 열에너지로 전환되어 작동 유체의 온도 상승에 영향을 미친다.

해설 ➕

펌프의 임펠러(Impeller)가 유체에 준 토크를 T_p, 스테이터(안내깃)가 유체에 준 토크 T_s, 터빈 러너(Runner)가 받는 토크(출력축) T_T라 하면, 에너지 보존에 의해 입력일과 출력일은 같으므로

$$\therefore \ T_p + T_s = T_T$$

65 터빈 펌프와 비교하여 벌류트 펌프가 일반적으로 가지는 특성에 대한 설명으로 옳지 않은 것은?

① 안내깃이 없다.

② 구조가 간단하고 소형이다.

③ 고양정에 적합하다.

④ 캐비테이션이 일어나기 쉽다.

해설 ➕

벌류트 펌프는 안내깃(디퓨져베인)이 없는 저양정 펌프다.

정답　62 ④　63 ①　64 ③　65 ③

66 수차는 펌프와 마찬가지로 동일한 상사법칙이 성립하는데, 다음 중 유량(Q)과 관계된 상사법칙으로 옳은 것은?(단, D는 수차의 크기를 의미하며, N은 회전수를 나타낸다.)

① $\dfrac{Q_1}{D_1^4 N_1^2} = \dfrac{Q_2}{D_2^4 N_2^2}$

② $\dfrac{Q_1}{D_1^4 N_1} = \dfrac{Q_2}{D_2^4 N_2}$

③ $\dfrac{Q_1}{D_1^3 N_1^2} = \dfrac{Q_2}{D_2^3 N_2^2}$

④ $\dfrac{Q_1}{D_1^3 N_1} = \dfrac{Q_2}{D_2^3 N_2}$

해설 +

2대의 펌프에서의 상사법칙 $Q_2 = Q_1 \left(\dfrac{D_2}{D_1}\right)^3 \left(\dfrac{N_2}{N_1}\right)$ 이다.

67 펌프는 크게 터보형과 용적형, 특수형으로 구분하는데, 다음 중 터보형 펌프에 속하지 않은 것은?

① 원심식 펌프
② 사류식 펌프
③ 왕복식 펌프
④ 축류식 펌프

해설 +

왕복식은 용적형 펌프로 피스톤펌프와 플런저펌프가 있다.

68 유회전 진공펌프(Oil – Sealed Rotary Vacuum Pump)의 종류가 아닌 것은?

① 너시(Nash)형 진공펌프
② 게데(Gaede)형 진공펌프
③ 키니(Kinney)형 진공펌프
④ 센코(Senko)형 진공펌프

해설 +

너시(Nash)형 진공펌프는 액봉형 진공펌프(Water – Ring Vacuum Pump)에 속한다.

69 송풍기에서 발생하는 공기가 전압 400mmAq, 풍량 30m³/min이고, 송풍기의 전압효율이 70%라면 이 송풍기의 축동력은 약 몇 kW인가?

① 1.7
② 2.8
③ 17
④ 28

해설 +

$$L_s = \frac{L_{th}}{\eta} = \frac{\gamma H Q}{\eta} = \frac{P_t Q}{\eta}$$

$$= \frac{400\,\mathrm{mmAq} \times \dfrac{101325\dfrac{\mathrm{N}}{\mathrm{m}^2}}{10.33 \times 10^3\,\mathrm{mmAq}} \times \dfrac{30\mathrm{m}^3}{60\mathrm{s}}}{0.7}$$

$$= 2,802.52\mathrm{W} = 2.8\mathrm{kW}$$

70 다음 중 캐비테이션 방지법에 대한 설명으로 틀린 것은?

① 펌프의 설치높이를 최대로 높게 설정하여 흡입양정을 길게 한다.
② 펌프의 회전수를 낮추어 흡입 비속도를 작게 한다.
③ 양흡입펌프를 사용한다.
④ 입축펌프를 사용하고, 회전차를 수중에 완전히 잠기게 한다.

해설 +

① 액면으로부터 펌프 설치 높이를 최소로 해서 흡입양정을 가능한 한 짧게 한다.
② 임펠러를 수중에 완전히 잠기게 한 다음, 운전한다.
③ 편흡입보다는 양흡입의 펌프를 사용한다.
④ 펌프의 회전수를 낮추면 속도가 조금 빨라지므로 흡입압력이 조금 내려가 캐비테이션이 발생하지 않는다.(회전수를 낮추면 비교회전도가 작아져 공동현상이 일어나기 어렵다.)
⑤ 배관의 경사를 완만하게 하고 짧게 한다.
⑥ 마찰저항이 작은 흡입관을 사용하여 압력강하를 줄인다.
⑦ 고양정일 때 두 대 이상의 펌프를 설치해 사용한다.
⑧ 펌프 입구에 인듀서(Inducer)를 설치한다.

정답 66 ④ 67 ③ 68 ① 69 ② 70 ①

71 체크 밸브, 릴리프 밸브 등에서 압력이 상승하고 밸브가 열리기 시작하여 어느 일정한 흐름의 양이 인정되는 압력은?

① 토출 압력　　② 서지 압력
③ 크래킹 압력　④ 오버라이드 압력

해설 ⊕

① 토출 압력 : 펌프에서 토출되는 작동유의 압력
② 서지 압력 : 과도적으로 상승한 압력의 최댓값
③ 크래킹 압력 : 체크 밸브 또는 릴리프 밸브 등으로 압력이 상승하여 밸브가 열리기 시작하여 어느 일정한 흐름의 양이 확인되는 압력
④ 오버라이드(Override) 압력 : 설정 압력과 크래킹 압력의 차이 → 오버라이드 압력이 낮을수록 밸브 특성이 양호하고 유체 동력 손실도 작다.

72 그림은 KS 유압 도면기호에서 어떤 밸브를 나타낸 것인가?

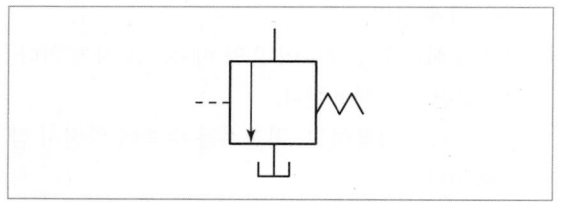

① 릴리프 밸브　②무부하 밸브
③ 시퀀스 밸브　④ 감압 밸브

해설 ⊕

① 릴리프 밸브	② 무부하 밸브

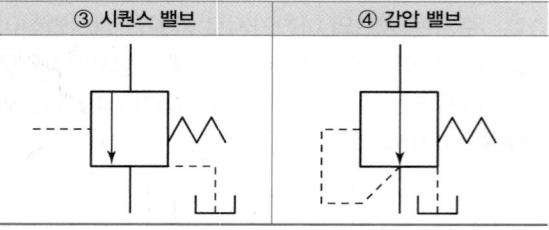

③ 시퀀스 밸브	④ 감압 밸브

73 다음 유압회로는 어떤 회로에 속하는가?

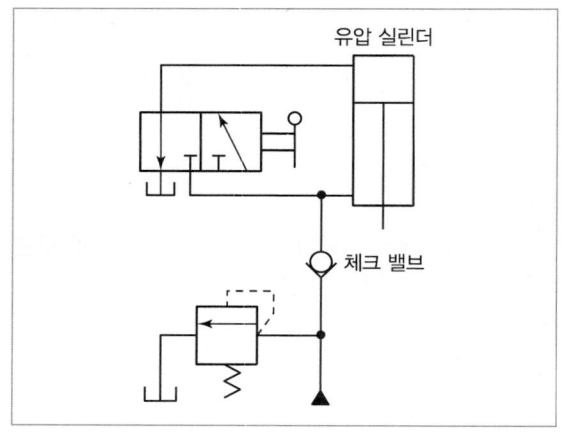

① 로크 회로　　②무부하 회로
③ 블리드 오프 회로　④ 어큐뮬레이터 회로

해설 ⊕

그림은 체크 밸브를 이용해 큰 외력에 대항해서 정지 위치를 확실히 유지시킬 수 있는 로크 회로(Lock Circuit)이다.

74 유압모터의 종류가 아닌 것은?

① 회전 피스톤 모터　② 베인 모터
③ 기어 모터　　　　④ 나사 모터

해설 ⊕

유압모터의 종류
• 기어 모터 : 외접형, 내접형
• 베인 모터
• 회전 피스톤 모터 : 액시얼형, 레이디얼형

75 유압 베인 모터의 1회전당 유량이 50cc일 때 공급 압력을 800N/cm², 유량을 30L/min으로 할 경우 베인 모터의 회전수는 약 몇 rpm인가?(단, 누설량은 무시한다.)

① 600
② 1,200
③ 2,666
④ 5,333

해설 ⊕

$Q = qN$

$\therefore N = \dfrac{Q}{q} = \dfrac{30 \times 10^3 \text{cm}^3/\text{min}}{50\text{cc}(= \text{cm}^3)} = 600\text{rpm}$

76 그림과 같은 유압 잭에서 지름이 $D_2 = 2D_1$일 때 누르는 힘 F_1과 F_2의 관계를 나타낸 식으로 옳은 것은?

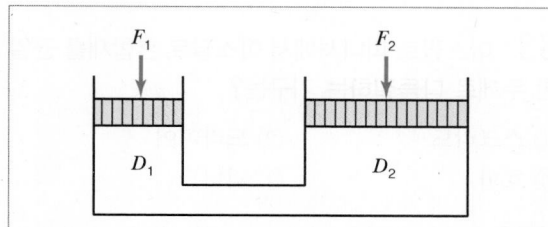

① $F_2 = F_1 D_r$
② $F_2 = 2F_1 D_r$
③ $F_2 = 4F_1 D_r$
④ $F_2 = 8F_1 D_r$

해설 ⊕

파스칼의 원리 : $p_1 = p_2$

$\therefore \dfrac{F_1}{A_1} = \dfrac{F_2}{A_2} \Rightarrow \dfrac{F_1}{\dfrac{D_1^2 \pi}{4}} = \dfrac{F_2}{D_1^2 \pi} \quad \therefore 4F_1 = F_2$

77 다음 어큐뮬레이터의 종류 중 피스톤형의 특징에 대한 설명으로 가장 적절하지 않은 것은?

① 대형도 제작이 용이하다.
② 축유량을 크게 잡을 수 있다.
③ 형상이 간단하고 구성품이 적다.
④ 유실에 가스 침입의 염려가 없다.

해설 ⊕

피스톤 축압기(Accumulator)의 특징

• 형상이 간단하고 구성품이 적다.
• 대형도 제작이 용이하다.
• 축유량을 크게 잡을 수 있다.
• 유실에 가스 침입의 염려가 있다.

78 주로 펌프의 흡입구에 설치되어 유압작동유의 이물질을 제거하는 용도로 사용하는 기기는?

① 드레인 플러그
② 스트레이너
③ 블래더
④ 배플

해설 ⊕

스트레이너

• 유압펌프 흡입 쪽에 부착되어 기름탱크에서 펌프 및 회로에 불순물이 유입되지 않도록 여과작용을 하는 장치이다.
• 100~200mesh(눈의 크기 0.15~0.07mm)의 철망을 사용한다.

79 카운터 밸런스 밸브에 관한 설명으로 옳은 것은?

① 두 개 이상의 분기 회로를 가질 때 각 유압 실린더를 일정한 순서로 순차 작동시킨다.
② 부하의 낙하를 방지하기 위해서, 배압을 유지하는 압력제어 밸브이다.
③ 회로 내의 최고 압력을 설정해 준다.
④ 펌프를 무부하 운전시켜 동력을 절감시킨다.

해설 ⊕

카운터 밸런스 밸브(Counter Balance Valve)
추의 낙하를 방지하기 위해 배압을 유지시켜 주는 압력제어 밸브 → 중력에 의해 낙하하는 것을 방지하고자 할 때 사용

80 유압 기본회로 중 미터인 회로에 대한 설명으로 옳은 것은?

① 유량제어 밸브는 실린더에서 유압작동유의 출구 측에 설치한다.
② 유량제어 밸브를 탱크로 바이패스되는 관로 쪽에 설치한다.
③ 릴리프 밸브를 통하여 분기되는 유량으로 인한 동력 손실이 크다.
④ 압력설정 회로로 체크밸브에 의하여 양방향만의 속도가 제어된다.

해설 ⊕

미터인 회로(Meter in Circuit)
액추에이터 입구 쪽 관로에 유량제어 밸브를 직렬로 부착하고, 유량제어 밸브가 압력보상형이면 실린더의 전진속도는 펌프송출량과 무관하게 일정하다. 이 경우 펌프송출압은 릴리프 밸브의 설정압으로 정해지고, 펌프에서 송출되는 여분의 유량은 릴리프 밸브를 통하여 탱크에 방출되므로 동력 손실이 크다(전진속도만 제어).

5과목 **건설기계일반 및 플랜트배관**

81 굴삭기 상부 프레임 지지 장치의 종류가 아닌 것은?

① 볼 베어링식   ② 포스트식
③ 롤러식   ④ 링크식

해설 ⊕

굴삭기의 상부 프레임 지지 장치 종류
• 롤러식(Roller Type)
• 볼베어링식(Ball Bearing Type)
• 포스트식(Post Type)

82 중량물을 달아 올려서, 운반하는 건설기계의 명칭은?

① 컨베이어 벨트   ② 풀 트레일러
③ 기중기   ④ 트랙터

해설 ⊕

기중기(Crane)
동력을 사용해 무거운 물건을 들어 올려 아래위나 수평으로 이동시키는 기계장치이다.

83 아스팔트 피니셔에서 아스팔트 혼합재를 균일한 두께로 다듬질하는 기구는?

① 스크리드   ② 드라이어
③ 호퍼   ④ 피더

해설 ⊕

• 스크리드 : 노면에 살포된 혼합재를 균일한 두께로 다듬질하는 판
• 호퍼 : 덤프트럭으로 운반된 혼합재(아스팔트)를 저장하는 용기
• 피더 : 호퍼 바닥에 설치되어 혼합재를 스프레딩스크루로 보내는 일을 한다.

84 로더에 대한 설명으로 옳지 않은 것은?

① 타이어식 로더는 이동성이 좋아 고속작업이 용이하다.
② 쿠션형 로더는 튜브리스 타이어 대신 강철제 트랙을 사용한다.

정답   80 ③   81 ④   82 ③   83 ①   84 ②

③ 무한궤도식 로더는 습지 작업이 용이하다.

④ 무한궤도식 로더는 기동성이 떨어진다.

해설 ⊕

쿠션형 로더는 튜브리스 타이어(Tubeless Tire) 대신 강철제 트랙을 사용한다.

85 다음 재료 중 일반 구조용 압연강재는?

① SM490A   ② SM45C

③ SS400   ④ HT50

해설 ⊕

- SM490A : 최소인장강도가 490N/mm²인 용접 구조용 압연 강재
- SM45C : 탄소함량이 0.42~0.48%인 기계구조용 탄소강재
- SS400 : 최소인장강도가 400N/mm²인 일반 구조용 압연 강재
- HT50 : 용접구조용 압연강재로서 50kg/mm²이상의 고장 력 강관

86 셔블계 굴삭기를 이용한 굴착작업에서 아래와 같을 때, 이 굴삭기의 예상작업량(Q)는 약 몇 m³/hr인 가?(단, 버킷용량(q) = 1m³, 1회 사이클시간(C_m) = 20s, 버킷개수(K) = 0.7, 토량환산계수(f) = 0.9, 작업효율(E) = 0.80이다.)

① 61   ② 71

③ 81   ④ 91

해설 ⊕

로더의 작업능력

$$Q = \frac{3,600 \cdot q \cdot K \cdot f \cdot E}{C_m}$$

$$= \frac{3,600 \times 1 \times 0.9 \times 0.7 \times 0.8}{20}$$

$$= 90.72 \mathrm{m}^3/\mathrm{hr}$$

여기서, Q : 운전시간당의 작업량(m³/hr)

     q : 버킷 용량(m³)

     K : 버킷 계수 – 흙의 종류에 따라 다르다.

     f : 체적변환계수(토량환산계수)

     E : 작업효율 – 흙의 상태와 현장조건에 의한 값

     C_m : 사이클 타임(초)

87 대규모 항로준설 등에 사용하는 것으로 선체에 펌프를 설치하고 항해하면서 동력에 의해 해저의 토사를 흡상하는 방식의 준설선은?

① 버킷 준설선   ② 펌프 준설선

③ 디퍼 준설선   ④ 그랩 준설선

해설 ⊕

펌프 준설선

대규모 항로 준설 등에 사용하는 준설선으로 선체에 원심펌프를 설치하고 항해하면서 동력으로 커터를 통해 해저의 토사와 물을 혼입 흡상해서 파이프 배송관을 통해 토사를 멀리 원거리로 배출하여 매립하는 방식의 준설선이다. 규격은 구동엔진의 정격출력(PS)으로 표시한다.

88 증기사용설비 중 응축수를 자동적으로 외부로 배출하는 장치로서 응축수에 의한 효율저하를 방지하기 위한 장치는?

① 증발기   ② 탈기기

③ 인젝터   ④ 증기트랩

해설 ⊕

증기트랩

방열기 또는 증기관 내에 발생하는 응축수 및 공기를 증기로부터 분리하여 자동으로 응축수만 환수관과 보일러에 배출시키는 기기이다.

---

89 콘크리트 말뚝을 박기 위한 천공작업에 사용되는 작업장치는?

① 파일 드라이버　　② 드래그 라인
③ 백 호우　　　　　④ 클램셸

해설 ⊕

파일 드라이버(Pile Driver)
천공기라고도 하며, 공사장에서 단단한 땅에 구멍을 뚫거나 파일을 박는 데 사용하는 기계이다.

90 도저의 트랙 슈(Shoe)에 대한 설명으로 틀린 것은?

① 습지용 슈 : 접지면적을 작게 하여 연약지반에서 작업하기 좋다
② 스노 슈 : 눈이나 얼음판의 현장작업에 적합하다.
③ 고무 슈 : 노면보호 및 소음방지를 할 수 있다.
④ 평활 슈 : 도로파손을 방지할 수 있다.

해설 ⊕

습지용 슈
슈 너비를 넓게 하여 접지면적을 크게 하고 또 슈의 단면을 삼각형이나 원호형으로 만들었으며 이 슈는 연약한 지반의 작업에 사용된다.

91 다음 중 사용압력에 따른 동관의 종류가 아닌 것은?

① K형　　　　　② L형
③ H형　　　　　④ M형

해설 ⊕

동관의 분류

종류	기호(또는 원어)	특성 및 용도
K	Heavy Wall	가장 두껍다.
M	Medium Wall	두껍다.
L	Light Wall	보통 두껍다.

92 일반적으로 배관의 위치를 결정할 때 기능적인 면과 시공적 또는 유지관리의 관점에서 가장 적절하지 않은 것은?

① 급수배관은 항상 아래쪽으로 배관해야 한다.
② 전기배선, 덕트 및 연도 등은 위쪽에 설치한다.
③ 자연중력식 배관은 배관구배를 엄격히 지켜야 하며 굽힘부를 적게 하여야 한다.
④ 파손 등에 의해 누수가 염려되는 배관의 위치는 위쪽으로 하는 것이 유지관리상 편리하다.

해설 ⊕

파손 등에 의해 누수가 염려되는 배관의 위치는 아래쪽으로 하는 것이 유지관리상 편리하다.

93 호칭지름 40mm(바깥지름 48.6mm)의 관을 곡률반경(R) 120mm로 90° 열간 구부림할 때 중심부의 곡선길이(L)는 약 몇 mm인가?

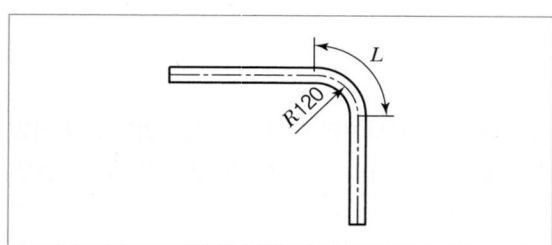

① 188.5　　　　② 227.5
③ 234.5　　　　④ 274.5

해설 ⊕

$$L = 2\pi R \times \frac{\theta}{360} = 2\pi \times 120 \times \frac{90}{360} = 188.5\,\mathrm{mm}$$

07 반지름 1cm, 길이 150cm, 탄성계수 200GPa의 강봉이 90kN의 인장하중을 받을 때 탄성에너지는 약 몇 N·m인가?

① 129 ② 112

③ 97 ④ 85

해설 ⊕ -

수직응력에 의한 탄성에너지 $U = \dfrac{1}{2}P\lambda = \dfrac{P^2 l}{2AE}$

$$U = \dfrac{P^2 l}{2 \times \dfrac{\pi d^2}{4} \times E} = \dfrac{2P^2 l}{\pi d^2 E}$$

$$= \dfrac{2 \times (90 \times 10^3)^2 \times 1.50}{\pi \times 0.02^2 \times 200 \times 10^9} = 96.69 \text{N} \cdot \text{m}$$

08 다음 보에 발생하는 최대 굽힘 모멘트는?

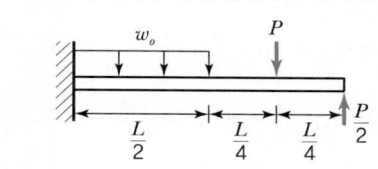

① $\dfrac{L}{8}(w_o L - 2P)$ ② $\dfrac{L}{8}(w_o L + 2P)$

③ $\dfrac{L}{4}(w_o L - 2P)$ ④ $\dfrac{L}{4}(w_o L + 2P)$

해설 ⊕ -

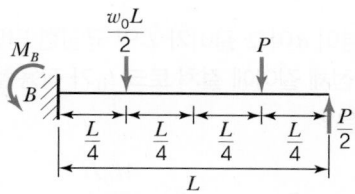

$$\sum M_{B\text{지점}} = 0 : -M_B + \dfrac{w_0 L}{2} \times \dfrac{L}{4} + P \times \dfrac{3L}{4} - \dfrac{P}{2} \times L = 0$$

$$\therefore M_B = \dfrac{L}{8}(w_0 L + 2P)$$

09 다음 자유 물체도에서 경사하중 P가 작용할 경우 수직반력(R_A) 및 수평반력(R_H)은 각각 얼마인가? (단, 그림에서 보 AB와 P가 이루는 각도는 30°이다.)

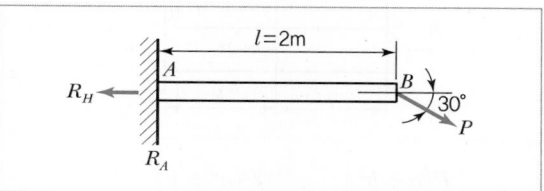

① $R_A = \dfrac{\sqrt{3}}{2}P$, $R_H = \dfrac{P}{4}$

② $R_A = \dfrac{2}{\sqrt{3}}P$, $R_H = \dfrac{P}{2}$

③ $R_A = \dfrac{\sqrt{3}}{2}P$, $R_H = \dfrac{P}{2}$

④ $R_A = \dfrac{1}{2}P$, $R_H = \dfrac{\sqrt{3}}{2}P$

해설 ⊕ -

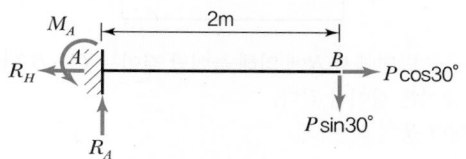

$\rightarrow x$, $\sum F_x = 0 : -R_H + P\cos 30° = 0$

$\therefore R_H = \dfrac{\sqrt{3}}{2}P$

$\uparrow y$, $\sum F_y = 0 : R_A - P\sin 30° = 0$

$\therefore R_A = \dfrac{P}{2}$

2018

10 양단이 고정된 균일 단면봉의 중간단면 C에 축하중 P를 작용시킬 때 A, B에서 반력은?

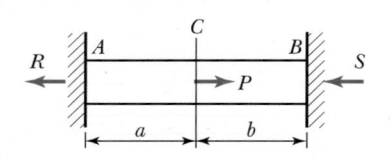

① $R = \dfrac{P(a+b^2)}{a+b}$, $S = \dfrac{P(a^2+b)}{a+b}$

② $R = \dfrac{Pb^2}{a+b}$, $S = \dfrac{Pa^2}{a+b}$

③ $R = \dfrac{Pb}{a+b}$, $S = \dfrac{Pa}{a+b}$

④ $R = \dfrac{Pa}{a+b}$, $S = \dfrac{Pb}{a+b}$

해설➕

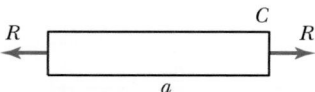

- $A-C$ 단면에서 R에 의해 늘어난 길이는 $C-B$ 단면에서 줄어든 길이와 같다.
  변형량 동일 $\lambda_a = \lambda_b$
  $$\frac{R \cdot a}{AE} = \frac{S \cdot b}{AE} \rightarrow R = \frac{b}{a}S$$
- $\sum F_x = 0 : -R + P - S = 0 \rightarrow P = R + S$($R$값을 대입하면)
  $$P = \frac{b}{a}S + S = \frac{(b+a)S}{a} \quad \therefore S = \frac{Pa}{a+b} , R = \frac{Pb}{a+b}$$

11 다음 보에서 B점의 반력 R_B는 얼마인가?

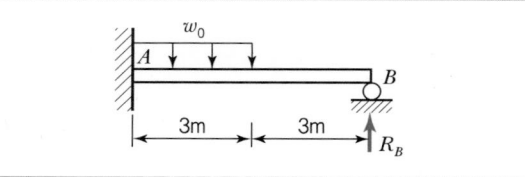

① $\dfrac{21}{64}w_o$

② $\dfrac{63}{64}w_o$

③ $\dfrac{7}{128}w_o$

④ $\dfrac{15}{128}w_o$

해설➕

처짐을 고려해 미지반력 요소를 해결한다.
면적모멘트법에 의한 자유단의 처짐량 δ_1

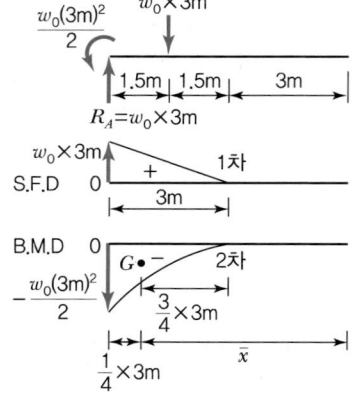

B.M.D 그림에서 $\overline{x} = 3\text{m} + \dfrac{3}{4} \times 3\text{m} = \dfrac{7}{4} \times 3\text{m}$

B.M.D의 면적 $A_M = \dfrac{1}{3} \times 3\text{m} \times \dfrac{w_0(3\text{m})^2}{2} = \dfrac{w_0(3\text{m})^3}{6}$

$$\therefore \delta_1 = \frac{A_M}{EI} \times \overline{x} = \frac{\frac{w_0(3\text{m})^3}{6}}{EI} \times \frac{21}{4}\text{m} = \frac{7w_0(3\text{m})^4}{24EI}$$

$\delta_1 = \delta_2$이므로 $\dfrac{7w_0(3\text{m})^4}{24EI} = \dfrac{R_B(6\text{m})^3}{3EI} \quad \therefore R_B = \dfrac{21w_0}{64}$

12 직경이 d이고 길이가 L인 균일한 단면을 가진 직선축이 전체 길이에 걸쳐 토크 t_0가 작용할 때, 최대 전단응력은?

① $\dfrac{2t_0L}{\pi d^3}$

② $\dfrac{4t_0L}{\pi d^3}$

③ $\dfrac{16t_0L}{\pi d^3}$

④ $\dfrac{32t_0L}{\pi d^3}$

해설 ➕

$$T = \tau \cdot Z_p = \tau \cdot \frac{\pi}{16}d^3, \ T = t_0 \cdot L$$

(여기서, t_0 : 단위길이당 토크값)

$$\therefore \ \tau = \frac{16t_0 \cdot L}{\pi d^3}$$

13 속이 빈 주철재 기둥에 100kN의 축방향 압축하중이 걸릴 때 오일러의 좌굴 길이를 구하면 약 몇 cm인가?(단, 양단은 회전상태이며, $E = 105\text{GPa}$, $I = 260$ cm⁴이다.)

① 319   ② 419

③ 519   ④ 619

해설 ➕

$P_{cr} = n\pi^2 \dfrac{EI}{l^2}$ (양단힌지일 때 단말계수 $n = 1$)

$$l^2 = n\pi^2 \frac{EI}{P_{cr}} \longrightarrow$$

$$l = \sqrt{n\pi^2 \frac{EI}{P_{cr}}} = \sqrt{1 \times \pi^2 \times \frac{105 \times 10^9 \times 260 \times 10^{-8}}{100 \times 10^3}}$$

$$= 5.19\text{m} = 519\text{cm}$$

14 그림과 같은 외팔보의 임의의 거리 C되는 점에 집중하중 P가 작용할 때 최대 처짐량은?(단, 보의 굽힘강성 EI는 일정하고, 자중은 무시한다.)

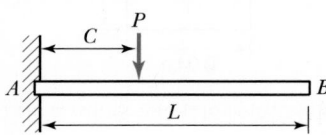

① $\dfrac{Pc^2}{3EI}(3L-c)$ ② $\dfrac{Pc^2}{3EI}\left(L - \dfrac{c}{3}\right)$

③ $\dfrac{Pc^2}{6EI}(L-3c)$ ④ $\dfrac{Pc^2}{6EI}(3L-c)$

해설 ➕

c에 작용하는 P에 의한 외팔보 자유단의 처짐량 δ

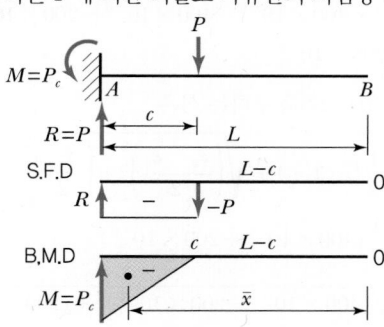

면적모멘트법에서

$$\delta = \frac{A_M}{EI}\bar{x}$$

$$A_M = \frac{1}{2} \times c \times Pc = \frac{1}{2}Pc^2$$

$$\bar{x} = \left(L - c + c \times \frac{2}{3}\right) = L - \frac{c}{3}$$

$$\therefore \ \delta = \frac{Pc^2}{2EI}\left(L - \frac{c}{3}\right) = \frac{Pc^2}{6EI}(3L - c)$$

15 45°각의 로제트 게이지로 측정한 결과가 $\varepsilon_{0°} = 400 \times 10^{-6}$, $\varepsilon_{45°} = 400 \times 10^{-6}$, $\varepsilon_{90°} = 200 \times 10^{-6}$일 때, 주응력은 약 몇 MPa인가?(단, 포아송 비 $\nu = 0.3$, 탄성계수 $E = 206\text{GPa}$이다.)

① $\sigma_1 = 100$, $\sigma_2 = 56$ ② $\sigma_1 = 110$, $\sigma_2 = 66$

③ $\sigma_1 = 120$, $\sigma_2 = 76$ ④ $\sigma_1 = 130$, $\sigma_2 = 86$

해설 ➕

$\varepsilon_{0°} = \varepsilon_x$, $\varepsilon_{90°} = \varepsilon_y$ 의미하므로

평면변형률에 대한 변환식

$$\varepsilon_\theta = \frac{1}{2}(\varepsilon_x + \varepsilon_y) + \frac{1}{2}(\varepsilon_x - \varepsilon_y)\cos 2\theta + \frac{\gamma_{xy}}{2}\sin 2\theta$$

$$\varepsilon_{\theta = 45°} = \frac{1}{2}(\varepsilon_x + \varepsilon_y) + \frac{1}{2}(\varepsilon_x - \varepsilon_y)\cos 90° + \frac{\gamma_{xy}}{2}\sin 90°$$

(여기서, $\cos 90° = 0$, 양변에 $\times 2$)

$$2\varepsilon_{45^\circ} = \varepsilon_x + \varepsilon_y + \gamma_{xy}$$

$$\therefore \gamma_{xy} = 2\varepsilon_{45^\circ} - \varepsilon_x - \varepsilon_y$$

$$= 2 \times 400 \times 10^{-6} - 400 \times 10^{-6} - 200 \times 10^{-6}$$

$$= 200 \times 10^{-6}$$

i) 주변형률($\varepsilon_1, \varepsilon_2$)을 구하는 식은

$$\varepsilon_{1,2} = \frac{1}{2}(\varepsilon_x + \varepsilon_y) \pm \sqrt{\left(\frac{\varepsilon_x - \varepsilon_y}{2}\right)^2 + \left(\frac{\gamma_{xy}}{2}\right)^2}$$

$$= \frac{1}{2}(400 \times 10^{-6} + 200 \times 10^{-6})$$

$$\pm \frac{1}{2}\sqrt{(400 \times 10^{-6} - 200 \times 10^{-6})^2 + (200 \times 10^{-6})^2}$$

$\therefore$ 최대주변형률 $\varepsilon_1 = 441.42 \times 10^{-6}$,

최소 주변형률 $\varepsilon_2 = 158.58 \times 10^{-6}$

ii) 주변형률을 가지고 주응력을 구하면

$$\varepsilon_x = \frac{\sigma_x}{E} - \nu\frac{\sigma_y}{E} = \varepsilon_1, \ \varepsilon_y = \frac{\sigma_y}{E} - \nu\frac{\sigma_x}{E} = \varepsilon_2$$를 조합해 정

리하면

$$\sigma_x = \sigma_1 = \left(\frac{\varepsilon_1 + \nu\varepsilon_2}{1 - \nu^2}\right)E$$

$$= \left(\frac{441.42 \times 10^{-6} + 0.3 \times 158.58 \times 10^{-6}}{1 - 0.3^2}\right) \times 206 \times 10^3$$

$$= 110.7\text{MPa}$$

$$\sigma_y = \sigma_2 = \left(\frac{\varepsilon_2 + \nu\varepsilon_1}{1 - \nu^2}\right)E$$

$$= \left(\frac{158.58 \times 10^{-6} + 0.3 \times 441.42 \times 10^{-6}}{1 - 0.3^2}\right) \times 206 \times 10^3$$

$$= 65.88\text{MPa}$$

16 축방향 단면적 A인 임의의 재료를 인장하여 균일한 인장응력이 작용하고 있다. 인장방향 변형률이 ε, 포아송의 비를 ν라 하면 단면적의 변화량은 약 얼마인가?

① $\nu\varepsilon A$ ② $2\nu\varepsilon A$

③ $3\nu\varepsilon A$ ④ $4\nu\varepsilon A$

해설 ⊕ -

단면 변화율 $\varepsilon_A = \dfrac{\triangle A}{A} = 2\mu\varepsilon$ (포아송 비 $\mu = \nu$)

$$\therefore \ \triangle A = \varepsilon_A \times A = 2\nu\varepsilon A$$

17 그림에서 P가 1,800N, $b = 3\text{cm}$, $h = 4\text{cm}$, $e = 1\text{cm}$라 할 때 최대 압축응력은 몇 N/cm²인가?

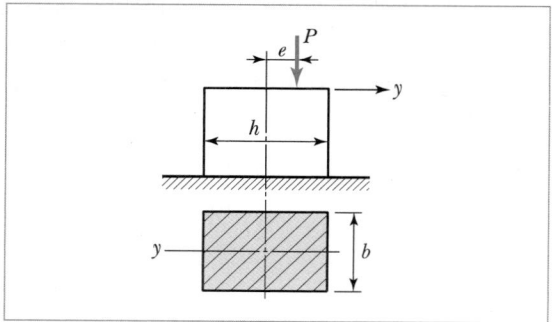

① 375   ② 275

③ 250   ④ 175

해설 ⊕ -

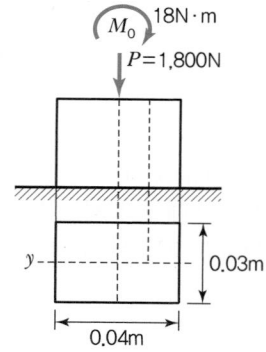

직접압축응력과 굽힘에 의한 압축응력이 조합된 상태이므로

$$\sigma_{\max} = \sigma_c + \sigma_{bc} = \frac{P}{A} + \frac{M_0}{Z} = \frac{P}{A} + \frac{Pe}{Z}$$

여기서, $\sigma_c = \dfrac{P}{A} = \dfrac{1,800\,\text{N}}{4 \times 3\,\text{cm}^2} = 150\text{N/cm}^2$

$$\sigma_{bc} = \frac{Pe}{\frac{bh^2}{6}} = \frac{1,800\text{N} \times 1\text{cm}}{\frac{3 \times 4^2\text{cm}^3}{6}}$$

$$= 225\,\text{N/cm}^2$$

$$\therefore \sigma_{max} = 150 + 225 = 375\,\text{N/cm}^2$$

18 재료와 단면이 같은 두 축의 길이가 각각 l과 $2l$일 때 길이가 l인 축에 비틀림 모멘트 T가 작용하고 길이가 $2l$인 축에 비틀림 모멘트 $2T$가 각각 작용한다면 비틀림각의 크기 비는?

① $1 : \sqrt{2}$　　　　② $1 : 2\sqrt{2}$
③ $1 : 2$　　　　　④ $1 : 4$

> **해설 ➕**
>
> $\theta = \dfrac{Tl}{GI_P}$ 에서
>
> $\theta_1 = \dfrac{32\,Tl}{G\pi d^4}$
>
> $\theta_2 = \dfrac{32(2T)(2l)}{G\pi d^4} = 4 \times \dfrac{32\,Tl}{G\pi d^4}$
>
> $\therefore \theta_1 : \theta_2 = 1 : 4$

19 그림과 같은 보가 분포하중과 집중하중을 받고 있다. 지점 B에서의 반력의 크기를 구하면 몇 kN인가?

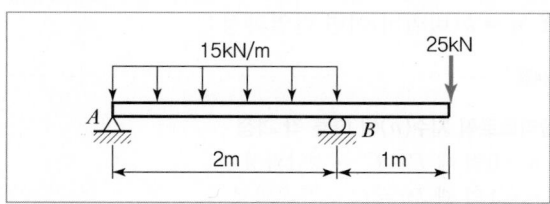

① 28.5　　　　② 40.0
③ 52.5　　　　④ 55.0

> **해설 ➕**
>
> 지점의 반력을 구해보면
>
>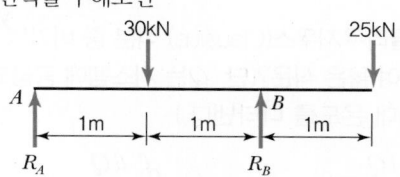
>
> $\sum M_{A지점} = 0 : -30 \times 1 + R_B \times 2 - 25 \times 3 = 0$
>
> $\therefore R_B = 52.5\text{kN}$

20 원형 단면보의 임의 단면에 걸리는 전체 전단력이 $3V$일 때, 단면에 생기는 최대 전단응력은?(단, A는 원형단면의 면적이다.)

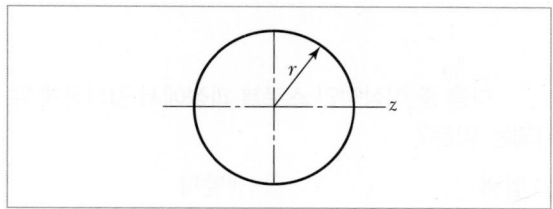

① $\dfrac{4}{3}\dfrac{V}{A}$　　　　② $2\dfrac{V}{A}$
③ $\dfrac{3}{2}\dfrac{V}{A}$　　　　④ $4\dfrac{V}{A}$

> **해설 ➕**
>
> 원형 단면에서 보속의 최대 전단응력
>
> $\tau_{max} = \dfrac{4}{3}\tau_{av} = \dfrac{4}{3}\dfrac{F}{A} = \dfrac{4}{3} \times \dfrac{3V}{A} = 4\dfrac{V}{A}$

2과목 기계열역학

21 클라우지우스(Clausius) 적분 중 비가역 사이클에 대하여 옳은 식은?(단, Q는 시스템에 공급되는 열, T는 절대 온도를 나타낸다.)

① $\oint \dfrac{dQ}{T} = 0$　　② $\oint \dfrac{dQ}{T} < 0$

③ $\oint \dfrac{dQ}{T} > 0$　　④ $\oint \dfrac{dQ}{T} \geqq 0$

해설 ➕- -

가역일 때 $\oint \dfrac{\delta Q}{T} = 0$

비가역일 때 $\oint \dfrac{\delta Q}{T} < 0$

22 다음 중 이상적인 스로틀 과정에서 일정하게 유지되는 양은?

① 압력　　　　　② 엔탈피
③ 엔트로피　　　④ 온도

해설 ➕- -

$$q_{cv} + h_i + \frac{V_i^{\,2}}{2} + gZ_i = h_e + \frac{V_e^{\,2}}{2} + gZ_e + w_{cv}$$

냉동기에서 팽창밸브(교축밸브)의 교축과정에서는 열전달량과 출력일이 없으며 위치와 속도에너지가 동일하여 $h_i = h_e$가 된다.(교축과정은 속도변화 없이 압력을 저하시키는 과정이다.)

23 70kPa에서 어떤 기체의 체적이 12m³이었다. 이 기체를 800kPa까지 폴리트로픽 과정으로 압축했을 때 체적이 2m³으로 변화했다면, 이 기체의 폴리트로픽 지수는 약 얼마인가?

① 1.21　　　　　② 1.28
③ 1.36　　　　　④ 1.43

해설 ➕- -

폴리트로픽 과정이므로

$$\left(\frac{P_2}{P_1}\right)^{\frac{n-1}{n}} = \left(\frac{V_1}{V_2}\right)^{n-1}$$

$$\left(\frac{800}{70}\right)^{\frac{n-1}{n}} = \left(\frac{12}{2}\right)^{n-1} \rightarrow \left(\frac{80}{7}\right)^{\frac{n-1}{n}} = (6)^{n-1}$$

양변에 자연로그를 취하면

$$\left(\frac{n-1}{n}\right)\ln\frac{80}{7} = (n-1)\ln 6$$

폴리트로픽 과정이므로 $n \neq 1$이다.

$$\therefore \ n = \frac{\ln\dfrac{80}{7}}{\ln 6} = 1.36$$

24 이상기체의 가역 폴리트로픽 과정은 다음과 같다. 이에 대한 설명으로 옳은 것은?(단, P는 압력, v는 비체적, C는 상수이다.)

$$Pv^n = C$$

① $n = 0$이면 등온과정
② $n = 1$이면 정적과정
③ $n = \infty$이면 정압과정
④ $n = k$(비열비)이면 단열과정

해설 ➕- -

폴리트로픽 지수(n)에 따른 각 과정
• $n = 0$일 때 $P = C \rightarrow$ 정압과정
• $n = 1$일 때 $Pv = C \rightarrow$ 등온과정
• $n = k$일 때 $Pv^k = C \rightarrow$ 단열과정
• $n = \infty$일 때 $v = C \rightarrow$ 정적과정

25 공기 표준 사이클로 운전하는 디젤 사이클 엔진에서 압축비는 18, 체절비(분사 단절비)는 2일 때 이 엔진의 효율은 약 몇 %인가?(단, 비열비는 1.4이다.)

① 63% ② 68%

③ 73% ④ 78%

해설 ⊕

$$\eta_d = 1 - \left(\frac{1}{\varepsilon}\right)^{k-1} \cdot \frac{\sigma^k - 1}{k(\sigma - 1)}$$

$$= 1 - \left(\frac{1}{18}\right)^{1.4-1} \cdot \frac{2^{1.4} - 1}{1.4(2-1)} = 0.6316 = 63.16\%$$

26 압력 250kPa, 체적 0.35m³의 공기가 일정 압력 하에서 팽창하여, 체적이 0.5m³로 되었다. 이때 내부에너지의 증가가 93.9kJ이었다면, 팽창에 필요한 열량은 약 몇 kJ인가?

① 43.8 ② 56.4

③ 131.4 ④ 175.2

해설 ⊕

정압과정 $P = 250\text{kPa} = C$

$\delta Q = dU + PdV$에서

$$_1Q_2 = U_2 - U_1 + \int_1^2 PdV \text{ (여기서, } P = C)$$

$$= U_2 - U_1 + P(V_2 - V_1)$$

$$= 93.9 + 250(0.5 - 0.35)$$

$$= 131.4\text{kJ}$$

27 이상기체가 등온 과정으로 부피가 2배로 팽창할 때 한 일이 W_1이다. 이 이상기체가 같은 초기조건 하에서 폴리트로픽 과정(지수 = 2)으로 부피가 2배로 팽창할 때 한 일은?

① $\frac{1}{2\ln 2} \times W_1$ ② $\frac{2}{\ln 2} \times W_1$

③ $\frac{\ln 2}{2} \times W_1$ ④ $2\ln 2 \times W_1$

해설 ⊕

$\delta W = PdV$

ⅰ) 등온 과정 : $T = c \rightarrow PV = C$

$$_1W_2 = \int_1^2 PdV \left(\leftarrow P = \frac{C}{V}\right) = \int_1^2 \frac{C}{V}dV$$

$$= C\int_1^2 \frac{1}{V}dV = P_1V_1 \ln\frac{V_2}{V_1} = P_1V_1\ln 2$$

$$\therefore W_1 = P_1V_1\ln 2 \rightarrow P_1V_1 = \frac{W_1}{\ln 2}$$

ⅱ) 폴리트로픽 과정 : $PV^2 = C \rightarrow P = CV^{-2}$

$$_1W_2 = \int_1^2 CV^{-2}dV$$

$$= -C[V^{-1}]_1^2 = C\left(\frac{1}{V_1} - \frac{1}{V_2}\right)$$

$$= P_1V_1^2\left(\frac{1}{V_1} - \frac{1}{V_2}\right) = P_1V_1 - P_1\frac{V_1^2}{V_2}$$

$$= P_1V_1 - P_1V_1\left(\frac{V_1}{V_2}\right) = P_1V_1\left(1 - \frac{V_1}{V_2}\right)$$

$$= P_1V_1 \times \frac{1}{2} = \frac{W_1}{\ln 2} \times \frac{1}{2} = \frac{1}{2\ln 2} \times W_1$$

28 역카르노 사이클로 운전하는 이상적인 냉동사이클에서 응축기 온도가 40℃, 증발기 온도가 -10℃이면 성능 계수는?

① 4.26 ② 5.26

③ 3.56 ④ 6.56

해설 ⊕

$$\varepsilon_R = \frac{T_L}{T_H - T_L} = \frac{-10 + 273}{(40 + 273) - (-10 + 273)}$$

$$= 5.26$$

정답 25 ① 26 ③ 27 ① 28 ②

29 이상기체가 등온과정으로 체적이 감소할 때 엔탈피는 어떻게 되는가?

① 변하지 않는다.
② 체적에 비례하여 감소한다.
③ 체적에 반비례하여 증가한다.
④ 체적의 제곱에 비례하여 감소한다.

해설 ⊕

$$dh = C_p \cancel{dT}^0 \rightarrow dh = 0 \rightarrow h = c$$

(이상기체의 엔탈피는 온도만의 함수)

30 밀폐시스템에서 초기 상태가 300K, 0.5m³인 이상기체를 등온과정으로 150kPa에서 600kPa까지 천천히 압축하였다. 이 압축과정에 필요한 일은 약 몇 kJ인가?

① 104   ② 208
③ 304   ④ 612

해설 ⊕

ⅰ) 등온과정 $T = C \rightarrow PV = C \rightarrow P_1 V_1 = P_2 V_2$

ⅱ) 밀폐계의 일 → 절대일 $\delta W = P dV$

$$_1W_2 = \int_1^2 P dV$$

$$= \int_1^2 \frac{C}{V} dV \text{ (등온과정이므로)}$$

$$= C \ln \frac{V_2}{V_1}$$

(여기서 $C = P_1 V_1$, 일부호$(-)$, $\dfrac{V_2}{V_1} = \dfrac{P_1}{P_2}$ 적용)

$$= -P_1 V_1 \ln \frac{V_2}{V_1}$$

$$= P_1 V_1 \ln \frac{P_2}{P_1}$$

$$= 150 \times 0.5 \times \ln \frac{600}{150}$$

$$= 103.97 \text{kJ}$$

31 이상적인 디젤 기관의 압축비가 16일 때 압축전의 공기 온도가 90℃라면, 압축후의 공기의 온도는 약 몇 ℃인가?(단, 공기의 비열비는 1.40이다.)

① 1,101℃   ② 718℃
③ 808℃   ④ 828℃

해설 ⊕

단열과정의 온도, 압력, 체적 간의 관계식에서

$$\frac{T_2}{T_1} = \left(\frac{V_1}{V_2} \right)^{k-1}$$

$V_1 = V_t$, $V_2 = V_c$이므로

$$\frac{T_2}{T_1} = \left(\frac{V_t}{V_c} \right)^{k-1} = (\varepsilon)^{k-1} \left(\because \frac{V_t}{V_c} = \varepsilon (\text{압축비}) \right)$$

$$\therefore T_2 = T_1 (\varepsilon)^{k-1}$$

$$= (90 + 273) \times (16)^{1.4-1} = 1,100.41 \text{K}$$

$$T_2 = 1,100.41 - 273 = 827.41℃$$

32 공기의 정압비열(Cp, kJ/(kg · ℃))이 다음과 같다고 가정한다. 이때 공기 5kg을 0℃에서 100℃까지 일정한 압력 하에서 가열하는데 필요한 열량은 약 몇 kJ인가?(단, 다음 식에서 t는 섭씨온도를 나타낸다.)

$$Cp = 1.0053 + 0.000079 \times t [\text{kJ/(kg · ℃)}]$$

① 85.5   ② 100.9
③ 312.7   ④ 504.6

해설 ⊕

$\delta q = dh - vdp$ (여기서, $p = c \rightarrow dp = 0$)

$\delta q = C_p dT$에서 C_p 값이 온도함수로 주어져 있으므로

$$_1q_2 = \int_0^{100} (1.0053 + 0.000079 \times t) dT$$

$$= 1.0053 \times (100 - 0) + \frac{0.000079}{2} \left[T^2 \right]_0^{100}$$

$$= 100.925 \text{kJ/kg}$$

$$\therefore {}_1Q_2 = m \cdot {}_1q_2 = 5\text{kg} \times 100.925 \text{kJ/kg}$$

$$= 504.63 \text{kJ}$$

33 500℃의 고온부와 50℃의 저온부 사이에서 작동하는 Carnot 사이클 열기관의 열효율은 얼마인가?

① 10% ② 42%

③ 58% ④ 90%

해설 ➕

카르노 사이클의 효율은 온도만의 함수이므로

$$\eta = \frac{T_H - T_L}{T_H} = 1 - \frac{T_L}{T_H} = 1 - \frac{(50+273)}{(500+273)}$$
$$= 0.5821 = 58.21\%$$

34 어떤 기체 1kg이 압력 50kPa, 체적 2.0m³의 상태에서 압력 1,000kPa, 체적 0.2m³의 상태로 변화하였다. 이 경우 내부에너지의 변화가 없다고 한다면, 엔탈피의 변화는 얼마나 되겠는가?

① 57kJ ② 79kJ

③ 91kJ ④ 100kJ

해설 ➕

비엔탈피 $h = u + Pv$

$h_2 - h_1 = u_2 - u_1 + P_2 v_2 - P_1 v_1$

　　　(여기서, $u_2 - u_1 = 0$, $Pv = RT$)

$\therefore h_2 - h_1 = R(T_2 - T_1) = RT_2 - RT_1$

엔탈피 변화량 $H_2 - H_1$

$= m(h_2 - h_1) = mRT_2 - mRT_1 = P_2 V_2 - P_1 V_1$

$= 1000(\text{kPa}) \times 0.2(\text{m}^3) - 50(\text{kPa}) \times 2.0(\text{m}^3)$

$= 100\text{kJ}$

35 두 물체가 각각 제3의 물체와 온도가 같을 때는 두 물체도 역시 서로 온도가 같다는 것을 말하는 법칙으로 온도측정의 기초가 되는 것은?

① 열역학 제0법칙 ② 열역학 제1법칙

③ 열역학 제2법칙 ④ 열역학 제3법칙

해설 ➕

열역학 제0법칙은 열평형에 관한 법칙으로 두 물체의 온도가 같다는 것을 의미한다.

36 그림과 같이 카르노 사이클로 운전하는 기관 2개가 직렬로 연결되어 있는 시스템에서 두 열기관의 효율이 똑같다고 하면 중간 온도 T는 약 몇 K인가?

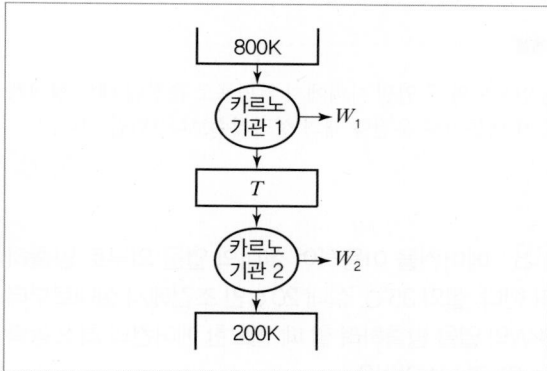

① 330K ② 400K

③ 500K ④ 660K

해설 ➕

카르노 사이클의 효율은 온도만의 함수이므로

$$\eta_1 = \frac{T_{H1} - T_{L1}}{T_{H1}} = 1 - \frac{T_{L1}}{T_{H1}} = 1 - \frac{T}{800}$$

$$\eta_2 = \frac{T_{H2} - T_{L2}}{T_{H2}} = 1 - \frac{T_{L2}}{T_{H2}} = 1 - \frac{200}{T}$$

$\eta_1 = \eta_2$ 이므로

$$1 - \frac{T}{800} = 1 - \frac{200}{T}$$

$$\frac{T}{800} = \frac{200}{T}$$

$$T^2 = 200 \times 800$$

$$\therefore T = 400\text{K}$$

37 카르노 냉동기 사이클과 카르노 열펌프 사이클에서 최고 온도와 최소 온도가 서로 같다. 카르노 냉동기의 성적 계수는 COP_R 이라고 하고, 카르노 열펌프의 성적계수는 COP_{HP} 라고 할 때 다음 중 옳은 것은?

① $COP_{HP} + COP_R = 1$

② $COP_{HP} + COP_R = 0$

③ $COP_R - COP_{HP} = 1$

④ $COP_{HP} - COP_R = 1$

해설 ⊕

동일온도의 두 열원 사이에서 열펌프로 운전할 때의 성적계수가 냉동기로 운전할 때의 성적계수보다 1만큼 크다.

38 에어컨을 이용하여 실내의 열을 외부로 방출하려 한다. 실외 35℃, 실내 20℃인 조건에서 실내로부터 3kW의 열을 방출하려 할 때 필요한 에어컨의 최소 동력은 약 몇 kW인가?

① 0.154

② 1.54

③ 0.308

④ 3.08

해설 ⊕

$\varepsilon_R = \dfrac{\dot{Q}_L}{\dot{W}_C} = \dfrac{T_L}{T_H - T_L}$ (역카르노사이클 → 온도만의 함수)

$\dot{W}_C = \dfrac{\dot{Q}_L(T_H - T_L)}{T_L}$

$\qquad = 3 \times \left(\dfrac{308 - 293}{293} \right)$

$\qquad = 0.154\text{kW}$

39 랭킨 사이클의 각각의 지점에서 엔탈피는 다음과 같다. 이 사이클의 효율은 약 몇 %인가?(단, 펌프일은 무시한다.)

- 보일러 입구 : 290.5kJ/kg
- 보일러 출구 : 3,476.9kJ/kg
- 응축기 입구 : 2,622.1kJ/kg
- 응축기 출구 : 286.3kJ/kg

① 32.4%

② 29.8%

③ 26.7%

④ 23.8%

해설 ⊕

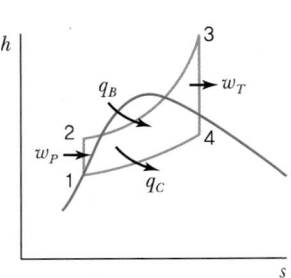

$h - s$ 선도에서

$h_1 = 286.3,\ h_2 = 290.5,\ h_3 = 3,476.9,\ h_4 = 2,622.1$

$\eta_R = \dfrac{w_{net}}{q_B} = \dfrac{w_T - w_P}{q_B} = \dfrac{w_T}{q_B}$

$\qquad\qquad$ (여기서, $w_P = 0$: 펌프일 무시)

$\qquad = \dfrac{h_3 - h_4}{h_3 - h_2}$

$\qquad = \dfrac{3,476.9 - 2,622.1}{3,476.9 - 290.5}$

$\qquad = 0.2683$

$\qquad = 26.83\%$

40 열과 일에 대한 설명 중 옳은 것은?

① 열역학적 과정에서 열과 일은 모두 경로에 무관한 상태함수로 나타낸다.

② 일과 열의 단위는 대표적으로 Watt(W)를 사용한다.

③ 열역학 제1법칙은 열과 일의 방향성을 제시한다.

④ 한 사이클 과정을 지나 원래 상태로 돌아왔을 때 시스템에 가해진 전체 열량은 시스템이 수행한 전체 일의 양과 같다.

해설 ➕

- 열과 일은 경로에 따라 그 값이 변하는 경로함수(Path Function)이다.
- 열에너지의 단위는 Kcal, 일의 단위는 J이다.(1Kcal = 4,185.5J)
- 열과 일의 방향성을 제시하는 법칙은 열역학 제2법칙이다.
- 시스템에서 열역학 제1법칙은 에너지 보존의 법칙이다.
- 열역학 제1법칙 : $\oint \delta Q = \oint \delta W$

3과목 | 기계유체역학

41 유체 경계층 밖의 유동에 대한 설명으로 가장 알맞은 것은?

① 포텐셜(Potential) 유동으로 가정할 수 있다.
② 전단응력이 크게 작용한다.
③ 각속도 성분이 항상 양의 값을 갖는다.
④ 항상 와류가 발생한다.

해설 ➕

경계층 밖은 점성의 영향이 미치지 않는 퍼텐셜(이상) 유동이다.

42 다음 중 점성계수를 측정하는 점도계의 종류에 속하지 않는 것은?

① 오스트발트(Ostwald) 점도계
② 세이볼트(Saybolt) 점도계
③ 낙구식 점도계
④ 마노미터식 점도계

해설 ➕

마노미터는 정지유체 내의 압력변화를 측정하는 액주계이다.

43 개방된 물탱크 속에 지름 1m의 원판이 잠겨있다. 이 원판의 도심이 자유표면보다 1m 아래쪽에 있고, 수평 상태로 있다. 이때 도심의 깊이를 바꾸지 않은 상태에서 원판을 수직으로 세우면 원판의 한쪽 면이 받는 정수력학적 합력의 크기와 합력의 작용점은 어떻게 달라지는가?(단, 평판의 두께는 무시한다.)

① 합력의 크기는 커지고 작용점은 도심 아래로 내려간다.
② 합력의 크기는 안 변하고 작용점은 도심 아래로 내려간다.
③ 합력의 크기는 커지고 작용점은 안 변한다.
④ 합력의 크기와 작용점 모두 안 변한다.

해설 ➕

- 전압력 $F = \gamma \overline{h} A$이고 $\gamma \overline{h}$는 도심 깊이에서의 압력 ($p = \gamma h$)이다. 도심의 깊이를 바꾸지 않았으므로 전압력은 변하지 않는다.
- 작용하는 위치는 전압력 중심 $y_p = \overline{y} + \dfrac{I_X}{A y}$이므로 원판이 수평 상태일 때는 $y_p = \overline{h}$이고, 수직으로 세우면 $\overline{h}$보다 $\dfrac{I_X}{A h}$만큼 아래에 있다.

44 체적 0.2m³인 물체를 물속에 잠겨 있게 하는데 300N의 힘이 필요하다. 만약 이 물체를 어떤 유체 속에 잠겨 있게 하는데 200N의 힘이 필요하다면 이 유체의 비중은 약 얼마인가?

① 0.79
② 0.86
③ 0.91
④ 0.95

해설 ➕

물체의 전 체적을 V, 물체비중량 γ, 밀도 ρ, 유체의 비중을 S_x, 유체비중량 γ_x라 하면

- 물속에 잠겨 있을 때

$$\sum F_y = 0 : F_B - 300\text{N} - \gamma \cdot \text{V} = 0$$

$$\gamma_w V_{잠긴} - 300\text{N} - \gamma \cdot \text{V} = 0$$

$$(여기서 \ V_{잠긴} = V = 0.2\text{m}^3 \ 적용)$$

$$\gamma_w (0.2\text{m}^3) - 300\text{N} - \gamma (0.2\text{m}^3) = 0$$

$$\therefore \ \gamma = \gamma_w - 1,500\text{N}/\text{m}^3$$

$$= 9,800\text{N}/\text{m}^3 - 1,500\text{N}/\text{m}^3 = 8,300\text{N}/\text{m}^3$$

- 유체 속에 잠겨있을 때 부력 $= \gamma_x V_{잠긴}$ 이므로

$$\sum F_y = 0 : \gamma_x V_{잠긴} - 200\text{N} - \gamma \cdot \text{V} = 0$$

$$\gamma_x (0.2\text{m}^3) - 200\text{N} - 8300\text{N}/\text{m}^3 (0.2\text{m}^3) = 0$$

$$\therefore \ \gamma_x = 9,300\text{N}/\text{m}^3$$

따라서 유체의 비중은

$$S_x = \frac{\gamma_x}{\gamma_w} = \frac{9,300}{9,800} = \frac{9,300}{9,800} = 0.949$$

45 공기 중에서 무게가 1,540N인 통나무가 있다. 이 통나무를 물속에 잠겨 평형이 되도록 하기 위해 34kg의 납(밀도 11,300kg/m³)이 필요하다고 할 때 통나무의 평균 밀도는 약 몇 kg/m³인가?

① 782　　　　　　② 835

③ 891　　　　　　④ 982

해설 ⊕

- 통나무 무게 $W_t = 1,540\text{N}$
- 납의 무게 $W_l = m_l \cdot g = 34 \times 9.8 = 333.2\text{N}$

$W_t + W_l = 1,873.2\text{N}$, $W_l = \gamma_l \cdot V_l = \rho_l \cdot g V_l$ 에서

납체적 $V_l = \dfrac{W_l}{\rho_l \cdot g}$

$$= \frac{333.2}{11,300 \times 9.8} = 0.003\text{m}^3$$

부력은 두 물체(통나무와 납)가 배제한 유체의 무게와 같다.

물 밖에서의 통나무와 납의 무게는 물속에서의 부력과 같아야 잠긴 채로 평형을 유지한다.

$$\sum F_y = 0 : F_B - W_t - W_l = 0$$

$$F_B = W_t + W_l = 1,873.2\text{N}$$

$$\gamma_w (V_t + V_l) = 1,873.2$$

$$\therefore \ V_t = \frac{1,873.2}{\gamma_w} - V_l = \frac{1,873.2}{9,800} - 0.003 = 0.188\text{m}^3$$

나무 비중량 $\gamma_t = \dfrac{W_t}{V_t} = 8,191.49$

$$\therefore \ \rho_t = \frac{\gamma_t}{g} = \frac{8,191.49}{9.8} = 835.87\text{kg}/\text{m}^3$$

46 유체의 체적탄성계수와 같은 차원을 갖는 것은?

① 부피　　　　　　② 속도

③ 가속도　　　　　④ 압력

해설 ⊕

$\sigma = K \cdot \varepsilon_V$ 에서 체적변형률 ε_V는 무차원이므로 체적탄성계수 K는 응력(압력) 차원과 같다.

47 실온에서 공기의 점성계수는 $1.8 \times 10^{-5}\text{Pa} \cdot \text{s}$, 밀도는 1.2kg/m³이고, 물의 점성계수가 1.0×10^{-3} Pa · s, 밀도는 1,000kg/m³이다. 지름이 25mm인 파이프 내의 유동을 고려할 때, 층류 상태를 유지할 수 있는 최대 Reynolds 수가 2,300이라면, 층류유동 시 공기의 최대 평균 속도는 물의 최대 평균 속도의 약 몇 배인가?

① 3.2　　　　　　② 8.4

③ 15　　　　　　④ 180

해설 ⊕

$$Re = \frac{\rho \cdot V \cdot d}{\mu} \rightarrow V = \frac{\mu \cdot Re}{\rho \cdot d}$$

- 공기의 최대 평균 속도

$$V_1 = \frac{1.8 \times 10^{-5} \times 2300}{1.2 \times 0.025} = 1.38\text{m}/\text{s}$$

- 물의 최대 평균 속도

$$V_2 = \frac{1.0 \times 10^{-3} \times 2300}{1000 \times 0.025} = 0.092 \text{m/s}$$

$$\therefore \frac{V_1}{V_2} = \frac{1.38}{0.092} = 15$$

48 유량이 일정한 완전난류유동에서 파이프의 마찰 손실을 줄이기 위한 방법으로 가장 거리가 먼 것은?

① 레이놀즈수를 감소시킨다.

② 관 지름을 높인다.

③ 상대조도를 낮춘다.

④ 곡관의 사용을 줄인다.

해설 ⊕ -

- 난류에서 관마찰계수는 레이놀즈수와 상대조도의 함수이다. 레이놀즈수가 높을수록, 상대조도가 낮을수록 관마찰계수는 감소한다.

- $h_l = f \cdot \dfrac{L}{d} \cdot \dfrac{V^2}{2g}$ 이므로 관지름을 크게 해 마찰손실을 줄일 수 있다.

- 곡관의 사용을 줄임으로써 부차적 손실을 줄일 수 있다.

49 입출구의 지름과 높이가 같은 팬을 통해 공기(밀도 1.2kg/m³)가 0.01kg/s의 유량으로 송출될 때, 압력상승이 100Pa이다. 팬에 공급되는 동력이 1W일 때 팬의 동력 손실은 약 몇 W인가?(단, 유입 및 유출 공기 속도가 균일하다.)

① 0.17 ② 0.83

③ 1.7 ④ 8.3

해설 ⊕ -

- 동력 $= F \cdot V = P \cdot A \cdot V = \gamma \cdot H \cdot A \cdot V \rightarrow$
  $H = \gamma H_P Q$

  $\rho_1 A_1 V_1 = \rho_2 A_2 V_2 \rightarrow \rho Q (\dot{m_i} = \dot{m_e}$: 압축성 유체에서 질량유량 일정)

$$H_P = \frac{H}{\gamma Q} = \frac{H}{\gamma \cdot \dfrac{\dot{m}}{\rho}} = \frac{H}{g\dot{m}} = \frac{1}{9.8 \times 0.01} = 10.2\text{m}$$

- 손실과 펌프양정을 고려한 베르누이 방정식을 적용하면

  ① $+ H_P =$ ② $+ H_l$

$$\frac{p_1}{\gamma} + \frac{V_1^2}{2g} + z_1 + H_P = \frac{p_2}{\gamma} + \frac{V_2^2}{2g} + z_2 + H_l$$

(여기서, $z_1 = z_2 = 0$, $V_1 = V_2$ 적용)

$$H_l = H_P + \frac{p_1 - p_2}{\gamma} = 10.20 - \frac{100}{1.2 \times 9.8} = 1.70\,\text{m}$$

$\therefore$ 동력손실 $H = \gamma H_l Q = \gamma H_l \cdot \dfrac{\dot{m}}{\rho} = g \cdot H_l \cdot \dot{m}$

$$= 9.8 \times 1.70 \times 0.01 \text{W}$$
$$= 0.167 \text{W}$$

50 단면적이 0.005m²인 물 제트가 4m/s의 속도로 U자 모양의 깃(Vane)을 때리고 나서 방향이 180°바뀌어 일정하게 흘러나갈 때 깃을 고정시키는데 필요한 힘은 몇 N인가?(단, 중력과 마찰은 무시하고 물 제트의 단면적은 변함이 없다.)

① 8 ② 20

③ 80 ④ 160

해설 ⊕ -

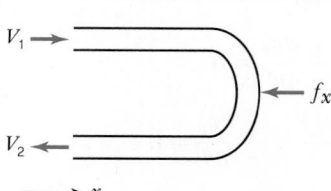

$V_1 = V_2$ 이며 V_2 흐름방향은 $(-)$

검사면에 작용하는 힘들의 합은 검사체적속의 운동량 변화량과 같다.

$$-f_x = \rho Q (V_{2x} - V_{1x})$$

여기서, $V_{2x} = -V_1$, $V_{1x} = V_1$

$$-f_x = \rho Q (-V_1 - V_1)$$

$f_x = \rho Q \times 2V_1$ (여기서, $Q = A V_1$)

$$= 2\rho A V_1^2 = 2 \times 1,000 \times 0.005 \times 4^2 = 160\text{N}$$

51 지름이 1m인 원형 탱크에 단면적이 0.1m²인 관을 통해 물이 0.5m/s의 평균 속도로 유입되고, 같은 단면적의 관을 통해 1m/s의 속도로 유출된다. 이때 탱크 수위의 변화 속도는 약 얼마인가?

① −0.032m/s　　② −0.064m/s

③ −0.128m/s　　④ −0.256m/s

해설 ⊕ -

• 유입유량 $Q_i = A \cdot V_i = 0.1\text{m}^2 \times 0.5\text{m/s} = 0.05\text{m}^3/\text{s}$

　분출유량 $Q_o = A \cdot V_o = 0.1\text{m}^2 \times 1\text{m/s} = 0.1\text{m}^3/\text{s}$

• 탱크 수위의 변화 속도 $V_t = \dfrac{Q_i - Q_o}{A_t}$

$$= \dfrac{0.05 - 0.1}{\dfrac{\pi}{4} \times 1^2} = -0.064\text{m/s}$$

52 극좌표계(r, θ)에서 정상상태 2차원 이상유체의 연속방정식으로 옳은 것은?(단, v_r, v_θ는 각각 r, θ방향의 속도성분을 나타내며, 비압축성 유체로 가정한다.)

① $\dfrac{\partial v_r}{\partial r} + \dfrac{\partial v_\theta}{\partial \theta} = 0$

② $\dfrac{\partial v_r}{\partial r} + \dfrac{1}{r} \dfrac{\partial v_\theta}{\partial \theta} = 0$

③ $\dfrac{1}{r} \dfrac{\partial(r v_r)}{\partial r} + \dfrac{1}{r} \dfrac{\partial v_\theta}{\partial \theta} = 0$

④ $\dfrac{1}{r} \dfrac{\partial v_r}{\partial r} + \dfrac{1}{r} \dfrac{\partial(r v_\theta)}{\partial \theta} = 0$

해설 ⊕ -

• 속도장 $\vec{V} = \vec{V}(r, \theta, z, t)$에서 원통좌표계의 연속방정식

$\nabla \cdot \rho \vec{V} + \dfrac{\partial \rho}{\partial t} = 0$

　여기서, $\vec{V} = V_r e_r + V_\theta e_\theta + V_z K$

$\nabla = \dfrac{\partial}{\partial r} e_r + \dfrac{1}{r} \dfrac{\partial}{\partial \theta} e_\theta + \dfrac{\partial}{\partial z} K$, 정상유동 $\dfrac{\partial \rho}{\partial t} = 0$, 비압축성유체 $\rho = c$,

2차원이므로 벡터 연산자 $\nabla = \dfrac{\partial}{\partial r} e_r + \dfrac{1}{r} \dfrac{\partial}{\partial \theta} e_\theta$ 적용

∴ $\nabla \cdot \vec{V} = 0$(내적)이므로

$\dfrac{1}{r} \dfrac{\partial(r v_r)}{\partial r} + \dfrac{1}{r} \dfrac{\partial v_\theta}{\partial \theta} = 0$

53 그림과 같은 사이펀에서 마찰손실을 무시할 때, 흐를 수 있는 이론적인 최대 유속은 약 몇 m/s인가?

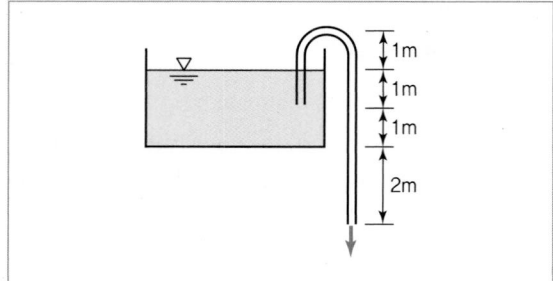

① 6.26　　② 7.67

③ 8.85　　④ 9.90

해설 ⊕ -

$V = \sqrt{2g \Delta h} = \sqrt{2 \times 9.8 \times 4} = 8.85\text{m/s}$

54 다음 중 무차원수인 것만을 모두 고른 것은?(단, p는 압력, ρ는 밀도, V는 속도, H는 높이, g는 중력가속도, μ는 점성계, a는 음속이다.)

㉮ $\dfrac{p}{\rho V^2}$	㉯ $\sqrt{\dfrac{V}{gH}}$
㉰ $\dfrac{\rho V H}{\mu}$	㉱ $\dfrac{V}{a}$

① ㉮, ㉯　　② ㉮, ㉯, ㉱

③ ㉮, ㉰, ㉱　　④ ㉮, ㉯, ㉰, ㉱

④ 포텐셜 유동장의 와도(Vorticity)는 0이다.

해설 ⊕

등 포텐셜선과 유선은 모든 점에서 직교한다.

해설 ⊕

- $\dfrac{p}{\rho V^2}$ = 오일러수
- $\dfrac{V}{\sqrt{gH}}$ = 프루드수
- $\dfrac{\rho VH}{\mu}$ = 레이놀즈수
- $\dfrac{V}{a}$ = 마하수

---

55 지름 D인 구가 밀도 ρ, 점성계수 μ인 유체 속에서 느린 속도 V로 움직일 때 구가 받는 항력은 $3\pi\mu VD$ 이다. 이 구의 항력계수는 얼마인가?(단, Re는 레이놀즈수($Re = \dfrac{\rho VD}{\mu}$)를 나타낸다.)

① $\dfrac{6}{Re}$

② $\dfrac{12}{Re}$

③ $\dfrac{24}{Re}$

④ $\dfrac{64}{Re}$

해설 ⊕

$D = C_D \dfrac{\rho V^2}{2} A$ 에서

$3\pi\mu VD = C_D \dfrac{\rho V^2}{2} A$

$C_D = \dfrac{6\pi\mu VD}{\rho V^2 A} = \dfrac{6\pi\mu D}{\rho VA} = \dfrac{24\pi\mu D}{\rho V \times \pi D^2} = \dfrac{24\mu}{\rho VD}$

$\therefore C_D = \dfrac{24}{\dfrac{\rho VD}{\mu}} = \dfrac{24}{Re}$

---

56 다음 중 포텐셜 유동장에 관한 설명으로 옳지 않은 것은?

① 포텐셜 유동장은 비점성 유동장이다.

② 등 포텐셜 선(Equipotential Line)은 유선과 평행하다.

③ 포텐셜 유동장에서는 모든 두 점에 대해 베르누이 정리를 적용할 수 있다.

---

57 위가 열린 원뿔형 용기에 그림과 같이 물이 채워져 있을 때 아래 면에 작용하는 정수압은 약 몇 Pa인가?(단, 물이 채워진 공간의 높이는 0.4m, 윗면 반지름은 0.3m, 아래면 반지름은 0.5m이다.)

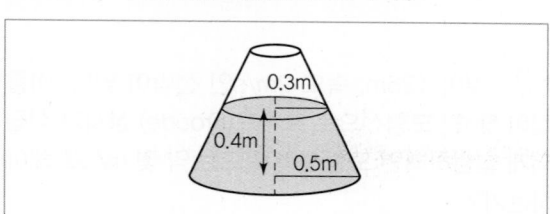

① 1,944

② 2,920

③ 3,920

④ 4,925

해설 ⊕

압력은 수직 깊이 만의 함수이므로
$P = \gamma \cdot h = 9,800 \times 0.4 = 3,920\text{Pa}$

---

58 안지름이 30mm, 길이 1.5m인 파이프 안을 유체가 난류 상태로 유동하여 압력손실이 14,715Pa로 나타났다. 관 벽에 작용하는 평균전단응력은 약 몇 Pa인가?

① 7.36×10^{-3}

② 73.6

③ 1.47×10^{-2}

④ 147

해설 ⊕

$\tau = -\dfrac{r}{2}\dfrac{dP}{dl} = \dfrac{0.015}{2} \times \dfrac{14,715}{1.5} = 73.58\text{Pa}$

정답 | **55** ③ **56** ② **57** ③ **58** ②

59 두 원관 내에 비압축성 액체가 흐르고 있을 때 역학적 상사를 이루려면 어떤 무차원 수가 같아야 하는가?

① Reynolds number ② Froude number
③ Mach number ④ Weber number

해설 ➕ -

원관 및 잠수함 유동에서 역학적 상사를 하기 위해서는 모형과 실형의 레이놀즈수가 같아야 한다.

60 길이 125m, 속도 9m/s인 선박이 있다. 이를 길이 5m인 모형선으로 프루드(Froude) 상사가 성립되게 실험하려면 모형선의 속도는 약 몇 m/s로 해야 하는가?

① 1.8 ② 4.0
③ 0.36 ④ 36

해설 ➕ -

$$Fr)_m = Fr)_p$$

$$\left.\frac{V}{\sqrt{Lg}}\right)_m = \left.\frac{V}{\sqrt{Lg}}\right)_p$$

여기서, $g_m = g_p$이므로

$$\frac{V_m}{\sqrt{L_m}} = \frac{V_p}{\sqrt{L_p}}$$

$$\therefore V_m = \sqrt{\frac{L_m}{L_p}} \cdot V_p = \sqrt{\frac{5}{125}} \times 9 = 1.8\,\text{m/s}$$

4과목 **유체기계 및 유압기기**

61 원심펌프에서 축추력(Axial Thrust) 방지법으로 거리가 먼 것은?

① 브레이크다운 부시 설치
② 스러스트 베어링 사용
③ 웨어링 링의 사용
④ 밸런스 홀의 설치

해설 ➕ -

축추력의 평형은 스러스트 베어링사용, 후면에 이면깃 사용, 밸런스 디스크 사용, 양흡입형 임펠러를 사용, 밸런스 홀을 설치, 평형원판, 웨어링 링을 사용, 임펠러 후면 슈라우드에 방사상형태로 이면깃(또는 리브(rib))을 붙여 평형을 유지한다.

62 터보팬에서 송풍기 전압이 150mmAq일 때 풍량은 4m³/min이고, 이때의 축동력은 0.59kW이다. 이때 전압 효율은 약 몇 %인가?

① 16.6 ② 21.7
③ 31.6 ④ 48.7

해설 ➕ -

$$\eta = \frac{\text{이론동력}}{\text{축동력}} = \frac{L_{th}}{L_s} = \frac{\gamma HQ}{L_s} = \frac{P_t Q}{L_s}$$

$$= \frac{150\,\text{mm\,Aq} \times \dfrac{101325\dfrac{\text{N}}{\text{m}^2}}{10.33 \times 10^3 \text{mm\,Aq}} \times \dfrac{4\text{m}^3}{60\text{s}}}{0.59 \times 10^3}$$

$$= 0.1663 = 16.63\%$$

63 수차에서 무구속 속도(Run Away Speed)에 관한 설명으로 옳지 않은 것은?

① 밸브의 열림 정도를 일정하게 유지하면서 수차가 무부하 운전에 도달하는 최대 회전수를 무구속 속도(Run Away Speed)라고 한다.

② 프로펠러 수차의 무구속 속도는 정격 속도의 1.2~1.5배 정도이다.

③ 펠톤 수차의 무구속 속도는 정격 속도의 1.8~1.9배 정도이다.

④ 프란시스 수차의 무구속 속도는 정격 속도의 1.6~2.2배 정도이다.

해설 ⊕

무구속 속도(Run Away Speed)는 소수력 발전기가 발전 중에, 송전망의 고장 등으로 발전기가 갑자기 무부하가 되는 경우가 있다. 이 경우, 수차 쪽으로의 송수를 갑자기 차단하면, 격심한 수격현상이 일어나, 수압관의 파괴 등에 의해 대형사고를 일으킬 위험이 있다. 따라서, 유량을 수격작용이 허용한도 내에 머물도록 천천히 잠그고, 그러는 동안, 발전기 축은 꽤 높은 회전속도에 도달한다. 이때 도달하는 최대 회전속도를 무구속속도라 한다. 프로펠러 수차의 무구속 속도는 정격 속도의 2~2.5배 정도이다.

64 펠톤 수차에서 전향기(Deflector)를 설치하는 목적은?

① 유량방향 전환

② 수격작용 방지

③ 유량 확대

④ 동력 효율 증대

해설 ⊕

고속의 노즐을 빠르게 닫으면 수격작용이 발생할 수 있어 그림처럼 제트(분류)의 방향을 바꿔주는 전향기를 설치해 수격작용을 방지한다.

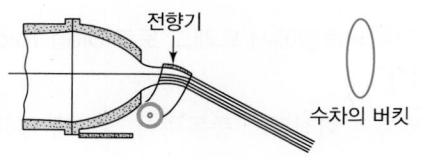

65 펌프에서 발생하는 공동현상의 영향으로 거리가 먼 것은?

① 유동깃 침식

② 손실 수두의 감소

③ 소음과 진동이 수반

④ 양정이 낮아지고 효율은 감소

해설 ⊕

공동현상에 의한 손실수두는 증가한다.

66 대기압 이하의 저압력 기체를 대기압까지 압축하여 송출시키는 일종의 압축기인 진공펌프의 종류로 틀린 것은?

① 왕복형 진공펌프

② 루츠형 진공펌프

③ 액봉형 진공펌프

④ 원심형 진공펌프

해설 ⊕

① 액봉형(Water – Ring Type Vacuum Pump)진공펌프 : 내쉬(Nash)펌프

② 왕복형(Reciprocating Vacuum Pump)진공펌프

③ 루츠형(Roots Type Vacuum Pump)진공펌프

④ 기름회전 진공펌프(Oil – Sealed Rotary Vacuum Pump : 유회전 진공펌프) : 센코형(Cenco Type), 게데형(Gaede Type), 키니형(Kenney Type)

⑤ 확산펌프(Oil Diffusion Pump)

⑥ 터보펌프(Turbo – Molecular Pump)

⑦ 크라이오펌프(Cryo Pump)

67 유체커플링에서 드래그 토크(Drag Torque)란 무엇인가?

① 원동축은 회전하고 종동축이 정지해 있을 때의 토크
② 종동축과 원동축의 토크 비가 1일 때의 토크
③ 종동축에 부하가 걸리지 않을 때의 토크
④ 종동축의 속도가 원동축의 속도보다 커지기 시작할 때의 토크

해설 ➕

드래그 토크란 원동축(구동축)이 회전하고 종동축이 정지해 있을 때(속도비 $e = 0$, 실속점)의 전달토크 T_s를 말한다.

68 펌프의 분류에서 터보형에 속하지 않는 것은?

① 원심식   ② 사류식
③ 왕복식   ④ 축류식

해설 ➕

왕복식은 용적형 펌프로 피스톤펌프와 플런저펌프가 있다.

69 회전차를 정방향과 역방향으로 자유롭게 변경하여 펌프의 작용도 하고, 수차의 역할도 하는 펌프 수차(Pump – Turbine)가 주로 이용되는 발전 분야는?

① 댐 발전   ② 수로식 발전
③ 양수식 발전   ④ 저수식 발전

해설 ➕

양수식 발전은 원가가 낮은 심야 전력으로 펌프를 돌려 저수지에 물을 올려놓았다가 전력을 필요할 때 다시 발전하여 사용하는 방식이다. 이 방식에 사용되는 펌프수차는 펌프와 터빈 두가지 모드로 운전할 수 있다.

70 왕복펌프에서 공기실의 역할을 가장 옳게 설명한 것은?

① 펌프에서 사용하는 유체의 온도를 일정하게 하기 위해
② 펌프의 효율을 증대시키기 위해
③ 송출되는 유량의 변동을 일정하게 하기 위해
④ 피스톤 또는 플런저의 운동을 원활하게 하기 위해

해설 ➕

피스톤 또는 플런저가 송출하는 유량에는 변동이 있으므로 송출관의 유량을 일정하게 유지시키기 위해 실린더 바로 뒤에 공기실을 설치한다.

71 어큐뮬레이터의 사용 목적이 아닌 것은?

① 맥동의 증가   ② 충격 압력의 완화
③ 유압에너지의 축적   ④ 유해성 액체의 수송

해설 ➕

축압기(Accumulator)의 용도
• 유압 에너지의 축적
• 2차 회로의 보상
• 압력 보상(카운터 밸런스)
• 맥동 제어(노이즈 댐퍼)
• 충격 완충
• 액체 수송
• 고장, 정전 등의 긴급 유압원

72 다음 중 점성 및 점도에 관한 설명으로 틀린 것은?

① 동점성계수의 단위는 [Stokes]이다.
② 유압 작동유의 점도는 온도에 따라 변한다.
③ 점성계수의 단위는 [Poise]이다.
④ 점성계수의 차원은 $[ML^{-1}T]$이다.(M : 질량, L : 길이, T : 시간)

정답   67 ①   68 ③   69 ③   70 ③   71 ①   72 ④

2018

해설 ➕

점성계수 $\mu = g/cm \cdot s = [ML^{-1}T^{-1}]$

73 유압장치에서 조작 사이클의 일부에서 짧은 행정 또는 순간적으로 고압을 필요로 할 경우에 사용하는 회로는?

① 감압 회로　　　　　② 로킹 회로
③ 증압 회로　　　　　④ 동기 회로

해설 ➕

증압회로
단조기계 등과 같이 고압을 필요로 하는 사이클 시간이 짧은 경우에 증압기(Booster)를 이용해 압력을 높히는 회로

74 그림과 같은 유압기호는 무슨 밸브의 기호인가?

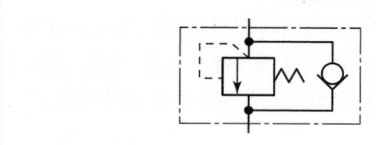

① 무부하 밸브　　　　② 시퀀스 밸브
③ 릴리프 밸브　　　　④ 카운터 밸런스 밸브

75 유압회로에서 분기 회로의 압력을 주회로의 압력보다 저압으로 사용하려 할 때 사용되는 밸브는?

① 리밋 밸브　　　　　② 리듀싱 밸브
③ 시퀀스 밸브　　　　④ 카운터 밸런스 밸브

해설 ➕

감압밸브(리듀싱밸브 : Pressure Reducing Valve)
회로의 기본 압력보다 낮은 2차 압력을 얻기 위하여 사용되는 밸브

76 유압 신호를 전기 신호로 전환시키는 일종의 스위치로 전동기의 기동, 솔레노이드 조작밸브의 개폐 등의 목적에 사용되는 유압 기기인 것은?

① 축압기(Accumulator)
② 유압 퓨즈(Fluid Fuse)
③ 압력스위치(Pressure Switch)
④ 배압형 센서(Back Pressure Sensor)

해설 ➕

압력스위치(Pressure Switch)
유압회로의 압력이 미리 설정한 압력에 도달하면 전기회로의 스위치를 열거나 닫게 한다.

77 지름이 15cm인 램의 머리부에 2MPa의 압력이 작용할 때 프레스의 작용하는 힘은 약 몇 N인가?

① 35,342　　　　　　② 42,525
③ 23,535　　　　　　④ 62,555

해설 ➕

$F = pA = 2 \times 17671 = 35,342 N$
　여기서, 램 머리부의 단위 면적당 압력 :
　　　$p = 2MPa = 2N/mm^2$
　램 머리부의 면적 :
　　　$A = \frac{\pi}{4}d^2 = \frac{\pi}{4} \times 15^2 = 176.71 cm^2$
　　　　　$= 17,671 mm^2$

78 유압 펌프의 전 효율을 정의한 것은?

① 축 출력과 유체 입력의 비
② 실 토크와 이론 토크의 비
③ 유체 출력과 축 쪽 입력의 비
④ 실제 토출량과 이론 토출량의 비

해설 ⊕

펌프의 전효율 $\eta = \dfrac{L_P}{L_S}$

여기서, L_P : 펌프동력(유체 출력),

L_S : 축동력(축 쪽 입력)

79 유압 부속장치인 스풀 밸브 등에서 마찰, 고착 현상 등의 영향을 감소시켜, 그 특성을 개선하기 위해서 주는 비교적 높은 주파수의 진동을 나타내는 용어는?

① Chatter   ② Dither

③ Surge   ④ Cut−In

해설 ⊕

- 디더(Dither) : 스풀밸브 등으로 마찰 및 고착현상 등의 영향을 감소시켜서 그 특성을 개선시키기 위하여 가하는 비교적 높은 주파수의 진동
- 채터링(Chatting) : 릴리프 밸브 등으로, 밸브시트를 두들 겨서 비교적 높은 음을 발생시키는 일종의 자력진동 현상
- 서지압력(Surge Pressure) : 과도적으로 상승한 압력의 최 대값
- 컷인(Cut In) : 언로드밸브 등으로 펌프에 부하를 가하는 것

80 모듈이 10, 잇수가 30개, 이의 폭이 50mm일 때, 회전수가 600rpm, 체적 효율은 80%인 기어펌프의 송출 유량은 약 몇 m³/min인가?

① 0.45   ② 0.27

③ 0.64   ④ 0.77

해설 ⊕

$\begin{aligned} Q_{th} &= 2\pi\, m^2 Zb N \times \eta_V \\ &= 2\pi \times 0.1^2 \times 30 \times 0.05 \times 600 \times 0.8 \\ &= 0.4524\,\text{m}^3/\text{min} \end{aligned}$

여기서, 모듈 : $m = 10\text{mm} = 0.01\text{m}$

기어의 잇수 : $Z = 30$개

이의 폭 : $b = 50\text{mm} = 0.05\text{m}$

회전수 : $N = 600\text{rpm}$

체적 효율 : $\eta_V = 80\% = 0.8$

5과목 **건설기계일반 및 플랜트배관**

81 도저의 작업 장치별 분류에서 삽날면 각을 변화 시킬 수 있으며 광석이나 석탄 등을 긁어모을 때 주로 사용하는 것은?

① 푸시 블레이드

② 레이크 블레이드

③ 트리밍 블레이드

④ 스노우 플로우 블레이드

해설 ⊕

트리밍 도저(Trimming Dozer)

토공판과 트랙터 전면과의 거리를 길게 하고, 토공판과 설치 각도를 변화시킴으로써 좁은 장소에서 곡물, 소금, 설탕, 철 광석 등을 내밀거나 끌어당겨 모으는 데 효과적이다.

82 강재의 크기에 따라 담금질 효과가 달라지는 것은?

① 단류선   ② 잔류응력

③ 노치효과   ④ 질량효과

해설 ⊕

질량효과

같은 강을 같은 조건으로 담금질하더라도 질량(지름)이 작은 재료는 내외부에 온도차가 없어 내부까지 경화되나, 질량이 큰 재료는 열의 전도에 시간이 길게 소요되어 내외부에 온도 차가 생김으로써 외부는 경화되어도 내부는 경화되지 않는 현상

83 건설기계 기관에서 윤활유의 역할이 아닌 것은?

① 밀봉 작용   ② 냉각 작용

③ 방청 작용   ④ 응착 작용

해설 ➕

윤활유의 역할

윤활작용, 방청작용, 기밀작용(밀봉작용), 냉각작용, 청정작용, 소음방지작용, 응력분산작용

84 롤러의 다짐방법에 따른 분류에서 전압식에 속하며 아스팔트 포장의 표층 다짐에 적합하여 아스팔트의 끝마무리 작업에 가장 적합한 장비는?

① 탬퍼   ② 진동 롤러

③ 탠덤 롤러   ④ 탬핑 롤러

해설 ➕

탠덤 롤러(Tandem Roller)

2축 2륜(앞바퀴1개, 뒷바퀴1개), 혹은 3축 3륜으로 앞뒤로 축을 병렬 배치한 철제 드럼롤러로 상층노반과 보조기층의 다짐이나 아스팔트포장의 마무리 다짐에 주로 쓰인다.

85 다음의 지게차 중 선내하역 작업이나 천정이 낮은 장소에 적합한 형식은?

① 프리 리프트 마스트 ② 로테이팅 포크

③ 드럼 클램프   ④ 힌지드 버킷

해설 ➕

• 프리 리프트 마스트(Free Lift Mast) : 마스트의 상승이 불가능한 곳에서 사용되며, 선내하역 작업이나 천정이 낮은 장소에 적합하다.
• 로테이팅 포크(Rotating Fork) : 포크를 좌우로 360° 회전시킬 수 있으며, 용기에 들어있는 제품을 운반하는데 아주 용이하다.
• 드럼 클램프(Drum Clamp) : 드럼을 신속하고 안전하게 운반하여 주는 것으로 일반공장 등에서 많이 사용된다.

• 힌지드 버킷(Hinged Bucket) : 포크자리에 버킷을 끼워 흘러내리기 쉬운 물건 또는 흐트러진 물건을 운반 하차한다.

86 버킷 평적 용량이 0.4m³인 굴삭기로 30초에 1회의 속도로 작업을 하고 있을 때 1시간 동안의 이론 작업량은 약 몇 m³/h인가?(단, 버킷 계수는 0.7, 작업효율은 0.6, 토량환산계수는 0.90이다.)

① 15.1   ② 18.1

③ 30.2   ④ 36.2

해설 ➕

운전시간당의 작업량

$$Q = \frac{3,600 \cdot q \cdot K \cdot f \cdot E}{C_m}$$

$$= \frac{3,600 \times 0.4 \times 0.7 \times 0.9 \times 0.6}{30}$$

$$= 18.1 \text{m}^3/\text{hr}$$

여기서, q : 버킷 용량(m³)
  K : 버킷 계수 – 흙의 종류에 따라 달라진다.
  f : 체적변환계수(토량환산계수)
  E : 작업효율 – 흙의 상태와 현장조건에 의해 기준값이 주어진다.
  C_m : 1회 작업의 사이클 타임(sec)

87 대규모 항로 준설 등에 사용하는 준설선으로 선체 중앙에 진흙창고를 설치하고 항해하면서 해저의 토사를 준설 펌프로 흡상하여 진흙창고에 적재하는 준설선은?

① 드래그 블로어 준설선 ② 드래그 석션 준설선

③ 버킷 준설선   ④ 디퍼 준설선

해설 ➕

드래그 석션(Drag Suction) 준설선

대규모 항로 준설 등에 사용하는 준설선으로 선체 중앙에 토사창고를 설치하고, 해저의 토사를 준설펌프로 흡입해 올려 물은 버리고 토사창고에 적재한다. 토사창고가 다 차면 배는

배토장으로 가서 토사를 배출시키거나 또는 매립지에 자체의 준설펌프를 사용하여 토사를 배출시킨다.

88 휠 크레인의 아웃 리거(Out – Rigger)의 주된 용도는?

① 주행용 엔진의 보호 장치이다.
② 와이어 로프의 보호 장치이다.
③ 붐과 후크의 절단 또는 굴곡을 방지하는 장치이다.
④ 크레인의 안정성을 유지하고 전도를 방지하는 장치이다.

해설 ➕

아웃 리거(Out – Rigger)
크레인 안정 장치의 일종으로, 대차로부터 빔을 수평으로 돌출시키고, 그 선단에 장비한 잭으로 지지하는 것. 주로 트럭 크레인에 사용되며, 유압 실린더에 의해 좌우 2개씩의 빔을 수평 방향으로 밀어내고, 다 밀려 나오면 빔 선단의 잭을 마찬가지로 유압 실린더에서 눌러, 기중기 본체의 하중을 잭의 4점에서 받는다. 이것에 의해 하물을 매달아 올릴 때 기중기가 전도 지지점을 하물 측에 가깝게 붙여 안정을 유지한다.

89 아스팔트 피니셔에서 호퍼 바닥에 설치되어 혼합재를 스프레딩 스크루로 보내는 역할을 하는 것은?

① 피더   ② 댐퍼
③ 스크리드   ④ 리시빙 호퍼

해설 ➕

- 피더 : 로퍼바닥에 설치되어 혼합재를 스프레딩 스크루로 보내는 일을 한다.
- 댐퍼 : 충격흡수장치
- 스크리드 : 노면에 살포된 혼합재를 일정한 두께로 다듬질하는 기구
- 리시빙 호퍼 : 장비의 정면에 5톤 이상의 호퍼가 설치되어 덤프트럭으로 운반된 혼합재(아스팔트)를 저장하는 용기

90 플랜트 배관설비의 제작, 설치 시에 발생한 녹이나 배관계통에 침입한 분진, 유지분 등을 제거하고 플랜트의 고효율 및 안전운전을 위한 세정작업으로 화학세정방법인 것은?

① 순환 세정법   ② 물분사 세정법
③ 피그 세정법   ④ 숏블라스트 세정법

해설 ➕

순환 세정법
배관에 이물질이나 유지분을 제거하기 위해 펌프로 세정액을 강제적으로 순환시켜 세정하는 방법

91 밸브를 완전히 열면 유체 흐름의 저항이 다른 밸브에 비해 아주 적어 큰 관에서 완전히 열거나 막을 때 적합한 밸브는?

① 게이트 밸브   ② 글로브 밸브
③ 안전 밸브   ④ 콕 밸브

해설 ➕

게이트 밸브(Gate Valve)
밸브를 나사봉에 의하여 파이프의 횡단면과 평행하게 개폐하는 것으로 슬루스밸브라고도 한다. 완전히 밸브를 열면 유체흐름의 저항이 다른 밸브에 비하여 아주 적다. 밸브실 내에는 유체가 남지 않으며 구경은 보통 50~1,000mm 정도이고, 대형은 동력으로 조달한다.
그러나 값이 비싸며, 밸브의 개폐에 시간이 걸리는 결점이 있다. 그러므로 발전소의 수도관, 상수도의 수도관과 같이 지름이 크고, 자주 개폐할 필요가 없을 때 사용한다.

92 동관의 두께별 분류가 아닌 것은?

① K type   ② L type
③ M type   ④ H type

해설 ⊕

동관의 두께에 의한 분류

종류	기호(또는 원어)	특성 및 용도
K	Heavy Wall	가장 두껍다.
M	Medium Wall	두껍다.
L	Light Wall	보통 두껍다.

93 배관 시공계획에 따라 관 재료를 선택할 때 물리적 성질이 아닌 것은?

① 수송유체에 따른 관의 내식성
② 지중 매설배관일 때 외압으로 인한 강도
③ 유체의 온도 변화에 따른 물리적 성질의 변화
④ 유체의 맥동이나 수격작용이 발생할 때 내압강도

해설 ⊕

유체의 화학적 성질에 따라 배관의 부식문제가 발생하고, 물리적 성질에 따라 마모현상이 달라진다. 따라서 "수송유체에 따른 관의 내식성"은 화학적 성질이다.

94 유체에 의한 진동 등에 의해 배관이 움직이거나 진동되는 것을 막아주는 배관의 지지 장치는?

① 행거   ② 스폿
③ 브레이스   ④ 리스트레인트

해설 ⊕

- 행거(Hanger) : 배관계 및 기계의 자중을 매달아 지지한다.
- 서포트(Support) : 파이프를 직접 접속하는 지지대로서 배관의 수평부와 곡관부를 지지한다.
- 브레이스(Brace) : 펌프에서 발생하는 진동 및 밸브의 급격한 폐쇄에서 발생하는 수격작용을 방지하거나 억제시키는 지지장치를 말한다.
- 레스트레인트(Restraint) : 열팽창에 의한 배관의 측면이동뿐만 아니라 배관시스템의 3차원 열변위에 대하여 임의 방향의 변위를 구속 또는 제한하기 위해 사용한다.

95 고가 탱크식 급수설비 방식에 대한 설명으로 틀린 것은?

① 대규모 급수설비에 적합하다.
② 일정한 수압으로 급수할 수 있다.
③ 국부적으로 고압을 필요로 하는데 적합하다.
④ 저수량을 확보할 수 있어 단수가 되지 않는다.

해설 ⊕

고가(옥상) 탱크식 급수법

대형건물에 널리 쓰는 급수방식으로 높은 곳이나 건물 옥상에 물탱크를 설치하고, 펌프로 물을 퍼 올려 탱크에 저장한 다음, 건물 아래쪽으로 물을 공급하는 하향급수방식이다.

- 대규모 급수설비에 적합하다.
- 항상 일정한 수압으로 급수할 수 있다.
- 저수량을 언제나 확보할 수 있어 단수가 되지 않는다.
- 탱크에서 오염 우려가 있고 수시로 청소해야 한다.
- 건물의 구조계산 시 하중을 고려해야 함으로 건축비가 증가한다.

96 배관 지지 장치의 필요조건으로 거리가 먼 것은?

① 관내의 유체 및 피복제의 합계 중량을 지지하는데 충분한 재료일 것
② 외부에서의 진동과 충격에 대해서도 견고할 것
③ 배관 시공에 있어서 기울기의 조정이 용이하게 될 수 있는 구조일 것
④ 압력 변화에 따른 관의 신축과 관계없고, 관의 지지 간격이 좁을 것

해설 ⊕

배관 지지 장치의 필요조건

- 관과 관내의 유체 및 피복재의 합계중량을 지지하는데 충분한 재료일 것
- 외부에서의 진동과 충격에 대해서도 견고할 것
- 배관 시공에 있어서 기울기의 조정이 쉬운 구조일 것
- 온도변화에 따른 관의 신축에 대하여 적합할 것
- 관의 지지 간격이 적당할 것

정답 93 ① 94 ③ 95 ③ 96 ④

97 두께 0.5~3mm 정도의 알런덤(Alundum), 카보란덤(Carborundum)의 입자를 소결한 얇은 연삭원판을 고속 회전시켜 재료를 절단하는 공작용 기계는?

① 커팅 휠 절단기　　② 고속 숫돌 절단기
③ 포터블 소잉 머신　④ 고정식 소잉 머신

98 밸브 몸통 내에서 밸브대를 축으로 하여 원판 형태의 디스크가 회전함에 따라서 개폐하는 밸브는?

① 다이어프램 밸브　② 버터플라이 밸브
③ 플랩 밸브　　　　④ 볼 밸브

해설 ➕ -

버터 플라이 밸브(Butter Fly Valve)
원판상의 밸브체에 중심축을 설치하여 축을 회전시킴으로써 개폐를 하는 밸브. 저압용의 조임 밸브로서 쓰인다.

99 감압 밸브를 작동방법에 따라 분류할 때 속하지 않는 것은?

① 다이어프램식　② 벨로우즈식
③ 파일럿식　　　④ 피스톤식

해설 ➕ -

감압밸브의 작동방법에 따라 벨로우즈식, 다이어프램식, 피스톤식이 있다.

100 공기시험이라고 하며 물 대신 압축공기를 관 속에 삽입하여 이음매에서 공기가 새는 것을 조사하는 시험은?

① 수밀시험　　② 진공시험
③ 통기시험　　④ 기압시험

해설 ➕ -

기압시험
공기시험이라고 하며 물 대신 압축공기를 관 속에 삽입하여 이음매에서 공기가 새는 것을 조사하는 시험이다. 배관의 시험은 수압시험을 원칙으로 하되 동절기의 배관 동파 등이 우려되어 수압시험이 불가능한 경우에 기압시험으로 대체하여 시행할 수도 있다.

1과목 재료역학

01 그림과 같이 길이 $l = 4\,\mathrm{m}$의 단순보에 균일 분포 하중 w가 작용하고 있으며 보의 최대 굽힘응력 $\sigma_{\max} = 85\,\mathrm{N/cm^2}$일 때 최대 전단응력은 약 몇 kPa인가?(단, 보의 단면적은 지름이 11cm인 원형 단면이다.)

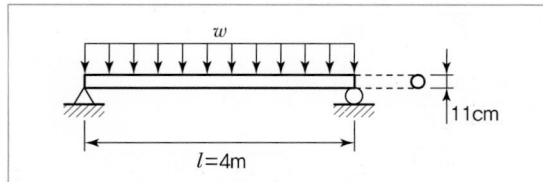

① 1.7
② 15.6
③ 22.9
④ 25.5

해설 ⊕

분포하중 w를 구하기 위해 주어진 조건에서 최대 굽힘응력을 이용하면

$$\sigma_b = \frac{M}{Z} \rightarrow \sigma_{\max} = \frac{M_{\max}}{Z} \cdots \text{ⓐ}$$

$$\sigma_{\max} = 85 \frac{\mathrm{N}}{\mathrm{cm^2} \times \left(\dfrac{1\mathrm{m}}{100\mathrm{cm}}\right)^2} = 85 \times 10^4\,\mathrm{Pa}$$

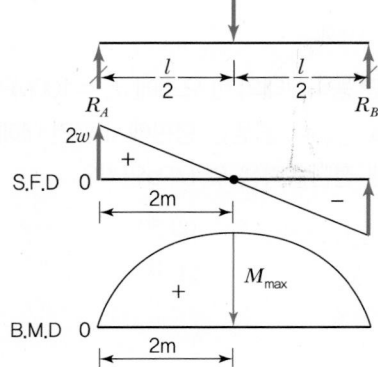

$$R_A = R_B = 2w$$

$x = 2\mathrm{m}$에서 $M_{\max}$ 이므로 $M_{\max}$는 2m까지의 S.F.D 면적과 같다.

$$M_{\max} = \frac{1}{2} \times 2 \times 2w = 2w$$

ⓐ에 값들을 적용하면

$$\therefore \ 85 \times 10^4 = \frac{2w}{\dfrac{\pi}{32}d^3}$$

$$\rightarrow w = 85 \times 10^4 \times \frac{\pi}{32} \times 0.11^3 \times \frac{1}{2} = 55.54\,\mathrm{N/m}$$

양쪽 지점에서 최대인 보의 최대 전단응력

$$\tau_{av} = \frac{V_{\max}}{A} = \frac{4 \times 2 \times 55.54}{\pi \times 0.11^2} = 11.69\,\mathrm{kPa}$$

$$(\because \ V_{\max} = 2w = R_A = R_B)$$

∴ 보 속의 최대 전단응력

$$\tau_{\max} = \frac{4}{3}\tau_{av} = \frac{4}{3} \times 11.69 = 15.59\,\mathrm{kPa}$$

※ 일반적으로 시험에서 주어지는 "보의 최대 전단응력 = 보 속의 최대 전단응력"임을 알고 해석해야 한다. 보의 위아래 방향으로 전단응력이 아닌 보의 길이 방향인 보 속의 중립축 전단응력을 의미한다.

02 그림과 같은 균일단면을 갖는 부정정보가 단순 지지단에서 모멘트 M_0를 받는다. 단순 지지단에서의 반력 R_A는?(단, 굽힘강성 EI는 일정하고, 자중은 무시한다.)

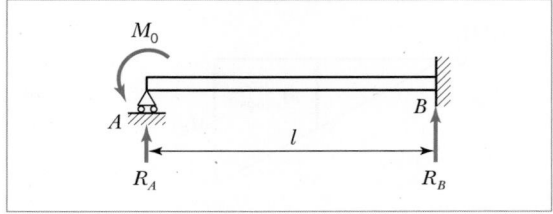

① $\dfrac{3M_0}{2l}$　　　　② $\dfrac{3M_0}{4l}$

③ $\dfrac{2M_0}{3l}$　　　　④ $\dfrac{4M_0}{3l}$

해설 ⊕

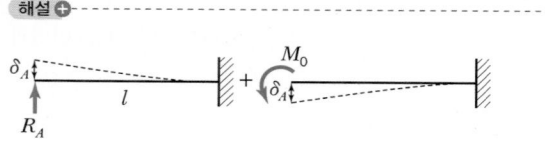

처짐을 고려해 미지반력요소를 해결한다.
A점에서 처짐량이 "0"이므로

$$\dfrac{R_A \cdot l^3}{3EI} = \dfrac{M_0 l^2}{2EI} \quad \therefore R_A = \dfrac{3M_0}{2l}$$

03 폭 $b = 60$mm, 길이 $L = 340$mm의 균일강도 외팔보의 자유단에 집중하중 $P = 3$kN이 작용한다. 허용 굽힘응력을 65MPa이라 하면 자유단에서 250mm 되는 지점의 두께 h는 약 몇 mm인가?(단, 보의 단면은 두께는 변하지만 일정한 폭 b를 갖는 직사각형이다.)

① 24　　　　② 34

③ 44　　　　④ 54

해설 ⊕

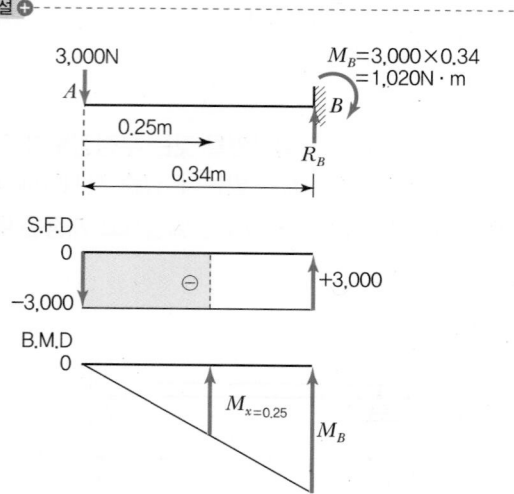

균일강도의 외팔보이므로 보의 전 길이 구간에서 $\sigma_b = c$로 일정하다.

$h = t$

$$\sigma_b = \dfrac{M_{x=0.25}}{Z} = \dfrac{M_{x=0.25}}{\dfrac{bh^2}{6}} = \dfrac{6 \times M_{x=0.25}}{bt^2}$$

$$t^2 = \dfrac{6 \times M_{x=0.25}}{b \cdot \sigma_b}$$

$$\therefore t = \sqrt{\dfrac{6 \times M_{x=0.25}}{b \cdot \sigma_b}} = \sqrt{\dfrac{6 \times 750}{0.06 \times 65 \times 10^6}}$$

$$= 0.03397\text{m} = 33.97\text{mm}$$

$M_{x=0.25}$는 0(자유단 A)부터 $x = 0.25$m까지의 S.F.D 면적과 같으므로

$M_{x=0.25} = 3,000 \times 0.25 = 750$N · m

또는 F.B.D

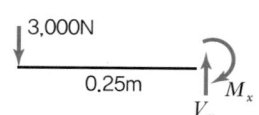

$\sum M_{x지점} = 0 : -3,000 \times 0.25 + M_x = 0$

$\therefore M_x = 750$N · m

04 평면 응력상태의 한 요소에 $\sigma_x = 100$MPa, $\sigma_y = -50$MPa, $\tau_{xy} = 0$을 받는 평판에서 평면 내에서 발생하는 최대 전단응력은 몇 MPa인가?

① 75　　　　② 50

③ 25　　　　④ 0

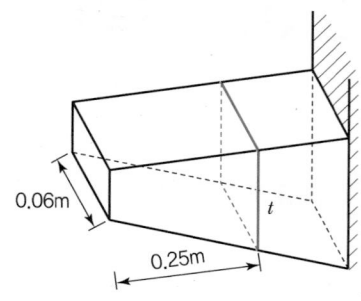

해설 ❶ -----

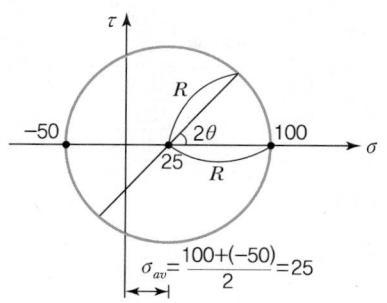

$\sigma_{av} = \dfrac{100+(-50)}{2} = 25$

모어의 응력원에서 $\tau_{max} = R = 100 - 25 = 75\text{MPa}$

05 그림과 같은 트러스가 점 B에서 그림과 같은 방향으로 5kN의 힘을 받을 때 트러스에 저장되는 탄성 에너지는 약 몇 kJ인가?(단, 트러스의 단면적은 1.2cm², 탄성계수는 10^6Pa이다.)

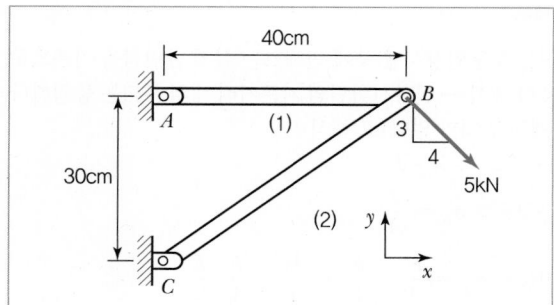

① 52.1 ② 106.7
③ 159.0 ④ 267.7

해설 ❶ -----

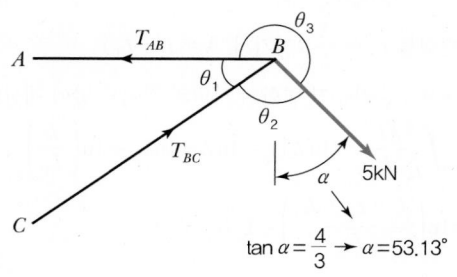

$\tan\alpha = \dfrac{4}{3} \to \alpha = 53.13°$

$\tan\alpha = \dfrac{4}{3} \to \alpha = 53.13°$

$\tan\theta_1 = \dfrac{30}{40} \to \theta_1 = \tan^{-1}\dfrac{30}{40} = 36.87°$

$\theta_2 = 90° + \alpha - \theta_1$에서 $\theta_2 = 106.26°$

$\therefore \theta_3 = 216.87°$

라미의 정리에 의해 $\dfrac{T_{AB}}{\sin\theta_2} = \dfrac{5\text{kN}}{\sin\theta_1} = \dfrac{T_{BC}}{\sin\theta_3}$에서

$T_{AB} = \dfrac{5}{\sin 36.87°} \times \sin 106.26° = 8\text{kN}$

$T_{BC} = \dfrac{5}{\sin 36.87°} \times \sin 216.87° = -5\text{kN}$

탄성에너지 $U = \dfrac{1}{2}P \cdot \lambda = \dfrac{P^2 \cdot l}{2AE}$ 에서 두 부재에 저장되므로

$U_{AB} + U_{BC} = \dfrac{T_{AB}^2 \cdot l_{AB}}{2AE} + \dfrac{T_{BC}^2 \cdot l_{BC}}{2AE}$

$= \dfrac{1}{2AE}\left(T_{AB}^2 \cdot l_{AB} + T_{BC}^2 \cdot l_{BC}\right)$

$= \dfrac{(8^2 \times 0.4 + (-5)^2 \times 0.5)}{2 \times 1.2 \times 10^{-4} \times 10^6 \times 10^{-3}}$

$= 158.75\text{kJ}$

06 그림과 같은 단면에서 대칭축 $n-n$에 대한 단면 2차 모멘트는 약 몇 cm⁴인가?

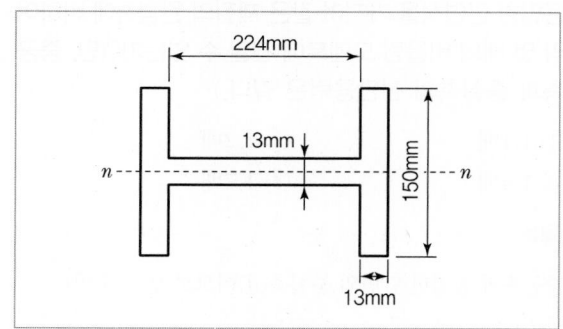

① 535 ② 635
③ 735 ④ 835

해설 ➕ ----------------------------------

주어진 $n-n$ 단면은 H빔의 도심축이므로 아래 A_1, A_2의 도심축과 동일하다.

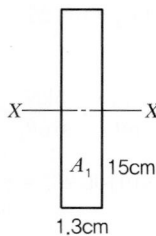

A_1의 단면 2차 모멘트

$$I_X = \frac{bh^3}{12} = \frac{1.3 \times 15^3}{12} = 365.625 \text{cm}^4$$

H빔 양쪽에 A_1이 2개이므로 $2I_X = 731.25 \text{cm}^4 \cdots ⓐ$

$$X - \underset{22.4\text{cm}}{\boxed{ A_2 }}^{1.3\text{cm}} - X$$

$$I_X = \frac{22.4 \times 1.3^3}{12} = 4.1 \text{cm}^4 \cdots ⓑ$$

∴ 도심축 $n-n$ 단면에 대한 단면 2차 모멘트는

$$ⓐ + ⓑ = 735.35 \text{cm}^4$$

07 바깥지름 50cm, 안지름 30cm의 속이 빈 축은 동일한 단면적을 가지며 같은 재질의 원형축에 비하여 약 몇 배의 비틀림 모멘트에 견딜 수 있는가?(단, 중공축과 중실축의 전단응력은 같다.)

① 1.1배   ② 1.2배

③ 1.4배   ④ 1.7배

해설 ➕ ----------------------------------

중공축과 동일한 단면의 중실축(d)이므로(면적 동일)

$$\frac{\pi}{4}\left(d_2{}^2 - d_1{}^2\right) = \frac{\pi}{4}d^2$$

$$\therefore d = \sqrt{d_2{}^2 - d_1{}^2} = \sqrt{50^2 - 30^2} = 40\text{cm}$$

$$T = \tau \cdot Z_p = \tau \cdot \frac{I_p}{e} \text{ 에서}$$

$$\frac{T_{중공축}}{T_{중실축}} = \frac{\tau \cdot \dfrac{I_{p중공}}{e_{중공}}}{\tau \cdot \dfrac{I_{p중실}}{e_{중실}}} = \frac{\dfrac{\frac{\pi}{32}\left(50^4 - 30^4\right)}{\frac{50}{2}}}{\dfrac{\frac{\pi \times 40^4}{32}}{\frac{40}{2}}} \quad (\because \tau \text{ 동일})$$

$$= 1.7$$

08 진변형률(ε_T)과 진응력(σ_T)을 공칭응력(σ_n)과 공칭변형률(ε_n)로 나타낼 때 옳은 것은?

① $\sigma_T = \ln(1 + \sigma_n)$, $\varepsilon_T = \ln(1 + \varepsilon_n)$

② $\sigma_T = \ln(1 + \sigma_n)$, $\varepsilon_T = \ln\left(\dfrac{\sigma_T}{\sigma_n}\right)$

③ $\sigma_T = \sigma_n(1 + \varepsilon_n)$, $\varepsilon_T = \ln(1 + \varepsilon_n)$

④ $\sigma_T = \ln(1 + \varepsilon_n)$, $\varepsilon_T = \varepsilon_n(1 + \sigma_n)$

해설 ➕ ----------------------------------

진응력은 인장시험 중에 변해가는 실제 단면적을 기준으로 응력 해석 → 인장시험편의 기준거리 내의 부피는 동일하다 (체적 변화가 없다)고 해석

→ $A_0 L_0 = A \cdot L$

공칭응력 $\sigma_n = \dfrac{F}{A_0}$

진응력 $\sigma_T = \dfrac{F}{A} = \dfrac{F}{A_0} \cdot \dfrac{A_0}{A} = \dfrac{F}{A_0}\dfrac{L}{L_0}$

$$= \sigma_n \cdot \frac{L}{L_0} = \sigma_n\left(\frac{L - L_0 + L_0}{L_0}\right)$$

$$\text{(여기서, } \varepsilon_n = \frac{\lambda}{L_0} = \frac{L - L_0}{L_0}\text{)}$$

$$= \sigma_n(\varepsilon_n + 1)$$

공칭변형률 $\varepsilon_n = \dfrac{\lambda}{l}$ (여기서, $\lambda = L - L_0$)

진변형률 : 순간순간 변화된 시편의 길이를 넣어 계산한다.

$$\varepsilon_T = \int_{L_0}^{L} \frac{dL}{L} = [\ln L]_{L_0}^{L} = \ln L - \ln L_0 = \ln\left(\frac{L}{L_0}\right)$$

$$= \ln\left(\frac{L - L_0 + L_0}{L_0}\right) = \ln(\varepsilon_n + 1)$$

24 밀폐계가 가역정압 변화를 할 때 계가 받은 열량은?

① 계의 엔탈피 변화량과 같다.

② 계의 내부에너지 변화량과 같다.

③ 계의 엔트로피 변화량과 같다.

④ 계가 주위에 대해 한 일과 같다.

해설 ⊕

$$\delta q = dh - v\,dp^{\,0} \quad (\because p = c)$$
$$_1q_2 = h_2 - h_1 = \Delta h$$

25 실린더에 밀폐된 8kg의 공기가 그림과 같이 $P_1 = 800\text{kPa}$, 체적 $V_1 = 0.27\text{m}^3$에서 $P_2 = 350\text{kPa}$, 체적 $V_2 = 0.80\text{m}^3$으로 직선 변화하였다. 이 과정에서 공기가 한 일은 약 몇 kJ인가?

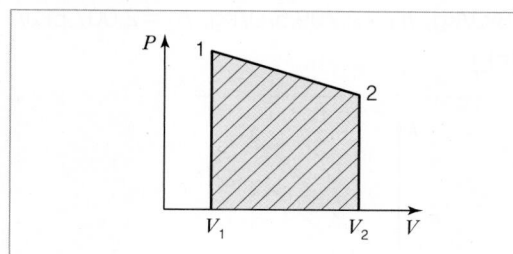

① 305

② 334

③ 362

④ 390

해설 ⊕

밀폐계의 일＝절대일

$$\delta W = P\,dV$$

$$_1W_2 = \int_1^2 P\,dV = 빗금 친 사다리꼴 면적(V축 투사면적)$$

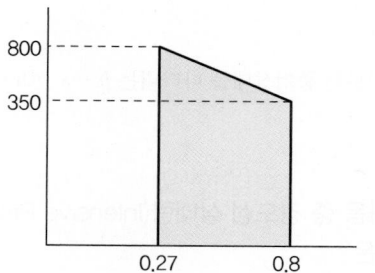

$$\frac{1}{2} \times (800 + 350)(0.8 - 0.27) = 304.75\text{kJ}$$

26 이상기체에 대한 다음 관계식 중 잘못된 것은? (단, C_v는 정적비열, C_p는 정압비열, u는 내부에너지, T는 온도, V는 부피, h는 엔탈피, R은 기체상수, k는 비열비이다.)

① $C_v = \left(\dfrac{\partial u}{\partial T}\right)_V$ ② $C_p = \left(\dfrac{\partial h}{\partial T}\right)_V$

③ $C_p - C_v = R$ ④ $C_p = \dfrac{kR}{k-1}$

해설 ⊕

$$C_p = \left(\frac{\partial h}{\partial T}\right)_p \quad (\because p = c일\ 때 \rightarrow 정압비열의\ 개념)$$

엔탈피가 이상기체처럼 온도만의 함수가 되면 $dh = C_p\,dT$ 가 된다.

27 터빈, 압축기, 노즐과 같은 정상 유동장치의 해석에 유용한 몰리에(Mollier) 선도를 옳게 설명한 것은?

① 가로축에 엔트로피, 세로축에 엔탈피를 나타내는 선도이다.

② 가로축에 엔탈피, 세로축에 온도를 나타내는 선도이다.

③ 가로축에 엔트로피, 세로축에 밀도를 나타내는 선도이다.

④ 가로축에 비체적, 세로축에 압력을 나타내는 선도이다.

몰리에 선도는 증기상태를 나타내는 $h-s$ 선도이다.

28 다음 중 강도성 상태량(Intensive Property)이 아닌 것은?

① 온도　　　　　② 압력
③ 체적　　　　　④ 밀도

반$\left(\dfrac{1}{2}\right)$으로 나누었을 때 값이 변하지 않으면 강도성 상태량이다. 체적은 반으로 줄어들므로 강도성 상태량이 아니다.

29 600kPa, 300K 상태의 이상기체 1kmol이 엔탈피가 등온과정을 거쳐 압력이 200kPa로 변했다. 이 과정 동안의 엔트로피 변화량은 약 몇 kJ/K인가?(단, 일반기체상수($\overline{R}$)는 8.31451kJ/(kmol · K)이다.)

① 0.782　　　　② 6.31
③ 9.13　　　　　④ 18.6

$$dS = \frac{\delta Q}{T} \ (\leftarrow \delta Q = dH^{\nearrow 0} - Vdp)$$

$$= -\frac{V}{T}dp \ (\leftarrow pV = n\overline{R}T)$$

$$= -n\overline{R}\frac{1}{p}dp$$

$$\therefore \ S_2 - S_1 = -n\overline{R}\int_1^2 \frac{1}{p}dp = -n\overline{R}\ln\frac{p_2}{p_1} = n\overline{R}\ln\frac{p_1}{p_2}$$

$$= 1\text{kmol} \times 8.31451\frac{\text{kJ}}{\text{kmol} \cdot \text{K}} \times \ln\left(\frac{600}{200}\right)$$

$$= 9.13\text{kJ/K}$$

30 공기 1kg이 압력 50kPa, 부피 3m³인 상태에서 압력 900kPa, 부피 0.5m³인 상태로 변화할 때 내부에너지가 160kJ 증가하였다. 이때 엔탈피는 약 몇 kJ이 증가하였는가?

① 30　　　　　　② 185
③ 235　　　　　④ 460

$$H = U + PV$$

$$H_2 - H_1 = U_2 - U_1 + P_2 V_2 - P_1 V_1$$

$$= 160 + (900 \times 0.5 - 50 \times 3)$$

$$= 460\text{kJ}$$

31 그림과 같은 Rankine 사이클로 작동하는 터빈에서 발생하는 일은 약 몇 kJ/kg인가?(단, h는 엔탈피, s는 엔트로피를 나타내며, $h_1 = 191.8$kJ/kg, $h_2 = 193.8$kJ/kg, $h_3 = 2,799.5$kJ/kg, $h_4 = 2,007.5$kJ/kg이다.)

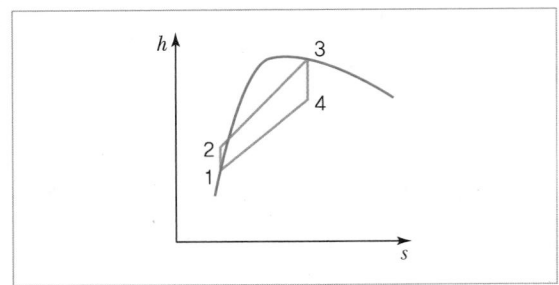

① 2.0kJ/kg　　　② 792.0kJ/kg
③ 2,605.7kJ/kg　④ 1,815.7kJ/kg

$h-s$ 선도에서 단열팽창$(3 \rightarrow 4)$ 과정이 터빈일이므로
$$w_T = h_3 - h_4 = 2,799.5 - 2,007.5 = 792\text{kJ/kg}$$

$$\therefore \eta = \frac{253,333.33}{32,000\frac{\mathrm{kJ}}{\mathrm{kg}} \times 34,000\frac{\mathrm{kg}}{\mathrm{h} \times \left(\frac{3,600\mathrm{s}}{1\mathrm{h}}\right)}}$$

$$= 0.8382 = 83.82\%$$

32 열역학 제2법칙에 관해서는 여러 가지 표현으로 나타낼 수 있는데, 다음 중 열역학 제2법칙과 관계되는 설명으로 볼 수 없는 것은?

① 열을 일로 변환하는 것은 불가능하다.
② 열효율이 100%인 열기관을 만들 수 없다.
③ 열은 저온 물체로부터 고온 물체로 자연적으로 전달되지 않는다.
④ 입력되는 일 없이 작동하는 냉동기를 만들 수 없다.

해설 ➕ -

열을 일로 변환하는 것은 가능하지만 전체 열을 모두 일로 바꿀 수는 없다.

33 시간당 380,000kg의 물을 공급하여 수증기를 생산하는 보일러가 있다. 이 보일러에 공급하는 물의 엔탈피는 830kJ/kg이고, 생산되는 수증기의 엔탈피는 3,230kJ/kg이라고 할 때, 발열량이 32,000kJ/kg인 석탄을 시간당 34,000kg씩 보일러에 공급한다면 이 보일러의 효율은 약 몇 %인가?

① 66.9%   ② 71.5%
③ 77.3%   ④ 83.8%

해설 ➕ -

$$\eta = \frac{\dot{Q}_B}{H_l\left(\frac{\mathrm{kJ}}{\mathrm{kg}}\right) \times f_b}$$

여기서, 보일러(정압가열)

$q_{c.v} + h_i = h_e + \cancelto{0}{w_{c.v}}$ (열교환기 일 못함)

$q_B = h_e - h_i > 0$

$\quad = 3,230 - 830 = 2,400\mathrm{kJ/kg}$

$\dot{Q}_B = \dot{m}\, q_B = 380,000\frac{\mathrm{kg}}{\mathrm{h} \times \left(\frac{3,600\mathrm{s}}{1\mathrm{h}}\right)} \times 2,400\frac{\mathrm{kJ}}{\mathrm{kg}}$

$\quad = 253,333.33\mathrm{kJ/s}$

34 그림과 같은 단열된 용기 안에 25℃의 물이 0.8m³ 들어 있다. 이 용기 안에 100℃, 50kg의 쇳덩어리를 넣은 후 열적 평형이 이루어졌을 때 최종 온도는 약 몇 ℃인가?(단, 물의 비열은 4.18kJ/(kg · K), 철의 비열은 0.45kJ/(kg · K)이다.)

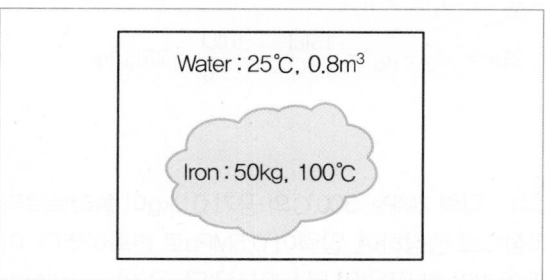

① 25.5   ② 27.4
③ 29.2   ④ 31.4

해설 ➕ -

$_1Q_2 = mC(T_2 - T_1)$, 열평형온도 : T_m

(−)쇠가 방출한 열량=(+)물이 흡수한 열량

$-m_i C_i (T_m - T_i) = m_w C_w (T_m - T_w)$

$m_i C_i (T_i - T_m) = m_w C_w (T_m - T_w)$

$\therefore T_m = \frac{m_i C_i T_i + m_w C_w T_w}{m_i C_i + m_w C_w}$

(여기서, 물의 질량 $m_w = \rho_w V_w$)

$\quad = \frac{m_i C_i T_i + \rho_w V_w C_w T_w}{m_i C_i + \rho_w V_w C_w}$

$\quad = \frac{50 \times 0.45 \times 100 + 1,000 \times 0.8 \times 4.18 \times 25}{50 \times 0.45 + 1,000 \times 0.8 \times 4.18}$

$\quad = 25.5℃$

정답 **32** ① **33** ④ **34** ①

35 어느 내연기관에서 피스톤의 흡기과정으로 실린더 속에 0.2kg의 기체가 들어 왔다. 이것을 압축할 때 15kJ의 일이 필요하였고, 10kJ의 열을 방출하였다고 한다면, 이 기체 1kg당 내부에너지의 증가량은?

① 10kJ/kg ② 25kJ/kg

③ 35kJ/kg ④ 50kJ/kg

해설 ⊕ -

$\delta q - \delta w = du$

여기서, 압축되므로 일 부호 $(-)$

열을 방출하므로 열 부호 $(-)$

$-_1 q_2 - (-)_1 w_2 = u_2 - u_1$

$\therefore \Delta u = _1 w_2 - _1 q_2 = \dfrac{15\text{kJ}}{0.2\text{kg}} - \dfrac{10\text{kJ}}{0.2\text{kg}} = 25\text{kJ/kg}$

36 압력 2MPa, 300℃의 공기 0.3kg이 폴리트로픽 과정으로 팽창하여, 압력이 0.5MPa로 변화하였다. 이때 공기가 한 일은 약 몇 kJ인가?(단, 공기는 기체상수가 0.287kJ/(kg·K)인 이상기체이고, 폴리트로픽 지수는 1.30이다.)

① 416 ② 157

③ 573 ④ 45

해설 ⊕ -

$\delta W = PdV \ (PV^n = C \rightarrow P = CV^{-n})$

$_1 W_2 = \displaystyle\int_1^2 CV^{-n} dV$

$\qquad = \dfrac{C}{-n+1} \left[V^{-n+1} \right]_1^2$

$\qquad = \dfrac{C}{-n+1} \left(V_2^{-n+1} - V_1^{-n+1} \right)$

$C = P_1 V_1^{\,n} = P_2 V_2^{\,n}$을 적용하면

$_1 W_2 = \dfrac{1}{n-1} \left(P_1 V_1 - P_2 V_2 \right)$

$\qquad = \dfrac{mR}{n-1} \left(T_1 - T_2 \right)$

$\qquad = \dfrac{mRT_1}{n-1} \left(1 - \dfrac{T_2}{T_1} \right)$

$\qquad = \dfrac{mRT_1}{n-1} \left(1 - \left(\dfrac{P_2}{P_1} \right)^{\frac{n-1}{n}} \right)$

$\qquad = \dfrac{0.3 \times 0.287 \times 573}{1.3 - 1} \times \left(1 - \left(\dfrac{0.5}{2} \right)^{\frac{1.3-1}{1.3}} \right)$

$\qquad = 45.02\text{kJ}$

37 이상적인 오토 사이클에서 열효율을 55%로 하려면 압축비를 약 얼마로 하면 되겠는가?(단, 기체의 비열비는 1.40이다.)

① 5.9 ② 6.8

③ 7.4 ④ 8.5

해설 ⊕ -

$\eta_0 = 1 - \left(\dfrac{1}{\varepsilon} \right)^{k-1}$

$0.55 = 1 - \left(\dfrac{1}{\varepsilon} \right)^{1.4-1}$

$\left(\dfrac{1}{\varepsilon} \right)^{0.4} = 1 - 0.55$

$\dfrac{1}{\varepsilon^{0.4}} = 0.45$

$\varepsilon^{0.4} = \dfrac{1}{0.45}$

$\therefore \varepsilon = \left(\dfrac{1}{0.45} \right)^{\frac{1}{0.4}} = 7.36$

38 이상기체 1kg이 초기에 압력 2kPa, 부피 0.1m³를 차지하고 있다. 가역등온과정에 따라 부피가 0.3m³로 변화했을 때 기체가 한 일은 약 몇 J인가?

① 9,540 ② 2,200

③ 954 ④ 220

정답 35 ② 36 ④ 37 ③ 38 ④

해설 ⊕

$T = C$이므로 $PV = C$

$\delta W = PdV \left(P = \dfrac{C}{V} \right)$

$_1W_2 = \displaystyle\int_1^2 \dfrac{C}{V}dV$

$\quad = C\ln\dfrac{V_2}{V_1} \ (C = P_1V_1 \text{ 적용})$

$\quad = P_1V_1\ln\dfrac{V_2}{V_1}$

$\quad = 2 \times 10^3 \times 0.1 \times \ln\left(\dfrac{0.3}{0.1}\right) = 219.72\text{J}$

39 다음 중 기체상수(Gas Constant, R[kJ/(kg · K)]) 값이 가장 큰 기체는?

① 산소(O_2)   ② 수소(H_2)

③ 일산화탄소(CO)   ④ 이산화탄소(CO_2)

해설 ⊕

기체상수 $R = \dfrac{\overline{R}(\text{일반기체상수})}{M(\text{분자량})}$

분자량이 가장 작은 수소(H_2)의 R 값이 가장 크다.

40 계의 엔트로피 변화에 대한 열역학적 관계식 중 옳은 것은?(단, T는 온도, S는 엔트로피, U는 내부에너지, V는 체적, P는 압력, H는 엔탈피를 나타낸다.)

① $TdS = dU - PdV$

② $TdS = dH - PdV$

③ $TdS = dU - VdP$

④ $TdS = dH - VdP$

해설 ⊕

$dS = \dfrac{\delta Q}{T}$

$\delta Q = dH - VdP$

3과목   기계유체역학

41 유속 3m/s로 흐르는 물속에 흐름방향의 직각으로 피토관을 세웠을 때, 유속에 의해 올라가는 수주의 높이는 약 몇 m인가?

① 0.46   ② 0.92

③ 4.6   ④ 9.2

해설 ⊕

$V = \sqrt{2g\Delta h}$ 에서

$\Delta h = \dfrac{V^2}{2g} = \dfrac{3^2}{2 \times 9.8} = 0.46\text{m}$

42 온도 27℃, 절대압력 380kPa인 기체가 6m/s로 지름 5cm인 매끈한 원관 속을 흐르고 있을 때 유동 상태는?(단, 기체상수는 187.8N · m/(kg · K), 점성계수는 1.77×10^{-5}kg/(m · s), 상 · 하 임계 레이놀즈수는 각각 4,000, 2,100이라 한다.)

① 층류영역   ② 천이영역

③ 난류영역   ④ 퍼텐셜영역

해설 ⊕

$Re = \dfrac{\rho \cdot V \cdot d}{\mu}$

$pv = RT \rightarrow \dfrac{p}{\rho} = RT \ \therefore \ \rho = \dfrac{p}{RT}$

$Re = \dfrac{p \cdot V \cdot d}{\mu RT} = \dfrac{380 \times 10^3 \times 6 \times 0.05}{1.77 \times 10^{-5} \times 187.8 \times (27 + 273)}$

$\qquad = 11,4318.0 > 4,000$

$\therefore$ 난류흐름

---

43 일정 간격의 두 평판 사이에 흐르는 완전 발달된 비압축성 정상유동에서 x는 유동방향, y는 평판 중심을 0으로 하여 x방향에 직교하는 방향의 좌표를 나타낼 때 압력강하와 마찰손실의 관계로 옳은 것은?(단, P는 압력, τ는 전단응력, μ는 점성계수(상수)이다.)

① $\dfrac{dP}{dy} = \mu \dfrac{d\tau}{dx}$ ② $\dfrac{dP}{dy} = \dfrac{d\tau}{dx}$

③ $\dfrac{dP}{dx} = \dfrac{d\tau}{dy}$ ④ $\dfrac{dP}{dx} = \dfrac{1}{\mu}\dfrac{d\tau}{dy}$

해설 ➕

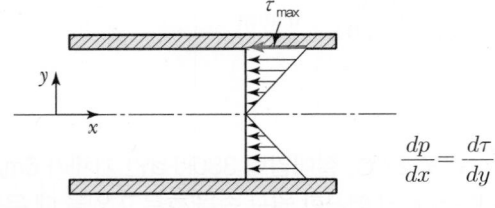

$$\frac{dp}{dx} = \frac{d\tau}{dy}$$

x의 유동방향으로 많이 흘러갈수록 압력강하량이 커지며, 중심에서 평판으로 갈수록 점성에 의한 전단응력이 커진다.

44 2m×2m×2m의 정육면체로 된 탱크 안에 비중이 0.8인 기름이 가득 차 있고, 위 뚜껑이 없을 때 탱크의 한 옆면에 작용하는 전체 압력에 의한 힘은 약 몇 kN인가?

① 7.6   ② 15.7

③ 31.4   ④ 62.8

해설 ➕

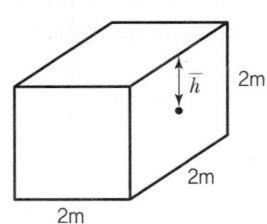

전압력 $F = \gamma \overline{h} \cdot A$ (여기서, $\overline{h} = 1\text{m}$)

$= S \cdot \gamma_w \cdot \overline{h} \cdot A$
$= 0.8 \times 9,800 \times 1 \times 2 \times 2$
$= 31,360\text{N} = 31.36\text{kN}$

45 그림과 같은 원형관에 비압축성 유체가 흐를 때 A단면의 평균속도가 V_1일 때 B단면에서의 평균속도 V는?

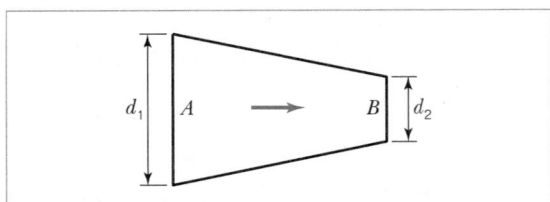

① $V = \left(\dfrac{d_1}{d_2}\right)^2 V_1$ ② $V = \dfrac{d_1}{d_2} V_1$

③ $V = \left(\dfrac{d_2}{d_1}\right)^2 V_1$ ④ $V = \dfrac{d_2}{d_1} V_1$

해설 ➕

비압축성 유체의 연속방정식 $Q = A_1 V_1 = A_2 V_2$에서

$$V_2 = \frac{A_1}{A_2} V_1 = \frac{\frac{\pi}{4} d_1^2}{\frac{\pi}{4} d_2^2} V_1 = \left(\frac{d_1}{d_2}\right)^2 V_1$$

정답   **43** ③   **44** ③   **45** ①

46 그림과 같이 유속 10m/s인 물 분류에 대하여 평판을 3m/s의 속도로 접근하기 위하여 필요한 힘은 약 몇 N인가?(단, 분류의 단면적은 0.01m²이다.)

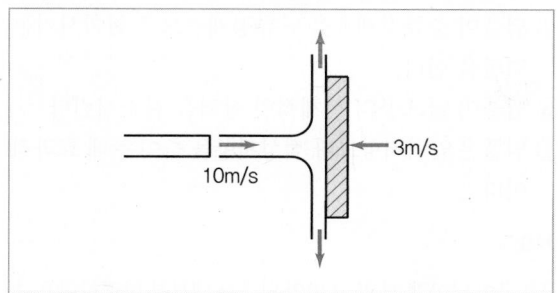

① 130
② 490
③ 1,350
④ 1,690

해설 ⊕ -

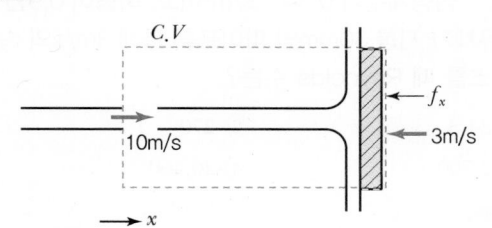

검사면에 작용하는 힘들의 합은 검사체적 안의 운동량($\dot{m}V$) 변화량과 같다.

$$-f_x = \rho Q(V_{2x} - V_{1x})$$

여기서, $V_{2x} = 0$

$$V_{1x} = (V_1 - (-3))\,\text{m/s}(\text{평판이 움직이는 방향}(-))$$

Q = 실제 평판에 부딪히는 유량

$$= AV_{1x} = A(V_1 + 3)$$

$$-f_x = \rho Q(0 - (V_1 + 3))$$

$$\therefore f_x = \rho Q(V_1 + 3)$$

$$= \rho A(V_1 + 3)^2$$

$$= 1,000 \times 0.01 \times (10 + 3)^2$$

$$= 1,690\text{N}$$

47 정상, 2차원, 비압축성 유동장의 속도성분이 아래와 같이 주어질 때 가장 간단한 유동함수(ψ)의 형태는?(단, u는 x방향, v는 y방향의 속도성분이다.)

$$u = 2y,\ v = 4x$$

① $\psi = -2x^2 + y^2$
② $\psi = -x^2 + y^2$
③ $\psi = -x^2 + 2y^2$
④ $\psi = -4x^2 + 4y^2$

해설 ⊕ -

유동함수 ψ에서 $u = \dfrac{\partial \psi}{\partial y}$, $v = -\dfrac{\partial \psi}{\partial x}$ 이므로

① $u = \dfrac{\partial \psi}{\partial y} = \dfrac{\partial(-2x^2 + y^2)}{\partial y} = 2y$

$v = -\dfrac{\partial \psi}{\partial x} = -\dfrac{\partial(-2x^2 + y^2)}{\partial x} = 4x$

참고로

② $u = \dfrac{\partial \psi}{\partial y} = \dfrac{\partial(-x^2 + y^2)}{\partial y} = 2y$

$v = -\dfrac{\partial \psi}{\partial x} = -\dfrac{\partial(-x^2 + y^2)}{\partial x} = 2x$

48 중력은 무시할 수 있으나 관성력과 점성력 및 표면장력이 중요한 역할을 하는 미세구조물 중 마이크로 채널 내부의 유동을 해석하는 데 중요한 역할을 하는 무차원수만으로 짝지어진 것은?

① Reynolds 수, Froude 수
② Reynolds 수, Mach 수
③ Reynolds 수, Weber 수
④ Reynolds 수, Cauchy 수

해설 ⊕ -

레이놀즈수 $Re = \dfrac{\rho \cdot Vd}{\mu}$ → 관성력 → 점성력

표면장력이 중요한 무차원수는 웨버 수

$$We = \dfrac{\rho V^2 \cdot L}{\sigma}$$ → 관성력 → 표면장력

49 다음과 같은 베르누이 방정식을 적용하기 위해 필요한 가정과 관계가 먼 것은?(단, 식에서 P는 압력, ρ는 밀도, V는 유속, γ는 비중량, Z는 유체의 높이를 나타낸다.)

$$P_1 + \frac{1}{2}\rho V_1^2 + \gamma Z_1 = P_2 + \frac{1}{2}\rho V_2^2 + \gamma Z_2$$

① 정상 유동   ② 압축성 유체

③ 비점성 유체   ④ 동일한 유선

해설 ⊕

주어진 식의 양변을 γ로 나누면

$\dfrac{p_1}{\gamma} + \dfrac{V_1^2}{2g} + z_1 = \dfrac{p_2}{\gamma} + \dfrac{V_2^2}{2g} + z_2$ 이므로

비압축성, 비점성, 정상유동의 베르누이 방정식
오일러 운동방정식 → 적분식
(유선상의 유체 입자에 $F = ma$를 적용한 오일러 운동방정식)

50 물을 사용하는 원심 펌프의 설계점에서의 전양정이 30m이고 유량은 1.2m³/min이다. 이 펌프를 설계점에서 운전할 때 필요한 축동력이 7.35kW라면 이 펌프의 효율은 약 얼마인가?

① 75%   ② 80%

③ 85%   ④ 90%

해설 ⊕

$H_{th} = \gamma HQ$

$Q = 1.2 \dfrac{\mathrm{m}^3}{\min} \times \dfrac{1\min}{60\mathrm{s}} = 0.02\mathrm{m}^3/\mathrm{s}$

$\therefore H_{th} = 9,800 \times 30 \times 0.02 = 5,880\mathrm{W} = 5.88\mathrm{kW}$

$\eta_p = \dfrac{\text{이론동력}}{\text{축동력(운전동력, 실제동력)}}$

$\quad = \dfrac{H_{th}}{H_s} = \dfrac{5.88}{7.35} = 0.8 = 80\%$

51 골프공 표면의 딤플(Dimple, 표면 굴곡)이 항력에 미치는 영향에 대한 설명으로 잘못된 것은?

① 딤플은 경계층의 박리를 지연시킨다.

② 딤플이 층류경계층을 난류경계층으로 천이시키는 역할을 한다.

③ 딤플이 골프공의 전체적인 항력을 감소시킨다.

④ 딤플은 압력저항보다 점성저항을 줄이는 데 효과적이다.

해설 ⊕

골프공이 날아갈 때 공 표면의 딤플은 대부분 압력항력을 줄여 골프공이 더 멀리 날아갈 수 있게 해준다.

52 점성계수가 0.3N · s/m²이고, 비중이 0.9인 뉴턴유체가 지름 30mm인 파이프를 통해 3m/s의 속도로 흐를 때 Reynolds 수는?

① 24.3   ② 270

③ 2,700   ④ 26,460

해설 ⊕

$Re = \dfrac{\rho \cdot Vd}{\mu}$

$\quad = \dfrac{S \cdot \rho_w \cdot V \cdot d}{\mu}$

$\quad = \dfrac{0.9 \times 1,000 \times 3 \times 0.03}{0.3} = 270$

53 비중 0.85인 기름의 자유표면으로부터 10m 아래에서의 계기압력은 약 몇 kPa인가?

① 83   ② 830

③ 98   ④ 980

해설 ⊕

$P = \gamma \cdot h = S \cdot \gamma_w \cdot h$

$\quad = 0.85 \times 9,800 \times 10$

$\quad = 83,300\mathrm{Pa} = 83.3\mathrm{kPa}$

정답   49 ②   50 ②   51 ④   52 ②   53 ①

54 2차원 유동장이 $\vec{V}(x,y) = cx\vec{i} - cy\vec{j}$로 주어질 때, 가속도장 $\vec{a}(x,y)$는 어떻게 표시되는가?(단, 유동장에서 c는 상수를 나타낸다.)

① $\vec{a}(x, y) = cx^2\vec{i} - cy^2\vec{j}$
② $\vec{a}(x, y) = cx^2\vec{i} + cy^2\vec{j}$
③ $\vec{a}(x, y) = c^2x\vec{i} - c^2y\vec{j}$
④ $\vec{a}(x, y) = c^2x\vec{i} + c^2y\vec{j}$

해설 ⊕ ----------

가속도 $\vec{a} = \dfrac{D\vec{V}}{Dt} = u \cdot \dfrac{\partial \vec{V}}{\partial x} + v \cdot \dfrac{\partial \vec{V}}{\partial y}$

$\qquad\quad = cx \cdot c + (-cy)(-c)$

$\qquad\quad = c^2 \cdot x + c^2 y$

$\therefore \vec{a}(x, y) = c^2 x\vec{i} + c^2 y\vec{j}$

55 물(비중량 9,800N/m³) 위를 3m/s의 속도로 항진하는 길이 2m인 모형선에 작용하는 조파저항이 54N이다. 길이 50m인 실선을 이것과 상사한 조파상태인 해상에서 항진시킬 때 조파저항은 약 얼마인가? (단, 해수의 비중량은 10,075N/m³이다.)

① 43kN
② 433kN
③ 87kN
④ 867kN

해설 ⊕ ----------

조파저항은 수면의 표면파로 중력에 의해 발생한다.
ⅰ) 모형과 실형의 프루드수가 같아야 한다.(레이놀즈수도 같아야 한다.)

$\left. \dfrac{V}{\sqrt{Lg}} \right|_m = \left. \dfrac{V}{\sqrt{Lg}} \right|_p$

$\dfrac{V_m}{\sqrt{L_m}} = \dfrac{V_p}{\sqrt{L_p}} \ (\because g_m = g_p)$

$\therefore V_p = \sqrt{\dfrac{L_p}{L_m}} \times V_m = \sqrt{\dfrac{50}{2}} \times 3 = 15\text{m/s}$

ⅱ) 모형과 실형의 항력계수가 같아야 한다.

항력 $D = C_D \cdot \dfrac{\rho A V^2}{2}$ 에서

$C_D = \dfrac{2D}{\rho V^2 \cdot A}$ (← $A = L^2$ 적용, 상수 제거)

$\left. \dfrac{D}{\rho V^2 \cdot L^2} \right|_m = \left. \dfrac{D}{\rho V^2 L^2} \right|_p$

$\therefore D_p = \dfrac{\rho_p \times V_p^2 \times L_p^2}{\rho_m \times V_m^2 \times L_m^2} \times D_m$

$\qquad = \dfrac{1,028 \times 15^2 \times 50^2}{1,000 \times 3^2 \times 2^2} \times 54$

$\qquad = 867,375\text{N} = 867.38\text{kN}$

56 동점성계수가 10cm²/s이고 비중이 1.2인 유체의 점성계수는 몇 Pa · s인가?

① 0.12
② 0.24
③ 1.2
④ 2.4

해설 ⊕ ----------

동점성계수 $\nu = 10\dfrac{\text{cm}^2}{\text{s}} \times \left(\dfrac{1\text{m}}{100\text{cm}}\right)^2 = 10^{-3}\text{m}^2/\text{s}$

$\nu = \dfrac{\mu}{\rho} \rightarrow \mu = \rho \cdot \nu = S \cdot \rho_w \cdot \nu$

$\qquad = 1.2 \times 1,000\dfrac{\text{kg}}{\text{m}^3} \times 10^{-3}\text{m}^2/\text{s}$

$\qquad = 1.2\text{kg/m} \cdot \text{s}$

$\qquad = 1.2\dfrac{\text{kg}}{\text{m} \cdot \text{s}} \times \dfrac{1\text{N} \cdot \text{s}^2}{\text{kg} \cdot \text{m}}$

$\qquad = 1.2\dfrac{\text{N} \cdot \text{s}}{\text{m}^2} = 1.2\text{Pa} \cdot \text{s}$

57 어떤 액체의 밀도는 890kg/m³, 체적탄성계수는 2,200MPa이다. 이 액체 속에서 전파되는 소리의 속도는 약 몇 m/s인가?

① 1,572
② 1,483
③ 981
④ 345

해설 ➕

음속 $C = \sqrt{\dfrac{K}{\rho}} = \sqrt{\dfrac{2,200 \times 10^6}{890}} = 1,572.23\,\text{m/s}$

58 펌프로 물을 양수할 때 흡입 측에서의 압력이 진공 압력계로 75mmHg(부압)이다. 이 압력은 절대압력으로 약 몇 kPa인가?(단, 수은의 비중은 13.6이고, 대기압은 760mmHg이다.)

① 91.3　　　　　② 10.4
③ 84.5　　　　　④ 23.6

해설 ➕

절대압＝국소대기압－진공압

$\qquad = 국소대기압\left(1 - \dfrac{진공압}{국소대기압}\right)$

$P_{abs} = 760\left(1 - \dfrac{75}{760}\right)$

$\qquad = 685\,\text{mmHg} \times \dfrac{1.01325\text{bar}}{760\,\text{mmHg}} \times \dfrac{10^5\text{Pa}}{1\text{bar}}$

$\qquad = 91,325\text{Pa} = 91.33\text{kPa}$

59 평판 위를 어떤 유체가 층류로 흐를 때, 선단으로부터 10cm 지점에서 경계층두께가 1mm일 때, 20cm 지점에서의 경계층두께는 얼마인가?

① 1mm　　　　　② $\sqrt{2}$ mm
③ $\sqrt{3}$ mm　　　　④ 2mm

해설 ➕

$\dfrac{\delta}{x} = \dfrac{5.48}{\sqrt{Re_x}}$

경계층 두께 $\delta = \dfrac{5.48}{\sqrt{Re_x}} \cdot x$

$\qquad = \dfrac{5.48}{\sqrt{\dfrac{\rho \cdot Vx}{\mu}}} x = \dfrac{5.48}{\sqrt{\dfrac{\rho \cdot V}{\mu}}} x^{\frac{1}{2}}$

δ는 $x^{\frac{1}{2}}$에 비례하므로 $\sqrt{10} : 1 = \sqrt{20} : \delta$
$\therefore\ \delta = \sqrt{2}$ mm

60 원관에서 난류로 흐르는 어떤 유체의 속도가 2배로 변하였을 때, 마찰계수가 변경 전 마찰계수의 $\dfrac{1}{\sqrt{2}}$로 줄었다. 이때 압력손실은 몇 배로 변하는가?

① $\sqrt{2}$ 배　　　② $2\sqrt{2}$ 배
③ 2배　　　　　④ 4배

해설 ➕

달시 – 비스바하 방정식에서 손실수두 $h_l = f \cdot \dfrac{L}{d} \cdot \dfrac{V^2}{2g}$

처음 압력손실 $\Delta P_1 = \gamma \cdot h_l = \gamma \cdot f \cdot \dfrac{L}{d} \cdot \dfrac{V^2}{2g}$

변화 후 압력손실 $\Delta P_2 = \gamma \cdot \dfrac{f}{\sqrt{2}} \cdot \dfrac{L}{d} \cdot \dfrac{(2V)^2}{2g}$

$\qquad = \dfrac{4}{\sqrt{2}} \gamma \cdot f \cdot \dfrac{L}{d} \cdot \dfrac{V^2}{2g}$

$\qquad = 2^{\frac{3}{2}} \Delta P_1 = 2\sqrt{2}\,\Delta P_1$

4과목 **유체기계 및 유압기기**

61 유체기계의 일종인 공기기계에 관한 설명으로 옳지 않은 것은?

① 기체의 단위체적당 중량이 물의 약 1/830(20℃ 기준)로서 작은 편이다.
② 기체는 압축성이므로 압축, 팽창을 할 때 거의 온도 변화가 발생하지 않는다.
③ 각 유로나 관로에서의 유속은 물인 경우보다 수배 이상으로 높일 수 있다.

④ 공기기계의 일종인 압축기는 보통 압력 상승이 1kgf/cm² 이상인 것을 말한다.

해설 ⊕ ----------

기체는 압축되면 온도가 상승하고 팽창하면 온도가 내려간다. 압력상승이 0.1kgf/cm² 미만인 것을 팬(fan), 0.1~1kgf/cm² 미만범위의 것을 송풍기, 1kgf/cm² 이상을 압축기로 분류한다.

62 다음 중 프로펠러 수차에 관한 설명으로 옳지 않은 것은?

① 일반적으로 3~90m의 저낙차로서 유량이 큰 곳에 사용한다.
② 반동 수차에 속하며, 물이 미치는 형식은 축류 형식에 속한다.
③ 회전차의 형식에서 고정익의 형태를 가지면 카플란 수차, 가동익의 형태를 가지면 지라르 수차라고 한다.
④ 프로펠러 수차의 형식은 축류 펌프와 같고, 다만 에너지의 주고 받는 방향이 반대일 뿐이다.

해설 ⊕ ----------

회전차의 형식에서 고정익의 형태를 가지면 프로펠러 수차이고 가동익 형태는 카플란수차이다.

63 토크 컨버터의 주요 구성요소들을 나타낸 것은?

① 구동기어, 종동기어, 버킷
② 피스톤, 실린더, 체크밸브
③ 밸런스디스크, 베어링, 프로펠러
④ 펌프회전차, 터빈회전차, 안내깃(스테이터)

해설 ⊕ ----------

토크컨버터는 펌프회전차(임펠러 : Impeller), 터빈회전차(러너 : Runner), 안내깃(스테이터 : Stator)이 있다.

64 진공펌프는 기체를 대기압 이하의 저압에서 대기압까지 압축하는 압축기의 일종이다. 다음 중 일반 압축기와 다른 점을 설명한 것으로 옳지 않은 것은?

① 흡입압력을 진공으로 함에 따라 압력비는 상당히 커지므로 격간용적, 기체누설을 가급적 줄여야 한다.
② 진공화에 따라서 외부의 액체, 증기, 기체를 빨아들이기 쉬워서 진공도를 저하시킬 수 있으므로 이에 주의를 요한다.
③ 기체의 밀도가 낮으므로 실린더 체적은 축동력에 비해 크다.
④ 송출압력과 흡입압력의 차이가 작으므로 기체의 유로 저항이 커져도 손실동력이 비교적 적게 발생한다.

해설 ⊕ ----------

송출압력과 흡입압력의 차이가 작으므로 기체의 유로저항이 작아야 손실동력이 적다.

65 다음 각 수차들에 관한 설명 중 옳지 않은 것은?

① 펠턴 수차는 비속도가 가장 높은 형식의 수차이다.
② 프란시스 수차는 반동형 수차에 속한다.
③ 프로펠러 수차는 저낙차 대유량인 곳에 주로 사용된다.
④ 카플란 수차는 축류 수차에 해당한다.

해설 ⊕ ----------

펠톤수차의 비속도 n_S는 20정도로 가장 낮으며, 프란시스수차의 n_S는 100정도이다.

66 다음 중 일반적으로 유체기계에 속하지 않는 것은?

① 유압 기계   ② 공기 기계
③ 공작 기계   ④ 유체 전송 장치

정답   62 ③   63 ④   64 ④   65 ①   66 ③

해설 ⊕ -

유압기계, 공기기계, 유체전송(수송)장치는 유체기계에 속한다. 공작기계는 주로 주조, 단조 등으로 만든 기계부품을 가공하는 기계를 말한다.

67 공동현상(Cavitation)이 발생했을 때 일어나는 현상이 아닌 것은?

① 압력의 급변화로 소음과 진동이 발생한다.
② 펌프 흡입관의 손실수두나 부차적 손실이 큰 경우 공동현상이 발생되기 쉽다.
③ 양정, 효율 및 축동력이 동시에 급격히 상승한다.
④ 깃의 벽면에 부식(Pitting)이 일어나 사고로 이어질 수 있다.

해설 ⊕ -

공동현상이 일어나면 양정, 효율 및 축동력이 동시에 급격히 떨어진다.

68 다음 왕복펌프의 효율에 관한 설명 중 옳지 않은 것은?

① 피스톤 1회 왕복중의 실제 흡입량 V와 행정체적 V_0의 비를 체적효율(η_v)이라고 하며, $\eta_v = \dfrac{V}{V_0}$ 로 나타낸다.

② 피스톤이 유체에 주는 도시동력 L과 펌프의 축동력 L_1과의 비를 기계효율(η_m)이라고 하며, $\eta_m = \dfrac{L_1}{L}$ 로 나타낸다.

③ 펌프에 의하여 최종적으로 얻어지는 압력증가량 p와 흡입 행정 중에 피스톤 작동면에 작용하는 평균 유효압력 p_m의 비를 수력효율(η_h)이라고 하며,

$\eta_h = \dfrac{p}{p_m}$ 으로 나타낸다.

④ 펌프의 전효율 η는 체적효율, 기계효율, 수력효율의 전체 곱으로 나타낸다.

해설 ⊕ -

기계효율(η_m) : 펌프에 공급되는 축동력에 대한 펌프동력의 비

$$\eta_m = \frac{p_m Q_{th}}{L_s}$$

• p_m : 평균유효압력으로서 배수 및 흡입행정 중에 피스톤의 작동면에 작용하는 평균압력
• $p_m Q_{th}$: 펌프가 수행하는 동력 (펌프동력 : 평균유효압력으로 이론양수량(Q_{th})을 송수)
• L_s : 축동력

69 수차에 직결되는 교류 발전기에 대해서 주파수를 f(Hz), 발전기의 극수를 p라고 할 때 회전수 n(rpm)을 구하는 식은?

① $n = 60\dfrac{p}{f}$ ② $n = 60\dfrac{f}{p}$

③ $n = 120\dfrac{p}{f}$ ④ $n = 120\dfrac{f}{p}$

해설 ⊕ -

교류발전기에서는 극수가 p이고 N과 S극 2개로 되어있고 n rpm 일 때 주파수 $2f = np$(Hz), 60Hz를 고려하면 $60 \times 2f = np$(Hz) 이므로

$$\therefore n = 120\frac{f}{p}$$

70 양정 20m, 송출량 0.3m³/min, 효율 70%인 물펌프의 축동력은 약 얼마인가?

① 1.4kW ② 4.2kW
③ 1.4MW ④ 4.2MW

$$수동력\ L = \frac{\gamma H Q}{1,000} = \frac{9,800 \times 20 \times \dfrac{0.3}{60}}{1,000} = 0.98kW$$

$$\eta = \frac{수동력(L)}{축동력(L_s)}\ 이므로$$

$$\therefore 축동력\ L_s = \frac{L}{\eta} = \frac{0.98}{0.7} = 1.4kW$$

71 저압력을 어떤 정해진 높은 출력으로 증폭하는 회로의 명칭은?

① 부스터 회로   ② 플립플롭 회로

③ 온오프제어 회로   ④ 레지스터 회로

유압 부스터
저압대용량의 동력을 고압소용량의 동력으로 전환시키는 유압기기

72 점성계수(Coefficient Of Viscosity)는 기름의 중요 성질이다. 점도가 너무 낮을 경우 유압기기에 나타나는 현상은?

① 유동저항이 지나치게 커진다.

② 마찰에 의한 동력손실이 증대된다.

③ 각 부품 사이에서 누출 손실이 커진다.

④ 밸브나 파이프를 통과할 때 압력손실이 커진다.

점도가 너무 낮을 경우 유압기기에 나타나는 현상
• 실(seal) 효과 감소(작동유 누설)
• 펌프 효율 저하에 따른 온도 상승(누설에 따른 원인)
• 마찰부분의 마모 증대(부품 간의 유막형성의 저하에 따른 원인)
• 정밀한 조절과 제어 곤란

73 베인 펌프의 일반적인 구성 요소가 아닌 것은?

① 캠링   ② 베인

③ 로터   ④ 모터

베인 펌프 내부구조

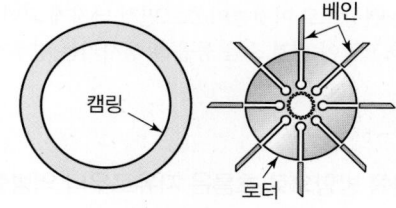

74 지름이 2cm인 관 속을 흐르는 물의 속도가 1m/s이면 유량은 약 몇 cm³/s인가?

① 3.14   ② 31.4

③ 314   ④ 3,140

$$Q = AV = \frac{2^2 \times \pi}{4} \times 100 ≒ 314\,cm^3/sec$$

75 감압 밸브, 체크 밸브, 릴리프 밸브 등에서 밸브 시트를 두드려 비교적 높은 음을 내는 일종의 자려진동 현상은?

① 유격 현상   ② 채터링 현상

③ 폐입 현상   ④ 캐비테이션 현상

① 유격 현상 : 방향전환 밸브 등의 조작으로 순간적으로 막히게 되면 압력상승이 급격하게 발생하여 작동유의 운동 에너지가 압력에너지로 변환되기 때문에 발생하는 현상

② 채터링 현상 : 밸브시트를 두들겨서 비교적 높은 음을 발생시키는 일종의 자려진동 현상

③ 폐입 현상 : 기어펌프에서 한 쌍의 기어가 맞물려 회전할 때 이가 물리기 시작하여 끝날 때까지 둘러싸인 공간이 흡입구와 토출구에 통하지 않아 폐입된 유체의 압력이 밀폐 용적의 변화에 의하여 압축과 팽창이 반복되는 현상

④ 캐비테이션 현상 : 유동하고 있는 액체의 압력이 국부적으로 저하되어, 포화증기압 또는 공기분리압에 도달하여 증기를 발생시키거나 용해 공기 등이 분리되어 기포를 일으키는 현상으로 이것들이 흐르면서 터지게 되면 국부적으로 초고압이 생겨 소음 등을 발생시키는 경우가 많다.

76 한쪽 방향으로 흐름은 자유로우나 역방향의 흐름을 허용하지 않는 밸브는?

① 체크 밸브　　　　② 셔틀 밸브
③ 스로틀 밸브　　　④ 릴리프 밸브

해설 ➕
① 체크 밸브 : 한 방향의 유동을 허용하나 역방향의 유동은 완전히 막는 역할을 하는 밸브이다.
② 셔틀 밸브 : 고압 측과 자동적으로 접속되고, 동시에 저압 측 포트를 막아 항상 고압 측의 작동유만 통과시키는 전환 밸브이다.
③ 스로틀 밸브 : 교축(졸임) 작용에 의하여 유량을 규제하는 밸브로, 보통 압력 보상이 없는 것을 말한다.
④ 릴리프 밸브 : 과도한 압력으로부터 시스템을 보호하는 안전밸브이다.

77 유압 파워유닛의 펌프에서 이상 소음 발생의 원인이 아닌 것은?

① 흡입관의 막힘
② 유압유에 공기 혼입
③ 스트레이너가 너무 큼
④ 펌프의 회전이 너무 빠름

해설 ➕
펌프의 소음발생 원인

• 공동현상
• 흡입관로 도중의 공기흡입
• 폐입현상
• 기어의 정도 불량
• 토출압력의 맥동
• 오일의 점도가 높은 경우
• 오일필터 및 스트레이너가 막혀 있을 때
• 펌프의 부품 결함 또는 조립 불량

78 다음 중 유량제어밸브에 의한 속도제어회로를 나타낸 것이 아닌 것은?

① 미터인 회로　　　　② 블리드오프 회로
③ 미터아웃 회로　　　④ 카운터 회로

해설 ➕
실린더에 공급되는 유량을 조절하여 실린더의 속도를 제어하는 회로
• 미터인 방식 : 실린더의 입구 쪽 관로에서 유량조절밸브를 연결하여 작동속도를 조절하는 방식
• 미터아웃 방식 : 실린더의 출구 쪽 관로에서 유량조절밸브를 연결하여 작동속도를 조절하는 방식
• 블리드오프 방식 : 실린더로 흐르는 유량의 일부를 탱크로 분기함으로써 작동 속도를 조절하는 방식

79 유공압 실린더의 미끄러짐 면의 운동이 간헐적으로 되는 현상은?

① 모노 피딩(Mono – Feeding)
② 스틱 슬립(Stick – Slip)
③ 컷 인 다운(Cut In – Down)
④ 듀얼 액팅(Dual Acting)

해설 ➕
스틱 슬립(Stick – Slip)
이송 시 정지(Stick) – 미끄럼(Slip) – 정지(Stick) – 미끄럼(Slip)이 반복적으로 발생하는 것으로 기계가 덜덜 거리며 움직이는 현상

정답　　76 ①　77 ③　78 ④　79 ②

80 유체를 에너지원 등으로 사용하기 위하여 가압 상태로 저장하는 용기는?

① 디퓨저 　　　　　② 액추에이터
③ 스로틀 　　　　　④ 어큐뮬레이터

해설 ✚

축압기(Accumulator)
고압의 유압유를 저장하는 용기로 필요에 따라 유압 시스템에 유압유를 공급하거나, 회로 내의 밸브를 갑자기 폐쇄할 때 발생되는 서지압력을 방지할 목적으로 사용

5과목　건설기계일반 및 플랜트배관

81 타이어식과 비교한 무한궤도식 불도저의 특징으로 틀린 것은?

① 접지압이 작다.
② 견인력이 강하다.
③ 기동성이 빠르다.
④ 습지, 사지에서 작업이 용이하다.

해설 ✚

주행장치에 의한 분류

무한 궤도식	타이어식
• 속도는 느리나 견인력이 크다.	• 이동이 빠르 기동력이 우수하다.
• 습지대, 활지대, 사지에서 작업이 가능하다.	• 아스팔트나 콘크리트 도로를 통과할 수 있다.
• 수중 작업시 완전 방수 장치가 되면 약 1.78m의 수중 통과가 가능하다.	• 속도는 빠르나 견인력이 작다.
• 수중 작업시 상부 롤러까지 작업이 가능하다.	• 습지, 활지, 사지 등에서의 작업이 곤란하다.
• 이동성이 느리다.	• 수중작업이 불가능하다.
• 아스팔트나 콘크리트 도로를 통과할 수 없다.	

82 버킷 용량은 1.34m³, 버킷 계수는 1.2, 작업효율은 0.8, 체적환산계수는 1, 1회 사이클 시간은 40초라고 할 때 이 로더의 운전시간당 작업량은 약 몇 m³/h인가?

① 24 　　　　　② 53
③ 84 　　　　　④ 116

해설 ✚

$$Q = \frac{3{,}600qfKE}{C_m} = \frac{3{,}600 \times 1.34 \times 1 \times 1.2 \times 0.8}{40}$$
$$= 116\,\mathrm{m^3/hr}$$

여기서, Q : 운전시간당의 작업량(m³/hr)
　　　　q : 버킷 용량(1.34m³)
　　　　K : 버킷 계수－흙의 종류에 따라 다르다.(1.2)
　　　　f : 체적변환계수(토량환산계수)(1)
　　　　E : 작업효율－흙의 상태와 현장조건에 의한 값(0.8)
　　　　C_m : 사이클 타임(40초)

83 쇼벨계 굴삭기계의 작업구동방식에서 기계 로프식과 유압식을 비교한 것 중 틀린것은?

① 기계 로프식은 굴삭력이 크다.
② 유압식은 구조가 복잡하여 고장이 많다.
③ 유압식은 운전조작이 용이하다.
④ 기계 로프식은 작업성이 나쁘다.

해설 ✚

유압셔블의 특징
• 구조가 간단하다.
• 운전 조작이 쉽다.
• 보수가 쉽다.
• 프런트의 교환 및 주행이 쉽다.

84 짐칸을 옆으로 기울게하여 짐을 부리는 트럭은?

① 사이드(Side)덤프트럭
② 리어(Rear)덤프트럭
③ 다운(Down)덤프트럭
④ 버텀(Bottom)덤프트럭

해설 ⊕

덤프트럭의 종류
• 리어(Rear)덤프트럭 : 짐칸을 뒤쪽으로 기울게(후방 60°
  경사) 하여 짐을 부리는 트럭으로 토목공사에서 가장 많이
  사용
• 사이드(Side)덤프트럭 : 짐칸을 옆쪽으로 기울여서 화물
  을 부리는 트럭
• 보텀(Bottom)덤프트럭 : 지브의 밑부분이 열려서 짐을 아
  래로 부릴 수 있는 구조의 덤프트럭으로 현재 거의 쓰이지
  않는다.
• 3방향 덤프트럭 : 3방향(좌·우·후)으로 개방할 수 있어,
  화물을 어느 방향으로도 짐을 부릴 수 있는 트럭

85 콘크리트를 구성하는 재료를 저장하고 소정의 배합 비율대로 계량하고 MIXER에 투입하여 요구되는 품질의 콘크리트를 생산하는 설비는?

① ASPHALT PLANT
② BATCHER PLANT
③ CRUSHING PLANT
④ CHEMICAL PLANT

해설 ⊕

콘크리트 배칭 플랜트(Concrete Batching Plant)
혼합장치 및 개량장치와 골재저장통을 가지고 원동기가 설
치 된 것으로 이동식을 말하며 콘크리트의 각 재료를 기계적
으로 일정의 배합율로 계량 믹서에 보내 필요한 콘크리트를
능률적이고 경제적으로 만들기 위한 기계이다.
혼합능률은 단위 시간당 생산량을 톤으로 표시(ton/hr)이다.

86 건설기계의 내연기관에서 연소실의 체적이 30cc이고 행정체적이 240cc인 경우, 압축비는 얼마인가?

① 6 : 1　　② 7 : 1
③ 8 : 1　　④ 9 : 1

해설 ⊕

$$\varepsilon = \frac{V_C + V_S}{V_C} = 1 + \frac{V_S}{V_C} = 1 + \frac{240}{30}$$
$$= 9 \rightarrow 압축 후 : 압축 전 = 9 : 1$$
여기서, V_C : 간극체적
V_S : 행정체적

87 다음 중 1차 쇄석기(Crusher)는?

① 조(Jaw) 쇄석기
② 콘(Cone) 쇄석기
③ 로드 밀(Rod Mill) 쇄석기
④ 해머 밀(Hammer Mill) 쇄석기

해설 ⊕

쇄석기의 종류
• 1차 쇄석기 : 조 쇄석기, 자이레토리 쇄석기, 임팩트 쇄석기
• 2차 쇄석기 : 콘 쇄석기, 해머 쇄석기, 더블 롤 쇄석기
• 3차 쇄석기 : 로드밀, 볼밀

88 버킷 준설선에 관한 설명으로 옳지 않은 것은?

① 토질에 영향이 적다.
② 암반 준설에는 부적합하다.
③ 준선 능력이 크며 대용량 공사에 적합하다.
④ 협소한 장소에서도 작업이 용이하다.

해설 ⊕

④ 작업반경이 커서 협소한 장소에서는 작업하기 어렵다.

04 지름 30mm의 환봉 시험편에서 표점거리를 10mm로 하고 스트레인 게이지를 부착하여 신장을 측정한 결과 인장하중 25kN에서 신장 0.0418mm가 측정되었다. 이때의 지름은 29.97mm이었다. 이 재료의 포아송 비(ν)는?

① 0.239

② 0.287

③ 0.0239

④ 0.0287

해설 ⊕

$$\text{포아송 비 } \nu = \mu = \frac{\varepsilon'}{\varepsilon} = \frac{\dfrac{\delta}{d}}{\dfrac{\lambda}{l}} = \frac{\dfrac{30-29.97}{30}}{\dfrac{0.0418}{10}} = 0.239$$

05 다음과 같은 단면에 대한 2차 모멘트 I_z는 약 몇 mm⁴인가?

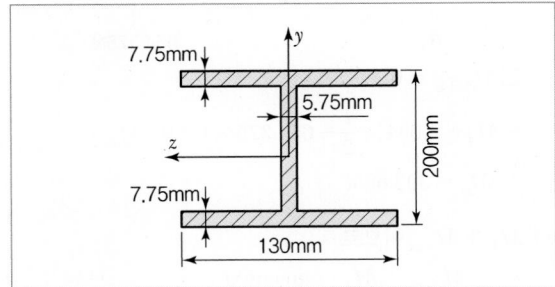

① 18.6×10^6

② 21.6×10^6

③ 24.6×10^6

④ 27.6×10^6

해설 ⊕

z가 도심축이므로 사각형 도심축에 대한 단면 2차 모멘트 $I_z = \dfrac{bh^3}{12}$를 적용하면

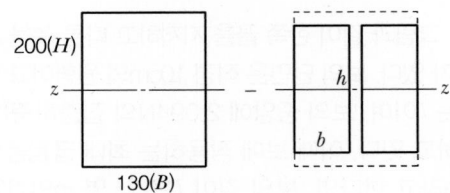

$$\frac{BH^3}{12} - \frac{bh^3}{12} \times 2 \text{ (양쪽)}$$

$$= \frac{130 \times 200^3}{12} - \frac{62.125 \times 184.5^3}{12} \times 2$$

$$= 21,638,087.8 = 21.64 \times 10^6 \, \text{mm}^4$$

06 지름 4cm, 길이 3m인 선형 탄성 원형 축이 800rpm으로 3.6kW를 전달할 때 비틀림각은 약 몇 도(°)인가?(단, 전단탄성계수는 84GPa이다.)

① 0.0085°

② 0.35°

③ 0.48°

④ 5.08°

해설 ⊕

$$\text{전달토크 } T = \frac{H}{\omega} = \frac{H}{\dfrac{2\pi N}{60}} = \frac{3.6 \times 10^3}{\dfrac{2\pi \times 800}{60}} = 42.97 \text{N} \cdot \text{m}$$

$$\text{비틀림각 } \theta = \frac{T \cdot l}{GI_p} = \frac{42.97 \times 3}{84 \times 10^9 \times \dfrac{\pi \times 0.04^4}{32}}$$

$$= 0.0061 \text{rad}$$

$$0.0061\,(\text{rad}) \times \frac{180°}{\pi\,(\text{rad})} = 0.35°$$

07 그림과 같이 한쪽 끝을 지지하고 다른 쪽을 고정한 보가 있다. 보의 단면은 직경 10cm의 원형이고 보의 길이는 l이며, 보의 중앙에 2,094N의 집중하중 P가 작용하고 있다. 이때 보에 작용하는 최대 굽힘응력이 8MPa라고 한다면, 보의 길이 l은 약 몇 m인가?

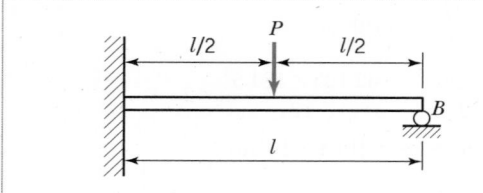

① 2.0   ② 1.5

③ 1.0   ④ 0.7

해설 ⊕

부정정보이므로 B에서의 처짐량 "0"을 가지고 부정정요소 R_B를 해결한 후 정정보로 해석한다.

i) 외팔보의 중앙에 집중하중이 작용할 때 B지점의 처짐량

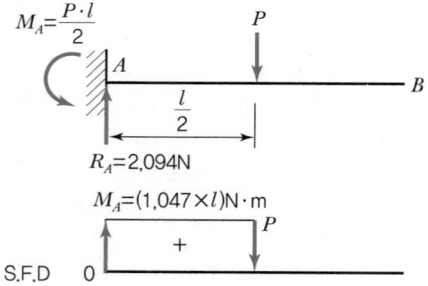

B지점의 처짐량

$$\delta_1 = \frac{A_M}{EI} \cdot \bar{x} = \frac{\frac{1}{2} \times \frac{l}{2} \times (1,047 \times l)}{EI} \times \left(\frac{l}{2} + \frac{l}{3}\right)$$

$$\therefore \delta_1 = \frac{\frac{5}{24} \times 1,047 \times l^3}{EI}$$

ii)

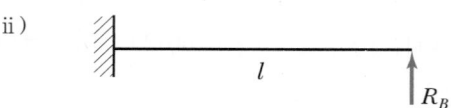

R_B에 의한 처짐량

$$\delta_2 = \frac{R_B \cdot l^3}{3EI}$$

iii) $\delta_1 = \delta_2$일 때 B에서의 처짐량이 "0"이므로

$$\frac{\frac{5}{24} \times (1,047 \times l^3)}{EI} = \frac{R_B \times l^3}{3EI}$$

$$\therefore R_B = \frac{5}{8} \times 1,047 = 654.375\text{N}$$

iv)

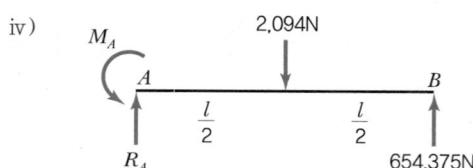

$$\sum M_{A지점} = 0 :$$

$$- M_A + 2,094 \times \frac{l}{2} - 654.375 \times l = 0$$

$$\therefore M_A = 392.625l$$

v) M_A가 $M_{\max}$이므로

$$\sigma_b = \frac{M_{\max}}{Z} = \frac{M_A}{Z} = \frac{392.625l}{\frac{\pi d^3}{32}}$$

$$\therefore l = \frac{\frac{\pi d^3}{32} \times \sigma_b}{392.625} = \frac{\frac{\pi}{32} \times 0.1^3 \times 8 \times 10^6}{392.625} = 2.0\text{m}$$

08 다음과 같이 길이 l인 일단고정, 타단지지보에 등분포 하중 w가 작용할 때, 고정단 A로부터 전단력이 0이 되는 거리(X)는 얼마인가?

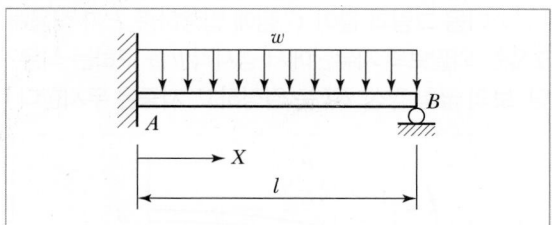

① $\dfrac{2}{3}l$ ② $\dfrac{3}{4}l$

③ $\dfrac{5}{8}l$ ④ $\dfrac{3}{8}l$

해설 ⊕ ------------------------------

처짐을 고려하여 부정정요소를 해결한다.

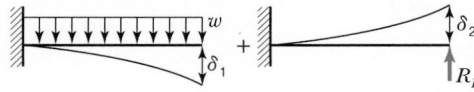

$\delta_1 = \dfrac{wl^4}{8EI}$, $\delta_2 = \dfrac{R_B \cdot l^3}{3EI}$

$\delta_1 = \delta_2$이면 B점에서 처짐량이 "0"이므로

$\dfrac{wl^4}{8EI} = \dfrac{R_B \cdot l^3}{3EI}$ 에서 $R_B = \dfrac{3}{8}wl \rightarrow \therefore R_A = \dfrac{5}{8}wl$

고정단으로부터 전단력 $V_x = 0$이 되는 거리는 전단력만의 자유물체도에서

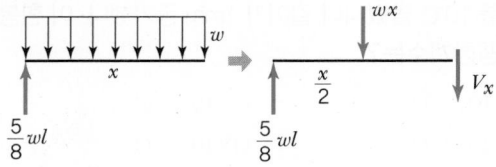

$\dfrac{5}{8}wl - wx - V_x = 0 \ (\because \ V_x = 0)$

$\dfrac{5}{8}wl = wx \quad \therefore \ x = \dfrac{5}{8}l$

09 두께 10mm의 강판에 지름 23mm의 구멍을 만드는 데 필요한 하중은 약 몇 kN인가?(단, 강판의 전단응력 $\tau = 750$MPa이다.)

① 243 ② 352

③ 473 ④ 542

해설 ⊕ ------------------------------

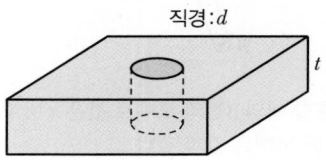

직경:d

A_τ : 전단파괴면적 = πdt

$\tau = \dfrac{F}{A_\tau} = \dfrac{F}{\pi dt}$

$\therefore \ F = \tau \cdot \pi dt = 750 \times 10^6 \times \pi \times 0.023 \times 0.01$
$= 541{,}924.7\text{N} = 541.92\text{kN}$

10 그림과 같은 구조물에서 점 A에 하중 $P = 50$kN이 작용하고 A점에서 오른편으로 $F = 10$kN이 작용할 때 평형위치의 변위 x는 몇 cm인가?(단, 스프링탄성계수(k) = 5kN/cm이다.)

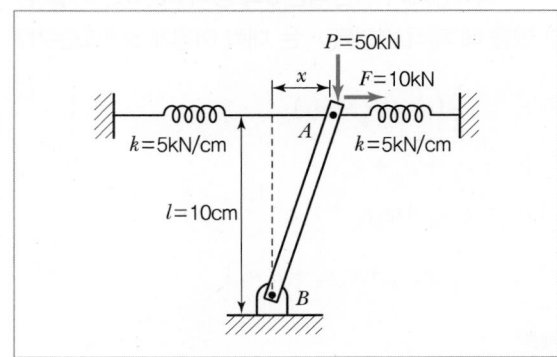

① 1 ② 1.5

③ 2 ④ 3

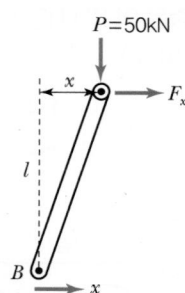

해설 ➕

i) P가 작용할 때의 B점의 모멘트 값은 x방향으로의 분력 F_x에 의한 모멘트 값과 같다.

$$50 \cdot x = F_x \cdot l$$
$$50\text{kN} \cdot x\text{cm} = F_x \times 10\text{cm}$$
$$\therefore \ F_x = 5x\text{kN}$$

ii) x방향의 모든 힘은 $F_x + F$이므로

$(5x+10)\text{kN} \rightarrow$ 이 힘은 두 개의 스프링으로 x변위만큼 인장, 압축되며 평형이 되므로($W = K\delta$ 적용)

$$Kx + Kx = 5x + 10$$
$$5x + 5x = 5x + 10$$
$$\therefore \ x = 2\text{cm}$$

11 직육면체가 일반적인 3축 응력 σ_x, σ_y, σ_z를 받고 있을 때 체적 변형률 ε_v는 대략 어떻게 표현되는가?

① $\varepsilon_v \simeq \dfrac{1}{3}(\varepsilon_x + \varepsilon_y + \varepsilon_z)$

② $\varepsilon_v \simeq \varepsilon_x + \varepsilon_y + \varepsilon_z$

③ $\varepsilon_v \simeq \varepsilon_x\varepsilon_y + \varepsilon_y\varepsilon_z + \varepsilon_z\varepsilon_x$

④ $\varepsilon_v \simeq \dfrac{1}{3}(\varepsilon_x\varepsilon_y + \varepsilon_y\varepsilon_z + \varepsilon_z\varepsilon_x)$

해설 ➕

3축 응력에서 체적 변형률

$$\varepsilon_v = \frac{\Delta V}{V} = (1+\varepsilon_x)(1+\varepsilon_y)(1+\varepsilon_z) - 1$$

변형이 아주 작을 때 $\varepsilon_v = \varepsilon_x + \varepsilon_y + \varepsilon_z$

$(\because \ \varepsilon_x\varepsilon_y = \varepsilon_x\varepsilon_z = \varepsilon_y\varepsilon_z = 0, \ \varepsilon_z\varepsilon_y\varepsilon_z = 0$: 미소고차항 무시)

12 다음 그림과 같이 C점에 집중하중 P가 작용하고 있는 외팔보의 자유단에서 경사각 θ를 구하는 식은? (단, 보의 굽힘 강성 EI는 일정하고, 자중은 무시한다.)

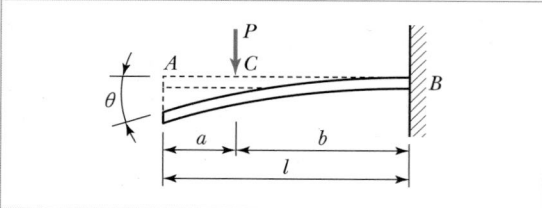

① $\theta = \dfrac{Pl^2}{2EI}$ ② $\theta = \dfrac{3Pl^2}{2EI}$

③ $\theta = \dfrac{Pa^2}{2EI}$ ④ $\theta = \dfrac{Pb^2}{2EI}$

해설 ➕

P가 작용하는 점의 보 길이가 b이므로

외팔보 자유단 처짐각 $\theta = \dfrac{Pb^2}{2EI}$

(자유단 A와 C점 처짐각 동일)

13 단면적이 7cm²이고, 길이가 10m인 환봉의 온도를 10℃ 올렸더니 길이가 1mm 증가했다. 이 환봉의 열팽창계수는?

① $10^{-2}/$℃ ② $10^{-3}/$℃

③ $10^{-4}/$℃ ④ $10^{-5}/$℃

해설 ➕

$\varepsilon = \dfrac{\lambda}{l} = \alpha \cdot \Delta t$에서

$$\alpha = \frac{\lambda}{\Delta t \cdot l} = \frac{0.001\text{m}}{10℃ \times 10\text{m}} = 0.00001 = 1 \times 10^{-5}/℃$$

14 단면 20cm×30cm, 길이 6m의 목재로 된 단순보의 중앙에 20kN의 집중하중이 작용할 때, 최대 처짐은 약 몇 cm인가?(단, 세로탄성계수 $E = 10$GPa이다.)

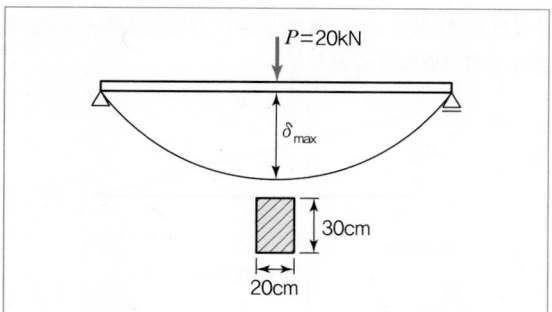

① 1.0   ② 1.5
③ 2.0   ④ 2.5

해설 ⊕

$$\delta_{max} = \frac{Pl^3}{48EI} = \frac{20 \times 10^3 \times 6^3}{48 \times 10 \times 10^9 \times \dfrac{0.2 \times 0.3^3}{12}}$$

$$= 0.02\text{m} = 2\text{cm}$$

(수치를 모두 미터 단위로 넣어 계산하면 처짐량이 미터로 나온다.)

15 끝이 닫혀있는 얇은 벽의 둥근 원통형 압력 용기에 내압 p가 작용한다. 용기의 벽의 안쪽 표면 응력상태에서 일어나는 절대 최대 전단응력을 구하면?(단, 탱크의 반경 = r, 벽 두께 = t이다.)

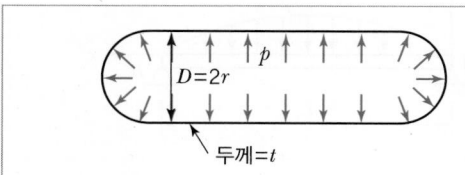

① $\dfrac{pr}{2t} - \dfrac{p}{2}$ ② $\dfrac{pr}{4t} - \dfrac{p}{2}$

③ $\dfrac{pr}{4t} + \dfrac{p}{2}$ ④ $\dfrac{pr}{2t} + \dfrac{p}{2}$

해설 ⊕

안쪽 표면응력 상태 : 안쪽에서 바깥으로 내압에 의해 밀어 붙이는 힘이 존재(3축응력상태)

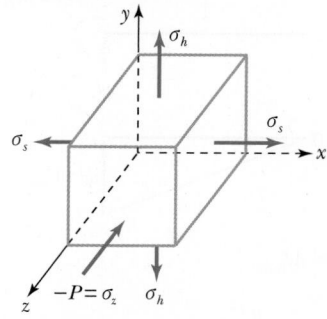

ⅰ) $\sigma_h = \dfrac{pd}{2t} = \dfrac{p \cdot r}{t}$

$\sigma_s = \dfrac{p \cdot d}{4t} = \dfrac{pr}{2t} = \dfrac{\sigma_h}{2}$

ⅱ) 세 개의 최대 전단응력은 x, y, z축에 대해 45°회전될 때 얻어지므로

$$\left(\tau_{max}\right)_x = \frac{\sigma_h + p}{2} = \frac{pr}{2t} + \frac{p}{2}$$

$$\left(\tau_{max}\right)_y = \frac{\sigma_s + p}{2} = \frac{pr}{4t} + \frac{p}{2}$$

$$\left(\tau_{max}\right)_z = \frac{\sigma_h + \sigma_s}{2} = \frac{pr}{4t}$$

3개 중에 절대 최대 전단응력은 $\dfrac{pr}{2t} + \dfrac{p}{2}$ 이다.

16 길이 3m인 직사각형 단면 $b \times h = 5$cm×10cm을 가진 외팔보에 w의 균일분포하중이 작용하여 최대 굽힘응력 500N/cm²이 발생할 때, 최대 전단응력은 약 몇 N/cm²인가?

① 20.2   ② 16.5
③ 8.3   ④ 5.4

- - - - - - - - - - - - - - - - - - - -

$\sigma_b = 500 \times 10^4 \text{N/m}^2$

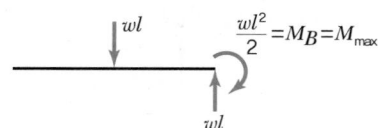

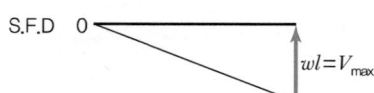

$$\frac{wl^2}{2} = M_B = M_{\max}$$

$$\sigma_{\max} = \frac{M_{\max}}{Z} = \frac{\dfrac{wl^2}{2}}{\dfrac{bh^2}{6}} = \frac{3wl^2}{bh^2}$$

$$\therefore w = \frac{\sigma_b \cdot bh^2}{3l^2} = \frac{500 \times 10^4 \times 0.05 \times 0.1^2}{3 \times 3^2}$$
$$= 92.59 \text{N/m}$$

보 속의 최대 전단응력

$$\tau_{\max} = 1.5\tau_{av}$$
$$= 1.5 \frac{V_{\max}}{A}$$
$$= 1.5 \frac{w \cdot l}{A}$$
$$= 1.5 \times \frac{92.59 \times 3}{5 \times 10}$$
$$= 8.33 \text{N/cm}^2$$

17 그림에서 C 점에서 작용하는 굽힘모멘트는 몇 N · m인가?

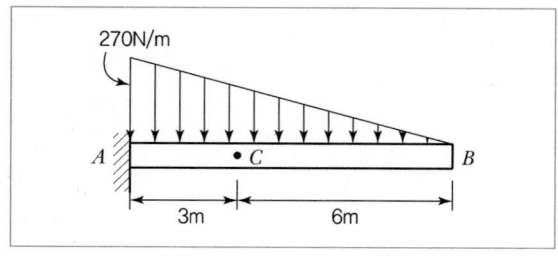

① 270   ② 810

③ 540   ④ 1,080

A에서 3m인 지점 C의 굽힘모멘트는 B점으로부터 6m인 지점의 굽힘모멘트와 같으므로

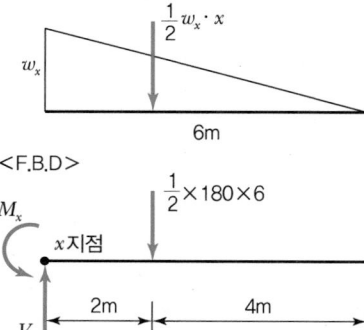

<F.B.D>

$6 : w_x = 9 : 270$

$\therefore w_x = 180 \text{N/m}$

$\sum M_{x지점} = 0 : -M_x + \dfrac{1}{2} \times 180 \times 6 \times 2 = 0$

$\therefore M_x = 1,080 \text{N} \cdot \text{m}$

18 그림과 같은 형태로 분포하중을 받고 있는 단순지지보가 있다. 지지점 A에서의 반력 R_A는 얼마인가?(단, 분포하중 $w(x) = w_o \sin \dfrac{\pi x}{L}$ 이다.)

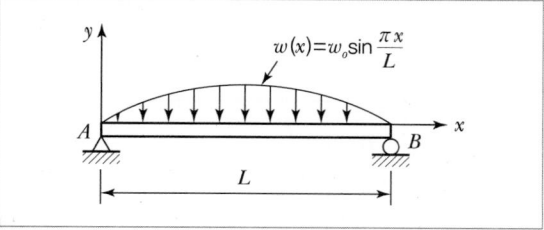

① $\dfrac{2w_o L}{\pi}$ ② $\dfrac{w_o L}{\pi}$

③ $\dfrac{w_o L}{2\pi}$ ④ $\dfrac{w_o L}{2}$

74 유압실린더에서 피스톤 로드가 부하를 미는 힘이 50kN, 피스톤 속도가 5m/min인 경우 실린더 내경이 8cm이라면 소요동력은 약 몇 kW인가?(단, 편로드형 실린더이다.)

① 2.5   ② 3.17
③ 4.17   ④ 5.3

해설 ⊕ -

$$L_H = F \cdot V = 50 \times 1,000 \times \frac{5}{60} \div 1,000 ≒ 4.17\,\text{kW}$$

75 액추에이터의 공급 쪽 관로에 설정된 바이패스 관로의 흐름을 제어함으로써 속도를 제어하는 회로는?

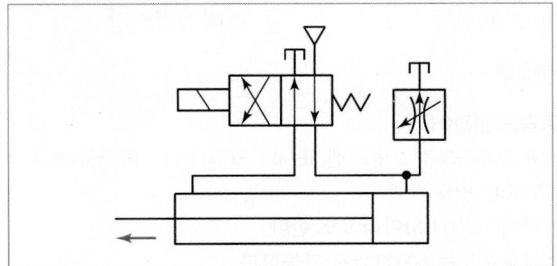

① 배압 회로   ② 미터인 회로
③ 플립플롭 회로   ④ 블리드오프 회로

해설 ⊕ -

실린더에 공급되는 유량을 조절하여 실린더의 속도를 제어하는 회로

- 미터인 방식 : 실린더의 입구 쪽 관로에서 유량을 교축시켜 작동속도를 조절하는 방식
- 미터아웃 방식 : 실린더의 출구 쪽 관로에서 유량을 교축시켜 작동속도를 조절하는 방식
- 블리드오프 방식 : 실린더로 흐르는 유량의 일부를 탱크로 분기함으로써 작동 속도를 조절하는 방식

76 유압 작동유에서 요구되는 특성이 아닌 것은?

① 인화점이 낮고, 증기 분리압이 클 것
② 유동성이 좋고, 관로 저항이 적을 것
③ 화학적으로 안정될 것
④ 비압축성일 것

해설 ⊕ -

작동유가 갖추어야 할 조건

- 체적탄성계수가 커야 한다.
- 점도지수가 커야 한다.
- 유동점이 낮아야 한다.
- 기기의 작동을 원활하게 하기 위하여 윤활성이 좋아야 한다.
- 고무나 도료를 녹이지 않아야 한다.
- 장시간의 사용에 대하여 물리적·화학적 성질이 변하지 않으며, 특히 산성에 대한 안정성이 좋아야 한다.
- 물이나 공기 및 미세한 먼지 등을 빠르고 쉽게 분리할 수 있어야 한다.
- 녹이나 부식 발생이 방지되어야 한다.
- 화기에 쉽게 연소되지 않도록 내화성이 좋아야 한다.(인화점, 연소점이 높아야 한다.)
- 발생된 열이 쉽게 방출될 수 있도록 열전달률이 높아야 한다.
- 열에 의한 작동유의 체적변화가 크지 않도록 열팽창계수가 작아야 한다.
- 거품이 일지 않아야 한다.(소포성)
- 전단 안정성이 좋아야 한다.
- 값이 싸고 이용도가 높아야 한다.

77 유압 시스템의 배관계통과 시스템 구성에 사용되는 유압기기의 이물질을 제거하는 작업으로 오랫동안 사용하지 않던 설비의 운전을 다시 시작하였을 때나 유압 기계를 처음 설치하였을 때 수행하는 작업은?

① 펌핑   ② 플러싱
③ 스위핑   ④ 클리닝

해설 ⊕ -

플러싱
유압회로 내의 이물질을 제거하거나 작동유 교환 시 오래된 오일과 슬러지를 용해하여 오염물의 전량을 회로 밖으로 배출시켜서 회로를 깨끗하게 하는 작업이다.

정답   74 ③   75 ④   76 ①   77 ②

2019

78 유동하고 있는 액체의 압력이 국부적으로 저하되어, 증기나 함유 기체를 포함하는 기포가 발생하는 현상은?

① 캐비테이션 현상　　② 채터링 현상
③ 서징 현상　　　　　④ 역류 현상

해설 ➕ -

① 캐비테이션 현상 : 유동하고 있는 액체의 압력이 국부적으로 저하되어, 포화증기압 또는 공기분리압에 달하여 증기를 발생시키거나 용해 공기 등이 분리되어 기포를 일으키는 현상으로 이것들이 흐르면서 터지게 되면 국부적으로 초고압이 생겨 소음 등을 발생시키는 경우가 많다.
② 채터링 현상 : 밸브시트를 두들겨서 비교적 높은 음을 발생시키는 일종의 자력진동 현상
③ 서징 현상 : 과도하게 압력이 상승하는 현상
④ 역류 현상 : 유압 회로에서 작동유가 거꾸로 흐르는 현상

79 다음 기어펌프에서 발생하는 폐입현상을 방지하기 위한 방법으로 가장 적절한 것은?

① 오일을 보충한다.
② 베인을 교환한다.
③ 베어링을 교환한다.
④ 릴리프 홈이 적용된 기어를 사용한다.

해설 ➕ -

폐입현상 방지 방법
• 케이싱 측벽이나 측판에 릴리프 토출용 홈을 만든다.
• 높은 압력의 기름을 베어링 윤활에 사용한다.

80 다음 중 오일의 점성을 이용하여 진동을 흡수하거나 충격을 완화시킬 수 있는 유압응용장치는?

① 압력계　　　　　　② 토크 컨버터
③ 쇼크 업소버　　　　④ 진동개폐밸브

해설 ➕ -

쇼크 업소버
유체의 점성을 이용하여 충격이나 진동의 운동에너지를 열에너지로 바꿔서 흡수하는 장치

| 5과목 | 건설기계일반 및 플랜트배관 |

81 고탄소강에 W, Cr, V, Mo 등을 다량 첨가하여 강도와 인성을 높여 고속절삭이 가능하게 하고 내마멸성을 높인 재료는?

① 고속도강　　　　　② 불변강
③ 스프링강　　　　　④ 스테인리스강

해설 ➕ -

고속도강(SKH)
• 표준고속도강 : 텅스텐(18%) – 크롬(4%) – 바나듐(1%) – 탄소(0.8%)
• 하이스강(HSS)이라고도 한다..
• 사용온도는 600℃까지 가능하다.
• 고온경도가 높고 내마모성이 우수하다.
• 절삭속도를 탄소강의 2배 이상으로 할 수 있다.

82 펌프 준설선에 대한 설명으로 틀린 것은?

① 펌프는 샌드 펌프를 설치한다.
② 크게 자항식과 비자항식으로 구분하는데, 자항식은 내항의 준설작업에 비자항식은 외항의 준설작업에 주로 이용된다.
③ 펌프 준설선의 크기는 주 펌프의 구동동력에 따라 소형부터 초대형으로 구분할 수 있다.
④ 펌프 준설선의 작업 능력을 결정하는 주요소는 흙을 퍼올리고 보내는 거리 및 준설깊이 등이다.

정답　　78 ①　79 ④　80 ③　81 ①　82 ②

해설 ⊕

② 크게 자항식과 비자항식으로 구분하는데, 자항식은 외항의 준설작업에 비자항식은 내항의 준설작업에 주로 이용된다.

무한 궤도식	타이어식
• 속도는 느리나 견인력이 크다. • 습지대, 활지대, 사지에서 작업이 가능하다. • 수중 작업시 완전 방수 장치가 되면 약 1.78m의 수중 통과가 가능하다. • 수중 작업시 상부 롤러까지 작업이 가능하다. • 이동성이 느리다. • 아스팔트나 콘크리트 도로를 통과할 수 없다.	• 이동이 빨라 기동력이 우수하다. • 아스팔트나 콘크리트 도로를 통과할 수 있다. • 속도는 빠르나 견인력이 작다. • 습지, 활지, 사지 등에서의 작업이 곤란하다. • 수중작업이 불가능하다.

83 모터 그레이더로 자갈이 많이 섞인 건조포장도로의 굴삭작업을 할 경우 스케리파이어의 절삭각도로 적합한 것은?

① 30~46°
② 45~56°
③ 60~66°
④ 76~86°

해설 ⊕

스케리파이어의 절삭각도

	절삭각도	노면상태
최대	67~86°	아스팔트 도로 등의 굴삭 작업
표준	60~66°	자갈이 많이 섞인 건조한 포장 도로의 굴삭 작업
최소	51~60°	부드러운 흙에 작은 돌이 섞인 도로의 굴삭 작업

84 도저에서 무한궤도식과 차륜식을 비교할 때, 무한궤도식의 특징으로 틀린 것은?

① 접지면적이 크다.
② 기동성과 이동성이 양호하다.
③ 수중 작업 시 상부 롤러까지 작업이 가능하다.
④ 습지, 사지, 부정지에서 작업이 용이하다.

해설 ⊕

주행장치에 의한 분류

85 모터 스크레이퍼(Scraper)의 작업량과 밀접한 관계가 없는 것은?

① 토량환산계수
② 작업 효율
③ 사이클 시간
④ 스크레이퍼 자중

해설 ⊕

스크레이퍼의 작업능력 $Q = \dfrac{60 \cdot q \cdot f \cdot E}{C_m}$

여기서, Q : 운전시간당의 작업량(m³/hr)
q : 1회 작업량(m³) = 적재함용적 × 적재계수(k)
f : 체적변환계수(토량환산계수)
E : 작업효율
C_m : 1회 작업의 사이클 타임(분)

86 불도저의 부속장치 중 굳고 단단한 지반에서 블레이드로는 굴착이 곤란한 지반이나 포장의 분쇄, 뿌리뽑기 등에 사용하는 것은?

① 스윙 고정 장치
② 유압 리퍼
③ 스키 로더
④ 토잉 윈치

해설 ⊕

리퍼(Ripper)
쟁기처럼 생겼으며 단단한 흙이나 연약한 암석을 파내는 부속장치이다.

정답 83 ③ 84 ② 85 ④ 86 ②

87 앞부분에서 굴삭하여 장비 위를 넘어 후면에 덤프할 수 있는 것으로 터널공사 등에 효과적인 방식은?

① 스윙 로더　　　　② 측면 덤프 로더
③ 프런트 엔드 로더　④ 오버 헤드 로더

해설 ⊕ -

로더의 적재방식에 의한 분류
- 프론트앤드형(Front End Type) : 가장 일반적인 형식으로 트랙터의 앞부분에 버킷이 부착되어 앞으로 퍼서 앞으로 적재한다.
- 사이드덤프형(Side Dump Type) : 트랙터의 앞부분에 버킷이 부착되어 있으나 좌우 어느 쪽으로 기울일 수 있어 앞으로 퍼서 옆으로 적재할 수 있는 장비로 터널 내와 같이 협소한 장소에서 운반기계와 병렬로 작업이 가능하다.
- 백호셔블형(Back Hoe Shovel Type) : 트랙터의 앞에는 로더용 버킷이 부착되고 뒤에는 백호형 셔블이 부착되어 상하수도 공사 등 작은 규모의 공사 시 굴착과 적재를 모두 할 수 있는 로더이다.
- 오버헤드형(Over Head Type) : 로더가 이동하지 않고 앞으로 퍼서 장비 위를 넘어 후면에 적재할 수 있는 로더로 터널 내와 같이 좁은 공간에서의 작업에 적합하다.
- 스윙형(Swing Type) : 프론트앤드형과 오버헤드형이 조합된 로더이다.

88 디젤엔진에 있어서 거버너(Governor)의 역할은?

① 분사량 조정　　　② 분사위치 조정
③ 분사입자 조정　　④ 분사시기 조정

해설 ⊕ -

거버너(Governor : 조속기)
디젤엔진에서 엔진의 회전과 부하에 따라 연료량을 조절해 주는 장치로서 기계식과 자동식이 있다.

89 플랜트 기계설비에 사용되는 일반적인 건식 집진장치가 아닌 세정식 집진법의 종류인 것은?

① 사이클론　　　　② 백 필터
③ 멀티클론　　　　④ 벤투리 스크러버

해설 ⊕ -

벤투리 스크러버
세정 집진 장치의 일종으로서, 벤투리관의 스로틀링부에서 세정액을 분사하여 미세한 물방울로 만들어 오염 공기 중의 분진을 포집하여 사이클론으로 보내고 공기를 분리하여 정화한다.

90 쇼벨계 굴삭기에 사용되는 작업장치(프런트 어태치먼트) 중 작업 장소보다 낮은 장소의 단단한 토질의 굴착에 적합한 것은?

① 파워셔블　　　　② 드래그 라인
③ 백호우　　　　　④ 클램셸

해설 ⊕ -

- 파워셔블(Power Shovel) : 기계가 위치한 지면(작업위치)보다 높은 굴착에 적합하며 산, 절벽굴착에 사용된다.
- 드래그라인(Drag Line) : 붐의 선단으로부터 버킷을 순회에 의한 원심력을 이용하여 던지고 당기는 힘에 의해 굴착하는 기계로써 굴삭면이 기계보다 낮은 지반으로 근접하기 어려운 굴삭에 사용된다.
- 백호우(Back Hoe) : 기계가 서 있는 지면보다 낮은 장소의 굴착에도 적당하고 수중굴착도 가능한 굴삭기이다.
- 클램셸(Clam Shell) : 2개의 경첩조가 달린 버킷을 이용하여 기계보다 상당히 낮은 곳의 수직굴착과 수중수직굴착에 적합한 굴삭기이다.

91 다음 중 현장에서 관(Pipe)의 평면가공, 베벨 각 가공 등에 가장 많이 사용하는 것은?

① 디스크 그라인더
② 벤치 그라인더
③ 집진형 그라인더
④ 탁상 그라인더

| 정답 | 87 ④ | 88 ① | 89 ④ | 90 ③ | 91 ① |

17 그림과 같이 노치가 있는 원형 단면 봉이 인장력 $P = 9.5\text{kN}$을 받고 있다. 노치의 응력 집중계수가 $\alpha = 2.5$라면, 노치부에서 발생하는 최대응력은 약 몇 MPa 인가?(단, 그림의 단위는 mm이다.)

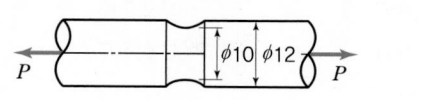

① 3,024

② 302

③ 221

④ 51

해설 ⊕ -

$$\alpha_K = \frac{\sigma_{max} \rightarrow \text{노치부의 최대응력}}{\sigma_{av} \rightarrow \text{공칭응력(파괴단면의 평균응력)}}$$

$$\sigma_{max} = \alpha_K \cdot \sigma_{av} = \alpha_K \cdot \frac{P}{A} = 2.5 \times \frac{9.5 \times 10^3 (\text{N})}{\frac{\pi}{4} \times 10^2 (\text{mm}^2)}$$

$$= 302.39 \text{N/mm}^2 = 302.39 \text{MPa}$$

18 길이 l인 막대의 일단에 축방향 하중 P가 작용하여 인장 응력이 발생하고 있는 재료의 세로탄성계수는?(단, A는 막대의 단면적, δ는 신장량이다.)

① $\dfrac{P\delta}{Al}$

② $\dfrac{Pl}{A\delta}$

③ $\dfrac{Pl\delta}{A}$

④ $\dfrac{A\delta}{Pl}$

해설 ⊕ -

$$\lambda = \delta = \frac{Pl}{AE} \text{에서} \quad \therefore E = \frac{Pl}{A\delta}$$

19 그림과 같은 하중을 받는 단면봉의 최대 인장응력은 약 몇 MPa인가?(단, 한 변의 길이가 10cm인 정사각형이다.)

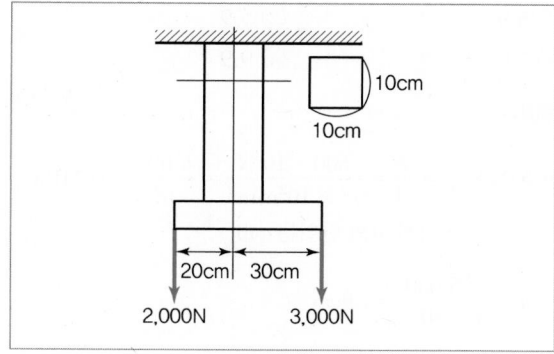

① 2.3

② 3.1

③ 3.5

④ 4.1

해설 ⊕ -

단면은 인장응력과 굽힘응력의 조합상태이므로 힘우력계를 사용해 중심으로 힘을 옮기면 그림과 같은 자유물체도가 된다.

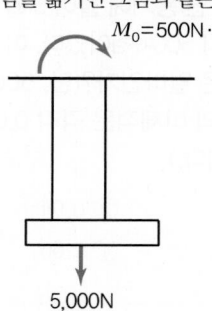

$$M_0 = 3,000 \times 0.3 - 2,000 \times 0.2 = 500 \text{N} \cdot \text{m}$$

$$\sigma_a = \sigma_{max} = \sigma_t + \sigma_b = \frac{P}{A} + \frac{M_0}{Z}$$

$$= \frac{5,000(\text{N})}{0.1 \times 0.1 (\text{m}^2)} + \frac{500(\text{N} \cdot \text{m})}{\frac{0.1^3}{6}(\text{m}^3)}$$

$$= 3.5 \times 10^6 \text{N/m}^2 = 3.5 \text{MPa}$$

20 선형 탄성 재질의 정사각형 단면봉에 500kN의 압축력이 작용할 때 80MPa의 압축응력이 생기도록 하려면 한 변의 길이를 약 몇 cm로 해야 하는가?

① 3.9   ② 5.9
③ 7.9   ④ 9.9

해설 ➕ -

압축응력 $\sigma_c = \dfrac{P}{A} = \dfrac{500 \times 10^3 \text{N}}{a^2 \times 10^2 \text{mm}^2} = \dfrac{5,000}{a^2} = 80\text{MPa}$

$$\text{(여기서, } a \text{의 단위는 cm)}$$

$$\therefore a = \sqrt{\dfrac{5,000}{80}} = 7.9\text{cm}$$

2과목   **기계열역학**

21 체적이 1m^3인 용기에 물이 5kg 들어 있으며 그 압력을 측정해보니 500kPa이었다. 이 용기에 있는 물 중에 증기량(kg)은 얼마인가?(단, 500kPa에서 포화액체와 포화증기의 비체적은 각각 $0.001093\text{m}^3/\text{kg}$, $0.37489\text{m}^3/\text{kg}$이다.)

① 0.005   ② 0.94
③ 1.87   ④ 2.66

해설 ➕ -

- 비체적 $v = \dfrac{V}{m}$(단위 질량당 체적)에서

$$v = \dfrac{1}{5} = 0.2\text{m}^3/\text{kg}$$

- 건도가 x인 습증기의 비체적
$$v = v_f + x v_{fg} = v_f + x(v_g - v_f)$$
$$0.2 = 0.001093 + x \times (0.37489 - 0.001093)$$
$$\therefore x = 0.5321$$

- 건도 $x = \dfrac{m_g(\text{증기질량})}{m(\text{전체질량})}$ 이므로
$$m_g = m \times x = 5 \times 0.5321 = 2.66\text{kg}$$

22 5kg의 산소가 정압하에서 체적이 0.2m^3에서 0.6m^3로 증가했다. 이때의 엔트로피의 변화량(kJ/K)은 얼마인가?(단, 산소는 이상기체이며, 정압비열은 $0.92\text{kJ/kg} \cdot \text{K}$이다.)

① 1.857   ② 2.746
③ 5.054   ④ 6.507

해설 ➕ -

$$p = c \text{이므로 } \dfrac{V}{T} = c \rightarrow \dfrac{V_1}{T_1} = \dfrac{V_2}{T_2} \rightarrow \dfrac{T_2}{T_1} = \dfrac{V_2}{V_1}$$

$$ds = \dfrac{\delta q}{T} = \dfrac{dh - v dp^{\,0}}{T} = \dfrac{C_p}{T} dT$$

$$\therefore s_2 - s_1 = C_p \ln \dfrac{T_2}{T_1}$$

$$S_2 - S_1 = m(s_2 - s_1)$$
$$= m C_p \ln \dfrac{T_2}{T_1}$$
$$= m C_p \ln \dfrac{V_2}{V_1}$$
$$= 5 \times 0.92 \times \ln \dfrac{0.6}{0.2}$$
$$= 5.0536\text{kJ/K}$$

23 증기가 디퓨저를 통하여 0.1MPa, 150℃, 200m/s의 속도로 유입되어 출구에서 50m/s의 속도로 빠져나간다. 이때 외부로 방열된 열량이 500J/kg일 때 출구 엔탈피(kJ/kg)는 얼마인가?(단, 입구의 0.1MPa, 150℃ 상태에서 엔탈피는 2,776.4kJ/kg이다.)

① 2,751.3   ② 2,778.2
③ 2,794.7   ④ 2,812.4

정답   **20** ③   **21** ④   **22** ③   **23** ③

해설➕

개방계에 대한 열역학 제1법칙

$$q_{c.v} + h_i + \frac{V_i^2}{2} = h_e + \frac{V_e^2}{2} + \cancel{w_{c.v}}^0 \quad (\because gz_i = gz_e)$$

$$h_e = q_{c.v} + h_i + \frac{V_i^2}{2} - \frac{V_e^2}{2} \quad (여기서, \ q_{c.v} : 방열(-))$$

$$= (-0.5 + 2,776.4)\frac{kJ}{kg}$$

$$+ \frac{1}{2}(200^2 - 50^2) \cdot \frac{m^2}{s^2} \times \frac{kg}{kg} \times \frac{1kJ}{1,000J}$$

$$= 2,794.65 kJ/kg$$

24 그림과 같이 다수의 추를 올려놓은 피스톤이 끼워져 있는 실린더에 들어있는 가스를 계로 생각한다. 초기 압력이 300kPa이고, 초기체적은 0.05m³이다. 피스톤을 고정하여 체적을 일정하게 유지하면서 압력이 200kPa로 떨어질 때까지 계에서 열을 제거한다. 이때 계가 외부에 한 일(kJ)은 얼마인가?

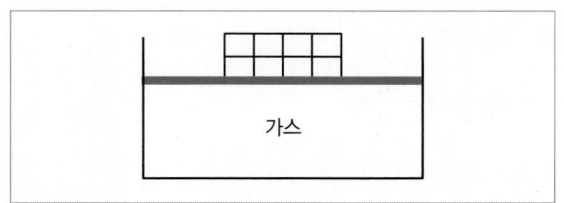

가스

① 0
② 5
③ 10
④ 15

해설➕

정적과정 $V = C$이므로

$$\delta W = P d\cancel{V}^0 \Rightarrow {}_1W_2 = 0$$

25 표준대기압 상태에서 물 1kg이 100℃로부터 전부 증기로 변하는 데 필요한 열량이 0.652kJ이다. 이 증발과정에서의 엔트로피 증가량(J/K)은 얼마인가?

① 1.75
② 2.75
③ 3.75
④ 4.00

해설➕

$$\delta S = \frac{\delta Q}{T}에서 \ 엔트로피 \ 증가량 \rightarrow 흡열$$

$$S_2 - S_1 = \Delta S = \frac{{}_1Q_2}{T} = \frac{0.652 \times 10^3 J}{(100 + 273)K} = 1.75 J/K$$

26 체적이 0.5m³인 탱크에, 분자량이 24kg/kmol인 이상기체 10kg이 들어있다. 이 기체의 온도가 25℃일 때 압력(kPa)은 얼마인가?(단, 일반기체상수는 8.3143kJ/kmol · K이다.)

① 126
② 845
③ 2,066
④ 49,578

해설➕

$$R = \frac{\overline{R}}{M} = \frac{8.3143}{24} = 0.3464 kJ/kg \cdot K$$

$$PV = mRT에서$$

$$압력 \ P = \frac{mRT}{V} = \frac{10 \times 0.3464 \times (25 + 273)}{0.5}$$

$$= 2,064.54 kPa$$

27 질량 4kg의 액체를 15℃에서 100℃까지 가열하기 위해 714kJ의 열을 공급하였다면 액체의 비열(kJ/kg · K)은 얼마인가?

① 1.1
② 2.1
③ 3.1
④ 4.1

해설➕

$${}_1Q_2 = mc(T_2 - T_1)$$

$$c = \frac{{}_1Q_2}{m(T_2 - T_1)} = \frac{714}{4 \times (100 - 15)} = 2.1 kJ/kg \cdot K$$

정답   24 ①   25 ①   26 ③   27 ②

28 배기량(Displacement Volume)이 1,200cc, 극간체적(Clearance Volume)이 200cc인 가솔린 기관의 압축비는 얼마인가?

① 5　　　　　　　② 6
③ 7　　　　　　　④ 8

해설 ⊕

배기체적은 행정체적(V_s)이므로

$$\varepsilon = \frac{V_t}{V_c} = \frac{V_c + V_s}{V_c} = \frac{200 + 1,200}{200} = 7$$

29 열역학적 상태량은 일반적으로 강도성 상태량과 종량성 상태량으로 분류할 수 있다. 강도성 상태량에 속하지 않는 것은?

① 압력　　　　　　② 온도
③ 밀도　　　　　　④ 체적

해설 ⊕

체적은 반으로 나누면 $\frac{1}{2}$ 로 줄어들므로 종량성 상태량이다.

30 두께 10mm, 열전도율 15W/m · ℃인 금속판 두 면의 온도가 각각 70℃와 50℃일 때 전열면 1m²당 1분 동안에 전달되는 열량(kJ)은 얼마인가?

① 1,800　　　　　② 14,000
③ 92,000　　　　　④ 162,000

해설 ⊕

$$\delta Q = (-)\lambda A \left(\frac{dT}{dx}\right) \ ((-)방열)$$

(여기서, δQ : 전도에 의한 열전도율(kW)
　　　　 λ : 열전도계수(kW/m · K)
　　　　 A : 열전달면적
　　　　 $\frac{dT}{dx}$: 벽체로 통한 온도기울기(K/m))

$$\therefore {}_1Q_2 = -\lambda \cdot A \cdot \frac{(T_2 - T_1)}{x}$$
$$= -15(\text{W/m} \cdot \text{℃}) \times 1(\text{m}^2)\frac{(50-70)(\text{℃})}{0.01(\text{m})}$$
$$= 30,000\text{W} = 30\text{kW}$$
$$= 30\text{kJ/s} = 1,800\text{kJ/min}$$

31 공기 3kg이 300K에서 650K까지 온도가 올라갈 때 엔트로피 변화량(J/K)은 얼마인가?(단, 이때 압력은 100kPa에서 550kPa로 상승하고, 공기의 정압비열은 1.005kJ/kg · K, 기체상수는 0.287kJ/kg · K이다.)

① 712　　　　　　② 863
③ 924　　　　　　④ 966

해설 ⊕

$\delta q = dh - vdp$ 와 $ds = \frac{\delta q}{T}$ 에서

$$Tds = dh - vdp = C_p dT - vdp$$
$$ds = C_p \frac{1}{T}dT - \frac{v}{T}dp \ (여기서, pv = RT)$$
$$= C_p \frac{1}{T}dT - \frac{R}{p}dp$$
$$\therefore S_2 - S_1 = m\left(C_p \ln\frac{T_2}{T_1} - R\ln\frac{p_2}{p_1}\right)$$
$$= 3 \times \left(1.005\ln\left(\frac{650}{300}\right) - 0.287\ln\left(\frac{550}{100}\right)\right)$$
$$= 0.863\text{kJ/K} = 863\text{J/K}$$

32 압축비가 18인 오토사이클의 효율(%)은?(단, 기체의 비열비는 1.41이다.)

① 65.7　　　　　② 69.4
③ 71.3　　　　　④ 74.6

해설 ➕

$$\eta = 1 - \left(\frac{1}{\varepsilon}\right)^{k-1} = 1 - \left(\frac{1}{18}\right)^{1.41-1} = 0.694 = 69.4\%$$

33 공기 표준 브레이튼(Brayton) 사이클 기관에서 최고 압력이 500kPa, 최저압력은 100kPa이다. 비열비(k)가 1.4일 때, 이 사이클의 열효율(%)은?

① 3.9 ② 18.9
③ 36.9 ④ 26.9

해설 ➕

압력상승비 $\gamma = \dfrac{최고압력}{최저압력} = \dfrac{500}{100} = 5$

$$\eta = 1 - \left(\frac{1}{\gamma}\right)^{\frac{k-1}{k}} = 1 - \left(\frac{1}{5}\right)^{\frac{0.4}{1.4}} = 0.369 = 36.9\%$$

(브레이턴 사이클의 열효율은 압력상승비만의 함수이다.)

34 800kPa, 350℃의 수증기를 200kPa로 교축한다. 이 과정에 대하여 운동 에너지의 변화를 무시할 수 있다고 할 때 이 수증기의 Joule - Thomson 계수(K/kPa)는 얼마인가?(단, 교축 후의 온도는 344℃이다.)

① 0.005 ② 0.01
③ 0.02 ④ 0.03

해설 ➕

엔탈피가 일정한 과정에서 압력과 온도의 시간에 따른 변화를 가리켜 줄-톰슨(Joule - Thomson) 계수(μ_J)라 한다.

$$\left(\frac{\partial H}{\partial P}\right)_T \partial P = -C_P \partial T \quad (양변 \div \partial P)$$

$$\left(\frac{\partial H}{\partial P}\right)_T = -C_P \left(\frac{\partial T}{\partial P}\right)_H = -C_P \times \mu_J$$

$$\therefore \mu_J = \left(\frac{\partial T}{\partial P}\right)_H = \frac{350 - 344}{800 - 200} = 0.01\,\text{K/kPa}$$

35 최고온도(T_H)와 최저온도(T_L)가 모두 동일한 이상적인 가역사이클 중 효율이 다른 하나는?(단, 사이클 작동에 사용되는 가스(기체)는 모두 동일하다.)

① 카르노 사이클
② 브레이튼 사이클
③ 스털링 사이클
④ 에릭슨 사이클

해설 ➕

카르노사이클, 스털링사이클, 에릭슨사이클은 사이클이 2개의 등온 열이동 과정으로 구성되어 있지만, 브레이튼 사이클은 2개의 정압과정으로 열이동 과정이 이루어져 있다.

36 이상적인 카르노 사이클 열기관에서 사이클당 585.5J의 일을 얻기 위하여 필요로 하는 열량이 1kJ이다. 저열원의 온도가 15℃라면 고열원의 온도(℃)는 얼마인가?

① 422 ② 595
③ 695 ④ 722

해설 ➕

카르노사이클의 열효율은 온도만의 함수이다.

$T_L = 15 + 273 = 288\text{K}$

$$\eta_{th} = 1 - \frac{T_L}{T_H} = 1 - \frac{288}{T_H} = \frac{W}{Q_H} \text{이므로}$$

$$1 - \frac{288}{T_H} = \frac{585.5}{1 \times 10^3}$$

$$\therefore T_H = 694.81\text{K} = 421.81\,℃$$

정답 33 ③ 34 ② 35 ② 36 ①

37 다음 냉동 사이클에서 열역학 제1법칙과 제2법칙을 모두 만족하는 Q_1, Q_2, W는?

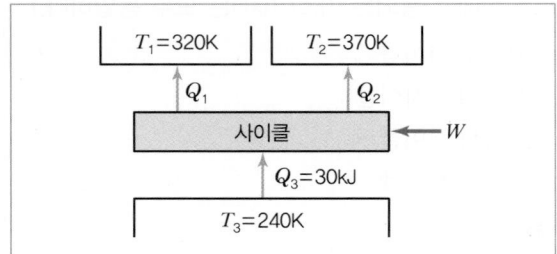

① $Q_1 = 20\text{kJ}$, $Q_2 = 20\text{kJ}$, $W = 20\text{kJ}$

② $Q_1 = 20\text{kJ}$, $Q_2 = 30\text{kJ}$, $W = 20\text{kJ}$

③ $Q_1 = 20\text{kJ}$, $Q_2 = 20\text{kJ}$, $W = 10\text{kJ}$

④ $Q_1 = 20\text{kJ}$, $Q_2 = 15\text{kJ}$, $W = 5\text{kJ}$

해설 ⊕

시스템에서 열역학 제1법칙은 에너지 보존의 법칙이므로 입력(input) = 출력(output)이다. 그러므로
$Q_3 + W = Q_1 + Q_2$를 만족해야 하며 열역학 제2법칙의 비가역 양은 엔트로피 증가로 나타나므로

$dS = \dfrac{\delta Q}{T}$ 에서

처음 상태인 저열원에서 엔트로피양

$\Delta S_3 = \dfrac{Q_3}{T_3} = \dfrac{30}{240} = 0.125\,\text{kJ/K}$

나중 상태인 고열원에서 엔트로피양 ΔS_2, ΔS_1

$\Delta S_2 = \dfrac{Q_2}{T_2} = \dfrac{30}{370} = 0.081\,\text{kJ/K}$

$\Delta S_1 = \dfrac{Q_1}{T_1} = \dfrac{20}{320} = 0.063\,\text{kJ/K}$

처음 상태에서 나중 상태로의 엔트로피양은
$0.125 < (0.081 + 0.063)$ 증가하므로 ②는 열역학 제2법칙을 만족한다.

38 냉동효과가 70kW인 냉동기의 방열기 온도가 20℃, 흡열기 온도가 −10℃이다. 이 냉동기를 운전하는데 필요한 압축기의 이론 동력(kW)은 얼마인가?

① 6.02

② 6.98

③ 7.98

④ 8.99

해설 ⊕

$T_H = 20 + 273 = 293\text{K}$ ⎫ 역카르노 냉동사이클은
$T_L = -10 + 273 = 263\text{K}$ ⎭ 온도만의 함수이므로

$\varepsilon_R = \dfrac{Q_L}{W_C} = \dfrac{T_L}{T_H - T_L}$

$\therefore\ W_C = Q_L\left(\dfrac{T_H - T_L}{T_L}\right)$

$= 70 \times \left(\dfrac{293 - 263}{263}\right)$

$= 7.984\text{kW}$

39 냉동기 팽창밸브 장치에서 교축과정을 일반적으로 어떤 과정이라고 하는가?(단, 이때 일반적으로 운동에너지 차이를 무시한다.)

① 정압과정

② 등엔탈피 과정

③ 등엔트로피 과정

④ 등온과정

해설 ⊕

교축과정은 등엔탈피과정으로 속도변화 없이 압력을 저하시키는 과정이다.

40 국소대기압력이 0.099MPa일 때 용기 내 기체의 게이지 압력이 1MPa이었다. 기체의 절대압력(MPa)은 얼마인가?

① 0.901

② 1.099

③ 1.135

④ 1.275

해설 ⊕

절대압 P_{abs} = 국소대기압 + 계기압
$= 0.099 + 1 = 1.099\text{MPa}$

4과목 유체기계 및 유압기기

61 원심펌프의 특성 곡선(Characteristic Curve)에 대한 설명 중 틀린 것은?

① 유량이 최대일 때의 양정을 체절양정(Shut Off Head)이라 한다.

② 유량에 대하여 전양정, 효율, 축동력에 대한 관계를 알 수 있다.

③ 효율이 최대일 때를 설계점으로 설정하여 이때의 양정을 규정양정(Normal Head)이라 한다.

④ 유량과 양정의 관계곡선에서 서징(Surging)현상을 고려할 때 원편하강 특성곡선 구간에서 운전하는 것은 피하는 것이 좋다.

해설 ➕ -

특성곡선에서 $Q-H$곡선의 세로축과의 교점, 즉 가로축 유량 $Q=0$일 때의 양정을 체절양정이라 한다.

62 다음 중 사류수차에 대한 설명으로 틀린 것은?

① 프란시스 수차와 프로펠러 수차 사이의 비속도와 유효낙차를 가진다.

② 비교적 유량이 많은 댐식에 주로 사용된다.

③ 프란시스 수차와는 다르게 흡출관이 없다.

④ 러너 베인의 기울어진 각도는 고낙차용은 축방향과 45°정도이고, 저낙차용은 60°정도이다.

해설 ➕ -

사류수차의 구조는 프란시스 수차와 같으므로 흡출관이 있다.

63 다음 수력기계에서 특수형 펌프에 속하지 않는 것은?

① 진공 펌프   ② 재생 펌프

③ 분사 펌프   ④ 수격 펌프

해설 ➕ -

진공펌프는 공기기계이다.

64 수차에 대하여 일반적으로 운전하는 비속도가 작은 것으로부터 큰 순으로 바르게 나타낸 것은?

① 프로펠러 수차<프란시스 수차<펠톤 수차

② 프로펠러 수차<펠톤 수차<프란시스 수차

③ 프란시스 수차<펠톤 수차<프로펠러 수차

④ 펠톤 수차<프란시스 수차<프로펠러 수차

해설 ➕ -

비속도(n_s)는 펠턴 수차는 20, 프란시스 수차는 100, 프로펠러 수차는 200 이상이다.

65 일반적인 토크 컨버터의 최고 효율은 약 몇 % 수준인가?

① 97   ② 90

③ 83   ④ 75

해설 ➕ -

토크 컨버터의 최대효율 $\eta_{\max}$는 약 85~90%정도이다.

66 유회전식 진공 펌프(Oil Rotary Vacuum Pump)에 해당하지 않는 것은?

① 엘모형(Elmo type)   ② 센코형(Cenco type)

③ 게데형(Gaede type)   ④ 키니형(Kinney type)

해설 ➕ -

유회전 진공펌프 종류는 센코형(Cenco Type), 게데형(Gaede Type), 키니형(Kenney Type)이 있다.

2019

정답   61 ①   62 ③   63 ①   64 ④   65 ②   66 ①

67 펌프보다 낮은 수위에서 액체를 퍼 올릴 때 풋밸브(Foot Valve)를 설치하는 이유로 가장 옳은 것은?

① 관내 수격작용을 방지하기 위하여
② 펌프의 한계 유량을 넘지 않도록 하기 위해
③ 펌프 내에 공동현상을 방지하기 위하여
④ 운전이 정지되더라도 흡입관 내에 물이 역류하는 것을 방지하기 위해

해설 ⊕ -

펌프의 운전이 정지될 때 흡입관 안에 들어간 유체가 아래의 액체탱크로 빠져나오지 못하게 하는 역할을 한다.(유체가 한 방향으로만 흐르도록 하는 체크밸브의 개념)

68 시로코 팬(Sirocco Fan)의 일반적인 특징에 대한 설명으로 옳지 않은 것은?

① 회전차의 깃이 회전방향으로 경사되어 있다.
② 익현 길이가 짧다.
③ 풍량이 적다.
④ 깃폭이 넓은 깃을 다수 부착한다.

해설 ⊕ -

시로코 팬은 풍량이 많아 통풍능력이 크다.

69 수차에 작용하는 물의 에너지 종류에 따라 수차를 구분하였을 때, 물레방아가 해당되는 수차의 형식은?

① 충격 수차
② 중력 수차
③ 펠톤 수차
④ 반동 수차

해설 ⊕ -

중력수차는 물레방아처럼 물이 중력에 의해 유효 낙차와 유량을 가지고 수차에 떨어지면서 수차를 회전시켜 축동력을 발생시킨다.

70 운전 중인 급수펌프의 유량이 4m³/min, 흡입관에서의 게이지 압력이 − 40kPa, 송출관에서의 게이지 압력이 400kPa이다. 흡입관경과 송출관경이 같고, 송출관의 압력 측정 장치는 흡입관의 압력 측정 장치의 설치 위치보다 30cm 높게 설치가 되어있다면, 이 펌프의 전양정(m)과 동력(kW)은 각각 얼마 정도인가?

① 27.2m, 27.3kW
② 45.2m, 45.4kW
③ 27.2m, 57.3kW
④ 45.2m, 29.5kW

해설 ⊕ -

펌프 전양정(H_p)을 고려한 베르누이 방정식을 적용하면

$$\frac{p_1}{\gamma} + \frac{V_1^2}{2g} + Z_1 + H_P = \frac{p_2}{\gamma} + \frac{V_2^2}{2g} + Z_2$$

여기서, $d_1 = d_2$이므로 배관 단면적이 같아 $V_1 = V_2$이며, 위치에너지 $Z_2 - Z_1 = 0.3$m 다.

전양정 $H_P = \dfrac{p_2 - p_1}{\gamma} + 0.3$

$$= \frac{400 - (-40)}{9.8} + 0.3 = 45.2\text{m}$$

동력 $L = \dfrac{\gamma H_P Q}{1,000} = \dfrac{9,800 \times 45.2 \times \dfrac{4}{60}}{1,000} = 29.53\text{kW}$

71 베인 펌프의 일반적인 특징으로 옳지 않은 것은?

① 송출 압력의 맥동이 적다.
② 고장이 적고 보수가 용이하다.
③ 펌프의 유동력에 비하여 형상치수가 적다.
④ 베인의 마모로 인하여 압력저하가 커진다.

해설 ⊕ -

베인펌프(Vane Pump)의 특징
• 토출압력의 맥동과 소음이 적다.
• 단위무게당 용량이 커 형상치수가 작다.
• 베인의 마모로 인한 압력저하가 적어 수명이 길다.
• 호환성이 좋고, 보수가 용이하다.
• 급속시동이 가능하다.

• 압력저하량과 기통토크가 작다.
• 작동유의 점도, 청정도에 세심한 주의를 요한다.
• 다른 펌프에 비해 부품수가 많다.
• 작동유의 점도에 제한이 있다.

72 그림과 같은 도시기호로 표시된 밸브의 명칭은?

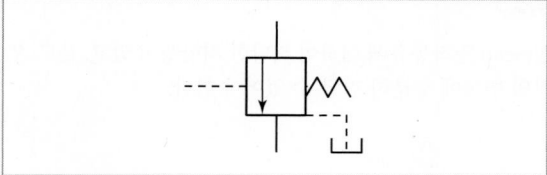

① 직접 작동형 릴리프 밸브
② 파일럿 작동형 릴리프 밸브
③ 2방향 감압 밸브
④ 시퀀스 밸브

73 단단 베인 펌프 2개를 1개의 본체 내에 직렬로 연결시킨 베인 펌프는?

① 2중 베인 펌프(Double Type Vane Pump)
② 2단 베인 펌프(Two Stage Vane Pump)
③ 복합 베인 펌프(Combination Vane Pump)
④ 가변 용량형 베인 펌프(Variable Delivery Vane Pump)

해설 ⊕

2단베인펌프(Two Stage Vane Pump)

베인펌프의 약점인 고압발생을 가능하게 하기 위하여 2단펌프는 용량이 같은 1단펌프 2개를 1개의 본체 내에 분배밸브를 이용하여 직렬로 연결시킨 것으로 고압이므로 대출력이 요구되는 구동에 적합하다. 그러나 소음이 있다는 것이 단점이다.

74 펌프의 무부하 운전에 대한 장점이 아닌 것은?

① 작업시간 단축
② 구동동력 경감
③ 유압유의 열화 방지
④ 고장방지 및 펌프의 수명 연장

해설 ⊕

펌프의 무부하 운전에 대한 장점
• 고장방지 및 펌프의 수명 연장
• 유온상승 방지
• 유압장치의 가열방지
• 구동동력 경감
• 유압유의 열화방지 및 노화방지

75 슬라이드 밸브 등에서 밸브가 중립점에 있을 때, 이미 포트가 열리고, 유체가 흐르도록 중복된 상태를 의미하는 용어는?

① 제로 랩   ② 오버 랩
③ 언더 랩   ④ 랜드 랩

해설 ⊕

• 랩(Lap) : 미끄럼밸브의 랜드부분과 포트부분 사이에 겹친 상태 또는 그 양
• 제로랩(Zero Lap) : 미끄럼밸브 등으로 밸브가 중립점에 있을 때 포트는 닫혀 있고 밸브가 조금이라도 변위되면 포트가 열려 유체가 흐르게 되어있는 겹친 상태
• 오버랩(Over Lap) : 미끄럼밸브 등으로 밸브가 중립점으로부터 약간 변위하여 처음으로 포트가 열려 유체가 흐르도록 되어 있는 겹친 상태
• 언더랩(Under Lap) : 미끄럼밸브 등에서 밸브가 중립점에 있을 때 이미 포트가 열려 있어 유체가 흐르도록 되어 있는 겹친 상태

76 1개의 유압 실린더에서 전진 및 후진 단에 각각의 리밋 스위치를 부착하는 이유로 가장 적합한 것은?

① 실린더의 위치를 검출하여 제어에 사용하기 위하여
② 실린더 내의 온도를 제어하기 위하여
③ 실린더의 속도를 제어하기 위하여
④ 실린더 내의 압력을 계측하고 제어하기 위하여

해설❶

실린더의 행정거리를 제한하기 위하여 또는 실린더의 위치를 검출하여 제어에 사용하기 위하여 리밋스위치를 부착한다.

77 기능적으로 구분할 때 릴리프 밸브와 리듀싱 밸브는 어떤 밸브에 속하는가?

① 방향 제어 밸브 ② 압력 제어 밸브
③ 비례 제어 밸브 ④ 유량 제어 밸브

해설❶

압력제어밸브의 종류
릴리프밸브, 감압밸브(Pressure Reducing Valve), 시퀀스밸브(순차동작밸브), 카운터밸런스밸브, 무부하밸브(Unloading Valve), 압력스위치, 유체퓨즈

78 일정한 유량(Q) 및 유속(V)으로 유체가 흐르고 있는 관의 지름 D를 $5D$로 크게 하면 유속은 어떻게 변화하는가?

① $\dfrac{1}{5}V$ ② $25V$

③ $5V$ ④ $\dfrac{1}{25}V$

해설❶

우선, $Q = AV = \dfrac{\pi D^2}{4}V$에서 $V = \dfrac{4Q}{\pi D^2}$

결국, $V' = \dfrac{4Q}{\pi(5D)^2} = \dfrac{1}{25} \times \dfrac{4Q}{\pi D^2} = \dfrac{1}{25}V$

79 유압기기에서 실(Seal)의 요구 조건과 관계가 먼 것은?

① 압축 복원성이 좋고 압축변형이 적을 것
② 체적변화가 적고 내약품성이 양호할 것
③ 마찰저항이 크고 온도에 민감할 것
④ 내구성 및 내마모성이 우수할 것

해설❶

실(Seal)은 작동유에 대하여 적당한 저항성이 있고, 온도, 압력의 변화에 충분히 견딜 수 있어야 한다.

80 그림과 같이 유체가 단면적이 다른 파이프를 통과할 때 단면적 A_2지점에서의 유량은 몇 ℓ/s 인가? (단, 단면적 A_1에서의 유속 $V_1 = 4$m/s이고, 단면적은 $A_1 = 0.2$cm²이며, 연속의 법칙을 만족한다.)

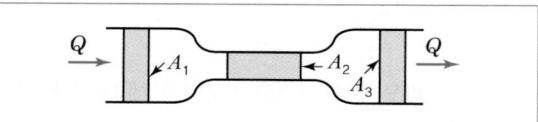

① 0.008 ② 0.08
③ 0.8 ④ 8

해설❶

$Q = Q_1 = Q_2 = Q_3$이므로
$\therefore Q_2 = Q_1 = A_1 V_1$
$= 0.2 \times 10^{-4} \times 4 = 0.8 \times 10^{-4} \mathrm{m}^3/\mathrm{s}$
$= 0.08\ell/\mathrm{s}$
*$1\ell = 10^{-3}\mathrm{m}^3$
즉, $1\mathrm{m}^3 = 10^3\ell$

1과목 **재료역학**

01 직사각형 단면의 단주에 150kN 하중이 중심에서 1m만큼 편심되어 작용할 때 이 부재 BD에서 생기는 최대 압축응력은 약 몇 kPa인가?

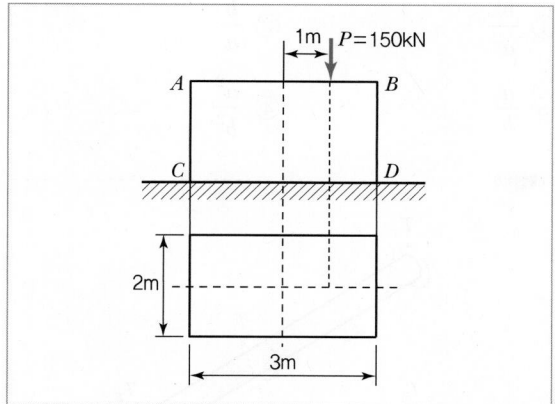

① 25
② 50
③ 75
④ 100

해설 ➕

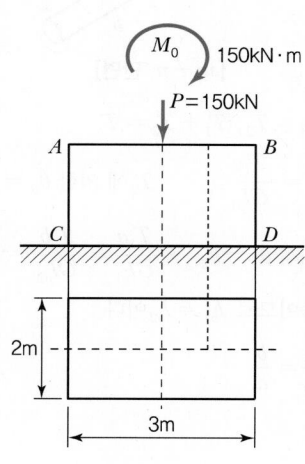

부재 $B-D$에는 직접압축응력과 굽힘에 의한 압축응력이 조합된 상태이므로

$$\sigma_{max} = \sigma_c + \sigma_{bc} = \frac{P}{A} + \frac{M_0}{Z} = \frac{P}{A} + \frac{Pe}{Z}$$

여기서, $\sigma_c = \frac{P}{A} = \frac{150 \times 10^3 \text{N}}{6 \text{m}^2}$
$$= 25,000 \text{Pa} = 25 \text{kPa}$$

$$\sigma_{bc} = \frac{Pe}{\frac{bh^2}{6}} = \frac{150 \times 10^3 \text{N} \times 1\text{m}}{\frac{2 \times 3^2 \text{m}^3}{6}}$$
$$= 50,000 \text{Pa} = 50 \text{kPa}$$

∴ $\sigma_{max} = 25 + 50 = 75 \text{kPa}$

02 오일러 공식이 세장비 $\frac{l}{k} > 100$에 대해 성립한다고 할 때, 양단이 힌지인 원형단면 기둥에서 오일러 공식이 성립하기 위한 길이 "l"과 지름 "d"와의 관계가 옳은 것은?(단, 단면의 회전반경을 k라 한다.)

① $l > 4d$
② $l > 25d$
③ $l > 50d$
④ $l > 100d$

해설 ➕

$$\lambda = \frac{l}{K} = \frac{l}{\sqrt{\frac{I}{A}}} = \frac{l}{\sqrt{\frac{\frac{\pi}{64}d^4}{\frac{\pi}{4}d^2}}} = \frac{l}{\sqrt{\frac{d^2}{16}}} = \frac{4l}{d} > 100$$

∴ $l > 25d$

03 원형 봉에 축방향 인장하중 $P = 88\text{kN}$이 작용할 때, 직경의 감소량은 약 몇 mm인가?(단, 봉은 길이 $L = 2\text{m}$, 직경 $d = 40\text{mm}$, 세로탄성계수는 70GPa, 포아송비 $\mu = 0.3$이다.)

① 0.006 　　　　② 0.012

③ 0.018 　　　　④ 0.036

해설 ⊕ -

$$\mu = \frac{\varepsilon'}{\varepsilon} = \frac{\frac{\delta}{d}}{\frac{\lambda}{l}} = \frac{l\delta}{d\lambda} \text{에서}$$

$$\delta = \frac{\mu d\lambda}{l} = \frac{\mu \cdot d}{l} \cdot \frac{P \cdot l}{AE} (\because \lambda = \frac{P \cdot l}{AE})$$

$$= \frac{\mu dP}{AE} = \frac{\mu dP}{\frac{\pi}{4}d^2 E} = \frac{4\mu P}{\pi dE} = \frac{4 \times 0.3 \times 88 \times 10^3}{\pi \times 0.04 \times 70 \times 10^9}$$

$$= 0.000012\text{m} = 0.012\,\text{mm}$$

04 원형단면 축에 147kW의 동력을 회전수 2,000rpm으로 전달시키고자 한다. 축 지름은 약 몇 cm로 해야 하는가?(단, 허용전단응력은 $\tau_w = 50\text{MPa}$이다.)

① 4.2 　　　　② 4.6

③ 8.5 　　　　④ 9.9

해설 ⊕ -

$$\text{전달 토크 } T = \frac{H}{\omega} = \frac{H}{\frac{2\pi N}{60}} = \frac{147 \times 10^3}{\frac{2\pi \times 2,000}{60}}$$

$$= 701.87\text{N} \cdot \text{m}$$

$$T = \tau \cdot Z_p = \tau \cdot \frac{\pi d^3}{16} \text{에서}$$

$$\therefore d = \sqrt[3]{\frac{16T}{\pi\tau}} = \sqrt[3]{\frac{16 \times 701.87}{\pi \times 50 \times 10^6}}$$

$$= 0.0415\text{m} = 4.15\text{cm}$$

05 양단이 고정된 축을 그림과 같이 $m - n$단면에서 T만큼 비틀면 고정단 AB에서 생기는 저항 비틀림 모멘트의 비 T_A / T_B는?

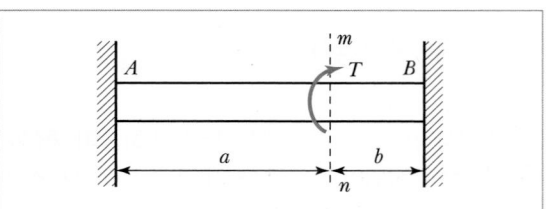

① $\dfrac{b^2}{a^2}$ 　　　　② $\dfrac{b}{a}$

③ $\dfrac{a}{b}$ 　　　　④ $\dfrac{a^2}{b^2}$

해설 ⊕ -

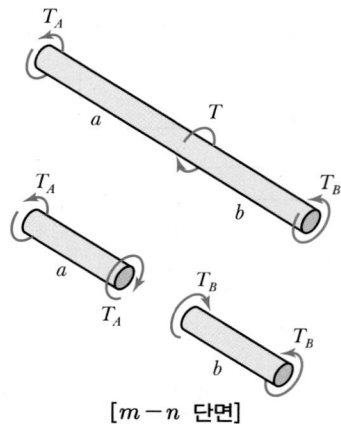

[$m - n$ 단면]

$T_A = T_1,\ T_B = T_2,\ T_1 + T_2 = T$

T_1에 의한 $\theta_1 = \dfrac{T_1 a}{GI_{p1}}$ 　　　　T_2에 의한 $\theta_2 = \dfrac{T_2 b}{GI_{p2}}$

$m - n$ 단면에서 $\theta_1 = \theta_2 \rightarrow \dfrac{T_1 a}{GI_{p1}} = \dfrac{T_2 b}{GI_{p2}}(\because G \text{ 동일})$

하나의 동일축이므로 $I_{p1} = I_{p2}$이다.

$$\therefore \frac{T_A}{T_B} = \frac{T_1}{T_2} = \frac{b}{a}$$

06 외팔보의 자유단에 연직 방향으로 10kN의 집중하중이 작용하면 고정단에 생기는 굽힘응력은 약 몇 MPa인가?(단, 단면(폭×높이) $b \times h = 10\text{cm} \times 15\text{cm}$, 길이 1.5m이다.)

① 0.9 ② 5.3
③ 40 ④ 100

해설 ➕ - - - - - - - - - - - - - - - - - -

$$\sigma_b = \frac{M}{Z} = \frac{P \times L}{\frac{bh^2}{6}} = \frac{10 \times 10^3 \times 1.5}{\frac{0.1 \times 0.15^2}{6}}$$

$$= 40 \times 10^6 \, \text{N/m}^2$$

$$= 40 \, \text{MPa}$$

07 지름 300mm의 단면을 가진 속이 찬 원형보가 굽힘을 받아 최대 굽힘응력이 100MPa이 되었다. 이 단면에 작용한 굽힘 모멘트는 약 몇 kN·m인가?

① 265 ② 315
③ 360 ④ 425

해설 ➕ - - - - - - - - - - - - - - - - - -

$$M = \sigma_b \cdot Z$$

$$= \sigma_b \cdot \frac{\pi d^3}{32}$$

$$= 100 \times 10^6 \times \frac{\pi \times 0.3^3}{32}$$

$$= 265,071.88 \, \text{N} \cdot \text{m}$$

$$= 265.07 \, \text{kN} \cdot \text{m}$$

08 철도 레일의 온도가 50℃에서 15℃로 떨어졌을 때 레일에 생기는 열응력은 약 몇 MPa인가?(단, 선팽창계수는 0.000012/℃, 세로탄성계수는 210GPa이다.)

① 4.41 ② 8.82
③ 44.1 ④ 88.2

해설 ➕ - - - - - - - - - - - - - - - - - -

$$\varepsilon = \alpha \Delta t$$
$$\sigma = E\varepsilon = E\alpha \Delta t$$
$$= 210 \times 10^9 \times 0.000012 \times (50 - 15)$$
$$= 88.2 \times 10^6 \, \text{Pa}$$
$$= 88.2 \, \text{MPa}$$

09 그림과 같은 트러스 구조물에서 B점에서 10kN의 수직 하중을 받으면 BC에 작용하는 힘은 몇 kN인가?

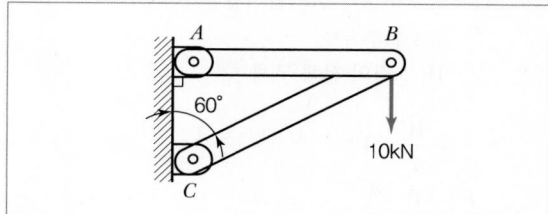

① 20 ② 17.32
③ 10 ④ 8.66

해설 ➕ - - - - - - - - - - - - - - - - - -

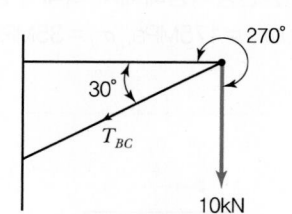

3력 부재이므로 라미의 정리에 의해

$$\frac{10}{\sin 30°} = \frac{T_{BC}}{\sin 270°}$$

$$\therefore \; T_{BC} = 10 \times \frac{\sin 270°}{\sin 30°} = (-)20 \text{kN}$$

("$-$" 부호는 압축을 의미)

10 지름 D인 두께가 얇은 링(Ring)을 수평면 내에서 회전시킬 때, 링에 생기는 인장응력을 나타내는 식은?(단, 링의 단위 길이에 대한 무게를 W, 링의 원주속도를 V, 링의 단면적을 A, 중력 가속도를 g로 한다.)

① $\dfrac{WV^2}{DAg}$　　　　② $\dfrac{WDV^2}{Ag}$

③ $\dfrac{WV^2}{Ag}$　　　　④ $\dfrac{WV^2}{Dg}$

해설 ➕ -

$$F_r = ma_r = \frac{W_t}{g} \cdot \frac{V^2}{r}$$

여기서, $\dfrac{W_t}{r} = W$: 링의 단위길이당 무게

　　　　a_r : 구심가속도(법선방향가속도)

　　　　V : 원주속도

　　　　W_t : 링의 전체 무게

$$= \frac{W}{g} \cdot V^2$$

$$\therefore \sigma = \frac{F}{A} = \frac{WV^2}{Ag}$$

11 그림의 평면응력상태에서 최대 주응력은 약 몇 MPa인가?(단, $\sigma_x = 175$MPa, $\sigma_y = 35$MPa, $\tau_{xy} = 60$MPa이다.)

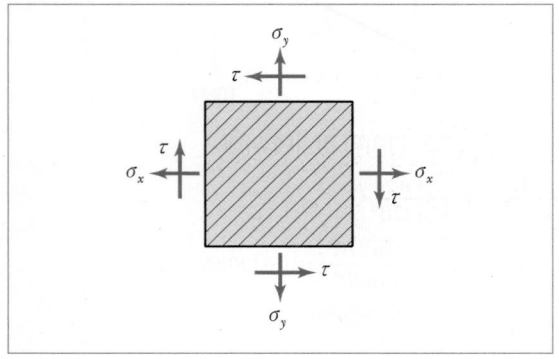

① 92　　　　② 105

③ 163　　　　④ 197

해설 ➕

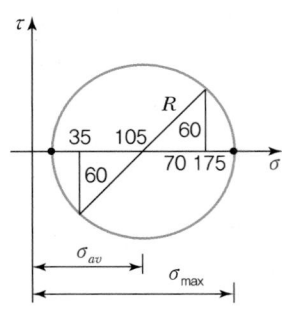

평면응력상태의 모어의 응력원을 그리면
응력원에서 $\sigma_{max} = \sigma_{av} + R$이므로

$$\sigma_{av} = \frac{175 + 35}{2} = 105$$

모어의 응력원에서 $R = \sqrt{70^2 + 60^2} = 92.2 \text{MPa}$

$\therefore \sigma_{max} = 105 + 92.2 = 197.2 \text{MPa}$

12 그림과 같이 외팔보의 중앙에 집중하중 P가 작용하는 경우 집중하중 P가 작용하는 지점에서의 처짐은?(단, 보의 굽힘강성 EI는 일정하고, L은 보의 전체의 길이이다.)

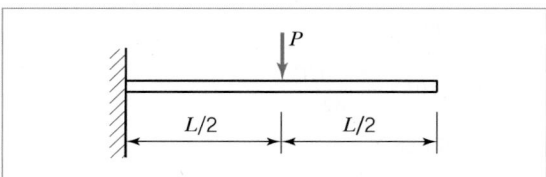

① $\dfrac{PL^3}{3EI}$　　　　② $\dfrac{PL^3}{24EI}$

③ $\dfrac{PL^3}{8EI}$　　　　④ $\dfrac{5PL^3}{48EI}$

정답　　**10** ③　**11** ④　**12** ②

29 1kW의 전기히터를 이용하여 101kPa, 15℃의 공기로 차 있는 100m³의 공간을 난방하려고 한다. 이 공간은 견고하고 밀폐되어 있으며 단열되어 있다. 히터를 10분 동안 작동시킨 경우, 이 공간의 최종온도(℃)는?(단, 공기의 정적 비열은 0.718kJ/kg·K이고, 기체상수는 0.287kJ/kg·K이다.)

① 18.1   ② 21.8
③ 25.3   ④ 29.4

해설 ⊕ -

전기히터에 의해 공급된 열량＝내부에너지 변화량

$$_1Q_2 = 1\frac{kJ}{s} \times 10min \times \frac{60s}{1min} = 600kJ$$

$$\delta Q = dU + \delta \cancel{W}^0$$

$dU = \delta Q$ (계가 열을 받으므로(+))

$$U_2 - U_1 = {_1Q_2} \rightarrow m(u_2 - u_1) = {_1Q_2}$$

$$mC_v(T_2 - T_1) = {_1Q_2}$$

$$\therefore T_2 = T_1 + \frac{_1Q_2}{mC_v}$$

$$= 15 + \frac{600 \times 10^3}{122.19 \times 0.718 \times 10^3}$$

$$= 21.84 \,℃$$

여기서, $m = \dfrac{PV}{RT} = \dfrac{101 \times 10^3 \times 100}{0.287 \times 10^3 \times (15 + 273)}$

$$= 122.19kg$$

30 용기 안에 있는 유체의 초기 내부에너지는 700kJ이다. 냉각과정 동안 250kJ의 열을 잃고, 용기 내에 설치된 회전날개로 유체에 100kJ의 일을 한다. 최종상태의 유체의 내부에너지(kJ)는 얼마인가?

① 350   ② 450
③ 550   ④ 650

해설 ⊕ -

열부호(−), 일부호(−)

$$\delta Q - \delta W = dU \rightarrow {_1Q_2} - {_1W_2} = U_2 - U_1$$

$$\therefore U_2 = U_1 + {_1Q_2} - {_1W_2}$$

$$= 700 + ((-)250) - ((-)100)$$

$$= 550\,kJ$$

31 랭킨사이클에서 보일러 입구 엔탈피 192.5kJ/kg, 터빈 입구 엔탈피 3,002.5kJ/kg, 응축기 입구 엔탈피 2,361.8kJ/kg일 때 열효율(%)은?(단, 펌프의 동력은 무시한다.)

① 20.3   ② 22.8
③ 25.7   ④ 29.5

해설 ⊕ -

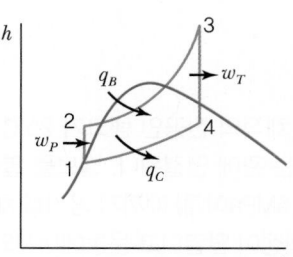

$h-s$ 선도에서 $h_2 = 192.5$, $h_3 = 3,002.5$, $h_4 = 2,361.8$

$$\eta = \frac{w_T - w_P}{q_B} = \frac{(h_3 - h_4)}{h_3 - h_2} \quad (\because \cancel{w_P}^0 \text{이므로})$$

$$= \frac{3,002.5 - 2,361.8}{3,002.5 - 192.5}$$

$$= 0.228 = 22.8\%$$

32 공기 10kg이 압력 200kPa, 체적 5m³인 상태에서 압력 400kPa, 온도 300℃인 상태로 변한 경우 최종 체적(m³)은 얼마인가?(단, 공기의 기체상수는 0.287 kJ/kg · K이다.)

① 10.7　　　　② 8.3
③ 6.8　　　　④ 4.1

해설⊕

$PV = mRT$에서

$$T_1 = \frac{P_1 V_1}{mR} = \frac{200 \times 10^3 \times 5}{10 \times 0.287 \times 10^3} = 348.43\,K$$

보일−샤를법칙에 의해

$$\frac{P_1 V_1}{T_1} = \frac{P_2 V_2}{T_2}\,\text{이므로}$$

$$\frac{200 \times 10^3 \times 5}{348.43} = \frac{400 \times 10^3 \times V_2}{(300 + 273)}$$

$$V_2 = 4.11 \text{m}^3$$

33 300L 체적의 진공인 탱크가 25℃, 6MPa의 공기를 공급하는 관에 연결된다. 밸브를 열어 탱크 안의 공기 압력이 5MPa이 될 때까지 공기를 채우고 밸브를 닫았다. 이 과정이 단열이고 운동에너지와 위치에너지의 변화를 무시한다면 탱크 안의 공기의 온도(℃)는 얼마가 되는가?(단, 공기의 비열비는 1.40이다.)

① 1.5　　　　② 25.0
③ 84.4　　　　④ 144.2

해설⊕

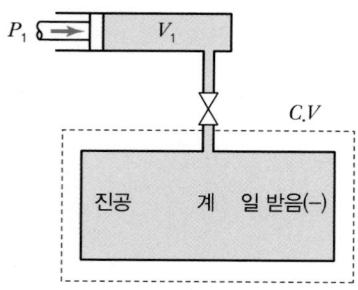

진공인 탱크가 공급관에 연결된 것과 그림에서 피스톤이 진공 탱크에 유입되는 수증기를 밀어 넣는 것과 같은 개념으로 생각해서 문제를 해석하는 게 쉽다. → 들어가고 나가는 질량 유량이 없어 검사질량(일정질량)의 경계가 움직이며 검사질량인 수증기에 일을 가한다.

처음에 계가 일을 받으므로 $(-)_1 W_2 = P_1 V_1 = m P_1 v_1$

$_1 Q_2 = U_2 - U_1 + {_1}W_2$에서 단열이므로

$0 = U_2 - U_1 - P_1 V_1$

비내부에너지와 비체적을 적용하면

$0 = m(u_2 - u_1) - m P_1 v_1$

$\quad = m u_2 - m(u_1 + P_1 v_1) \;(\because h = u + Pv)$

$\quad = m u_2 - m h_1$

$\therefore\; u_2 = h_1$

$u_2 = u_1 + P_1 v_1$

$u_2 - u_1 = P_1 v_1 = R T_1$

$Pv = RT$와 $du = C_v dT$를 적용하면

$C_v(T_2 - T_1) = R T_1$

$\dfrac{R}{k-1}(T_2 - T_1) = R T_1$

$T_2 - T_1 = (k-1) T_1$

$\therefore\; T_2 = k T_1 = 1.4 \times (25 + 273) = 417.2K$

$\quad \rightarrow 417.2 - 273 = 144.2℃$

34 열역학적 관점에서 다음 장치들에 대한 설명으로 옳은 것은?

① 노즐은 유체를 서서히 낮은 압력으로 팽창하여 속도를 감속시키는 기구이다.
② 디퓨저는 저속의 유체를 가속하는 기구이며 그 결과 유체의 압력이 증가한다.
③ 터빈은 작동유체의 압력을 이용하여 열을 생성하는 회전식 기계이다.
④ 압축기의 목적은 외부에서 유입된 동력을 이용하여 유체의 압력을 높이는 것이다.

- 노즐 : 속도를 증가시키는 기구(운동에너지를 증가시킴)
- 디퓨저 : 유체의 속도를 감속하여 유체의 압력을 증가시키는 기구
- 터빈 : 일을 만들어 내는 회전식 기계(축일을 만드는 장치)

35 그림과 같은 공기표준 브레이튼(Brayton) 사이클에서 작동유체 1kg당 터빈 일(kJ/kg)은?(단, $T_1 = 300K$, $T_2 = 475.1K$, $T_3 = 1,100K$, $T_4 = 694.5K$이고, 공기의 정압비열과 정적비열은 각각 1.0035kJ/kg·K, 0.7165kJ/kg·K이다.)

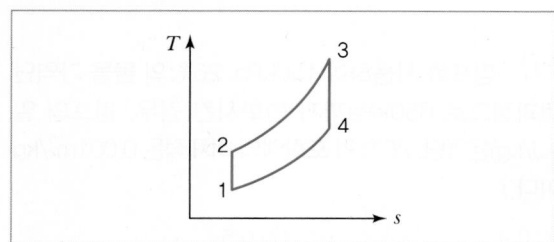

① 290
② 407
③ 448
④ 627

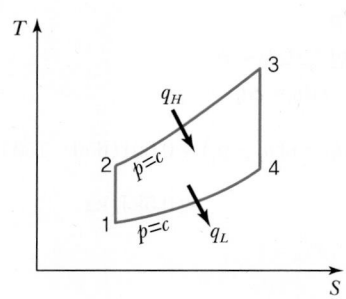

단열팽창하는 공업일이 터빈일이므로

$$\cancel{\delta q}^{\,0} = dh - vdp$$

$$0 = dh - vdp$$

여기서, $\delta w_T = -vdp = -dh (3 \rightarrow 4과정)$

$$\therefore {}_3 w_{T4} = \int -C_p dT$$
$$= -C_p(T_4 - T_3)$$
$$= C_p(T_3 - T_4)$$
$$= 1.0035 \times (1,100 - 694.5)$$
$$= 406.92 \text{kJ/kg}$$

36 다음 중 가장 큰 에너지는?

① 100kW 출력의 엔진이 10시간 동안 한 일
② 발열량 10,000kJ/kg의 연료를 100kg 연소시켜 나오는 열량
③ 대기압하에서 10℃의 물 10m³를 90℃로 가열하는 데 필요한 열량(단, 물의 비열은 4.2kJ/kg·K이다.)
④ 시속 100km로 주행하는 총 질량 2,000kg인 자동차의 운동에너지

① $100 \dfrac{\text{kJ}}{\text{s}} \times 10\text{h} \times \dfrac{3,600\text{s}}{1\text{h}} = 3.6 \times 10^6 \text{kJ}$

② $Q = mq = 100\text{kg} \times 10,000\text{kJ/kg} = 1 \times 10^6 \text{kJ}$

③ $Q = mc\Delta T = \rho Vc\Delta T$
$= 1,000\text{kg/m}^3 \times 10\text{m}^3 \times 4.2 \times (90 - 10)$
$= 3.36 \times 10^6 \text{kJ}$

④ $E_K = \dfrac{1}{2}m V^2$
$= \dfrac{1}{2} \times 2,000\text{kg} \times 100^2 \left(\dfrac{\text{km}}{\text{h}}\right)^2 \times \left(\dfrac{1,000\text{m}}{\text{km}}\right)^2$
$\times \left(\dfrac{1\text{h}}{3,600\text{s}}\right)^2$
$= 7.71 \times 10^6 \text{J} = 7.71 \times 10^3 \text{kJ}$

37 열역학 제2법칙에 대한 설명으로 틀린 것은?

① 효율이 100%인 열기관은 얻을 수 없다.

② 제2종의 영구기관은 작동 물질의 종류에 따라 가능하다.

③ 열은 스스로 저온의 물질에서 고온의 물질로 이동하지 않는다.

④ 열기관에서 작동 물질이 일을 하게 하려면 그 보다 더 저온인 물질이 필요하다.

해설 ⊕

열역학 제2법칙을 위배하는 기관은 제2종 영구기관으로 열효율 100%인 제2종 영구기관은 만들 수 없다.

38 준평형 정적 과정을 거치는 시스템에 대한 열전달량은?(단, 운동에너지와 위치에너지의 변화는 무시한다.)

① 0이다.

② 이루어진 일량과 같다.

③ 엔탈피 변화량과 같다.

④ 내부에너지 변화량과 같다.

해설 ⊕

$\delta q = du + pdv$

$v = c,\ dv = 0$이므로

$\therefore\ {}_1q_2 = u_2 - u_1$

39 이상기체 1kg을 300K, 100kPa에서 500K까지 "$PV^n =$일정"의 과정($n = 1.2$)을 따라 변화시켰다. 이 기체의 엔트로피 변화량(kJ/K)은?(단, 기체의 비열비는 1.3, 기체상수는 0.287kJ/kg · K이다.)

① -0.244 ② -0.287

③ -0.344 ④ -0.373

해설 ⊕

$n = 1.2$인 폴리트로픽 과정에서의 엔트로피 변화량이므로

$dS = \dfrac{\delta Q}{T}$ 에서 $\delta Q = m C_n dT = m\left(\dfrac{n-k}{n-1}\right) C_v dT$

여기서, C_n : 폴리트로픽 비열

$S_2 - S_1 = m \times \dfrac{n-k}{n-1} C_v \displaystyle\int_1^2 \dfrac{1}{T} dT$ (여기서, $k = 1.3$)

$\quad = m \times \dfrac{n-k}{n-1} C_v \ln \dfrac{T_2}{T_1} = m \times \dfrac{n-k}{n-1} \dfrac{R}{k-1} ln \dfrac{T_2}{T_1}$

$\quad = 1 \times \left(\dfrac{1.2 - 1.3}{1.2 - 1}\right) \times \left(\dfrac{0.287}{1.3 - 1}\right) \times \ln\left(\dfrac{500}{300}\right)$

$\quad = -0.2443\,\mathrm{kJ/K}$

40 펌프를 사용하여 150kPa, 26℃의 물을 가역단열과정으로 650kPa까지 변화시킨 경우, 펌프의 일(kJ/kg)은?(단, 26℃의 포화액의 비체적은 0.001m³/kg이다.)

① 0.4   ② 0.5

③ 0.6   ④ 0.7

해설 ⊕

펌프일 → 개방계의 일 → 공업일

$\delta w_t = -vdp$

(계가 일을 받으므로($-$))

$\delta w_p = (-) - vdp = vdp$

$w_p = \displaystyle\int_1^2 vdp = v(p_2 - p_1) = 0.001(650 - 150)$

$\qquad\qquad = 0.5\,\mathrm{kJ/kg}$

3과목　기계유체역학

41 담배연기가 비정상 유동으로 흐를 때 순간적으로 눈에 보이는 담배연기는 다음 중 어떤 것에 해당하는가?

① 유맥선
② 유적선
③ 유선
④ 유선, 유적선, 유맥선 모두에 해당됨

해설 ➕

유맥선(Streak Line)
유동장에서 한 점을 지나는 모든 유체 입자들의 순간궤적

42 중력가속도 g, 체적유량 Q, 길이 L로 얻을 수 있는 무차원수는?

① $\dfrac{Q}{\sqrt{gL}}$
② $\dfrac{Q}{\sqrt{gL^3}}$
③ $\dfrac{Q}{\sqrt{gL^5}}$
④ $Q\sqrt{gL^3}$

해설 ➕

모든 차원의 지수합은 "0"이다.

- Q : m³/s → L^3T^{-1}
- $(g)^x$: m/s² → $(LT^{-2})^x$
- $(L)^y$: m → $(L)^y$
- L차원 : $3+x+y=0$
- T차원 : $-1-2x=0 \rightarrow x=-\dfrac{1}{2}$

$3+\left(-\dfrac{1}{2}\right)+y=0$에서 $y=-\dfrac{5}{2}$

$\therefore$ 무차원수 $\pi = Q^1 \cdot (g)^{-\frac{1}{2}} \cdot (L)^{-\frac{5}{2}} = \dfrac{Q}{\sqrt{gL^5}}$

43 속도 포텐셜 $\phi = K\theta$인 와류 유동이 있다. 중심에서 반지름 r인 원주에 따른 순환(Circulation)식으로 옳은 것은?(단, K는 상수이다.)

① 0
② K
③ πK
④ $2\pi K$

해설 ➕

퍼텐셜 함수

$\phi = K\theta,\ \vec{V} = V_r \hat{i}_r + V_\theta \cdot \hat{i}_\theta,\ V_r = \dfrac{\partial \phi}{\partial r} = 0$

$V_\theta = \dfrac{1}{r}\dfrac{\partial \phi}{\partial \theta} = \dfrac{1}{r}\dfrac{\partial(K\theta)}{\partial \theta} = \dfrac{K}{r}$

폐곡면(S상)에서 그 면의 법선방향의 와도의 총합은 폐곡선 C를 따르는 반시계 방향으로 일주한 선적분의 합이다.

순환$(\Gamma) = \oint_c \vec{V} \cdot \vec{ds} = \int_0^{2\pi} V_\theta ds$

$\Gamma = \int_0^{2\pi} \dfrac{K}{r} rd\theta = \int_0^{2\pi} Kd\theta$

$= K[\theta]_0^{2\pi} = K(2\pi-0) = 2\pi K$

44 그림과 같이 평행한 두 원판 사이에 점성계수 $\mu = 0.2 \text{N} \cdot \text{s/m}^2$인 유체가 채워져 있다. 아래 판은 정지되어 있고 위 판은 1,800rpm으로 회전할 때 작용하는 돌림힘은 약 몇 N · m인가?

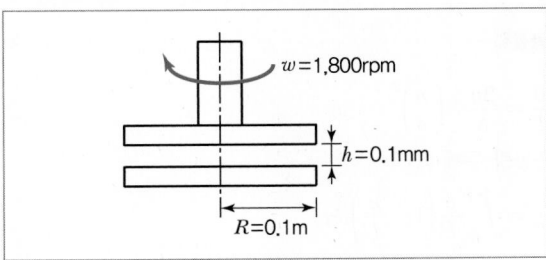

① 9.4
② 38.3
③ 46.3
④ 59.2

해설 ⊕

$D = 0.2\text{m} = 200\text{mm}$

원주속도 $V = u = \dfrac{\pi d N}{60,000} = \dfrac{\pi \times 200 \times 1,800}{60,000}$

$\qquad\qquad\qquad\qquad = 18.85\text{m/s}$

$F = \tau \cdot A = \mu \cdot \dfrac{u}{h} \cdot A$

$\qquad = 0.2 \times \dfrac{18.85}{0.0001} \times \dfrac{\pi}{4} \times 0.2^2$

$\qquad = 1,184.38\,\text{N}$

$T = F \times r_m (\text{평균반경})$

$\qquad = 1,184.38(\text{N}) \times 0.05(\text{m}) = 59.22\text{N}\cdot\text{m}$

---

45 평판 위에 점성, 비압축성 유체가 흐르고 있다. 경계층 두께 δ에 대하여 유체의 속도 u의 분포는 아래와 같다. 이때, 경계층 운동량 두께에 대한 식으로 옳은 것은?(단, U는 상류속도, y는 평판과의 수직거리이다.)

$$0 \le y \le \delta : \dfrac{u}{U} = \dfrac{2y}{\delta} - \left(\dfrac{y}{\delta}\right)^2$$
$$y > \delta \quad : u = U$$

① 0.1δ
② 0.125δ
③ 0.133δ
④ 0.166δ

해설 ⊕

$\dfrac{u}{U} = \dfrac{2y}{\delta} - \left(\dfrac{y}{\delta}\right)^2 \cdots$ ⓐ

운동량 두께 δ_m

$\delta_m = \displaystyle\int_0^\delta \dfrac{u}{U}\left(1 - \dfrac{u}{U}\right)dy$

$\quad = \displaystyle\int_0^\delta \dfrac{u}{U} - \left(\dfrac{u}{U}\right)^2 dy \leftarrow$ (ⓐ 대입)

$\quad = \displaystyle\int_0^\delta \dfrac{2y}{\delta} - \left(\dfrac{y}{\delta}\right)^2 - \left(\dfrac{2y}{\delta} - \left(\dfrac{y}{\delta}\right)^2\right)^2 dy$

$= \displaystyle\int_0^\delta \dfrac{2y}{\delta} - \left(\dfrac{y^2}{\delta^2}\right) - \left(\left(\dfrac{2y}{\delta}\right)^2 - 2\dfrac{2y}{\delta}\left(\dfrac{y}{\delta}\right)^2 + \left(\dfrac{y}{\delta}\right)^4\right) dy$

$= \displaystyle\int_0^\delta \left(\dfrac{2y}{\delta} - \dfrac{5y^2}{\delta^2} + \dfrac{4y^3}{\delta^3} - \dfrac{y^4}{\delta^4}\right) dy$

$= \dfrac{2}{\delta}\left[\dfrac{y^2}{2}\right]_0^\delta - \dfrac{5}{\delta^2}\left[\dfrac{y^3}{3}\right]_0^\delta + \dfrac{4}{\delta^3}\left[\dfrac{y^4}{4}\right]_0^\delta - \dfrac{1}{\delta^4}\left[\dfrac{y^5}{5}\right]_0^\delta$

$= \delta - \dfrac{5\delta}{3} + \delta - \dfrac{\delta}{5}$

$= \dfrac{2\delta}{15} = 0.133\delta$

---

46 지름이 10cm인 원통에 물이 담겨져 있다. 수직인 중심축에 대하여 300rpm의 속도로 원통을 회전시킬 때 수면의 최고점과 최저점의 수직 높이차는 약 몇 cm인가?

① 0.126
② 4.2
③ 8.4
④ 12.6

해설 ⊕

$h = \dfrac{V^2}{2g}$ (여기서, $V = r\omega$: 원주속도)

$\quad = \dfrac{1}{2 \times 9.8}\left(\dfrac{\pi \times 100 \times 300}{60,000}\right)^2$ ($\because d$는 mm 단위 적용)

$\quad = 0.1259\text{m}$

$\quad = 12.59\text{cm}$

---

47 밀도가 0.84kg/m³이고 압력이 87.6kPa인 이상기체가 있다. 이 이상기체의 절대온도를 2배 증가시킬 때, 이 기체에서의 음속은 약 몇 m/s인가?(단, 비열비는 1.40이다.)

① 280
② 340
③ 540
④ 720

해설 ⊕

$C = \sqrt{kRT}$ 에서 $T \to 2T$ 이므로

$C = \sqrt{kR \times 2T}$

여기서, $Pv = RT \to \dfrac{P}{\rho} = RT$

$C = \sqrt{2k\dfrac{P}{\rho}} = \sqrt{2 \times 1.4 \times \dfrac{87.6 \times 10^3}{0.84}} = 540.37 \,\text{m/s}$

48

지름 100mm 관에 글리세린이 9.42L/min의 유량으로 흐른다. 이 유동은?(단, 글리세린의 비중은 1.26, 점성계수는 $\mu = 2.9 \times 10^{-4}\text{kg/m} \cdot \text{s}$이다.)

① 난류유동
② 층류유동
③ 천이 유동
④ 경계층유동

해설 ⊕

비중 $S = \dfrac{\rho}{\rho_w}$ 에서

$\rho = S\rho_w = 1.26 \times 1,000 = 1,260 \text{kg/m}^3$

$Q = \dfrac{9.42 L \times \dfrac{10^{-3}\text{m}^3}{1L}}{\min \times \dfrac{60\text{s}}{1\min}} = 0.000157 \text{m}^3/\text{s}$

$Q = A \cdot V$ 에서

$V = \dfrac{Q}{A} = \dfrac{Q}{\dfrac{\pi}{4}d^2} = \dfrac{4Q}{\pi d^2} = \dfrac{4 \times 0.000157}{\pi \times (0.1)^2}$

$= 0.01999 \text{m/s}$

$\therefore Re = \dfrac{\rho \cdot Vd}{\mu} = \dfrac{1,260 \times 0.01999 \times 0.1}{2.9 \times 10^{-4}}$

$= 8,685.31$

$R_e > 4,000$ 이상이므로 난류유동

49

그림과 같이 날카로운 사각 모서리 입출구를 갖는 관로에서 전수두 H는?(단, 관의 길이를 l, 지름은 d, 관 마찰계수는 f, 속도수두는 $\dfrac{V^2}{2g}$이고, 입구 손실계수는 0.5, 출구 손실계수는 1.0이다.)

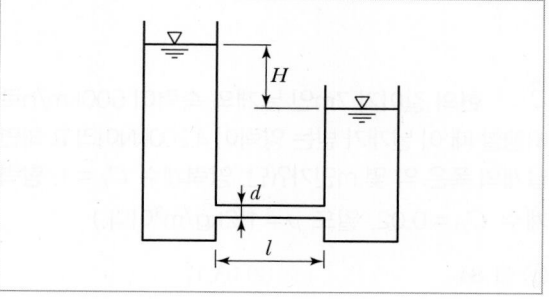

① $H = \left(1.5 + f\dfrac{l}{d}\right)\dfrac{V^2}{2g}$

② $H = \left(1 + f\dfrac{l}{d}\right)\dfrac{V^2}{2g}$

③ $H = \left(0.5 + f\dfrac{l}{d}\right)\dfrac{V^2}{2g}$

④ $H = f\dfrac{l}{d}\dfrac{V^2}{2g}$

해설 ⊕

큰 탱크의 전체에너지를 ①, 작은 탱크의 전체에너지를 ②라고 한 다음, 손실을 고려한 베르누이 방정식을 적용하면 ① = ② + H_l이고, 그림에서 H_l은 두 저수지의 위치에너지 차이이므로 $H_l = H$이다. 전체 손실수두 H_l은 돌연축소관에서의 손실(h_1)과 곧고 긴 연결관에서의 손실수두(h_2), 그리고 돌연확대관에서의 손실수두(h_3)의 합과 같다.

$H_l = h_1 + h_2 + h_3$

여기서, $h_1 = K_1 \cdot \dfrac{V^2}{2g} = 0.5\dfrac{V^2}{2g}$

$h_2 = f \cdot \dfrac{L}{d} \cdot \dfrac{V^2}{2g}$

$h_3 = K_2 \cdot \dfrac{V^2}{2g} = 1.0\dfrac{V^2}{2g}$

$$H=\left(K_1+f\cdot\frac{L}{d}+K_2\right)\frac{V^2}{2g}$$

$$=\left(0.5+f\cdot\frac{L}{d}+1\right)\frac{V^2}{2g}$$

$$=\left(1.5+f\cdot\frac{L}{d}\right)\frac{V^2}{2g}$$

50 현의 길이가 7m인 날개의 속력이 500km/h로 비행할 때 이 날개가 받는 양력이 4,200kN이라고 하면 날개의 폭은 약 몇 m인가?(단, 양력계수 $C_L=1$, 항력계수 $C_D=0.02$, 밀도 $\rho=1.2$kg/m³이다.)

① 51.84   ② 63.17
③ 70.99   ④ 82.36

해설 ➕

양력 $L=C_L\cdot\dfrac{\rho A V^2}{2}$

$\therefore A=\dfrac{2L}{C_L\cdot\rho\cdot V^2}=\dfrac{2\times4,200\times10^3}{1\times1.2\times138.89^2}=362.87\mathrm{m}^2$

여기서, $V=500\dfrac{\mathrm{km}}{\mathrm{h}}\times\dfrac{1,000\mathrm{m}}{1\mathrm{km}}\times\dfrac{1\mathrm{h}}{3,600\mathrm{s}}$

$\qquad\quad=138.89\mathrm{m/s}$

$A=bl$에서 $b=\dfrac{A}{l}=\dfrac{362.87}{7}=51.84\mathrm{m}$

51 길이 150m인 배를 길이 10m인 모형으로 조파 저항에 관한 실험을 하고자 한다. 실형의 배가 70km/h로 움직인다면, 실형과 모형 사이의 역학적 상사를 만족하기 위한 모형의 속도는 약 몇 km/h인가?

① 271   ② 56
③ 18   ④ 10

해설 ➕

배는 자유표면 위를 움직이므로 모형과 실형 사이의 프루드 수를 같게 하여 실험한다.

$$Fr)_m=Fr)_p$$

$$\left.\frac{V}{\sqrt{Lg}}\right)_m=\left.\frac{V}{\sqrt{Lg}}\right)_p$$

여기서, $g_m=g_p$이므로

$$\frac{V_m}{\sqrt{L_m}}=\frac{V_p}{\sqrt{L_p}}$$

$$\therefore V_m=\sqrt{\frac{L_m}{L_p}}\cdot V_p=\sqrt{\frac{10}{150}}\times70=18.07\mathrm{km/h}$$

52 그림과 같이 물이 유량 Q로 저수조로 들어가고, 속도 $V=\sqrt{2gh}$로 저수조 바닥에 있는 면적 A_2의 구멍을 통하여 나간다. 저수조의 수면 높이가 변화하는 속도 $\dfrac{dh}{dt}$는?

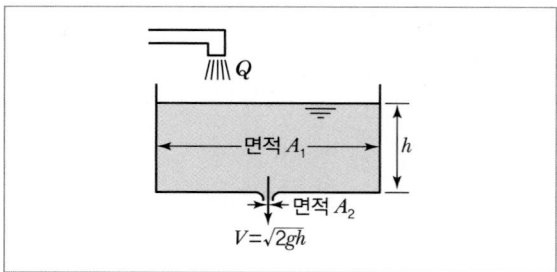

① $\dfrac{Q}{A_2}$

② $\dfrac{A_2\sqrt{2gh}}{A_1}$

③ $\dfrac{Q-A_2\sqrt{2gh}}{A_2}$

④ $\dfrac{Q-A_2\sqrt{2gh}}{A_1}$

해설 ⊕

들어오는 체적유량은 수조에서 빠져나가는 유량과 저수조의 변화유량의 합과 같다.

체적유량 $Q = A_2\sqrt{2gh} + A_1\dfrac{dh}{dt}$

여기서, $\dfrac{dh}{dt}$: 수조 높이의 변화속도

$\therefore \dfrac{dh}{dt} = \dfrac{Q - A_2\sqrt{2gh}}{A_1}$

53 그림과 같이 오일이 흐르는 수평관로 두 지점의 압력차 $p_1 - p_2$를 측정하기 위하여 오리피스와 수은을 넣은 U자관을 설치하였다. $p_1 - p_2$로 옳은 것은?(단, 오일의 비중량은 γ_{oil}이며, 수은의 비중량은 γ_{Hg}이다.)

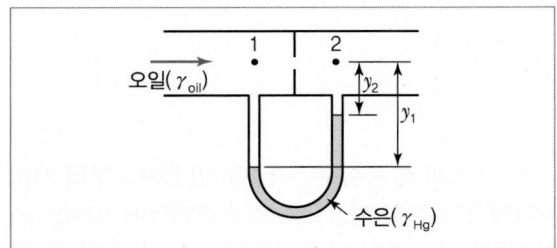

① $(y_1 - y_2)(\gamma_{Hg} - \gamma_{oil})$

② $y_2(\gamma_{Hg} - \gamma_{oil})$

③ $y_1(\gamma_{Hg} - \gamma_{oil})$

④ $(y_1 - y_2)(\gamma_{oil} - \gamma_{Hg})$

해설 ⊕

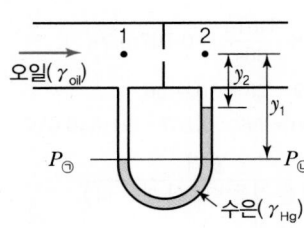

등압면이므로 $P_\bigcirc = P_\bigcirc$

$P_\bigcirc = P_1 + \gamma_{oil} \times y_1$

$P_\bigcirc = P_2 + \gamma_{oil} \times y_2 + \gamma_{Hg}(y_1 - y_2)$

$P_1 + \gamma_{oil} \times y_1 = P_2 + \gamma_{oil} \times y_2 + \gamma_{Hg}(y_1 - y_2)$

$\therefore P_1 - P_2 = \gamma_{oil} \times y_2 + \gamma_{Hg}(y_1 - y_2) - \gamma_{oil} \times y_1$

$\qquad = (\gamma_{Hg} - \gamma_{oil})(y_1 - y_2)$

54 그림과 같이 비중이 1.3인 유체 위에 깊이 1.1m로 물이 채워져 있을 때, 직경 5cm의 탱크 출구로 나오는 유체의 평균 속도는 약 몇 m/s인가?(단, 탱크의 크기는 충분히 크고 마찰손실은 무시한다.)

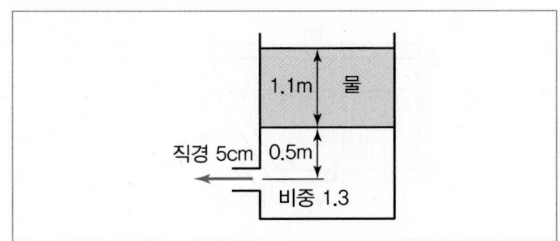

① 3.9 　　　　② 5.1

③ 7.2 　　　　④ 7.7

해설 ⊕

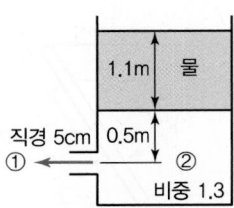

①과 ②에 베르누이 방정식 적용

$\dfrac{p_1}{\gamma} + \dfrac{V_1^{\,2}}{2g} + z_1 = \dfrac{p_2}{\gamma} + \dfrac{V_2^{\,2}}{2g} + z_2$

여기서, $z_1 = z_2$

$\qquad P_1 = P_o$(대기압)

$\qquad \gamma = S\gamma_w$

그림에서 ②의 압력 $P_2 = P_o + \gamma_w \times 1.1 + S\gamma_w \times 0.5$

$$\frac{V_1^{\,2}}{2g} = \frac{P_2 - P_1}{S\gamma_w}$$

$$= \frac{P_o + \gamma_w \times 1.1 + 1.3 \times \gamma_w \times 0.5 - P_o}{1.3 \times \gamma_w}$$

$$= 1.35$$

$$\therefore V_1 = \sqrt{2 \times 9.8 \times 1.35} = 5.14\,\text{m/s}$$

55
그림과 같이 폭이 2m인 수문 ABC가 A점에서 힌지로 연결되어 있다. 그림과 같이 수문이 고정될 때 수평인 케이블 CD에 걸리는 장력은 약 몇 kN인가? (단, 수문의 무게는 무시한다.)

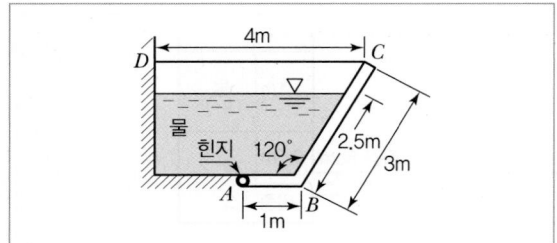

① 38.3   ② 35.4
③ 25.2   ④ 22.9

해설 ⊕

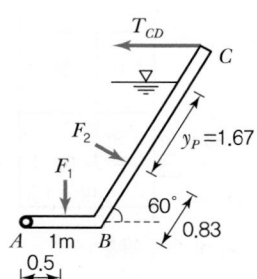

• 수문 AB부분에 작용하는 전압력 F_1

$$F_1 = \gamma\overline{h_1}A_1(\text{여기서, } \overline{h_1} = 2.5 \times \sin 60°,\ A_1 = 2\text{m} \times 1\text{m})$$

$$= 9,800 \times 2.5 \times \sin 60 \times 2 \times 1$$

$$= 42,435\text{N} = 42.44\text{kN}$$

• 수문 BC부분에 작용하는 전압력 F_2

$$F_2 = \gamma\overline{h_2}A_2(\text{여기서, } \overline{h_2} = 1.25 \times \sin 60°,\ A_2 = 2\text{m} \times 2.5\text{m})$$

$$= 9,800 \times 1.25 \times \sin 60 \times 2 \times 2.5$$

$$= 53,044\text{N} = 53.04\text{kN}$$

F_2가 작용하는 전압력 중심까지의 거리

$$y_p = \overline{y} + \frac{I_X}{A\overline{y}}$$

$$= 1.25 + \frac{\frac{2 \times 2.5^3}{12}}{2 \times 2.5 \times 1.25}$$

$$= 1.67\text{m}$$

• $\sum M_{A지점} = 0 : F_1 \times 0.5 + F_2 \times 0.83 + F_2 \times \cos 60$
$$\times 1 - T_{CD} \times 3\sin 60 = 0$$

$$T_{CD} = \frac{F_1 \times 0.5 + F_2 \times 0.83 + F_2 \times \cos 60 \times 1}{3\sin 60}$$

$$= \frac{42.44 \times 0.5 + 53.04 \times 0.83 + 53.04 \times \cos 60 \times 1}{3\sin 60}$$

$$= 35.32\text{kN}$$

56
관로의 전 손실수두가 10m인 펌프로부터 21m 지하에 있는 물을 지상 25m의 송출액면에 10m³/min의 유량으로 수송할 때 축동력이 124.5kW이다. 이 펌프의 효율은 약 얼마인가?

① 0.70   ② 0.73
③ 0.76   ④ 0.80

해설 ⊕

$$H_{th} = \gamma HQ$$

$$Q = 10\frac{\text{m}^3}{\text{min}} \times \frac{1\text{min}}{60\text{s}} = 0.167\text{m}^3/\text{s}$$

전양정 $H = 21 + 25 + 10 = 56$

$$\therefore H_{th} = 9,800 \times 56 \times 0.167 = 91,649.6\text{W} = 91.6\text{kW}$$

$$\eta_p = \frac{\text{이론동력}}{\text{축동력(운전동력, 실제동력)}}$$

$$= \frac{H_{th}}{H_s} = \frac{91.6}{124.5} = 0.736$$

57 모세관을 이용한 점도계에서 원형관 내의 유동은 비압축성 뉴턴 유체의 층류유동으로 가정할 수 있다. 원형관의 입구 측과 출구 측의 압력차를 2배로 늘렸을 때, 동일한 유체의 유량은 몇 배가 되는가?

① 2배

② 4배

③ 8배

④ 16배

해설 ⊕

비압축성 뉴턴유체의 층류유동은 하이겐 포아젤 방정식으로 나타나므로 $Q = \dfrac{\Delta P \pi d^4}{128 \mu l}$

$Q \propto \Delta p$이므로 Δp를 두 배로 올리면 유량도 2배가 된다.

58 다음 유체역학적 양 중 질량 차원을 포함하지 않는 양은 어느 것인가?(단, MLT 기본 차원을 기준으로 한다.)

① 압력

② 동점성계수

③ 모멘트

④ 점성계수

해설 ⊕

동점성계수 $\nu = \dfrac{\mu}{\rho} = \dfrac{\dfrac{g}{cm \cdot s}}{\dfrac{g}{cm^3}} = cm^2/s \rightarrow L^2 T^{-1}$

59 그림과 같이 속도가 V인 유체가 속도 U로 움직이는 곡면에 부딪혀 90°의 각도로 유동방향이 바뀐다. 다음 중 유체가 곡면에 가하는 힘의 수평방향 성분 크기가 가장 큰 것은?(단, 유체의 유동단면적은 일정하다.)

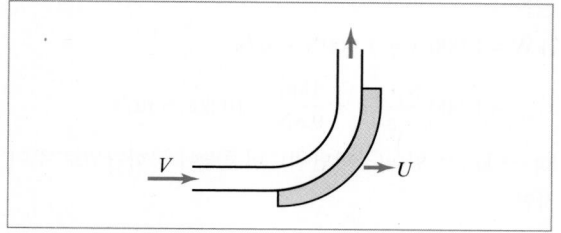

① $V = 10m/s$, $U = 5m/s$

② $V = 20m/s$, $U = 15m/s$

③ $V = 10m/s$, $U = 4m/s$

④ $V = 25m/s$, $U = 20m/s$

해설 ⊕

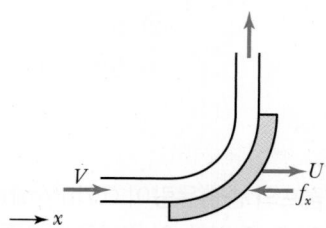

검사면에 작용하는 힘은 검사체적 안의 운동량 변화량과 같다.

$-f_x = \rho Q(V_{2x} - V_{1x})$

여기서, $V_{2x} = 0$

$V_{1x} = (V - u)$: 이동날개에서 바라본 물의 속도

$Q = A(V - u)$: 날개에 부딪히는 실제유량

$\therefore -f_x = \rho Q(-(V - u))$

$f_x = \rho A(V - u)^2$

$(V - u)^2$이 가장 커야 하므로 $(10 - 4)^2$인 ③이 정답이다.

60 피에조미터관에 대한 설명으로 틀린 것은?

① 계기유체가 필요 없다.

② U자관에 비해 구조가 단순하다.

③ 기체의 압력 측정에 사용할 수 있다.

④ 대기압 이상의 압력 측정에 사용할 수 있다.

해설 ⊕

피에조미터관은 비압축성 유체(액체)의 압력측정에 사용된다.

4과목 유체기계 및 유압기기

61 다음 중 액체에 에너지를 주어 이것을 저압부(낮은 곳)에서 고압부(높은 곳)로 송출하는 기계를 무엇이라고 하는가?

① 수차 　　　　　② 펌프
③ 송풍기 　　　　④ 컨베이어

62 원심펌프의 송출유량이 0.7m³/min이고, 관로의 손실수두가 7m이었다. 이 펌프로 펌프중심에서 1m 아래에 있는 저수조에서 물을 흡입하여 26m의 높이에 있는 송출 탱크 면으로 양수하려고 할 때 이 펌프의 수동력(kW)은?

① 3.9 　　　　　② 5.1
③ 7.4 　　　　　④ 9.6

해설 ➕- -

전양정 $H = 1 + 26 + 7 = 34$

수동력 $L = \dfrac{\gamma H Q}{1,000} = \dfrac{9,800 \times 34 \times \dfrac{0.7}{60}}{1,000} = 3.89\text{kW}$

63 풍차에 관한 설명으로 틀린 것은?

① 후단의 방향날개로서 풍차축의 방향조정을 하는 형식을 미국형 풍차라고 한다.
② 보조풍차가 회전하기 시작하여 터빈축의 방향을 바람의 방향에 맞추는 형식을 유럽형 풍차라고 한다.
③ 바람의 방향이 바뀌어도 회전수를 일정하게 유지하기 위해서는 깃 각도를 조절하는 방식이 유용하다.
④ 풍속을 일정하게 하여 회전수를 줄이면 바람에 대한 영각이 감소하여 흡수동력이 감소한다.

해설 ➕- -

영각(Angle of Attack)은 바람방향과 풍차의 블레이드가 이루는 각으로 영각이 0°~15°로 작을 때는 양력계수가 상승하고, 영각이 15°~20°일 때는 양력계수는 급격히 떨어진다. 강풍이 불 때는 영각을 작게 하여 회전수를 낮추어 피치제어를 해 출력(흡수동력)을 높힌다. 영각은 바람의 속도와 블레이드에 따라 변하며 항상 영각이 최적이 되도록 제어해 최대출력을 얻도록 설계한다.

64 터보형 유체 전동장치의 장점으로 틀린 것은?

① 구조가 비교적 간단하다.
② 기계를 시동할 때 원동기에 무리가 생기지 않는다.
③ 부하토크의 변동에 따라 자동적으로 변속이 이루어진다.
④ 출력축의 양방향 회전이 가능하다.

해설 ➕- -

터보형(Tube Type)은 출력축이 한 방향으로만 회전하며 역회전이 불가능하다.

65 유효 낙차를 H(m), 유량을 Q(m³/s), 물의 비중량을 γ(kg/m³)라고 할 때 수차의 이론출력 L_{th}(kW)을 나타내는 식으로 옳은 것은?

① $L_{th} = \dfrac{\gamma Q H}{75}$ 　　　② $L_{th} = \dfrac{\gamma Q H}{102}$
③ $L_{th} = \gamma Q H$ 　　　④ $L_{th} = 102 \gamma Q H$

해설 ➕- -

$1\text{kW} = 1,000\text{W} = 1,000\text{N} \cdot \text{m} / \text{s}$

$\quad = 1,000 \dfrac{\text{N} \cdot \text{m}}{\text{s}} \times \dfrac{1\text{kg}_f}{9.8\text{N}} = 102\text{kg}_f \cdot \text{m} / \text{s}$

kg → kg$_f$로 인식(공학단위), 비중량이 공학단위로 주어지면

정답 　**61** ② 　**62** ① 　**63** ④ 　**64** ④ 　**65** ②

이론출력 $L_{th} = \gamma HQ(\text{kg}_f \cdot \text{m/s}) \times \dfrac{1\text{kW}}{102(\text{kg}_f \cdot \text{m/s})}$

$\qquad\qquad = \dfrac{\gamma HQ}{102}(\text{kW})$

66 펌프계에서 발생할 수 있는 수격작용(Water Hammer)의 방지대책으로 틀린 것은?

① 토출배관은 가능한 적은 구경을 사용한다.
② 펌프에 플라이휠을 설치한다.
③ 펌프가 급정지 하지 않도록 한다.
④ 토출 관로에 서지탱크 또는 서지밸브를 설치한다.

해설 ⊕ -

수격작용의 방지대책
• 펌프에 플라이휠을 설치하여 관성을 부여해 회전속도가 급격하게 변하지 않게 한다.
• 조압 물탱크(Surge Tank)를 관로 중에 설치해 적정압력을 유지하도록 한다.
• 압력상승의 경우에는 송출 밸브를 펌프의 송출구 가까이에 설치하여 밸브의 압력을 제어한다.
• 토출배관의 직경을 크게 하여 유량변화에 따른 유체속도변화를 작게 해준다. 유속이 급격히 변하면 압력도 크게 변하기 때문에 수격작용을 일으키게 된다.

67 펠톤 수차의 니들밸브가 주로 조절하는 것은 무엇인가?

① 노즐에서의 분류 속도
② 분류의 방향
③ 유량
④ 버킷의 각도

해설 ⊕ -

펠톤수차는 노즐에서 분류로 된 물줄기가 터빈 둘레에 있는 버킷(Bucket)에 충돌하여 터빈을 돌리며 동력을 만들어 내는 수차이며, 분사노즐에 있는 니들밸브를 통해 유량을 제어해 출력동력을 조절한다.

68 베인 펌프의 장점으로 틀린 것은?

① 송출 압력의 맥동이 거의 없다.
② 깃의 마모에 의한 압력 저하가 일어나지 않는다.
③ 펌프의 유동력에 비하여 형상치수가 크다.
④ 구성 부품 수가 적고 단순한 형상을 하고 있으므로 고장이 적다.

해설 ⊕ -

베인펌프는 유동력(펌프출력)에 비해 형상치수가 작다.

69 펌프를 회전차의 형상에 따라 분류할 때, 다음 펌프의 분류가 다른 하나는?

① 피스톤 펌프　　　② 플런저 펌프
③ 베인 펌프　　　　④ 사류 펌프

해설 ⊕ -

피스톤펌프, 플런저펌프, 베인펌프는 용적형이고 사류펌프는 터보형 펌프다.

70 프란시스 수차에서 스파이럴(Spiral)형에 속하지 않는 것은?

① 횡축 단륜 단사 수차
② 횡축 단륜 복사 수차
③ 입축 단륜 단사 수차
④ 입축 이륜 단류 수차

해설 ⊕ -

스파이럴형에 속하는 프란시스 수차의 종류
• 횡축 단륜 단사 수차
• 횡축 단륜 복사 수차
• 입축 단륜 단사 수차
• 횡축 2륜 단사 수차

2020

71 유체 토크 컨버터의 주요 구성 요소가 아닌 것은?

① 펌프   ② 터빈
③ 스테이터   ④ 릴리프 밸브

해설 ⊕

유체 토크 컨버터
밀폐된 공간에 터빈과 펌프라는 날개가 마주 보고 있고, 그 공간을 오일이 가득 채우고 있어서 날개 한쪽이 회전하면 그 오일에 의해 반대쪽 날개가 회전하게 되는 원리를 이용하여 동력을 전달하는 장치이다. 유체 토크 컨버터의 주요 구성은 펌프(임펠러), 스테이터, 터빈으로 구성된다.

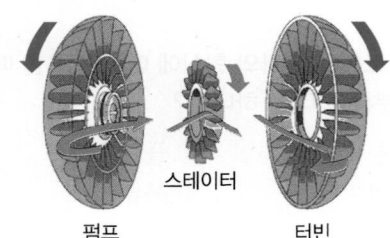

스테이터
펌프   터빈

72 유압 장치의 특징으로 적절하지 않은 것은?

① 원격 제어가 가능하다.
② 소형 장치로 큰 출력을 얻을 수 있다.
③ 먼지나 이물질에 의한 고장의 우려가 없다.
④ 오일에 기포가 섞여 작동이 불량할 수 있다.

해설 ⊕

유압유에 공기나 먼지가 섞여 들어가면 고장을 일으키기 쉽다.

73 채터링 현상에 대한 설명으로 적절하지 않은 것은?

① 소음을 수반한다.
② 일종의 자력 진동현상이다.

③ 감압 밸브, 릴리프 밸브 등에서 발생한다.
④ 압력, 속도 변화에 의한 것이 아닌 스프링의 강성에 의한 것이다.

해설 ⊕

채터링(Chattering)
밸브시트를 두들겨서 비교적 높은 음을 발생시키는 일종의 자력 진동현상

④ 유체의 압력과 속도 변화에 의해 발생한다.

74 그림의 유압 회로도에서 ①의 밸브 명칭으로 옳은 것은?

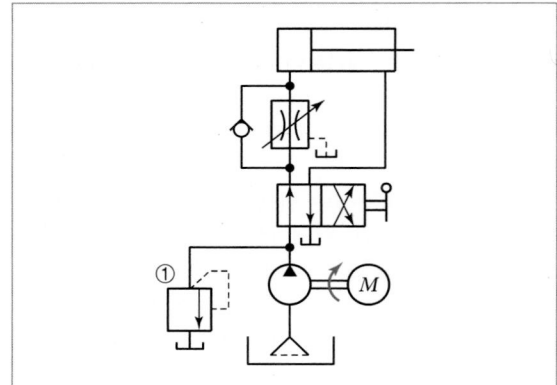

① 스톱 밸브   ② 릴리프 밸브
③ 무부하 밸브   ④ 카운터 밸런스 밸브

해설 ⊕

릴리프 밸브
회로 내의 압력을 설정압력으로 유지하여 과도한 압력으로부터 시스템을 보호하는 안전 밸브이다.

75 압력 제어 밸브의 종류가 아닌 것은?

① 체크 밸브   ② 감압 밸브
③ 릴리프 밸브   ④ 카운터 밸런스 밸브

체크 밸브는 방향 제어 밸브이다.

76 유압유의 구비조건으로 적절하지 않은 것은?

① 압축성이어야 한다.
② 점도 지수가 커야 한다.
③ 열을 방출시킬 수 있어야 한다.
④ 기름 중의 공기를 분리시킬 수 있어야 한다.

유압유는 체적탄성계수가 커야 하고, 비압축성이어야 한다.

77 그림과 같은 유압 기호의 명칭은?

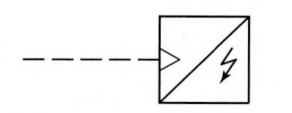

① 경음기　　　　　② 소음기
③ 리밋 스위치　　　④ 아날로그 변환기

78 펌프에 대한 설명으로 틀린 것은?

① 피스톤 펌프는 피스톤을 경사판, 캠, 크랭크 등에 의해서 왕복 운동시켜, 액체를 흡입 쪽에서 토출 쪽으로 밀어내는 형식의 펌프이다.
② 레이디얼 피스톤 펌프는 피스톤의 왕복 운동 방향이 구동축에 거의 직각인 피스톤 펌프이다.
③ 기어 펌프는 케이싱 내에 물리는 2개 이상의 기어에 의해 액체를 흡입 쪽에서 토출 쪽으로 밀어내는 형식의 펌프이다.
④ 터보 펌프는 덮개차를 케이싱 외에 회전시켜, 액체로부터 운동 에너지를 뺏어 액체를 토출하는 형식의 펌프이다.

④ 터보 펌프는 날개차의 회전에 의하여 운동 에너지가 압력 에너지로 변환하여 작동하는 펌프이다. 토출량이 크고 낮은 점도의 액체에 사용되는 터보펌프는 로켓의 엔진에 사용되는 연료공급 장치이다.

79 미터 아웃 회로에 대한 설명으로 틀린 것은?

① 피스톤 속도를 제어하는 회로이다.
② 유량 제어 밸브를 실린더의 입구 측에 설치한 회로이다.
③ 기본형은 부하변동이 심한 공작기계의 이송에 사용된다.
④ 실린더에 배압이 걸리므로 끌어당기는 하중이 작용해도 자주 할 염려가 없다.

② 유량 제어 밸브를 실린더의 출구 측에 설치한 회로이다.

80 유압 실린더 취급 및 설계 시 주의사항으로 적절하지 않은 것은?

① 적당한 위치에 공기구멍을 장치한다.
② 쿠션 장치인 쿠션 밸브는 감속범위의 조정용으로 사용된다.
③ 쿠션 장치인 쿠션링은 헤드 엔드축에 흐르는 오일을 촉진한다.
④ 원칙적으로 더스트 와이퍼를 연결해야 한다.

③ 쿠션장치인 쿠션링은 유압 실린더의 충격을 완화하여, 실린더의 수명을 연장시킨다.

5과목 **건설기계일반 및 플랜트배관**

81 오스테나이트계 스테인리스강의 설명으로 틀린 것은?

① 18−8 스테인리스강으로 통용된다.

② 비자성체이며 열처리하여도 경화되지 않는다.

③ 저온에서는 취성이 크며 크리프강도가 낮다.

④ 인장강도에 비하여 낮은 내력을 가지며, 가공 경화성이 높다.

해설➕ -

스테인리스 강관의 특성

• 내식성이 우수하여 계속 사용 시 내경의 축소, 저항 증대 현상이 없다.

• 위생적이어서 적수, 백수, 청수의 염려가 없다.

• 강관에 비해 기계적 성질이 우수하고 두께가 얇아 운반 및 시공이 쉽다.

• 저온 충격성이 크고 한랭지 배관이 가능하며 동결에 대한 저항은 크다.

• 나사식, 용접식, 몰코식, 플랜지 이음법 등의 특수 시공법으로 시공이 간단하다.

82 굴삭기의 3대 주요 구성요소가 아닌 것은?

① 작업장치 ② 상부 회전체

③ 중간 선회체 ④ 하부 구동체

해설➕ -

굴삭기의 3대 구성요소

• 작업장치(전부 장치) : 붐, 암 등

• 하부추진체 : 트랙 롤러, 캐리어 롤러, 트랙 아이들러, 리코일 스프링, 스프로킷 트랙 프레임, 트랙 릴리스, 트랙 등

• 상부 선회체(회전체) : 선회감속장치, 상부 프레임 지지장치, 상부 회전포스트, 회전 고정장치, 원동기, 동력전달장치, 권상장치, 선회장치, 선회붐장치, 붐(Boom)대, 조작장치

83 타이어식 굴삭기와 무한궤도식 굴삭기를 비교할 때, 타이어식 굴삭기의 특징으로 틀린 것은?

① 기동성이 나쁘다.

② 견인력이 약하다.

③ 습지, 사지, 활지의 운행이 곤란하다.

④ 암석지에서 작업 시 타이어가 손상되기 쉽다.

해설➕ -

① 타이어식 굴삭기는 기동성이 우수하다.

84 덤프트럭의 축간거리가 1.2m인 차를 왼쪽으로 완전히 꺾을 때 오른쪽 바퀴의 각도가 45°이고, 왼쪽바퀴의 각도가 30°일 때, 이 덤프트럭의 최소 회전 반경은 약 몇 m인가?(단, 킹핀과 타이어 중심간의 거리는 무시한다.)

① 1.7 ② 3.4

③ 5.4 ④ 7.8

해설➕ -

$$R = \frac{L}{\sin\alpha} + \gamma = \frac{1.2}{\sin 45°} = 1.7$$

여기서, L : 축간거리

α : 외측바퀴각

γ : 킹핀

85 수중의 토사, 암반 등을 파내는 건설기계로 항만, 항로, 선착장 등의 축항 및 기초공사에 사용되는 것은?

① 준설선

② 쇄석기

③ 노상 안정기

④ 스크레이퍼

정답 81 ③ 82 ③ 83 ① 84 ① 85 ①

해설 ⊕ -

준설선

강 · 항만 · 항로 등의 바닥에 있는 흙 · 모래 · 자갈 · 돌 등을 파내는 시설을 장비한 배로 준설할 수역의 깊이와 바닥의 토질의 종류, 준설된 물질의 운반거리 등에 따라 각각 적당한 설비와 장비를 갖추고 있다.

86 조향장치에서 조향력을 바퀴에 전달하는 부품 중에 바퀴의 토(Toe) 값을 조정할 수 있는 것은?

① 피트먼 암 　　　　② 너클 암
③ 드래그 링크 　　　　④ 스크레이퍼

해설 ⊕ -

- 피트만암(Pitman Arm) : 핸들의 움직임을 드래그링크 또는 릴레이로드에 전달하는 것
- 너클암(Knuckle Arm) : 크롬(Cr)강 등의 단조품으로 되어 있고, 드래그링크가 결합되는 쪽은 일반적으로 제3암(Third Arm)이라 한다. 너클에는 테이퍼와 키를 이용하여 결합하며 볼트로 죄는 형식도 있다.
- 드래그링크(Drag Link) : 피트만암과 너클암을 연결하는 로드

87 표준 버킷용량(m³)으로 규격을 나타내는 건설기계는?

① 모터 그레이더 　　　　② 기중기
③ 지게차 　　　　　　　④ 로더

해설 ⊕ -

규격(성능)

- 모터 그레이더 : 삽날(Blade)의 길이(m)
- 기중기 : 최대 권상하중(ton)
- 지게차 : 최대 들어올릴 수 있는 용량(ton)
- 로더 : 표준 버킷(Bucket) 용량(m³)

88 쇄석기의 종류 중 임팩트 크러셔의 규격은?

① 시간당 쇄석능력(ton/h)
② 시간당 이동거리(km/h)
③ 롤의 지름(mm) × 길이(mm)
④ 쇄석판의 폭(mm) × 길이(mm)

해설 ⊕ -

임팩트 크러셔(Impact Crusher)

해머가 붙어 있는 디스크를 고속으로 회전시켜 공급되는 원료를 타격하여 분쇄실 벽에 있는 분쇄판에 충돌시켜 파괴시키는 분쇄기로, 규격은 시간당 쇄석능력(ton/hr)으로 나타낸다.

89 아스팔트 피니셔의 각 부속장치에 대한 설명으로 틀린 것은?

① 리시빙 호퍼 : 운반된 혼합재(아스팔트)를 저장하는 용기이다.
② 피더 : 노면에 살포된 혼합재를 매끈하게 다듬는 판이다.
③ 스프레이팅 스크루 : 스크리드에 설치되어 혼합재를 균일하게 살포하는 장치이다.
④ 댐퍼 : 스크리드 앞쪽에 설치되어 노면에 살포된 혼합재를 요구되는 두께로 다져주는 장치이다.

해설 ⊕ -

② 피더 : 로퍼바닥에 설치되어 혼합재를 스프레딩 스크루로 보내는 일을 한다.

90 플랜트 배관설비에서 열응력이 주요 요인이 되는 경우의 파이프 래크상의 배관 배치에 관한 설명으로 틀린 것은?

① 루프형 신축 곡관을 많이 사용한다.
② 온도가 높은 배관일수록 내측(안쪽)에 배치한다.

정답 　86 ④　87 ④　88 ①　89 ②　90 ②

③ 관 지름이 큰 것일수록 외측(바깥쪽)에 배치한다.

④ 루프형 신축 곡관은 파이프 래크상의 다른 배관보다 높게 배치한다.

해설 ➕

온도가 높은 배관일수록 외측(바깥쪽)에 배치한다.

91 배관 지지장치인 브레이스에 대한 설명으로 적절하지 않은 것은?

① 방진 효과를 높이려면 스프링 정수를 낮춰야 한다.

② 진동을 억제하는데 사용되는 지지장치이다.

③ 완충기는 수격작용, 안전밸브의 반력 등의 충격을 완화하여 준다.

④ 유압식은 구조상 배관의 이동에 대하여 저항이 없고 방진효과도 크므로 규모가 큰 배관에 많이 사용한다.

해설 ➕

방진효과를 높이려면 스프링 정수를 높여야 한다.

92 감압밸브 설치 시 주의사항으로 적절하지 않은 것은?

① 감압밸브는 수평배관에 수평으로 설치하여야 한다.

② 배관의 열응력이 직접 감압 밸브에 가해지지 않도록 전후 배관에 고정이나 지지를 한다.

③ 감압밸브에 드레인이 들어오지 않는 배관 또는 드레인 빼기를 행하여 설치해야 한다.

④ 감압밸브의 전후에 압력계를 설치하고 입구측에는 글로브 밸브를 설치한다.

해설 ➕

감압밸브 설치 시 주의사항

• 수평배관에 수직으로 설치하며, 감압밸브 전후에는 직관부를 설치하고 스트레이너, 안전밸브, 압력계, 바이패스관을 설치하고, 입구측에는 글로브밸브를 설치한다.

• 감압밸브의 2차측에 전자 밸브 등의 급개폐용 밸브를 설치할 경우에는 감압밸브와 거리를 가능한 멀리하여 소음이나 진동 등의 현상을 방지한다.

• 배관의 중력이나 열응력이 직접 감아밸브에 가해지지 않도록 감압밸브의 전후 배관에 지지를 한다.

• 배관설치 후 관내의 이물질을 후레싱한다.

• 감압밸브에 드레인이 들어가면 핸칭이나 진동을 일으키므로, 드레인이 들어오지 않는 배관 또는 드레인 빼기를 행하여 설치한다.

• 물용 감압밸브의 경우는 물의 온도가 높고, 감압비가 큰 만큼 물속의 용존 공기가 쉽게 분리되고, 이 분리공기가 여러 종류의 장애를 일으키므로 자동 공기빼기 밸브를 설치하여 배관 중의 공기를 완전히 제거해야 한다.

93 물의 비중량이 9,810N/m³이며, 500kPa의 압력이 작용할 때 압력수두는 약 몇 m인가?

① 1.962   ② 19.62

③ 5.097   ④ 50.97

해설 ➕

$$압력수두 = \frac{p}{\gamma} = \frac{500 \times 10^3}{9,810} = 50.97\text{m}$$

94 빙점(0°C) 이하의 낮은 온도에 사용하며 저온에서도 인성이 감소되지 않아 각종 화학공업, LPG, LNG 탱크 배관에 적합한 배관용 강관은?

① 배관용 탄소강관   ② 저온 배관용 강관

③ 압력배관용 강관   ④ 고온배관용 강관

정답   91 ①   92 ①   93 ④   94 ②

해설 ➕ ------

저온 배관용 강관(KS D 3569)

KS 규격 기호는 SPLT(Steel Pipe Low Temperature)이다. 빙점(0℃) 이하의 낮은 온도에서 사용하며 화학공업, LPG, LNG 탱크, 냉동기 배관에 적합한 배관용 강관이다.

95 KS 규격에 따른 고압 배관용 탄소강관의 기호로 옳은 것은?

① SPHL   ② SPHT

③ SPPH   ④ SPPS

해설 ➕ ------

• SPHT : 고온배관용 탄소강관
• SPPH : 고압배관용 탄소강관
• SPPS 압력배관용 탄소강관

96 호브 식 나사절삭기에 대한 설명으로 적절하지 않은 것은?

① 나사절삭 전용 기계로서 호브를 저속으로 회전시키면서 나사절삭을 한다.
② 관은 어미나사와 척의 연결에 의해 1회전 할 때 마다 1피치만큼 이동하여 나사가 절삭된다.
③ 이 기계에 호브와 파이프 커터를 함께 장착하면 관의 나살절삭과 절단을 동시에 할 수 있다.
④ 관의 절단, 나사절삭, 거스러미제거 등의 일을 연속적으로 할 수 있기 때문에 현장에서 가장 많이 사용한다.

해설 ➕ ------

④ 관의 절단, 나사절삭, 거스러미제거 등의 일을 연속적으로 할 수 있기 때문에 현장에서 가장 많이 사용한다. → 다이 헤드식 나사절삭기

97 일반적으로 배관의 위치를 결정할 때 기능, 시공, 유지관리의 관점에서 적절하지 않은 것은?

① 급수배관은 아래쪽으로 배관해야 한다.
② 전기배선, 덕트 및 연도 등은 위쪽에 설치한다.
③ 자연중력식 배관은 배관구배를 엄격히 지켜야 하며 굽힘부를 적게 하여야 한다.
④ 파손 등에 의해 누수가 염려되는 배관에 위치는 위쪽으로 하는 것이 유지관리상 편리하다.

해설 ➕ ------

파손 등에 의해 누수가 염려되는 배관의 위치는 아래쪽으로 하는 것이 유지관리상 편리하다.

98 관 절단 후 관 단면의 안쪽에 생기는 거스러미(쇳밥)를 제거하는 공구는?

① 파이프 커터   ② 파이프 리머
③ 파이프 렌치   ④ 바이스

해설 ➕ ------

강관 공작용 공구

• 파이프 커터 : 관을 절단할 때 사용
• 파이프 리머 : 관 절단 후 관 단면의 안쪽에 생기는 거스러미를 제거하는 공구
• 파이프 렌치 : 나사 가공된 배관을 죌 때 사용하는 공구
• 파이프 바이스 : 관의 절단과 나사 절삭 및 조립 시 관을 고정하는데 사용

99 배관의 부식 및 마모 등으로 작은 구멍이 생겨 유체가 누설될 경우에 다른 방법으로는 누설을 막기가 곤란할 때 사용하는 응급 조치법은?

① 하트태핑법   ② 인젝션법
③ 박스 설치법   ④ 스토핑 박스법

해설 ➕ -------------------------------------

인젝션법

부식, 마모 등으로 작은 구멍이 생겨 유체가 누설될 경우 고무 제품의 각종 크기로 된 볼을 일정량 넣고, 유체를 채운 후 펌프를 작동시켜 누설부분을 통과하려는 볼이 누설부분에 정착, 누설을 미량이 되게 하거나 정지시키는 응급 조치법이다.

100 평면상의 변위 뿐 아니라 입체적인 변위까지 안전하게 흡수하므로 어떠한 형상에 의한 신축에도 배관이 안전하며 설치 공간이 적은 신축이음의 형태는?

① 슬리브형   ② 벨로즈형
③ 스위블형   ④ 볼조인트형

해설 ➕ -------------------------------------

볼조인트

• 평면상의 변위뿐만 아니라 입체적인 변위까지도 안전하게 흡수하므로 볼이음쇠를 2개 이상 사용하면 회전과 움직임이 동시에 가능하다.
• 배관계의 축방향힘과 굽힘부분에 작용하는 회전력을 동시에 처리할 수 있으므로 고온수 배관 등에 많이 사용된다.
• 극히 간단히 설치할 수 있고, 면적도 작게 소요된다.

1과목 **재료역학**

01 다음 구조물에 하중 $P=1$kN이 작용할 때 연결핀에 걸리는 전단응력은 약 얼마인가?(단, 연결핀의 지름은 5mm이다.)

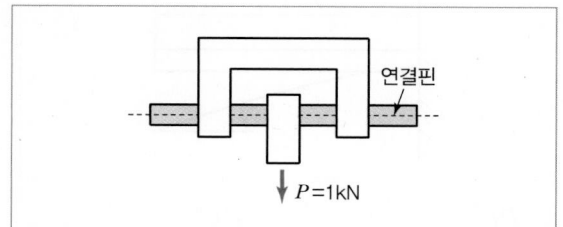

① 25.46kPa　　　　② 50.92kPa

③ 25.46MPa　　　　④ 50.92MPa

해설 --

하중 P에 의해 연결핀은 양쪽에서 전단(파괴)된다.

$$\tau = \frac{P_s}{A_\tau} = \frac{P}{\frac{\pi d^2}{4} \times 2} = \frac{2P}{\pi d^2} = \frac{2 \times 1 \times 10^3}{\pi \times 0.005^2}$$

$$= 25.46 \times 10^6 \text{Pa}$$
$$= 25.46 \text{MPa}$$

02 100rpm으로 30kW를 전달시키는 길이 1m, 지름 7cm인 둥근 축단의 비틀림각은 약 몇 rad인가?(단, 전단탄성계수는 83GPa이다.)

① 0.26　　　　② 0.30

③ 0.015　　　④ 0.009

해설 --

$$T = \frac{H}{\omega} = \frac{H}{\frac{2\pi N}{60}} = \frac{60 \times 30 \times 10^3}{2\pi \times 100} = 2,864.79 \text{N} \cdot \text{m}$$

$$\theta = \frac{T \cdot l}{GI_p} = \frac{2,864.79 \times 1}{83 \times 10^9 \times \frac{\pi \times 0.07^4}{32}} = 0.0146 \text{rad}$$

03 길이가 5m이고 직경이 0.1m인 양단고정보 중앙에 200N의 집중하중이 작용할 경우 보의 중앙에서의 처짐은 약 몇 m인가?(단, 보의 세로탄성계수는 200GPa이다.)

① 2.36×10^{-5}　　② 1.33×10^{-4}

③ 4.58×10^{-4}　　④ 1.06×10^{-3}

해설 --

$$\delta = \frac{Pl^3}{192EI} = \frac{200 \times 5^3}{192 \times 200 \times 10^9 \times \frac{\pi}{64} \times 0.1^4}$$

$$= 1.326 \times 10^{-4}$$

04 그림과 같이 800N의 힘이 브래킷의 A에 작용하고 있다. 이 힘의 점 B에 대한 모멘트는 약 몇 N · m인가?

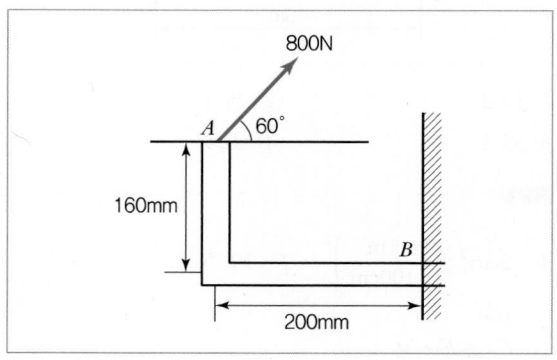

① 160.6　　　　② 202.6

③ 238.6　　　　④ 253.6

해설 ➕ -

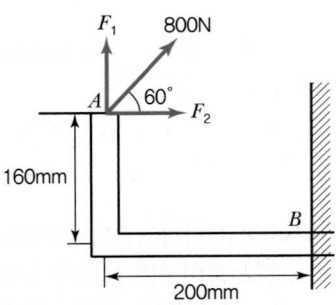

그림처럼 직각분력으로 나누어 B점에 대한 모멘트를 구하면

$M_B = F_1 \times 0.2 + F_2 \times 0.16$

$\quad = 800 \times \sin 60° \times 0.2 + 800 \times \cos 60° \times 0.16$

$\quad = 202.56 \text{N} \cdot \text{m}$

05 길이 10m, 단면적 2cm²인 철봉을 100℃에서 그림과 같이 양단을 고정했다. 이 봉의 온도가 20℃로 되었을 때 인장력은 약 몇 kN인가?(단, 세로탄성계수는 200GPa, 선팽창계수 $\alpha = 0.000012/℃$ 이다.)

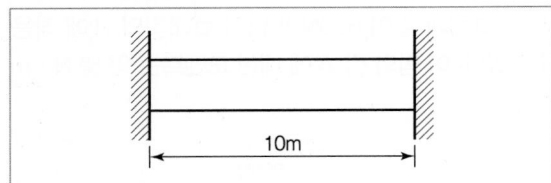

① 19.2　　　　② 25.5

③ 38.4　　　　④ 48.5

해설 ➕ -

$A = 2\text{cm}^2 \times \left(\dfrac{1\text{m}}{100\text{cm}}\right)^2 = 2 \times 10^{-4}\text{m}^2$

$\varepsilon = \alpha \Delta t$

$\sigma = E\varepsilon = E\alpha \Delta t$

$P = \sigma A = E\alpha \Delta t A$

$= 200 \times 10^9 \times 0.000012 \times (100 - 20) \times 2 \times 10^{-4}$

$= 38,400\text{N}$

$= 38.4\text{kN}$

06 그림과 같이 외팔보의 끝에 집중하중 P가 작용할 때 자유단에서의 처짐각 θ는?(단, 보의 굽힘강성 EI는 일정하다.)

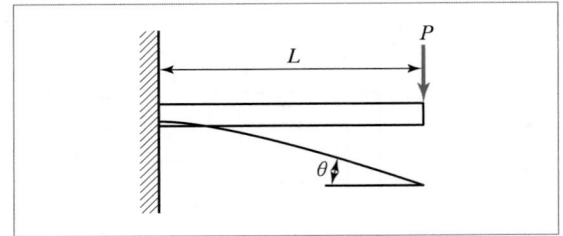

① $\dfrac{PL^2}{2EI}$　　　　② $\dfrac{PL^3}{6EI}$

③ $\dfrac{PL^2}{8EI}$　　　　④ $\dfrac{PL^2}{12EI}$

해설 ➕ -

외팔보 자유단 처짐각 $\theta = \dfrac{PL^2}{2EI}$

07 비틀림모멘트 2kN · m가 지름 50mm인 축에 작용하고 있다. 축의 길이가 2m일 때 축의 비틀림각은 약 몇 rad인가?(단, 축의 전단탄성계수는 85GPa이다.)

① 0.019　　　　② 0.028

③ 0.054　　　　④ 0.077

해설 ➕ -

$\theta = \dfrac{T \cdot l}{GI_p} = \dfrac{2 \times 10^3 \times 2}{85 \times 10^9 \times \dfrac{\pi \times 0.05^4}{32}} = 0.0767\text{rad}$

정답　**05** ③　**06** ①　**07** ④

08 다음 외팔보가 균일분포 하중을 받을 때, 굽힘에 의한 탄성변형 에너지는?(단, 굽힘강성 EI는 일정하다.)

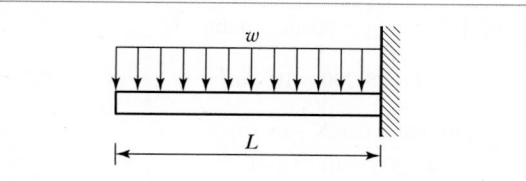

① $U = \dfrac{w^2 L^5}{20EI}$ 　　② $U = \dfrac{w^2 L^5}{30EI}$

③ $U = \dfrac{w^2 L^5}{40EI}$ 　　④ $U = \dfrac{w^2 L^5}{50EI}$

해설 ➕

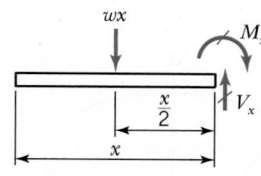

$\sum M_{x\text{지점}} = 0 : -wx\dfrac{x}{2} + M_x = 0 \rightarrow M_x = \dfrac{wx^2}{2}$

탄성변형에너지 U는

$$U = \int_0^L \frac{M^2}{2EI}dx = \int_0^L \frac{\left(\dfrac{wx^2}{2}\right)^2}{2EI}dx = \frac{w^2}{8EI}\int_0^L x^4 dx$$

$$= \frac{w^2}{8EI}\left[\frac{x^5}{5}\right]_0^L = \frac{w^2 L^5}{40EI}$$

09 판 두께 3mm를 사용하여 내압 20kN/cm²를 받을 수 있는 구형(Spherical) 내압용기를 만들려고 할 때, 이 용기의 최대 안전내경 d를 구하면 몇 cm인가?(단, 이 재료의 허용 인장응력을 $\sigma_w = 800\text{kN/cm}^2$로 한다.)

① 24 　　② 48

③ 72 　　④ 96

해설 ➕

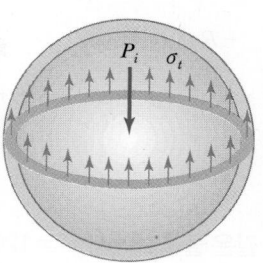

$t = 0.3\text{cm}$

$\sum F_y = 0 : \sigma_t \times \pi dt - P_i \times \dfrac{\pi d^2}{4} = 0$

$\therefore d = \dfrac{4\sigma_t \cdot t}{P_i} = \dfrac{4 \times 800 \times 10^3 \times 0.3}{20 \times 10^3} = 48\text{cm}$

10 다음과 같은 평면응력 상태에서 최대 주응력 σ_1은?

$\sigma_x = \tau, \quad \sigma_y = 0, \quad \tau_{xy} = -\tau$

① 1.414τ 　　② 1.80τ

③ 1.618τ 　　④ 2.828τ

해설 ➕

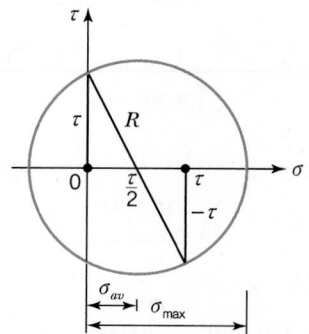

모어의 응력원에서 $\sigma_{av} = \dfrac{\tau}{2}$

정답 　**08** ③　**09** ②　**10** ③

$$R = \sqrt{\left(\frac{\tau}{2}\right)^2 + \tau^2} = \sqrt{\frac{5}{4}}\,\tau = \frac{\sqrt{5}}{2}\,\tau$$

$$\sigma_1 = \sigma_{\max} = \sigma_{av} + R$$

$$= \frac{\tau}{2} + \frac{\sqrt{5}}{2}\,\tau = \left(\frac{1+\sqrt{5}}{2}\right)\tau = 1.618\,\tau$$

11 그림과 같은 돌출보에서 $w = 120$kN/m의 등분포 하중이 작용할 때, 중앙 부분에서의 최대 굽힘응력은 약 몇 MPa인가?(단, 단면은 표준 I형 보로 높이 $h = 60$cm이고, 단면 2차 모멘트 $I = 98,200$cm⁴이다.)

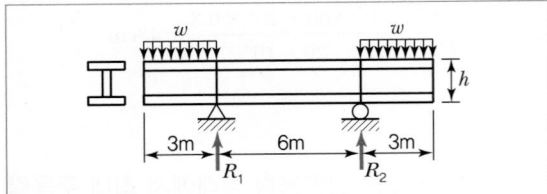

① 125   ② 165

③ 185   ④ 195

해설 ⊕

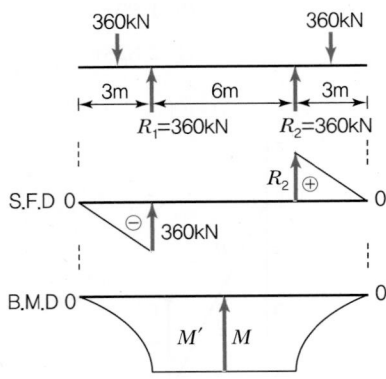

$M = M'$이므로

$$M = \frac{1}{2} \times 3 \times 360 \times 10^3 = 540,000\,\text{N}\cdot\text{m}$$

$M = \sigma_b Z$에서

$$\sigma_b = \frac{M}{Z} = \frac{M}{\dfrac{I}{e}} = \frac{Me}{I}$$

여기서, $e = \dfrac{h}{2} = 30\text{cm} = 0.3\text{m}$

$$I = 98,200 \times 10^{-8}\text{m}^4$$

$$= \frac{540,000 \times 0.3(\text{N}\cdot\text{m}\cdot\text{m})}{98,200 \times 10^{-8}(\text{m}^4)}$$

$$= 164.97 \times 10^6\text{Pa}$$

$$= 164.97\,\text{MPa}$$

12 다음 그림과 같은 부채꼴의 도심(Centroid)의 위치 $\bar{x}$는?

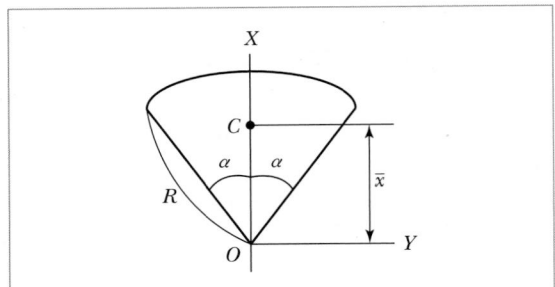

① $\bar{x} = \dfrac{2}{3}R$ ② $\bar{x} = \dfrac{3}{4}R$

③ $\bar{x} = \dfrac{3}{4}R\sin\alpha$ ④ $\bar{x} = \dfrac{2R}{3\alpha}\sin\alpha$

해설 ⊕

먼저 원호의 도심을 구하면

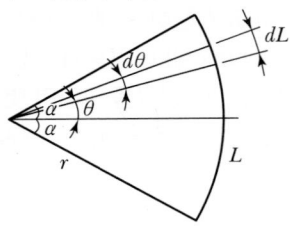

$$L = r \cdot 2\alpha$$

해설 ⊕

반 $\left(\dfrac{1}{2}\right)$ 으로 나누었을 때 값이 변하지 않으면 강도성 상태량이다. 내부에너지는 반으로 줄어들므로 강도성 상태량이 아니다.

23 고온 열원(T_1)과 저온열원(T_2) 사이에서 작동하는 역카르노 사이클에 의한 열펌프(Heat Pump)의 성능계수는?

① $\dfrac{T_1 - T_2}{T_1}$ ② $\dfrac{T_2}{T_1 - T_2}$

③ $\dfrac{T_1}{T_1 - T_2}$ ④ $\dfrac{T_1 - T_2}{T_2}$

해설 ⊕

$$\varepsilon_h = \frac{T_H}{T_H - T_L} = \frac{T_1}{T_1 - T_2}$$

24 냉매가 갖추어야 할 요건으로 틀린 것은?

① 증발온도에서 높은 잠열을 가져야 한다.
② 열전도율이 커야 한다.
③ 표면장력이 커야 한다.
④ 불활성이고 안전하며 비가연성이어야 한다.

해설 ⊕

냉매의 구비조건
• 온도가 낮아도 대기압 이상의 압력에서 증발할 것
• 응축압력이 낮을 것
• 증발잠열이 크고(증발기에서 많은 열량 흡수), 액체 비열이 적을 것
• 부식성이 없으며, 안정성이 유지될 것
• 점성이 적고 전열작용이 양호하며, 표면장력이 작을 것
• 응고온도가 낮을 것
• 열전도율이 클 것

25 100℃의 구리 10kg을 20℃의 물 2kg이 들어 있는 단열 용기에 넣었다. 물과 구리 사이의 열전달을 통한 평형 온도는 약 몇 ℃인가?(단, 구리 비열은 0.45kJ/kg · K, 물 비열은 4.2kJ/kg · K이다.)

① 48 ② 54
③ 60 ④ 68

해설 ⊕

열량 $_1Q_2 = mc(T_2 - T_1)$ 에서
구리가 방출(−)한 열량 = 물이 흡수(+)한 열량
$-m_구 c_구 (T_m - 100) = m_물 c_물 (T_m - 20)$

$$T_m = \frac{m_물 c_물 \times 20 + m_구 c_구 \times 100}{m_물 c_물 + m_구 c_구}$$
$$= \frac{2 \times 4.2 \times 20 + 10 \times 0.45 \times 100}{2 \times 4.2 + 10 \times 0.45}$$
$$= 47.91℃$$

26 이상기체 2kg이 압력 98kPa, 온도 25℃ 상태에서 체적이 0.5m³였다면 이 이상기체의 기체상수는 약 몇 J/kg · K인가?

① 79 ② 82
③ 97 ④ 102

해설 ⊕

$PV = mRT$에서
$$R = \frac{P \cdot V}{mT} = \frac{98 \times 10^3 \times 0.5}{2 \times (25 + 273)}$$
$$= 82.21J/kg \cdot K$$

27 다음 중 스테판 – 볼츠만의 법칙과 관련이 있는 열전달은?

① 대류 ② 복사
③ 전도 ④ 응축

해설 ➕ ------

스테판 – 볼츠만의 법칙

흑체 표면의 단위면적으로부터 단위시간에 방출되는 전파장의 복사에너지 양(E)은 흑체의 절대온도 T의 4승에 비례하며, $E = \sigma T^4$으로 주어진다는 법칙이다.

28 어떤 습증기의 엔트로피가 6.78kJ/kg · K라고 할 때 이 습증기의 엔탈피는 약 몇 kJ/kg인가?(단, 이 기체의 포화액 및 포화증기의 엔탈피와 엔트로피는 다음과 같다.)

구분	포화액	포화 증기
엔탈피(kJ/kg)	384	2,666
엔트로피(kJ/kg · K)	1.25	7.62

① 2,365   ② 2,402
③ 2,473   ④ 2,511

해설 ➕ ------

건도가 x인 습증기의 엔트로피 s_x

$$s_x = s_f + x s_{fg} = s_f + x(s_g - s_f)$$

$$x = \frac{s_x - s_f}{s_g - s_f} = \frac{6.78 - 1.25}{7.62 - 1.25} = 0.868$$

$$\therefore h_x = h_f + x h_{fg} = h_f + x(h_g - h_f)$$
$$= 384 + 0.868 \times (2,666 - 384)$$
$$= 2,364.78 \text{kJ/kg}$$

29 단열된 노즐에 유체가 10m/s의 속도로 들어와서 200m/s의 속도로 가속되어 나간다. 출구에서의 엔탈피가 2,770kJ/kg일 때 입구에서의 엔탈피는 약 몇 kJ/kg인가?

① 4,370   ② 4,210
③ 2,850   ④ 2,790

해설 ➕ ------

개방계에 대한 열역학 제1법칙

$$\cancel{q_{cv}}^{0} + h_i + \frac{V_i^2}{2} = h_e + \frac{V_e^2}{2} + \cancel{w_{cv}}^{0} \; (\because gz_i = gz_e)$$

$$h_i = h_e + \frac{V_e^2}{2} - \frac{V_i^2}{2}$$

$$= 2,770 + \frac{1}{2}(200^2 - 10^2) \cdot \frac{\text{m}^2}{\text{s}^2} \times \frac{\text{kg}}{\text{kg}} \times \frac{1\text{kJ}}{1,000\text{J}}$$

$$= 2,789.95 \text{kJ/kg}$$

30 압력(P) – 부피(V) 선도에서 이상기체가 그림과 같은 사이클로 작동한다고 할 때 한 사이클 동안 행한 일은 어떻게 나타내는가?

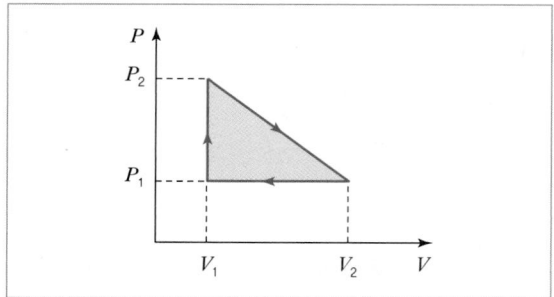

① $\dfrac{(P_2 + P_1)(V_2 + V_1)}{2}$

② $\dfrac{(P_2 - P_1)(V_2 + V_1)}{2}$

③ $\dfrac{(P_2 + P_1)(V_2 - V_1)}{2}$

④ $\dfrac{(P_2 - P_1)(V_2 - V_1)}{2}$

해설 ➕ ------

한 사이클 동안 행한 일의 양은 삼각형 면적과 같으므로

$$\frac{1}{2} \times (V_2 - V_1) \times (P_2 - P_1)$$

31 클라우지우스(Clausius)의 부등식을 옳게 나타낸 것은?(단, T는 절대온도, Q는 시스템으로 공급된 전체 열량을 나타낸다.)

① $\oint T\delta Q \leq 0$ ② $\oint T\delta Q \geq 0$

③ $\oint \dfrac{\delta Q}{T} \leq 0$ ④ $\oint \dfrac{\delta Q}{T} \geq 0$

해설 ➕

- 가역일 때 $\oint \dfrac{\delta Q}{T} = 0$
- 비가역일 때 $\oint \dfrac{\delta Q}{T} < 0$

32 어떤 유체의 밀도가 741kg/m³이다. 이 유체의 비체적은 약 몇 m³/kg인가?

① 0.78×10^{-3} ② 1.35×10^{-3}

③ 2.35×10^{-3} ④ 2.98×10^{-3}

해설 ➕

비체적 $\nu = \dfrac{1}{\rho} = \dfrac{1}{741} = 1.35 \times 10^{-3} \mathrm{m^3/kg}$

33 어떤 물질에서 기체상수(R)가 0.189kJ/kg·K, 임계온도가 305K, 임계압력이 7,380kPa이다. 이 기체의 압축성 인재(Compressibility Factor, Z)가 다음과 같은 관계식을 나타낸다고 할 때 이 물질의 20℃, 1,000kPa 상태에서의 비체적(v)은 약 몇 m³/kg인가?(단, P는 압력, T는 절대온도, P_r은 환산압력, T_r은 환산온도를 나타낸다.)

$$Z = \frac{Pv}{RT} = 1 - 0.8\frac{P_r}{T_r}$$

① 0.0111   ② 0.0303

③ 0.0491   ④ 0.0554

해설 ➕

$Z = \dfrac{Pv}{RT} = 1 - 0.8\dfrac{P_r}{T_r}$에서

환산압력 $P_r = \dfrac{P}{P_{cr}}$, 환산온도 $T_r = \dfrac{T}{T_{cr}}$

여기서, P_{cr} : 임계압력, T_{cr} : 임계온도

$P_r = \dfrac{1,000}{7,380} = 0.136$, $T_r = \dfrac{293}{305} = 0.961$

$\therefore v = \dfrac{RT}{P}\left(1 - 0.8\dfrac{P_r}{T_r}\right)$

$= \dfrac{0.189 \times 293}{1,000}\left(1 - 0.8 \times \dfrac{0.136}{0.961}\right)$

$= 0.0491 \mathrm{m^3/kg}$

34 전류 25A, 전압 13V를 가하여 축전지를 충전하고 있다. 충전하는 동안 축전지로부터 15W의 열손실이 있다. 축전지의 내부에너지 변화율은 약 몇 W인가?

① 310   ② 340

③ 370   ④ 420

해설 ➕

전기에너지(J) = 전압(V) × 전류(A) × 시간(s)

J = 13(V) × 25(A) × t(s)

W = 13 × 25 = 325(J/s)

축전지의 내부에너지 변화율 = 325 - 15(열손실) = 310W

35 카르노사이클로 작동하는 열기관이 1,000℃의 열원과 300K의 대기 사이에서 작동한다. 이 열기관이 사이클당 100kJ의 일을 할 경우 사이클당 1,000℃의 열원으로부터 받은 열량은 약 몇 kJ인가?

① 70.0   ② 76.4

③ 130.8   ④ 142.9

해설➕

카르노 사이클의 효율은 온도만의 함수이므로

$$\eta = \frac{T_H - T_L}{T_H} = 1 - \frac{T_L}{T_H} = 1 - \frac{300}{1,273}$$
$$= 0.764$$

1사이클당 100kJ 일($W_{\neq t}$)을 할 경우, 사이클당 1,000℃의 열원으로부터 공급받는 열량 : Q_H

$$\eta = \frac{W_{\neq t}}{Q_H} \text{에서} \quad Q_H = \frac{W_{\neq t}}{\eta} = \frac{100}{0.764} = 130.89\text{kJ}$$

36 이상적인 랭킨사이클에서 터빈 입구 온도가 350℃이고, 75kPa과 3MPa의 압력범위에서 작동한다. 펌프 입구와 출구, 터빈 입구와 출구에서 엔탈피는 각각 384.4kJ/kg, 387.5kJ/kg, 3,116kJ/kg, 2,403kJ/kg이다. 펌프일을 고려한 사이클의 열효율과 펌프일을 무시한 사이클의 열효율 차이는 약 몇 %인가?

① 0.0011 ② 0.092
③ 0.11 ④ 0.18

해설➕

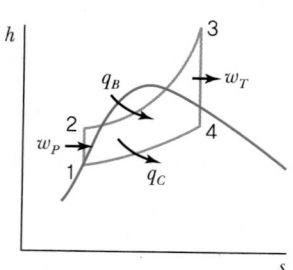

$h - s$ 선도에서
$h_1 = 384.4,\ h_2 = 387.5,\ h_3 = 3,116,\ h_4 = 2,403$

• 펌프일을 무시할 때

$$\eta_1 = \frac{w_T}{q_B} = \frac{h_3 - h_4}{h_3 - h_2} = \frac{3,116 - 2,403}{3,116 - 387.5}$$
$$= 0.2613 = 26.13\%$$

• 펌프일을 고려할 때

$$\eta_2 = \frac{w_{net}}{q_B} = \frac{w_T - w_P}{q_B}$$
$$= \frac{(h_3 - h_4) - (h_2 - h_1)}{h_3 - h_2}$$
$$= \frac{(3,116 - 2,403) - (387.5 - 384.4)}{3,116 - 387.5}$$
$$= 0.2602 = 26.02\%$$

• 열효율의 차이
$$\eta_1 - \eta_2 = 0.11\%$$

37 기체가 0.3MPa로 일정한 압력하에 8m³에서 4m³까지 마찰 없이 압축되면서 동시에 500kJ의 열을 외부로 방출하였다면, 내부에너지의 변화는 약 몇 kJ인가?

① 700 ② 1,700
③ 1,200 ④ 1,400

해설➕

계의 열부호(−), 일부호(−)
$$\delta Q - \delta W = dU$$
$$\therefore\ U_2 - U_1 = -_1Q_2 + _1W_2$$
$$= -500 + 0.3 \times 10^3 (8 - 4)$$
$$= 700\text{kJ}$$

38 이상적인 교축과정(Throttling Process)을 해석하는 데 있어서 다음 설명 중 옳지 않은 것은?

① 엔트로피는 증가한다.
② 엔탈피의 변화가 없다고 본다.
③ 정압과정으로 간주한다.
④ 냉동기의 팽창밸브의 이론적인 해석에 적용될 수 있다.

해설 ⊕

교축과정은 등엔탈피과정으로 속도변화 없이 압력을 저하시키는 과정이다.

39 이상기체로 작동하는 어떤 기관의 압축비가 17이다. 압축 전의 압력 및 온도는 112kPa, 25℃이고 압축 후의 압력은 4,350kPa이었다. 압축 후의 온도는 약 몇 ℃인가?

① 53.7   ② 180.2

③ 236.4   ④ 407.8

해설 ⊕

$T_1 = 25℃ + 273 = 298 \text{K}$

$P_1 = 112 \text{kPa}, P_2 = 4,350 \text{kPa}$

$\varepsilon = \dfrac{v_1}{v_2} = 17 \rightarrow v_1 = 17 v_2 \cdots ⓐ$

여기서, 이상기체 상태방정식 $Pv = RT$를 압축 전 1상태와 압축 후 2상태에 적용

$P_1 v_1 = RT_1 \rightarrow v_1 = \dfrac{RT_1}{P_1}$

$P_2 v_2 = RT_2 \rightarrow v_2 = \dfrac{RT_2}{P_2}$ 두 식을 ⓐ에 대입하면

$\dfrac{RT_1}{P_1} = 17 \times \dfrac{RT_2}{P_2}$

$T_2 = \left(\dfrac{T_1}{17}\right) \times \left(\dfrac{P_2}{P_1}\right) = \left(\dfrac{298}{17}\right) \times \left(\dfrac{4,350}{112}\right) = 680.83 \text{K}$

$T_2 = 680.83 - 273 = 407.83℃$

40 압력이 0.2MPa, 온도가 20℃의 공기를 압력이 2MPa로 될 때까지 가역단열 압축했을 때 온도는 약 몇 ℃인가?(단, 공기는 비열비가 1.4인 이상기체로 간주한다.)

① 225.7   ② 273.7

③ 292.7   ④ 358.7

해설 ⊕

단열과정의 온도, 압력, 체적 간의 관계식에서

$$\dfrac{T_2}{T_1} = \left(\dfrac{P_1}{P_2}\right)^{\frac{k-1}{k}}$$

여기서, $P_1 = 0.2 \text{MPa}, P_2 = 2 \text{MPa}$

$$\therefore T_2 = T_1 \left(\dfrac{P_1}{P_2}\right)^{\frac{k-1}{k}} = (20 + 273) \times \left(\dfrac{2}{0.2}\right)^{\frac{1.4-1}{1.4}}$$
$$= 565.69 \text{K}$$

$T_2 = 565.69 - 273 = 292.69℃$

3과목   **기계유체역학**

41 낙차가 100m인 수력발전소에서 유량이 5m³/s이면 수력터빈에서 발생하는 동력(MW)은 얼마인가? (단, 유도관의 마찰손실은 10m이고, 터빈의 효율은 80%이다.)

① 3.53   ② 3.92

③ 4.41   ④ 5.52

해설 ⊕

터빈의 이론동력

$H_{th} = \gamma \times H_T \times Q$

(여기서, 전양정 $H_T = 100 - 10 = 90 \text{m}$)

$= 9,800 \times 90 \times 5 = 4.41 \times 10^6 \text{W}$

$= 4.41 \text{MW}$

터빈효율 $\eta_T = \dfrac{\text{실제동력}(H_s)}{\text{이론동력}(H_{th})}$

$\therefore$ 실제출력동력 $= \eta_T \times H_{th}$
$= 0.8 \times 4.41$
$= 3.53 \text{MW}$

정답   **39** ④   **40** ③   **41** ①

42 어떤 물리량 사이의 함수관계가 다음과 같이 주어졌을 때, 독립 무차원수 Pi항은 몇 개인가?(단, a는 가속도, V는 속도, t는 시간, ν는 동점성계수, L은 길이이다.)

$$F(a,\ V,\ t,\ \nu,\ L)=0$$

① 1   ② 2

③ 3   ④ 4

해설 ➕

버킹엄의 π정리에 의해 독립무차원수

$\pi = n - m$

여기서, n : 물리량 총수

m : 사용된 차원수

a : 가속도 m/s²[LT⁻²]

V : 속도 m/s[LT⁻¹]

t : 시간 s[T]

ν : 동점성계수 m²/s[L²T⁻¹]

L : 길이 m[L]

$\pi = n - m = 5 - 2$(L과 T 차원 2개)

$\quad = 3$

43 그림과 같은 노즐을 통하여 유량 Q만큼의 유체가 대기로 분출될 때, 노즐에 미치는 유체의 힘 F는? (단, A_1, A_2는 노즐의 단면 1, 2에서의 단면적이고 ρ는 유체의 밀도이다.)

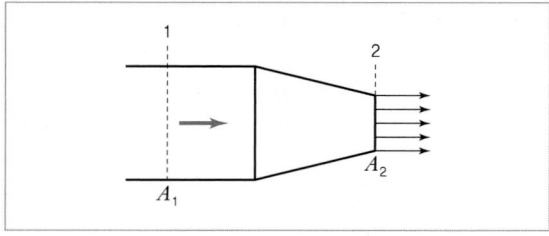

① $F = \dfrac{\rho A_2 Q^2}{2}\left(\dfrac{A_2 - A_1}{A_1 A_2}\right)^2$

② $F = \dfrac{\rho A_2 Q^2}{2}\left(\dfrac{A_1 + A_2}{A_1 A_2}\right)^2$

③ $F = \dfrac{\rho A_1 Q^2}{2}\left(\dfrac{A_1 + A_2}{A_1 A_2}\right)^2$

④ $F = \dfrac{\rho A_1 Q^2}{2}\left(\dfrac{A_1 - A_2}{A_1 A_2}\right)^2$

해설 ➕

노즐에 미치는 유체의 힘 $F = f_x$

검사면에 작용하는 힘들의 합 = 검사체적 안의 운동량 변화량

$Q = A_1 V_1 = A_2 V_2 \rightarrow V_1 = \dfrac{Q}{A_1},\ V_2 = \dfrac{Q}{A_2} \cdots$ ⓐ

$p_1 A_1 - p_2 A_2 - f_x = \rho Q(V_{2x} - V_{1x}) = \rho Q(V_2 - V_1)$

- 유량이 나가는 검사면 2에는 작용하는 힘이 없으므로

$p_2 A_2 = 0$

$\therefore f_x = p_1 A_1 - \rho Q(V_2 - V_1) \leftarrow$ ⓐ 대입

$\quad = p_1 A_1 - \rho Q\left(\dfrac{Q}{A_2} - \dfrac{Q}{A_1}\right)$

$\quad = p_1 A_1 - \rho Q^2\left(\dfrac{1}{A_2} - \dfrac{1}{A_1}\right) \cdots$ ⓑ

- 1단면과 2단면에 베르누이 방정식 적용(위치에너지 동일)

$\dfrac{p_1}{\gamma} + \dfrac{V_1{}^2}{2g} = \dfrac{p_2}{\gamma} + \dfrac{V_2{}^2}{2g}$ ($\because z_1 = z_2,\ p_2 = p_0 = 0$)

$\dfrac{p_1}{\gamma} = \dfrac{V_2{}^2}{2g} - \dfrac{V_1{}^2}{2g}$

양변에 γ를 곱하면

$p_1 = \dfrac{\rho}{2}(V_2{}^2 - V_1{}^2) = \dfrac{\rho}{2}\left\{\left(\dfrac{Q}{A_2}\right)^2 - \left(\dfrac{Q}{A_1}\right)^2\right\}$

$\quad = \dfrac{\rho Q^2}{2}\left\{\left(\dfrac{1}{A_2}\right)^2 - \left(\dfrac{1}{A_1}\right)^2\right\} \cdots$ ⓒ

- ⓒ를 ⓑ에 대입하면

$f_x = \dfrac{\rho A_1 Q^2}{2}\left\{\left(\dfrac{1}{A_2}\right)^2 - \left(\dfrac{1}{A_1}\right)^2\right\} - \rho Q^2\left(\dfrac{1}{A_2} - \dfrac{1}{A_1}\right)$

$\quad = \dfrac{\rho A_1 Q^2}{2}\left\{\left(\dfrac{1}{A_2}\right)^2 - \left(\dfrac{1}{A_1}\right)^2\right\}$

$$-\frac{\rho A_1 Q^2}{2}\left\{\frac{2}{A_1}\left(\frac{1}{A_2}-\frac{1}{A_1}\right)\right\}$$

$$=\frac{\rho A_1 Q^2}{2}\left\{\left(\frac{1}{A_2}\right)^2-\left(\frac{1}{A_1}\right)^2-\frac{2}{A_1 A_2}+\frac{2}{A_1{}^2}\right\}$$

$$=\frac{\rho A_1 Q^2}{2}\left\{\left(\frac{1}{A_2}\right)^2-\frac{2}{A_1 A_2}+\left(\frac{1}{A_1}\right)^2\right\}$$

$$=\frac{\rho A_1 Q^2}{2}\left(\frac{1}{A_2}-\frac{1}{A_1}\right)^2$$

$$\therefore f_x=\frac{\rho A_1 Q^2}{2}\left(\frac{A_1-A_2}{A_1 A_2}\right)^2$$

44 그림과 같이 원판 수문이 물속에 설치되어 있다. 그림 중 C는 압력의 중심이고, G는 원판의 도심이다. 원판의 지름을 d라 하면 작용점의 위치 η는?

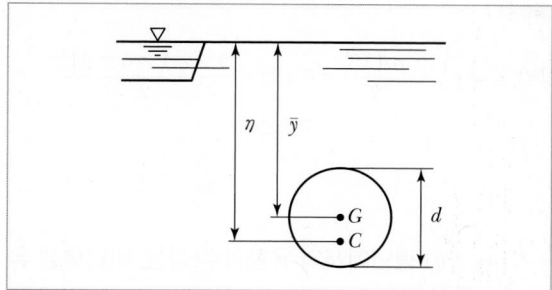

① $\eta=\bar{y}+\dfrac{d^2}{8\bar{y}}$ 　② $\eta=\bar{y}+\dfrac{d^2}{16\bar{y}}$

③ $\eta=\bar{y}+\dfrac{d^2}{32\bar{y}}$ 　④ $\eta=\bar{y}+\dfrac{d^2}{64\bar{y}}$

해설 🔾

전압력 중심

$$\eta=\bar{y}+\frac{I_G}{A\bar{y}}=\bar{y}+\frac{\dfrac{\pi d^4}{64}}{\dfrac{\pi d^2}{4}\times\bar{y}}=\bar{y}+\frac{d^2}{16\bar{y}}$$

45 체적이 30m³인 어느 기름의 무게가 247kN이었다면 비중은 얼마인가?(단, 물의 밀도는 1,000 kg/m³이다.)

① 0.80 　② 0.82

③ 0.84 　④ 0.86

해설 🔾

무게 $W=\gamma V$(여기서, $S=\dfrac{\gamma}{\gamma_w}\rightarrow\gamma=S\gamma_w$)

$\qquad\qquad=S\gamma_w V$

$$\therefore S=\frac{W}{\gamma_w V}=\frac{247\times10^3}{9,800\times30}=0.84$$

46 비압축성 유체가 그림과 같이 단면적 $A(x)=1-0.04x$[m²]로 변화하는 통로 내를 정상상태로 흐를 때 P점($x=0$)에서의 가속도(m/s²)는 얼마인가?(단, P점에서의 속도는 2m/s, 단면적은 1m²이며, 각 단면에서 유속은 균일하다고 가정한다.)

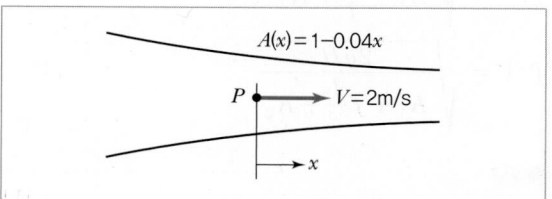

① -0.08 　② 0

③ 0.08 　④ 0.16

해설 🔾

$$a=\frac{0.08}{(1-0.04x)^2}\times\frac{2}{(1-0.04x)}$$ 이므로

$x=0$에서의 가속도 $a=0.16\,\mathrm{m/s^2}$

47 수면의 차이가 H인 두 저수지 사이에 지름 d, 길이 l인 관로가 연결되어 있을 때 관로에서의 평균 유속(V)을 나타내는 식은?(단, f는 관마찰계수이고, g는 중력가속도이며, K_1, K_2는 관입구와 출구에서의 부차적 손실계수이다.)

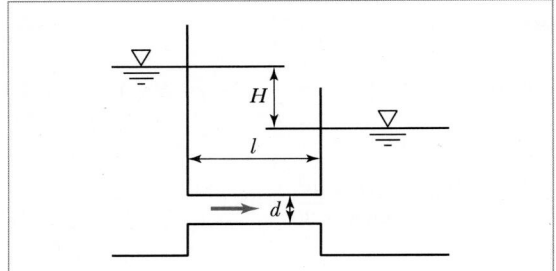

① $V = \sqrt{\dfrac{2gdH}{K_1 + fl + K_2}}$

② $V = \sqrt{\dfrac{2gH}{K_1 + fdl + K_2}}$

③ $V = \sqrt{\dfrac{2gdH}{K_1 + \dfrac{f}{l} + K_2}}$

④ $V = \sqrt{\dfrac{2gH}{K_1 + f\dfrac{l}{d} + K_2}}$

해설 ⊕

큰 저수지에서의 전체에너지를 ①, 작은 저수지에서의 전체에너지를 ②라고 한 다음, 손실을 고려한 베르누이 방정식을 적용하면 ① = ② + H_l이고, 그림에서 H_l은 두 저수지의 위치에너지 차이이므로 $H_l = H$이다. 전체 손실수두도 H_l은 돌연축소관에서의 손실(h_1)과 곧고 긴 연결관에서의 손실수두(h_2), 그리고 돌연확대관에서의 손실수두(h_3)의 합과 같다.

$H_l = h_1 + h_2 + h_3$

여기서, $h_1 = K_1 \cdot \dfrac{V^2}{2g}$

$h_2 = f \cdot \dfrac{L}{d} \cdot \dfrac{V^2}{2g}$

$h_3 = K_2 \cdot \dfrac{V^2}{2g}$

$H = \left(K_1 + f \cdot \dfrac{L}{d} + K_2\right)\dfrac{V^2}{2g}$

$\therefore V = \sqrt{\dfrac{2gH}{K_1 + f \cdot \dfrac{L}{d} + K_2}}$

48 공기의 속도 24m/s인 풍동 내에서 익현길이 1m, 익의 폭 5m인 날개에 작용하는 양력(N)은 얼마인가?(단, 공기의 밀도는 1.2kg/m³, 양력계수는 0.455이다.)

① 1,572 　　　　② 786

③ 393 　　　　④ 91

해설 ⊕

양력 $L = C_L \cdot \dfrac{\rho A V^2}{2} = 0.455 \times \dfrac{1.2 \times 1 \times 5 \times 24^2}{2}$

$= 786.24\text{N}$

49 (x, y) 평면에서의 유동함수(정상, 비압축성 유동)가 다음과 같이 정의된다면 $x = 4$m, $y = 6$m의 위치에서의 속도(m/s)는 얼마인가?

$\psi = 3x^2 y - y^3$

① 156 　　　　② 92

③ 52 　　　　④ 38

해설 ⊕

유동함수 ψ에서 $u = \dfrac{\partial \psi}{\partial y}$, $v = -\dfrac{\partial \psi}{\partial x}$ 이므로

$u = 3x^2 - 3y^2 = 3 \times 4^2 - 3 \times 6^2 = -60 \rightarrow x$ 방향 속도성분

$v = -(6xy) = -6 \times 4 \times 6 = -144 \rightarrow y$ 방향 속도성분

$V = ui + vj$이므로 속도의 크기는
$$\sqrt{u^2 + v^2} = \sqrt{(-60)^2 + (-144)^2} = 156\,\text{m/s}$$

50 유체의 정의를 가장 올바르게 나타낸 것은?

① 아무리 작은 전단응력에도 저항할 수 없어 연속적으로 변형하는 물질
② 탄성계수가 0을 초과하는 물질
③ 수직응력을 가해도 물체가 변하지 않는 물질
④ 전단응력이 가해질 때 일정한 양의 변형이 유지되는 물질

51 밀도 1.6kg/m³인 기체가 흐르는 관에 설치한 피토 정압관(Pitot-static Tube)의 두 단자 간 압력차가 4cmH₂O이었다면 기체의 속도(m/s)는 얼마인가?

① 7   ② 14
③ 22   ④ 28

해설 ➕

$$V = \sqrt{2g\Delta h\left(\frac{\rho_0}{\rho} - 1\right)}$$
$$= \sqrt{2 \times 9.8 \times 0.04 \times \left(\frac{1,000}{1.6} - 1\right)}$$
$$= 22.12\,\text{m/s}$$

52 3.6m³/min을 양수하는 펌프의 송출구의 안지름이 23cm일 때 평균 유속(m/s)은 얼마인가?

① 0.96   ② 1.20
③ 1.32   ④ 1.44

해설 ➕

$Q = A \cdot V$에서
$$V = \frac{Q}{A} = \frac{3.6\frac{\text{m}^3}{\text{min}} \times \frac{1\text{min}}{60s}}{\frac{\pi}{4} \times 0.23^2\,\text{m}^2} = 1.44\,\text{m/s}$$

53 국소 대기압이 1atm이라고 할 때, 다음 중 가장 높은 압력은?

① 0.13atm(Gage Pressure)
② 115kPa(Absolute Pressure)
③ 1.1atm(Absolute Pressure)
④ 11mH₂O(Absolute Pressure)

해설 ➕

절대압 P_{abs} = 국소대기압 + 계기압(Gage)
① $P_{abs} = 1 + 0.13 = 1.13\text{atm}$
② $P_{abs} = 115 \times 10^3\text{Pa} \times \frac{1\text{atm}}{101,325\text{Pa}} = 1.135\text{atm}$
③ $P_{abs} = 1.1\text{atm}$
④ $P_{abs} = 11\text{mAq} \times \frac{1\text{atm}}{10.33\text{mAq}} = 1.065\text{atm}$

54 수평원관 속에 정상류의 층류 흐름이 있을 때 전단응력에 대한 설명으로 옳은 것은?

① 단면 전체에서 일정하다.
② 벽면에서 0이고 관 중심까지 선형적으로 증가한다.
③ 관 중심에서 0이고 반지름 방향으로 선형적으로 증가한다.
④ 관 중심에서 0이고 반지름 방향으로 중심으로부터 거리의 제곱에 비례하여 증가한다.

해설 ⊕

- 층류유동에서 전단응력분포와 속도분포 그림을 이해하면 된다.
- 전단응력은 관 중심에서 0이고 관벽에서 최대이다.

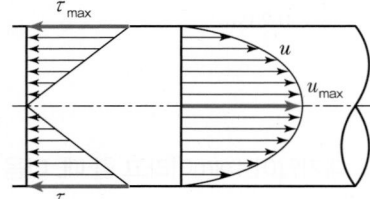

55
그림과 같은 두 개의 고정된 평판 사이에 얇은 판이 있다. 얇은 판 상부에는 점성계수가 0.05N·s/m²인 유체가 있고 하부에는 점성계수가 0.1N·s/m²인 유체가 있다. 이 판을 일정속도 0.5m/s로 끌 때, 끄는 힘이 최소가 되는 거리 y는?(단, 고정 평판 사이의 폭은 h(m), 평판들 사이의 속도분포는 선형이라고 가정한다.)

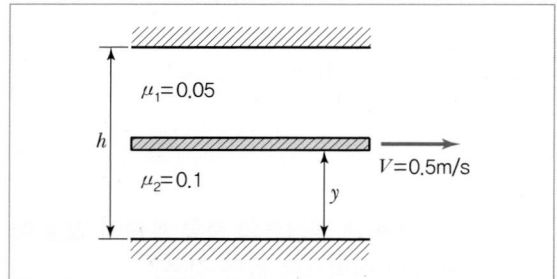

① $0.293h$
② $0.482h$
③ $0.586h$
④ $0.879h$

해설 ⊕

뉴턴의 점성법칙을 적용하여 $\tau = \mu \dfrac{du}{dy}$, $F = \tau A$

- 평판 위쪽 힘 $F_1 = \mu_1 \dfrac{u}{h-y} A$

- 평판 아래쪽 힘 $F_2 = \mu_2 \dfrac{u}{y} A$

- 평판을 끄는 힘이 최소가 되려면 깊이 y에 따른 위아래 힘의 변화율이 같아야 한다.

$$\frac{dF_1}{dy} = \frac{dF_2}{dy}$$

여기서, $\dfrac{dF_1}{dy} = \mu_1 \dfrac{u}{(h-y)^2} A$, $\dfrac{dF_2}{dy} = -\mu_2 \dfrac{u}{y^2} A$

변화율 값들의 부호가 반대이지만 절댓값이 같아야 한다 (평판 위아래 기울기가 반대).

$$\mu_1 \frac{u}{(h-y)^2} A = \mu_2 \frac{u}{y^2} A$$

$$\mu_1 y^2 = \mu_2 (h-y)^2 = \mu_2 (h^2 - 2hy + y^2)$$

$$(\mu_2 - \mu_1) y^2 - 2\mu_2 hy + \mu_2 h^2 = 0$$

$$(0.1 - 0.05) y^2 - 2 \times 0.1 hy + 0.1 h^2 = 0$$

$$0.05 y^2 - 0.2 hy + 0.1 h^2 = 0$$

여기서, 근의 공식 중 짝수계수 $b' = -0.1h$

$$y = \frac{0.1h \pm \sqrt{(0.1h)^2 - 0.05 \times 0.1 \times h^2}}{0.05}$$

$y = 3.41421h$ or $y = 0.58579h$인데 $y < h$이므로

$$\therefore \ y = 0.58579h$$

56
직경 1cm인 원형관 내의 물의 유동에 대한 천이 레이놀즈수는 2,300이다. 천이가 일어날 때 물의 평균유속(m/s)은 얼마인가?(단, 물의 동점성계수는 10^{-6} m²/s이다.)

① 0.23
② 0.46
③ 2.3
④ 4.6

해설 ⊕

$$Re = \frac{\rho \cdot V \cdot d}{\mu} = \frac{V \cdot d}{\nu} = 2,300 \ (\text{천이 레이놀즈수})$$

$$V = \frac{Re \times \nu}{d} = \frac{2,300 \times 10^{-6}}{0.01} = 0.23 \, \text{m/s}$$

74 그림과 같은 단동실린더에서 피스톤에 $F = 500N$의 힘이 발생하면, 압력 P는 약 몇 kPa이 필요한가?(단, 실린더의 직경은 40mm이다.)

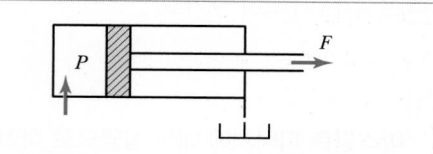

① 39.8
② 398
③ 79.6
④ 796

해설 ⊕

$$P(\text{압력}) = \frac{F(\text{힘})}{A(\text{면적})} = \frac{F}{\frac{\pi d^2}{4}}$$

$$= \frac{500}{\frac{\pi \times 0.04^2}{4}} = 397,887\text{Pa} = 398\text{kPa}$$

75 감압 밸브, 체크 밸브, 릴리프 밸브 등에서 밸브 시트를 두드려 비교적 높은 음을 내는 일종의 자력진동 현상은?

① 컷인
② 점핑
③ 채터링
④ 디컴프레션

76 어큐뮬레이터의 용도와 취급에 대한 설명으로 틀린 것은?

① 누설유량을 보충해 주는 펌프 대용 역할을 한다.
② 어큐뮬레이터에 부속쇠 등을 용접하거나 가공, 구멍 뚫기 등을 해서는 안 된다.
③ 어큐뮬레이터를 운반, 결합, 분리 등을 할 때는 봉입가스를 유지하여야 한다.
④ 유압 펌프에 발생하는 맥동을 흡수하여 이상 압력을 억제하여 진동이나 소음을 방지한다.

해설 ⊕

③ 어큐뮬레이터를 운반, 결합, 분리 등을 할 때는 봉입가스를 제거하여야 한다.

77 유압유의 점도가 낮을 때 유압 장치에 미치는 영향으로 적절하지 않은 것은?

① 배관 저항 증대
② 유압유의 누설 증가
③ 펌프의 용적 효율 저하
④ 정확한 작동과 정밀한 제어의 곤란

해설 ⊕

① 배관 저항 감소

78 상시 개방형 밸브로 옳은 것은?

① 감압 밸브
② 무부하 밸브
③ 릴리프 밸브
④ 카운터 밸런스 밸브

해설 ⊕

밸브의 종류

㉠ 상시 개방형 밸브
　감압 밸브 : 정상운전 시에는 열려 있다가 출구 측 압력이 설정압보다 높을 시 밸브가 닫혀 압력을 낮춰준다.
㉡ 상시 밀폐형 밸브
　• 무부하 밸브 : 실린더 작동 시에는 닫혀 있다가 무부하 운전 시 밸브를 열어 작동유를 탱크로 보낸다.
　• 릴리프 밸브 : 관로압이 설정압보다 높을 시 릴리프 밸브가 열려 작동유를 탱크로 보내 줌으로써 압력을 낮춰준다.
　• 카운터 밸런스 밸브 : 중력에 의해 추가 자유낙하하는 것을 방지하기 위해 배압을 유지시켜 주는 압력 제어 밸브

79 기어펌프의 폐입 현상에 관한 설명으로 적절하지 않은 것은?

① 진동, 소음의 원인이 된다.
② 한 쌍의 이가 맞물려 회전할 경우 발생한다.
③ 폐입 부분에서 팽창 시 고압이, 압축 시 진공이 형성된다.
④ 방지책으로 릴리프 홈에 의한 방법이 있다.

해설 ➕
③ 폐입 부분에서 압축 시 고압이, 팽창 시 진공이 형성된다.

80 실린더 입구의 분기 회로에 유량 제어 밸브를 설치하여 실린더 입구 측의 불필요한 압유를 배출시켜 작동 효율을 증진시키는 회로는?

① 로킹 회로
② 증강 회로
③ 동조 회로
④ 블리드 오프 회로

5과목 **건설기계일반 및 플랜트배관**

81 타이어식 기중기에서 전후, 좌우 방향에 안전성을 주어 기중작업 시 전도되는 것을 방지해 주는 안전장치는?

① 아웃트리거
② 종감속 장치
③ 과권 경보장치
④ 과부하 방지장치

82 열팽창에 의한 배관의 이동을 제한하는 레스트레인트의 종류가 아닌 것은?

① 앵커
② 스토퍼
③ 가이드
④ 파이프슈

해설 ➕
레스트레인트(restraint)의 종류
앵커, 스토퍼, 가이드, 스너버, 브레이스 등
※ 파이프 슈(Pipe Shoe) → 서포트

83 아스팔트 피니셔에 대한 설명으로 적절하지 않은 것은?

① 혼합재료를 균일한 두께로 포장폭만큼 노면 위에 깔고 다듬는 건설기계이다.
② 주행방식에 따라 타이어식과 무한궤도식으로 분류할 수 있다.
③ 피더는 혼합재료를 이동시키는 역할을 한다.
④ 스크리드는 운반된 혼합재료(아스팔트)를 저장하는 용기이다.

해설 ➕
④ 스크리드 : 노면에 살포된 혼합재를 매끈하게 다듬질하는 판

84 스크레이퍼의 흙 운반량(m³/h)에 대한 설명으로 틀린 것은?

① 볼의 용량에 비례한다.
② 사이클 시간에 반비례한다.
③ 흙(토량) 환산계수에 반비례한다.
④ 스크레이퍼 작업 효율에 비례한다.

해설 ➕
스크레이퍼의 작업능력
$$Q = \frac{60 \cdot q \cdot f \cdot E}{C_m}$$
여기서, Q : 운전시간당의 작업량(m³/hr)
q : 볼 1회 작업량(m³)
= 적재함용적 × 적재계수(k)

정답 79 ③ 80 ④ 81 ① 82 ④ 83 ④ 84 ③

f : 체적변환계수(토량환산계수)
E : 작업효율
C_m : 1회 작업의 사이클 타임(분)

85 트랙터의 앞에 블레이드(배토판)을 설치한 것으로 송토, 굴토, 확토 작업을 하는 건설기계는?

① 굴삭기　　　　　② 지게차
③ 도저　　　　　　④ 컨베이어

해설 ➕ ------------------------------------

도저(Dozer)
전면에는 블레이드(Blade)라고 불리는 배토판을 장착하고, 후면에 리퍼(Ripper), 루터(Rooter) 등을 부착하여 많은 양의 흙, 모래, 자갈, 암반 등을 밀어내어 지면을 고르는 토목공사용 건설기계이다.

86 일반적으로 지게차에서 사용하는 조향방식은?

① 전륜 조향방식
② 포크 조향방식
③ 후륜 조향방식
④ 마스트 조향방식

87 도로포장을 위한 다짐작업에 사용되는 건설기계는?

① 롤러　　　　　　② 로더
③ 지게차　　　　　④ 덤프트럭

해설 ➕ ------------------------------------

• 롤러 : 다짐작업
• 로더 : 적재작업
• 지게차 : 하역작업
• 덤프트럭 : 운반작업

88 강재의 크기에 따라 담금질 효과가 달라지는 현상을 의미하는 용어는?

① 단류선　　　　　② 질량효과
③ 잔류응력　　　　④ 노치효과

해설 ➕ ------------------------------------

질량효과
같은 강을 같은 조건으로 담금질하더라도 질량(지름)이 작은 재료는 내외부에 온도차가 없어 내부까지 경화되나, 질량이 큰 재료는 열의 전도에 시간이 길게 소요되어 내외부에 온도차가 생김으로써 외부는 경화되어도 내부는 경화되지 않는 현상

89 굴삭기를 주행 장치에 따라 구분하여 설명한 내용으로 적절하지 않은 것은?

① 주행 장치에 따라 무한궤도식과 타이어식으로 분류할 수 있다.
② 타이어식은 이동거리가 긴 작업장에서 작업능률이 좋다.
③ 타이어식은 주행저항이 적으며 기동성이 좋다.
④ 무한궤도식은 습지나 경사지에서의 작업이 곤란하다.

해설 ➕ ------------------------------------

④ 무한궤도식은 습지나 경사지에서의 작업이 용이하다.

90 모터 그레이더에서 사용하는 리닝 장치에 대한 설명으로 옳은 것은?

① 블레이드를 올리고 내리는 장치이다.
② 앞바퀴를 좌우로 경사시키는 장치이다.
③ 기관의 가동시간을 기록하는 장치이다.
④ 큰 견인력을 얻기 위해 저압 타이어를 사용하는 장치이다.

정답　85 ③　86 ③　87 ①　88 ②　89 ④　90 ②

해설 ➕

리닝(Leaning)장치
앞바퀴를 좌 · 우로 경사시켜 회전반경을 줄일 수 있는 장치

91 관 공작용 기계가 아닌 것은?

① 로터리식 파이프 벤딩기
② 동력 나사 절삭기
③ 파이프 렌치
④ 기계톱

해설 ➕

강관 공작용 기계
동력 나사절삭기, 기계톱, 고속 숫돌절단기, 파이프 밴딩기, 용접기 등

※ 파이프 렌치(Pipe Wrench) → 강관 공작용 공구

92 동력을 이용하여 나사를 절삭하는 동력나사 절삭기의 종류가 아닌 것은?

① 호브식
② 램식
③ 오스터식
④ 다이헤드식

해설 ➕

동력 나사 절삭기의 종류
오스터식, 다이헤드식, 호브식

93 부식의 외관상 분류 중 국부부식의 종류가 아닌 것은?

① 전면부식
② 입계부식
③ 선택부식
④ 극간부식

해설 ➕

국부부식
전면 부식에 상대되는 용어로 부식이 금속 표면의 일부에 집중적으로 발생 되는 것

94 밸브를 나사봉에 의하여 파이프의 횡단면과 평행하게 개폐하는 것으로 슬루스 밸브라고 불리는 밸브는?

① 게이트 밸브
② 앵글 밸브
③ 체크 밸브
④ 콕

해설 ➕

슬루스밸브(Sluice Valve)
게이트밸브(Gate Valve)라고도 하며, 유체가 흐르는 방향에 대하여 디스크가 직각으로 이동하여 유로를 개폐한다.

95 배수배관의 구배에 대한 설명으로 틀린 것은?

① 물 포켓이나 에어포켓이 만들어지는 요철배관의 시공은 하지 않도록 한다.
② 배수배관과 중력식 증기배관의 환수관은 일정한 구배로 관 말단까지 상향구배로 한다.
③ 배수배관은 구배의 경사가 완만하면 유속이 떨어져 밀어내는 힘이 감소하여 고형물이 남게 된다.
④ 배수배관은 구배를 급경사지게하면 물이 관 바닥을 급속히 흐르게 되므로 고형물을 부유시키지 않는다.

해설 ➕

배수배관과 중력식 증기배관의 환수관은 일정한 구배로 관 말단까지 하향구배로 한다.

96 15℃인 강관 25m가 있다. 이 강관에 온수 60℃의 온수를 공급할 때 강관의 신축량은 몇 mm인가?(단, 강관의 열팽창 계수는 0.012mm/m · ℃이다.)

① 5.5   ② 8.5

③ 13.5   ④ 16.5

해설 ⊕ -

열변형량(λ)

$\lambda = \alpha \Delta t \cdot l = 0.012 \times (60 - 15) \times 25$
　　$= 13.5\text{m}$

여기서, α : 선팽창계수(0.012 mm/m · ℃)

　　　　Δt : 온도변화량(60 − 15 = 45℃)

　　　　l : 변형 전 강관의 길이(25m)

97 주철관의 인장강도가 낮기 때문에 피해야 하는 관 이음방법은?

① 용접 이음   ② 소켓 이음

③ 플랜지 이음   ④ 기계식 이음

해설 ⊕ -

주철관의 이음법

소켓이음(＝연납이음), 기계적 이음, 빅토릭 이음, 타이톤 이음, 플랜지 이음, 노허브 이음

98 탄소강관의 내면 또는 외면을 폴리에틸렌이나 경질 염화비닐로 피복하여 내구성과 내식성이 우수한 관은?

① 주철관   ② 탄소강관

③ 라이닝 강관   ④ 스테인리스강관

99 배관용 탄소강관의 설명으로 틀린 것은?

① 종류에는 흑관과 백관이 있다.

② 고압 배관용으로 주로 사용된다.

③ 호칭지름은 6~600A까지가 있다.

④ KS 규격 기호는 SPP이다.

해설 ⊕ -

배관용 탄소강 강관(KS D 3507)

KS 규격 기호는 SPP(carbon Steel Pipe for Pipelines)이다. 가스관이라고도 하며, 비교적 사용 압력(10kg/cm² 이하 또는 980kPa 이하)이 높지 않은 증기 · 물 · 오일 · 가스 · 공기 등의 배관 시에 사용한다. 백관(아연을 도금한 관)과 흑관(아연을 도금하지 않은 관)이 있고, 호칭지름은 6~500A까지 24종이 있다.

100 배수관 시공완료 후 각 기구의 접속부 기타 개구부를 밀폐하고, 배관의 최고부에서 물을 가득 넣어 누수 유무를 판정하는 시험은?

① 응력시험   ② 통수시험

③ 연기시험   ④ 만수시험

정답   96 ③   97 ①   98 ③   99 ②   100 ④

1과목 재료역학

01 그림과 같은 보에 하중 P가 작용하고 있을 때 이 보에 발생하는 최대 굽힘응력이 σ_{max} 라면 하중 P는?

① $P = \dfrac{bh^2(a_1 + a_2)\sigma_{max}}{6a_1 a_2}$

② $P = \dfrac{bh^3(a_1 + a_2)\sigma_{max}}{6a_1 a_2}$

③ $P = \dfrac{b^2 h(a_1 + a_2)\sigma_{max}}{6a_1 a_2}$

④ $P = \dfrac{b^3 h(a_1 + a_2)\sigma_{max}}{6a_1 a_2}$

해설⊕

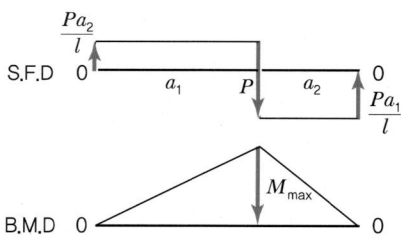

$M_{max} = \dfrac{Pa_2}{l} \times a_1 = \sigma_{max} \cdot Z = \sigma_{max} \times \dfrac{bh^2}{6}$

여기서, $l = a_1 + a_2$

$\therefore P = \dfrac{bh^2(a_1 + a_2)\sigma_{max}}{6a_1 a_2}$

02 양단이 고정된 균일 단면봉의 중간단면 C에 축하중 P를 작용시킬 때 A, B에서 반력은?

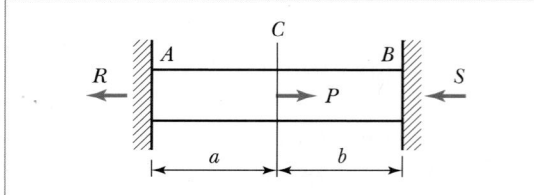

① $R = \dfrac{P(a + b^2)}{a + b}$, $S = \dfrac{P(a^2 + b)}{a + b}$

② $R = \dfrac{Pb^2}{a + b}$, $S = \dfrac{Pa^2}{a + b}$

③ $R = \dfrac{Pb}{a + b}$, $S = \dfrac{Pa}{a + b}$

④ $R = \dfrac{Pa}{a + b}$, $S = \dfrac{Pb}{a + b}$

해설⊕

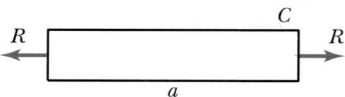

• $A - C$ 단면에서 R에 의해 늘어난 길이는 $C - B$ 단면에서 줄어든 길이와 같다.

변형량 동일 $\lambda_a = \lambda_b$

$\dfrac{R \cdot a}{AE} = \dfrac{S \cdot b}{AE} \rightarrow R = \dfrac{b}{a}S$

• $\sum F_x = 0 : -R + P - S = 0 \rightarrow P = R + S$($R$값을 대입하면)

$P = \dfrac{b}{a}S + S = \dfrac{(b + a)S}{a}$

정답 **01** ① **02** ③

- 시편의 처음길이 : l_1
- 하중을 받은 후 늘어난 길이 : l_2

공칭변형률 $\varepsilon_n = \dfrac{\lambda}{l_1}$ (여기서, $\lambda = l_2 - l_1$)

$$\varepsilon_t = \int_{l_1}^{l_2} \frac{dl}{l} = [\ln l]_{l_1}^{l_2} = \ln l_2 - \ln l_1 = \ln\left(\frac{l_2}{l_1}\right)$$

$$= \ln\left(\frac{l_1 + \lambda}{l_1}\right) = \ln(1 + \varepsilon_n)$$

$A_1 l_1 = A_2 l_2$ (처음 체적 = 늘어난 후의 체적)

$$\sigma_t = \frac{P}{A_2} = \frac{Pl_2}{A_1 l_1}$$

$$= \sigma_n \cdot \frac{l_2}{l_1} = \sigma_n\left(\frac{l_1 + \lambda}{l_1}\right)$$

$$= \sigma_n(1 + \varepsilon_n)]$$

15 안지름이 2m이고 1,000kPa의 내압이 작용하는 원통형 압력 용기의 최대 사용응력이 200MPa이다. 용기의 두께는 약 몇 mm인가?(단, 안전계수는 2이다.)

① 5 　　　　　　　　② 7.5

③ 10 　　　　　　　④ 12.5

해설 ⊕

후프 응력 $\sigma_h = \dfrac{Pd}{2t}$ 에서

$t = \dfrac{Pd}{2\sigma_h}$ (여기서, $\sigma_h = \dfrac{\sigma_w}{S} = \dfrac{200}{2} = 100\text{MPa}$)

$$= \frac{1,000 \times 10^3 \times 2}{2 \times 100 \times 10^6}$$

$$= 0.01\text{m} = 10\text{mm}$$

16 원형단면의 단순보가 그림과 같이 등분포하중 $w = 10\text{N/m}$를 받고 허용응력이 800Pa일 때 단면의 지름은 최소 몇 mm가 되어야 하는가?

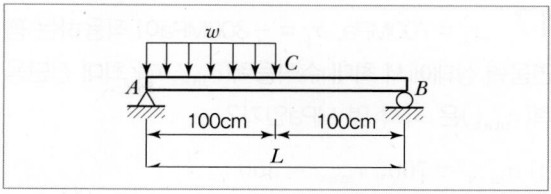

① 330 　　　　　　　② 430

③ 550 　　　　　　　④ 650

해설 ⊕

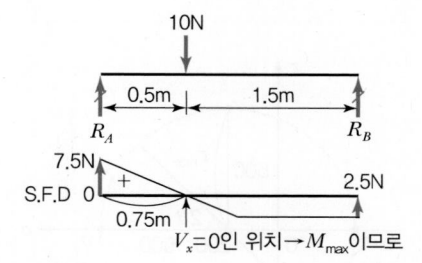

$V_x = 0$인 위치 → M_{max}이므로

$$R_A = \frac{10 \times 1.5}{2} = 7.5\text{N}$$

$$\therefore R_B = 10 - 7.5 = 2.5\text{N}$$

x 위치의 자유물체도를 그리면

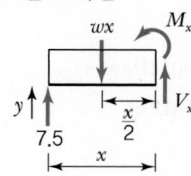

$$\sum F_y = 0 : 7.5 - wx + V_x = 0 \text{(여기서, } V_x = 0)$$

$$\therefore x = \frac{7.5}{w} = \frac{7.5}{10} = 0.75\text{m}$$

$x = 0.75\text{m}$에서의 모멘트 값이 M_{max}이므로

(S.F.D의 0.75m까지의 면적)

$$\therefore M_{max} = \frac{1}{2} \times 7.5 \times 0.75 = 2.8125\text{N} \cdot \text{m}$$

끝으로 $M = \sigma_b \cdot z = \sigma_b \cdot \dfrac{\pi d^3}{32}$ 에서

$$d = \sqrt[3]{\frac{32 M_{max}}{\pi \sigma_b}} = \sqrt[3]{\frac{32 \times 2.8125}{\pi \times 800}}$$

$$= 0.3296\text{m} = 329.6\text{mm}$$

17 $\sigma_x = 700\text{MPa}$, $\sigma_y = -300\text{MPa}$이 작용하는 평면응력 상태에서 최대 수직응력($\sigma_{\max}$)과 최대 전단응력($\tau_{\max}$)은 각각 몇 MPa인가?

① $\sigma_{\max} = 700$, $\tau_{\max} = 300$

② $\sigma_{\max} = 700$, $\tau_{\max} = 500$

③ $\sigma_{\max} = 600$, $\tau_{\max} = 400$

④ $\sigma_{\max} = 500$, $\tau_{\max} = 700$

해설 ➊

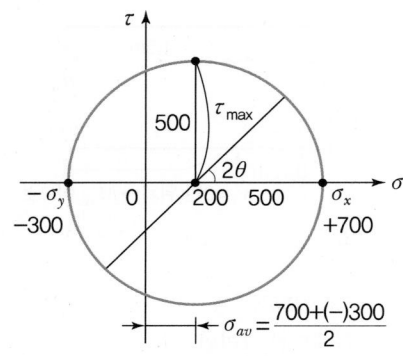

모어의 응력원에서

$R = 700 - 200 = 500\text{MPa} = \tau_{\max}$

$\sigma_n)_{\max} = \sigma_x = 700\text{MPa}$

18 단면 지름이 3cm인 환봉이 25kN의 전단하중을 받아서 0.00075rad의 전단변형률을 발생시켰다. 이때 재료의 세로탄성계수는 약 몇 GPa인가?(단, 이 재료의 포아송비는 0.3이다.)

① 75.5

② 94.4

③ 122.6

④ 157.2

해설 ➊

• 전단응력 $\tau = \dfrac{F}{A} = \dfrac{F}{\dfrac{\pi}{4}d^2} = \dfrac{4F}{\pi d^2} = \dfrac{4 \times 25 \times 10^3}{\pi \times 0.03^2}$

$\qquad\qquad\qquad = 35.37 \times 10^6 \text{Pa}$

• 전단변형률 $\gamma = 0.00075$

$\tau = G \cdot \gamma$에서

$G = \dfrac{\tau}{\gamma} = \dfrac{35.37 \times 10^6}{0.00075} = 4.716 \times 10^{10}\text{Pa}$

$\qquad\qquad = 47.16 \times 10^9 \text{Pa} = 47.16\text{GPa}$

• 세로탄성계수 $E = 2G(1 + \mu)$

$\qquad\qquad = 2 \times 47.16 \times (1 + 0.3)$

$\qquad\qquad = 122.62\text{GPa}$

19 다음 부정정보에서 고정단의 모멘트 M_0는?

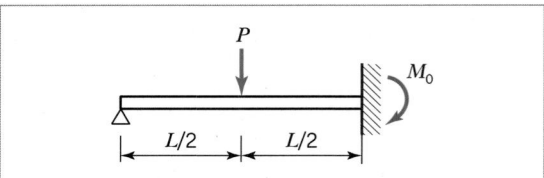

① $\dfrac{PL}{3}$

② $\dfrac{PL}{4}$

③ $\dfrac{PL}{6}$

④ $\dfrac{3PL}{16}$

해설 ➊

처짐(각, 양)을 고려해 부정정 미지요소 해결 → 정정화

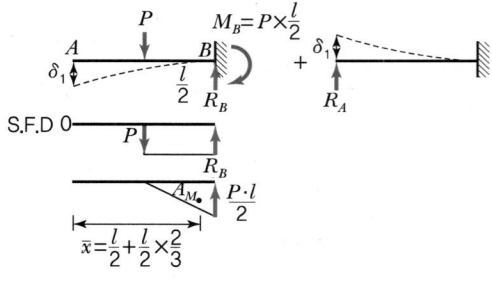

$A_M = \dfrac{1}{2} \times \dfrac{Pl}{2} \times \dfrac{l}{2} = \dfrac{Pl^2}{8}$

$\delta_1 = \dfrac{A_M}{EI} \cdot \bar{x} = \dfrac{Pl^2}{8EI} \times \dfrac{5}{6}l$

$\therefore \delta_1 = \dfrac{5Pl^3}{48EI}$

$$\delta_2 = \frac{R_A \cdot l^3}{3EI}, \ \delta_1 = \delta_2 \text{이므로}$$

$$\frac{5Pl^3}{48EI} = \frac{R_A \cdot l^3}{3EI}$$

$$\therefore R_A = \frac{5}{16}P, \ R_B = \frac{11}{16}P$$

부정정보 S.F.D

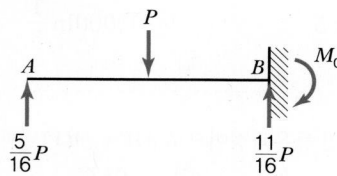

$$\sum M_{B지점} = 0 : \frac{5}{16}Pl - P \times \frac{l}{2} + M_0 = 0$$

$$M_0 = P \times \frac{l}{2} - \frac{5}{16}Pl = \frac{3}{16}Pl$$

20 그림과 같이 지름 d 인 강철봉이 안지름 d, 바깥지름 D 인 동관에 끼워져서 두 강체 평판 사이에서 압축되고 있다. 강철봉 및 동관에 생기는 응력을 각각 σ_s, σ_c 라고 하면 응력의 비(σ_s/σ_c)의 값은?(단, 강철(E_s) 및 동(E_c)의 탄성계수는 각각 $E_s = 200\text{GPa}$, $E_c = 120\text{GPa}$이다.)

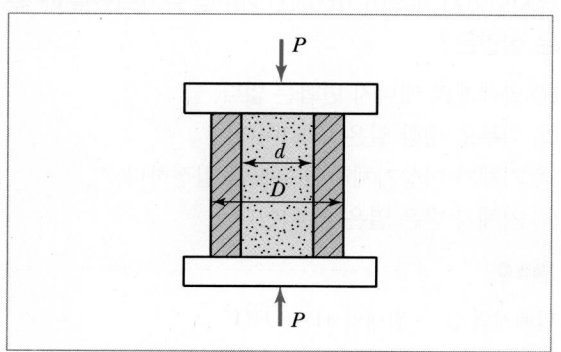

① $\dfrac{3}{5}$ ② $\dfrac{4}{5}$

③ $\dfrac{5}{4}$ ④ $\dfrac{5}{3}$

해설 ⊕

병렬조합의 응력해석에서

$$P = \sigma_1 A_1 + \sigma_2 A_2, \ \lambda_1 = \lambda_2 = \frac{\sigma_1}{E_1} = \frac{\sigma_2}{E_2} \text{이므로}$$

조합하면 $\sigma_s = \dfrac{PE_s}{A_s E_s + A_c E_c}$

$$\sigma_c = \frac{PE_c}{A_s E_s + A_c E_c}$$

$$\therefore \frac{\sigma_s}{\sigma_c} = \frac{E_s}{E_c} = \frac{200}{120} = \frac{5}{3}$$

2과목   **기계열역학**

21 최고온도 1,300K와 최저온도 300K 사이에서 작동하는 공기표준 Brayton 사이클의 열효율(%)은? (단, 압력비는 9, 공기의 비열비는 1.4이다.)

① 30.4   ② 36.5

③ 42.1   ④ 46.6

해설 ⊕

$$\eta = 1 - \left(\frac{1}{\gamma}\right)^{\frac{k-1}{k}} = 1 - \left(\frac{1}{9}\right)^{\frac{0.4}{1.4}}$$

$$= 0.466 = 46.6\%$$

22 다음 중 경로함수(Path Function)는?

① 엔탈피   ② 엔트로피

③ 내부에너지   ④ 일

해설 ⊕

일과 열은 경로에 따라 그 값이 변하는 경로함수이다.

정답   **20** ④   **21** ④   **22** ④

23 랭킨사이클에서 25℃, 0.01MPa 압력의 물 1kg을 5MPa 압력의 보일러로 공급한다. 이때 펌프가 가역 단열과정으로 작용한다고 가정할 경우 펌프가 한 일(kJ)은?(단, 물의 비체적은 0.001m³/kg이다.)

① 2.58

② 4.99

③ 20.12

④ 40.24

해설 ➕ ------------------------------------

랭킨사이클은 개방계이므로

$$\cancel{q_{cv}}^{0} + h_i = h_e + w_{cv}$$

$$w_{cv} = w_P = h_i - h_e < 0 (계가 일 받음(-))$$

$$\therefore w_P = h_e - h_i > 0$$

여기서, $\cancel{\delta q}^{0} = dh - vdp \rightarrow dh = vdp$

$$\therefore w_P = h_e - h_i = \int_i^e vdp (물의 비체적 v = c)$$

$$= v(p_e - p_i) = 0.001 \times (5 - 0.01) \times 10^6$$

$$= 4,990 J/kg = 4.99 kJ/kg$$

펌프일 $W_P = m \cdot w_P = 1kg \times 4.99 kJ/kg = 4.99 kJ$

24 냉매로서 갖추어야 될 요구 조건으로 적합하지 않은 것은?

① 불활성이고 안정하며 비가연성이어야 한다.

② 비체적이 커야 한다.

③ 증발 온도에서 높은 잠열을 가져야 한다.

④ 열전도율이 커야 한다.

해설 ➕ ------------------------------------

냉매의 요구조건

• 냉매의 비체적이 작을 것

• 불활성이고 안정성이 있을 것

• 비가연성일 것

• 냉매의 증발잠열이 클 것

• 열전도율이 클 것

25 처음 압력이 500kPa이고, 체적이 2m³인 기체가 "PV = 일정"인 과정으로 압력이 100kPa까지 팽창할 때 밀폐계가 하는 일(kJ)을 나타내는 계산식으로 옳은 것은?

① $1,000\ln\dfrac{2}{5}$

② $1,000\ln\dfrac{5}{2}$

③ $1,000\ln 5$

④ $1,000\ln\dfrac{1}{5}$

해설 ➕ ------------------------------------

$PV = C$이면 등온과정이므로 $\delta W = PdV$(밀폐계의 일)

$$_1W_2 = \int_1^2 PdV \left(\leftarrow P = \frac{C}{V} \right) = \int_1^2 \frac{C}{V} dV$$

$$= C\int_1^2 \frac{1}{V} dV = C\ln\frac{V_2}{V_1}$$

$$\therefore {}_1W_2 = P_1 V_1 \ln\frac{V_2}{V_1} (여기서, C = P_1 V_1 = P_2 V_2)$$

$$= P_1 V_1 \ln\frac{P_1}{P_2}$$

$$= 500 \times 2 \times \ln\left(\frac{500}{100}\right) = 1,000\ln 5$$

26 밀폐계에서 기체의 압력이 100kPa로 일정하게 유지되면서 체적이 1m³에서 2m³로 증가되었을 때 옳은 설명은?

① 밀폐계의 에너지 변화는 없다.

② 외부로 행한 일은 100kJ이다.

③ 기체가 이상기체라면 온도가 일정하다.

④ 기체가 받은 열은 100kJ이다.

해설 ➕ ------------------------------------

밀폐계의 일 → 절대일 $\delta W = PdV$

$$_1W_2 = \int_1^2 PdV (정압과정이므로)$$

$$= P\int_1^2 dV = P(V_2 - V_1)$$

$$= 100 \times (2 - 1) = 100 kJ$$

43 표준공기 중에서 속도 V로 낙하하는 구형의 작은 빗방울이 받는 항력은 $F_D = 3\pi\mu VD$로 표시할 수 있다. 여기에서 μ는 공기의 점성계수이며, D는 빗방울의 지름이다. 정지상태에서 빗방울 입자가 떨어지기 시작했다고 가정할 때, 이 빗방울의 최대속도 (종속도, Terminal Velocity)는 지름 D의 몇 제곱에 비례하는가?

① 3   ② 2

③ 1   ④ 0.5

해설 ⊕ -

종속도(Terminal Velocity)는 가속도가 없어 중력과 항력이 평형을 이룰 때의 속도

$D = W$에서 $3\pi\mu Vd = mg$

$$\therefore V = \frac{mg}{3\pi\mu d} = \frac{\rho\frac{4}{3}\pi\left(\frac{d}{2}\right)^3 g}{3\pi\mu d} \rightarrow 지름 \ d^2에 비례한다.$$

44 지름이 10cm인 원 관에서 유체가 층류로 흐를 수 있는 임계 레이놀즈수를 2,100으로 할 때 층류로 흐를 수 있는 최대 평균속도는 몇 m/s인가?(단, 흐르는 유체의 동점성계수는 $1.8 \times 10^{-6} m^2/s$이다.)

① 1.89×10^{-3}

② 3.78×10^{-2}

③ 1.89

④ 3.78

해설 ⊕ -

$$Re = \frac{\rho \cdot V \cdot d}{\mu} = \frac{V \cdot d}{\nu}$$

$$V = \frac{Re \cdot \nu}{d} = \frac{2,100 \times 1.8 \times 10^{-6}}{0.1}$$
$$= 0.0378 m/s$$

45 그림에서 입구 A에서 공기의 압력은 3×10^5 Pa, 온도 20℃, 속도 5m/s이다. 그리고 출구 B에서 공기의 압력은 2×10^5Pa, 온도 20℃이면 출구 B에서의 속도는 몇 m/s인가?(단, 압력 값은 모두 절대압력이며, 공기는 이상기체로 가정한다.)

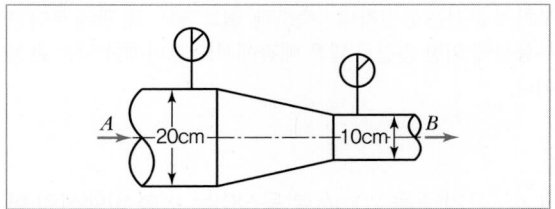

① 10   ② 25

③ 30   ④ 36

해설 ⊕ -

$$\rho_1 A_1 V_1 = \rho_2 A_2 V_2$$

($\dot{m}_i = \dot{m}_e$: 압축성 유체에서 질량유량 일정)

여기서, $Pv = RT$, $\frac{P}{\rho} = RT$, $\rho = \frac{P}{RT}$를 적용

$$\frac{P_1}{R_1 T_1} A_1 V_1 = \frac{P_2}{R_2 T_2} A_2 V_2 (여기서, \ R_1 = R_2, \ T_1 = T_2)$$

$$V_2 = \frac{P_1 A_1 V_1}{A_2 P_2} = \frac{3 \times 10^5 \times \frac{\pi}{4} \times 0.2^2 \times 5}{\frac{\pi}{4} \times 0.1^2 \times 2 \times 10^5}$$
$$= 30 m/s$$

46 관내의 부차적 손실에 관한 설명 중 틀린 것은?

① 부차적 손실에 의한 수두는 손실계수에 속도수두를 곱해서 계산한다.

② 부차적 손실은 배관 요소에서 발생한다.

③ 배관의 크기 변화가 심하면 배관 요소의 부차적 손실이 커진다.

④ 일반적으로 짧은 배관계에서 부차적 손실은 마찰손실에 비해 상대적으로 작다.

정답   43 ②   44 ②   45 ③   46 ④

2020

해설 ⊕ ----------

부차적 손실

$$h_l = K \cdot \frac{V^2}{2g}$$

여기서, K : 부차적 손실계수

부차적 손실은 돌연확대·축소관, 엘보, 밸브 및 관에 부착된 부품들에 의한 손실로 짧은 배관에서도 고려해야 되는 손실이다.

47 공기 중을 20m/s로 움직이는 소형 비행선의 항력을 구하려고 $\frac{1}{4}$ 축척의 모형을 물속에서 실험하려고 할 때 모형의 속도는 몇 m/s로 해야 하는가?

구분	물	공기
밀도(kg/m³)	1,000	1
점성계수(N·s/m²)	1.8×10^{-3}	1×10^{-5}

① 4.9　　　　　② 9.8
③ 14.4　　　　　④ 20

해설 ⊕ ----------

원관 및 잠수함 유동(물속 유동)에서 역학적 상사를 하기 위해서는 모형과 실형의 레이놀즈수가 같아야 한다.

$$\left.\frac{\rho \cdot Vd}{\mu}\right)_m = \left.\frac{\rho \cdot Vd}{\mu}\right)_P \ (\mu_m = \mu_P, \ \rho_m = \rho_P \text{이므로})$$

$$V_m = \frac{\rho_p}{\rho_m} \frac{d_p}{d_m} \frac{\mu_p}{\mu_m} V_p$$

$$= \frac{1}{1,000} \times 4 \times \frac{1.8 \times 10^{-3}}{1 \times 10^{-5}} \times 20$$

$$= 14.4 \text{m/s}$$

48 점성·비압축성 유체가 수평방향으로 균일 속도로 흘러와서 두께가 얇은 수평 평판 위를 흘러갈 때 Blasius의 해석에 따라 평판에서의 층류 경계층의 두께에 대한 설명으로 옳은 것을 모두 고르면?

> ㄱ. 상류의 유속이 클수록 경계층의 두께가 커진다.
> ㄴ. 유체의 동점성계수가 클수록 경계층의 두께가 커진다.
> ㄷ. 평판의 상단으로부터 멀어질수록 경계층의 두께가 커진다.

① ㄱ, ㄴ　　　　　② ㄱ, ㄷ
③ ㄴ, ㄷ　　　　　④ ㄱ, ㄴ, ㄷ

해설 ⊕ ----------

$$\frac{\delta}{x} = \frac{5.48}{\sqrt{Re_x}} = \frac{5.48}{\sqrt{\frac{\rho Vx}{\mu}}} = \frac{5.48}{\sqrt{\frac{Vx}{\nu}}}$$

$$\therefore \delta = \frac{5.48}{\sqrt{\frac{V}{\nu}}} \sqrt{x}$$

상류의 유속이 클수록 경계층 두께는 작아진다.
동점성계수가 클수록, 평판 상단으로부터의 거리 x가 클수록 경계층은 두꺼워진다.

49 정상 2차원 포텐셜 유동의 속도장이 $u = -6y$, $v = -4x$일 때, 이 유동의 유동함수가 될 수 있는 것은?(단, C는 상수이다.)

① $-2x^2 - 3y^2 + C$
② $2x^2 - 3y^2 + C$
③ $-2x^2 + 3y^2 + C$
④ $2x^2 + 3y^2 + C$

해설 ⊕ ----------

유동함수 ψ에서 $u = \frac{\partial \psi}{\partial y}$, $v = -\frac{\partial \psi}{\partial x}$ 이므로

$$u = \frac{\partial \psi}{\partial y} = \frac{\partial (2x^2 - 3y^2 + C)}{\partial y} = -6y$$

$$v = -\frac{\partial \psi}{\partial x} = -\frac{\partial (2x^2 - 3y^2 + C)}{\partial x} = -4x$$

정답　**47** ③　**48** ③　**49** ②

50 다음 U자관 압력계에서 A와 B의 압력차는 몇 kPa인가?(단, $H_1 = 250mm$, $H_2 = 200mm$, $H_3 = 600mm$이고 수은의 비중은 13.6이다.)

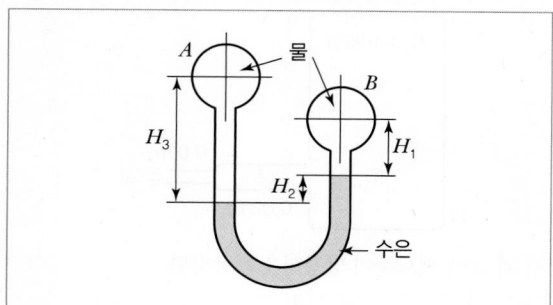

① 3.50   ② 23.2
③ 35.0   ④ 232

해설 ⊕

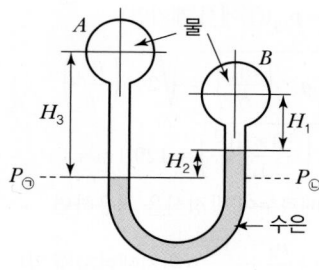

등압면이므로 $P_㉠ = P_㉡$

$P_㉠ = P_A + \gamma_물 \times H_3$

$P_㉡ = P_B + \gamma_물 \times H_1 + \gamma_{수은} \times H_2$

$P_A + \gamma_물 \times H_3 = P_B + \gamma_물 \times H_1 + \gamma_{수은} \times H_2$

$\therefore P_A - P_B = \gamma_물 \times H_1 + \gamma_{수은} \times H_2 - \gamma_물 \times H_3$

$= \gamma_물 \times H_1 + S_{수은}\gamma_물 \times H_2 - \gamma_물 \times H_3$

$= 9,800 \times 0.25 + 13.6 \times 9,800 \times 0.2$
$- 9,800 \times 0.6$

$= 23,226Pa = 23.2\,kPa$

51 지름이 8mm인 물방울의 내부 압력(게이지 압력)은 몇 Pa인가?(단, 물의 표면 장력은 0.075N/m이다.)

① 0.037   ② 0.075
③ 37.5   ④ 75

해설 ⊕

$\sigma\pi d - P_i \times \dfrac{\pi d^2}{4} = 0$에서

$\therefore P_i = \dfrac{4\sigma}{d} = \dfrac{4 \times 0.075}{0.008} = 37.5\,Pa$

52 효율 80%인 펌프를 이용하여 저수지에서 유량 0.05m³/s로 물을 5m 위에 있는 논으로 올리기 위하여 효율 95%의 전기모터를 사용한다. 전기모터의 최소동력은 몇 kW인가?

① 2.45   ② 2.91
③ 3.06   ④ 3.22

해설 ⊕

$H_{th} = \gamma HQ$

$= 9,800 \times 5 \times 0.05 = 2,450W$

$\eta_p = \dfrac{\text{이론동력}}{\text{축동력(실제동력)}}$에서

$H_s = \dfrac{H_{th}}{\eta_p} = \dfrac{2,450}{0.8} = 3,062.5W$

$\eta_e = \dfrac{3,062.5W}{\text{전기모터실제동력}}$

→ 전기모터 최소동력 $= \dfrac{3,062.5W}{\eta_e} = \dfrac{3,062.5}{0.95}$

$= 3,223.68W = 3.22\,kW$

53 물($\mu = 1.519 \times 10^{-3}$kg/m·s)이 직경 0.3cm, 길이 9m인 수평 파이프 내부를 평균속도 0.9m/s로 흐를 때, 어떤 유동이 되는가?

① 난류유동   ② 층류유동
③ 등류유동   ④ 천이유동

해설 ⊕

$$Re = \frac{\rho \cdot V \cdot d}{\mu} = \frac{1,000 \times 0.9 \times 0.003}{1.519 \times 10^{-3}} = 1,777.49$$

$Re < 2,100$이므로 층류유동

54 점성계수 $\mu = 0.98$N·s/m²인 뉴턴 유체가 수평 벽면 위를 평행하게 흐른다. 벽면($y = 0$) 근방에서의 속도 분포가 $u = 0.5 - 150(0.1 - y)^2$이라고 할 때 벽면에서의 전단응력은 몇 Pa인가?(단, y[m]는 벽면에 수직한 방향의 좌표를 나타내며, u는 벽면 근방에서의 접선속도[m/s]이다.)

① 0   ② 0.306
③ 3.12   ④ 29.4

해설 ⊕

뉴턴의 점성법칙

$$\tau = \mu \cdot \frac{du}{dy}$$
$$= \mu \times 2 \times (-150)(0.1 - y)(-1)$$
$$= \mu \times (300) \times (0.1 - y)$$

여기서, 벽면에서 $y = 0$이므로

$$\therefore \tau = \mu \times 30 = 0.98 \times 30 = 29.4\text{Pa}$$

55 계기압 10kPa의 공기로 채워진 탱크에서 지름 0.02m인 수평관을 통해 출구 지름 0.01m인 노즐로 대기(101kPa) 중으로 분사된다. 공기 밀도가 1.2kg/m³로 일정할 때, 0.02m인 관 내부 계기압력은 약 몇 kPa인가?(단, 위치에너지는 무시한다.)

① 9.4   ② 9.0
③ 8.6   ④ 8.2

해설 ⊕

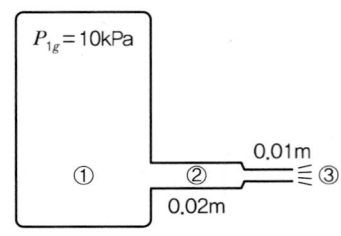

- ①과 ③에 베르누이 방정식을 적용하면

$$\frac{p_1}{\gamma} + \frac{V_1^2}{2g} + z_1 = \frac{p_3}{\gamma} + \frac{V_3^2}{2g} + z_3$$

여기서, $\frac{V_1^2}{2g} = 0$, $z_1 = z_3$, $p_3 = p_0$(대기압),

$$p_1 = p_3 + p_{1g}$$

$\therefore p_1 - p_3 = p_{1g}$(①에서 계기압)

$$V_3 = \sqrt{2 \times g \times \left(\frac{p_{1g}}{\gamma}\right)} = \sqrt{2 \times \left(\frac{p_{1g}}{\rho}\right)}$$
$$= \sqrt{2 \times \left(\frac{10 \times 10^3}{1.2}\right)} = 129.1\,\text{m/s}$$

- ②와 ③에 베르누이 방정식을 적용하면

$$\frac{p_2}{\gamma} + \frac{V_2^2}{2g} = \frac{p_3}{\gamma} + \frac{V_3^2}{2g} \text{ (위치에너지 동일)}$$

$$\frac{p_2}{\gamma} - \frac{p_3}{\gamma} = \frac{V_3^2}{2g} - \frac{V_2^2}{2g}$$

여기서, $p_2 - p_3 = p_{2g}$(②에서 계기압)

$$\frac{p_{2g}}{\gamma} = \frac{V_3^2}{2g} - \frac{V_2^2}{2g}$$

여기서, 유량 $Q = A_2 V_2 = A_3 V_3$,

$$\frac{\pi \times 0.02^2}{4} \times V_2 = \frac{\pi \times 0.01^2}{4} \times V_3$$

$$V_2 = 0.25 V_3$$

$$\therefore p_{2g} = \frac{\rho}{2}(V_3^2 - V_2^2) = \frac{\rho}{2}(V_3^2 - (0.25 V_3)^2)$$
$$= \frac{\rho V_3^2}{2}(1 - 0.25^2) = \frac{1.2 \times 129.1^2}{2}(1 - 0.25^2)$$
$$= 9,375.08\text{Pa} = 9.4\text{kPa}$$

정답   53 ②   54 ④   55 ①

56 그림과 같은 수문(ABC)에서 A점은 힌지로 연결되어 있다. 수문을 그림과 같은 닫은 상태로 유지하기 위해 필요한 힘 F는 몇 kN인가?

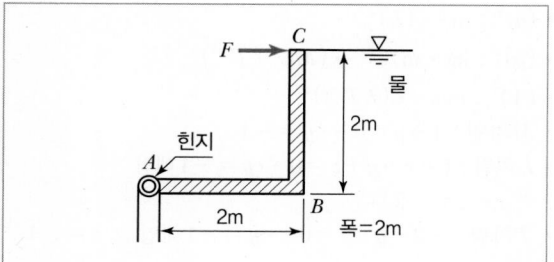

① 78.4 　　　　　　② 58.8
③ 52.3 　　　　　　④ 39.2

해설 ●

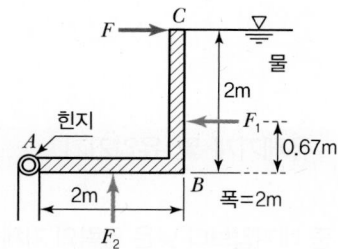

㉠ 전압력 $F_1 = \gamma_w \bar{h} A = 9{,}800 \dfrac{\text{N}}{\text{m}^3} \times 1\text{m} \times 4\text{m}^2$

$\qquad = 39{,}200\text{N}$

• 전압력(F_1)이 작용하는 위치
　자유표면으로부터 전압력 중심까지의 거리

$$y_c = \bar{h} + \frac{I_X}{A\bar{h}} = 1\text{m} + \frac{\dfrac{2 \times 2^3}{12}}{4 \times 1} = 1.33\text{m}$$

㉡ 전압력 $F_2 = \gamma_w \bar{h} A = 9{,}800 \dfrac{\text{N}}{\text{m}^3} \times 2\text{m} \times 4\text{m}^2$

$\qquad = 78{,}400\text{N}$

㉢ $\sum M_{\text{힌지}} = 0 : F \times 2 - F_1 \times (2 - y_c) - F_2 \times 1 = 0$에서

$$F = \frac{F_1 \times (2 - y_c) + F_2 \times 1}{2}$$

$$= \frac{39{,}200 \times (2 - 1.33) + 78{,}400 \times 1}{2}$$

$$= 52{,}332\text{N} = 52.33\text{kN}$$

57 2차원 직각좌표계(x, y)에서 속도장이 다음과 같은 유동이 있다. 유동장 내의 점 (L, L)에서 유속의 크기는?(단, $\vec{i}$, $\vec{j}$는 각각 x, y방향의 단위벡터를 나타낸다.)

$$\vec{V}(x, y) = \frac{U}{L}(-x\vec{i} + y\vec{j})$$

① 0 　　　　　　② U
③ $2U$ 　　　　　　④ $\sqrt{2}\,U$

해설 ●

$$\vec{V}(L, L) = \frac{U}{L}(-L_i + L_j) \rightarrow \frac{U}{L}\sqrt{2} \cdot L = \sqrt{2}\,U$$

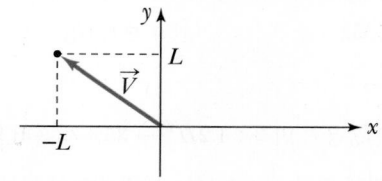

(그림에서 $|\vec{V}| = \sqrt{(-L)^2 + L^2} = \sqrt{2} \cdot L$이므로)

58 온도증가에 따른 일반적인 점성계수 변화에 대한 설명으로 옳은 것은?

① 액체와 기체 모두 증가한다.
② 액체와 기체 모두 감소한다.
③ 액체는 증가하고 기체는 감소한다.
④ 액체는 감소하고 기체는 증가한다.

해설 ●

액체는 온도가 증가하면 분자들 사이의 응집력이 감소되어 점성이 감소하고, 기체는 온도가 증가하면 분자의 운동에너지가 증가하여 점성이 커진다.

59 그림과 같이 지름 D와 깊이 H의 원통 용기 내에 액체가 가득 차 있다. 수평방향으로의 등가속도(가속도 $= a$) 운동을 하여 내부의 물의 35%가 흘러 넘쳤다면 가속도 a와 중력가속도 g의 관계로 옳은 것은? (단, $D = 1.2H$이다.)

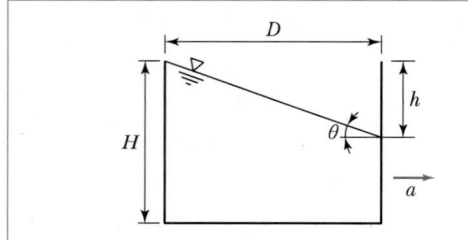

① $a = 0.58$g ② $a = 0.85$g
③ $a = 1.35$g ④ $a = 1.42$g

해설➕ -

- 그림의 원통용기 면적 : $1.2H^2 \rightarrow$ 35%가 흘러 넘친 위의 삼각형 면적($\frac{1}{2} \times 1.2H \times h$)과 같아야 되므로

$$0.35 \times 1.2H^2 = \frac{1}{2} \times 1.2H \times h$$

$$\therefore h = 0.7H$$

- 등가속도 a_x로 가속할 때 용기 안의 액체(자유표면) 기울기

$$\tan\theta = \frac{a_x}{g} = \frac{0.7H}{1.2H} = 0.58$$

$$\therefore a_x = 0.58g$$

60 세 변의 길이가 a, $2a$, $3a$인 작은 직육면체가 점도 μ인 유체 속에서 매우 느린 속도 V로 움직일 때, 항력 F는 $F = F(a, \mu, V)$로 가정할 수 있다. 차원해석을 통하여 얻을 수 있는 F에 대한 표현식으로 옳은 것은?

① $\dfrac{F}{\mu V a} =$ 상수 ② $\dfrac{F}{\mu V^2 a} =$ 상수

③ $\dfrac{F}{\mu^2 V} = f\left(\dfrac{V}{a}\right)$ ④ $\dfrac{F}{\mu V a} = f\left(\dfrac{a}{\mu V}\right)$

해설➕ -

모든 차원의 지수합은 "0"이다.

- F : kg $\cdot$ m/s$^2 \rightarrow MLT^{-2}$
- $(a)^x$: m $\rightarrow (L)^x$
- $(\mu)^y$: kg $\cdot$ m/s$^2 \rightarrow (ML^{-1}T^{-1})^y$
- $(V)^z$: m/s $\rightarrow (LT^{-1})^z$
- M차원 : $1 + y = 0 \rightarrow y = -1$
- L차원 : $1 + x - y + z = 0 \rightarrow y = -1$ 대입
  $\therefore x + z = -2$
- T차원 : $-2 - y - z = 0 \rightarrow y = -1$ 대입 $\therefore z = -1$

$$\therefore x = -1$$

무차원수 $\pi = F \cdot a^{-1} \cdot \mu^{-1} \cdot V^{-1}$

$$= \frac{F}{a \cdot \mu \cdot V}$$

4과목 **유체기계 및 유압기기**

61 다음 중 대기압보다 낮은 압력의 기체를 대기압까지 압축하여 송출시키는 공기기계는?

① 왕복 압축기 ② 축류 압축기
③ 풍차 ④ 진공펌프

해설➕ -

진공펌프는 대기압 이하의 저압력 기체를 대기압까지 압축하여 송출시키는 일종의 압축기이다.

62 다음 중 원심펌프에서 발생하는 여러 가지 손실 중 원심펌프의 성능, 전효율에 가장 큰 영향을 미치는 손실은?

① 기계 손실 ② 누설 손실
③ 수력 손실 ④ 원판 마찰 손실

정답 **59** ① **60** ① **61** ④ **62** ③

해설➕

수력손실은 원심펌프의 효율에 가장 큰 영향을 미치는 손실이다.
- 펌프의 흡입노즐에서 송출노즐사이까지의 유로전체의 마찰로 인한 손실
- 임펠러, 안내날개, 케이싱 등에서 발생하는 수력적 손실
- 임펠러 입구와 출구에서의 충돌손실

63 펌프의 캐비테이션 방지 대책으로 틀린 것은?

① 흡입관은 가능한 짧게 한다.
② 가능한 회전수가 낮은 펌프를 사용한다.
③ 회전차를 수중에 넣지 않고 운전한다.
④ 편흡입 보다는 양흡입 펌프를 사용한다.

해설➕

임펠러(회전차)를 수중에 완전히 잠기게 한 다음, 운전한다.

64 원가가 낮은 심야의 여유 있는 전력으로 펌프를 돌려 저수지에 물을 올려놓았다가 전력을 필요로 할 때 다시 발전하여 사용하는 발전소 형식은 무엇인가?

① 수로식   ② 양수식
③ 댐식   ④ 댐 – 수로식

해설➕

양수식 발전은 원가가 낮은 심야 전력으로 펌프를 돌려 저수지에 물을 올려놓았다가 전력을 필요로 할 때 물을 낙하시켜 발전하는 방식이다.

65 유체기계의 에너지 교환 방식은 크게 유체로부터 에너지를 받아 동력을 생산하는 방식과 외부로부터 에너지를 받아서 유체를 운송하거나 압력을 발생하는 등의 방식으로 나눌 수 있다. 다음 유체기계 중 에너지 교환 방식이 나머지 셋과 다른 하나는?

① 펠톤 수차   ② 확산 펌프
③ 축류 송풍기   ④ 원심 압축기

해설➕

펠톤수차는 유체에너지를 동력(기계에너지)으로 변환시킨다. 나머지는 외부에너지를 받아 유체에너지로 변환시키는 기계이다.

66 펠톤 수차에 대한 설명으로 옳은 것은?

① 반동 수차이다.
② 회전차의 바깥쪽에 15~25개의 버킷이 설치된다.
③ 니들 밸브 안쪽에 노즐이 설치되어 있다.
④ 원심펌프의 구조와 유사하다.

해설➕

펠톤수차는 충격수차로 노즐에서 분류로 된 물줄기가 터빈 둘레에 있는 버킷(Bucket)에 충돌하여 터빈을 돌리며, 버킷에 유출된 물은 그대로 방수면에 자연낙하하기 때문에 그 낙차만큼 손실이 된다. 펠톤수차는 주로 200m 이상의 고 낙차용으로 적용된다.

67 토크 컨버터의 특성곡선 중 A 점이 나타내는 것은 무엇인가?(단, t는 토크비이며, η는 효율이다.)

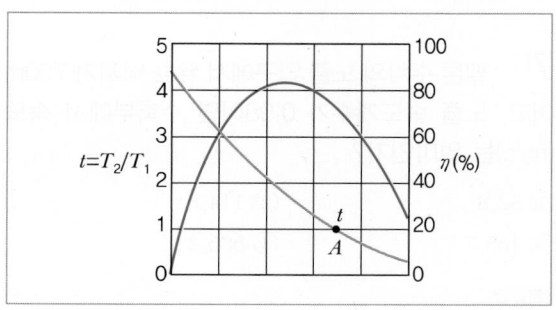

① 속도 점   ② 토크변환 점
③ 클러치 점   ④ 실속 토크 점

- -

y축의 토크비 $t = \dfrac{T_2}{T_1} = 1$이 되는 점을 클러치점(Clutch Point)이라 한다.

68 원심펌프의 구성요소로 가장 거리가 먼 것은?

① 임펠러
② 케이싱
③ 버킷
④ 디퓨저

- -

원심펌프의 구성요소는 임펠러(회전차), 안내날개, 케이싱, 디퓨저, 주축 등이며, 버킷은 펠톤수차의 구성요소다.

69 다음 중 압축기 효율의 종류로 가장 거리가 먼 것은?

① 단열효율
② 등온효율
③ 상온효율
④ 폴리트로픽효율

- -

압축기 효율은 열역학적 과정(등온, 단열, 폴리트로픽)에서의 효율과 전효율 등이 있다.

70 펠톤 수차의 노즐 입구에서 유효 낙차가 700m이고, 노즐 속도계수가 0.98이면 수축부에서 속도(m/s)는 얼마인가?

① 82.8
② 114.8
③ 165.7
④ 686.2

- -

$$V_0 = C_v \sqrt{2g\Delta H} = 0.98\sqrt{2 \times 9.8 \times 700} = 114.8\text{m/s}$$

71 그림과 같은 전환 밸브의 포트 수와 위치에 대한 명칭으로 옳은 것은?

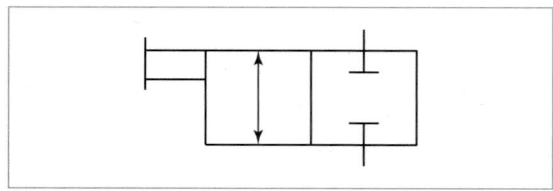

① 2/2−way 밸브
② 2/4−way 밸브
③ 4/2−way 밸브
④ 4/4−way 밸브

- -

• 포트 수(사각형 밖의 직선 개수) : 2개
• 위치 수(사각형 개수) : 2개

72 유압장치의 각 구성요소에 대한 기능의 설명으로 적절하지 않은 것은?

① 오일 탱크는 유압 작동유의 저장기능, 유압 부품의 설치 공간을 제공한다.
② 유압제어밸브에는 압력제어밸브, 유량제어밸브, 방향제어밸브 등이 있다.
③ 유압 작동체(유압 구동기)는 유압 장치 내에서 요구된 일을 하며 유체동력을 기계적 동력으로 바꾸는 역할을 한다.
④ 유압 작동체(유압 구동기)에는 고무호스, 이음쇠, 필터, 열교환기 등이 있다.

- -

④ 유압 작동체에는 유압실린더와 유압모터가 있다.

73 유압펌프에서 실제 토출량과 이론 토출량의 비를 나타내는 용어는?

① 펌프의 토크 효율
② 펌프의 전 효율
③ 펌프의 입력 효율
④ 펌프의 용적 효율

정답   68 ③   69 ③   70 ②   71 ①   72 ④   73 ④

해설 ⊕

펌프의 용적 효율(체적효율)

$$\eta_v = \frac{Q_a}{Q_{th}}$$

여기서, Q_a : 실제 토출량, Q_{th} : 이론 토출량

74 속도제어회로의 종류가 아닌 것은?

① 미터 인 회로 ② 미터 아웃 회로
③ 로킹 회로 ④ 블리드 오프 회로

해설 ⊕

속도제어회로는 미터 인 회로, 미터 아웃 회로, 블리드 오프 회로가 있다.

75 작동유 속의 불순물을 제거하기 위하여 사용하는 부품은?

① 패킹 ② 스트레이너
③ 어큐뮬레이터 ④ 유체 커플링

해설 ⊕

불순물 제거 장치(여과기)
스트레이너, 오일필터

76 KS 규격에 따른 유면계의 기호로 옳은 것은?

① 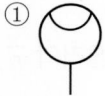 ②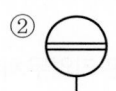

③  ④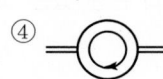

해설 ⊕

① 유량 검측기 ② 유면계
③ 압력계 ④ 회전속도계

77 유압회로 중 미터 인 회로에 대한 설명으로 옳은 것은?

① 유량제어 밸브는 실린더에서 유압작동유의 출구 측에 설치한다.
② 유량제어 밸브는 탱크로 바이패스 되는 관로 쪽에 설치한다.
③ 릴리프밸브를 통하여 분기되는 유량으로 인한 동력손실이 있다.
④ 압력설정회로로 체크밸브에 의하여 양방향만의 속도가 제어된다.

해설 ⊕

미터 인 회로
액추에이터 입구 쪽 관로에 유량제어밸브를 직렬로 부착하고, 유량제어밸브가 압력보상형이면 실린더의 전진속도는 펌프송출량과 무관하게 일정하다. 이 경우 펌프송출압은 릴리프 밸브의 설정압으로 정해지고, 펌프에서 송출되는 여분의 유량은 릴리프 밸브를 통하여 탱크에 방출되므로 동력손실이 크다.

78 난연성 작동유의 종류가 아닌 것은?

① R&O형 작동유
② 수중 유형 유화유
③ 물−글리콜형 작동유
④ 인산 에스테르형 작동유

해설 ⊕

석유계 작동유(R&O)
가장 널리 사용되는 작동유로서, 주로 파라핀계 원유를 정제한 것에 산화 방지제와 녹방지제를 첨가한 것으로써 화재의 위험성이 있다.

79 유압장치의 운동부분에 사용되는 실(Seal)의 일반적인 명칭은?

① 심레스(Seamless) ② 개스킷(Gasket)
③ 패킹(Packing) ④ 필터(Filter)

해설 ────────────────────

고정부분에 쓰이는 실은 개스킷(Gasket), 운동부분에 쓰이는 실은 패킹(Packing)이라 한다.

80 어큐뮬레이터 종류인 피스톤형의 특징에 대한 설명으로 적절하지 않은 것은?

① 대형도 제작이 용이하다.
② 축 유량을 크게 잡을 수 있다.
③ 형상이 간단하고 구성품이 적다.
④ 유실에 가스 침입의 염려가 없다.

해설 ────────────────────

④ 유실에 가스 침입의 염려가 있다.

5과목 **건설기계일반 및 플랜트배관**

81 쇄석기(크러셔)의 종류가 아닌 것은?

① 콘 쇄석기 ② 엔드밀 쇄석기
③ 해머 쇄석기 ④ 로드밀 쇄석기

해설 ────────────────────

쇄석기의 종류
• 1차 쇄석기 : 조 쇄석기, 자이레토리 쇄석기, 임팩트 쇄석기
• 2차 쇄석기 : 콘 쇄석기, 해머 쇄석기, 더블 롤 쇄석기
• 3차 쇄석기 : 로드밀, 볼밀

82 오스테나이트계 스테인리스강에 대한 설명으로 틀린 것은?

① 크롬과 니켈을 함유하고 있다.
② 일반적으로 실온에서 오스테나이트 체심입방구조(BCC)를 나타내고 자성이다.
③ 입계부식 방지를 위하여 고용화처리를 하거나, Nb 또는 Ti을 첨가한다.
④ 고온강도나 크리프강도가 높은 우수한 성질을 가지고 있다.

해설 ────────────────────

② 일반적으로 실온에서 오스테나이트 면심입방구조(FCC)를 나타내고 비자성이다.

83 운반기계로 적절하지 않은 것은?

① 왜건(wagon) ② 덤프트럭
③ 어스오거 ④ 모노레일

해설 ────────────────────

운반기계
덤프트럭, 기관차, 트랙터, 트레일러, 왜건, 지게차, 컨베이어, 모노레일, 호이스팅머신 등

※ 어스오거(Earth Auger) : 땅 속을 천공할 때에 쓰이는 기계. 나사형의 긴 축을 모터 등에 의해 땅 속에 돌려 박아 구멍을 뚫는 기계이다.

84 건설기계관리업무처리규정에 따른 롤러의 규격표시방법과 관련 있는 것은?

① 선압 ② 다짐폭
③ 엔진출력 ④ 중량

해설 ────────────────────

롤러의 규격표시방법
기계의 전중량을 톤(ton)으로 표시

---

85 차륜식(바퀴형)과 비교한 무한궤도식 로더에 관한 설명으로 옳은 것은?

① 장거리 작업에 유리하다.
② 견인력이 약하다.
③ 습지, 사지 작업에 유리하다.
④ 기동력이 좋다.

해설 ⊕ -

주행장치에 의한 분류

무한 궤도식	타이어식
• 속도는 느리나 견인력이 크다.	• 이동이 빠르고 기동력이 우수하다.
• 습지대, 활지대, 사지에서 작업이 가능하다.	• 아스팔트나 콘크리트 도로를 통과할 수 있다.
• 수중 작업 시 완전 방수 장치가 되면 약 1.78m의 수중 통과가 가능하다.	• 속도는 빠르나 견인력이 우수하다.
• 수중 작업 시 상부 롤러까지 작업이 가능하다.	• 습지, 활지, 사지 등에서의 작업이 곤란하다.
• 이동성이 느리다.	• 수중작업이 불가능하다.
• 아스팔트나 콘크리트 도로를 통과할 수 없다.	

86 난방과 온수공급에 쓰이는 대규모 보일러설비의 주요 부분 중 포화증기를 과열증기로 가열시키는 장치는?

① 과열기
② 탈기기
③ 냉각기
④ 통풍장치

87 건설기계에서 사용하는 브레이크 라이닝의 구비 조건으로 적절하지 않은 것은?

① 마찰계수의 변화가 클 것
② 페이드(Fade) 현상에 견딜 수 있을 것
③ 불쾌음의 발생이 없을 것
④ 내마모성이 우수할 것

해설 ⊕ -

① 마찰계수의 변화가 작을 것

※ 페이드(Fade) 현상 : 브레이크가 연속적, 반복적으로 사용되면 마찰열이 축적되어 드럼과 라이니의 마찰계수가 감소하여 브레이크가 밀리는 현상

88 굴삭기 상부 프레임 지지 장치의 종류가 아닌 것은?

① 볼베어링 식
② 포스트식
③ 링크식
④ 롤러식

해설 ⊕ -

굴삭기의 상부 프레임 지지 장치의 종류

롤러식, 볼베어링식, 포스트식

89 배토판 폭이 2m, 높이가 0.8m인 불도저의 배토판 용량(m³)은?

① 0.98
② 1.28
③ 2.64
④ 3.48

해설 ⊕ -

불도저의 배토판 용량

$$Q = BH^2 = 2 \times 0.8^2 = 1.28\text{m}^3$$

여기서, B : 배토판의 폭(2m)
H : 배토판의 높이(0.8m)

90 쇄석기에서 쇄석하려는 돌을 넣어주는 용기는?

① 호퍼
② 스크루
③ 컨베이어
④ 스크리드

정답 85 ③ 86 ① 87 ① 88 ③ 89 ② 90 ①

91 KS규격에 따른 압력 배관용 탄소강관은?

① SPPS
② SPHT
③ STA
④ SPPW

해설 ➕

- SPPS : 압력 배관용 탄소강관
- SPHT : 고온 배관용 탄소강관
- STA : 구조용 합금강관
- SPPW : 수도용 아연도금 강관

92 온도 350℃ 이하에서 사용하는 탄소강관이며, 사용 압력은 9.8N/mm² 이하의 물, 증기, 가스 등의 유체 수송관으로 사용되는 관은?

① 압력 배관용 탄소강관
② 고압 배관용 탄소강관
③ 저온 배관용 탄소강관
④ 고온 배관용 탄소강관

해설 ➕

압력배관용 탄소강 강관(KS D 3562)
KS 규격 기호는 SPPS(Steel Pipe Pressure Service)이다. 사용 압력이 0.1~10N/mm²이며, 온도 350℃ 이하에서 사용되며 라인 파이프 및 각종 압력 배관에 이용된다. 제조법은 전기저항용접 또는 이음매 없는 방식으로 제조되며 보일러, 열교환기(응축기), 과열기용 강관에 주로 사용된다.

93 배관시공 시 기울기에 대한 설명으로 적절하지 않은 것은?

① 통수할 때 관 내에 고인 공기를 쉽게 빼기 위해 기울기를 준다.
② 수리를 할 때 배관 내 물을 퇴수하기 위하여 기울기를 준다.
③ 배관 기울기는 유속과 관련이 있으므로 주의하여 시공하여야 한다.

④ 배수배관 기울기를 급경사지게 하면 고형물이 많이 고인다.

해설 ➕

배수배관 기울기를 급경사지게 하면 고형물이 거의 고이지 않는다.

94 유체의 흐름이 한쪽 방향으로 흐르다가 역류하면 자동으로 닫히며, 스윙형과 리프트형 등이 있는 밸브는?

① 게이트 밸브
② 앵글 밸브
③ 체크 밸브
④ 콕

95 이음쇠의 중심에서 단면까지의 길이가 32mm, 나사가 물리는 최소길이(여유치수)가 13mm인 배관의 중심선 간의 길이는?(단, 배관의 길이는 300mm이다.)

① 262
② 281
③ 319
④ 338

해설 ➕

배관의 중심선 간의 길이(L)
$$L = l + 2(A - a) = 300 + (32 - 13)$$
$$= 338\text{mm}$$

여기서, l : 배관의 길이(300mm)

A : 이음쇠의 중심에서 단면까지의 길이 (32mm)

a : 나사가 물리는 최소길이(13mm)

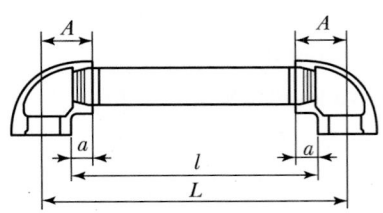

정답   **91** ①   **92** ①   **93** ④   **94** ③   **95** ④

96 배관 지지 장치에서 열팽창에 의한 이동을 구속 또는 제한하는 것이 아닌 것은?

① 앵커   ② 행거
③ 스토퍼   ④ 가이드

해설 ⊕

레스트레인트(Reatraint)
열팽창에 의한 배관의 측면이동뿐만 아니라 배관시스템의 3차원 열변위에 대하여 임의 방향의 변위를 구속 또는 제한하기 위한 장치로서 앵커, 스토퍼, 가이드, 스너버, 브레이스 등이 있다.

97 관 또는 환봉을 절단하는 기계로서 절삭 시 톱날에 하중이 걸리고 귀환 시 하중이 걸리지 않는 공작용 기계는?

① 기계톱   ② 파이프 벤딩기
③ 휠 고속절단기   ④ 동력 나사 절삭기

해설 ⊕

기계톱
핵소잉 머신(Hacksawing Machine)이라고도 하며, 관 또는 환봉을 동력에 의해 상하 또는 좌우 왕복 및 회전운동을 하며 절단하는 기계로서, 절삭 시는 톱날에 하중이 걸리고 귀환 시는 하중이 걸리지 않는다. 작동 시 단단한 재료일수록 톱날의 왕복운동은 천천히 한다.

98 KS규격에서 배관과 관련한 물질의 종류에 따른 식별색으로 옳은 것은?

① 물 – 파랑
② 기름 – 흰색
③ 증기 – 어두운 빨강
④ 산 또는 알칼리 – 회보라

해설 ⊕

물질의 종류와 식별색

유체종류	식별색상
물	파랑색
증기	적색
공기	흰색
가스	노랑색
산 또는 알칼리	회보라
기름	주황
전기	연주황

99 옥내 및 옥외소화전의 시험으로 수원으로부터 가장 높은 위치와 가장 먼 거리에 대하여 규정된 호스와 노즐을 접속하여 실시하는 시험은?

① 전단 및 응력시험
② 내압 및 기밀시험
③ 연기 및 박하시험
④ 방수 및 방출시험

100 관의 외면, 내면, 구멍 등을 가공하거나 다듬는 데 사용하는 공구는?

① 해머   ② 렌치
③ 그라인더   ④ 익스팬더

해설 ⊕

그라인더(Grinder)
절단석 또는 연마석을 설치하여 관의 외면, 내면, 구멍 등을 가공하거나 다듬는 데 사용하는 공구이다.

정답   96 ②   97 ①   98 ①, ③, ④   99 ④   100 ③

01 상단이 고정된 원추 형체의 단위체적에 대한 중량을 γ라 하고 원추 밑면의 지름이 d, 높이가 l일 때 이 재료의 최대 인장응력을 나타낸 식은?(단, 자중만을 고려한다.)

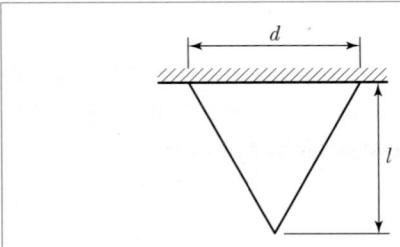

① $\sigma_{\max} = \gamma l$

② $\sigma_{\max} = \dfrac{1}{2}\gamma l$

③ $\sigma_{\max} = \dfrac{1}{3}\gamma l$

④ $\sigma_{\max} = \dfrac{1}{4}\gamma l$

해설 ➕

$$\sigma_{\max} = \frac{W_{\max}}{A} = \frac{\gamma V_{\max}}{A}$$

$$= \frac{\gamma \dfrac{1}{3} A l}{A}$$

$$= \frac{1}{3}\gamma l$$

02 길이 500mm, 지름 16mm의 균일한 강봉의 양 끝에 12kN의 축 방향 하중이 작용하여 길이는 300μm 가 증가하고 지름은 2.4μm가 감소하였다. 이 선형 탄성 거동하는 봉 재료의 푸아송비는?

① 0.22

② 0.25

③ 0.29

④ 0.32

해설 ➕

$$\mu = \frac{\varepsilon'}{\varepsilon} = \frac{\dfrac{\delta}{d}}{\dfrac{\lambda}{l}} = \frac{l \cdot \delta}{d\lambda} = \frac{0.5 \times 2.4 \times 10^{-6}}{0.016 \times 300 \times 10^{-6}} = 0.25$$

03 그림과 같이 균일단면 봉이 100kN의 압축하중을 받고 있다. 재료의 경사 단면 $Z - Z$에 생기는 수직응력 σ_n, 전단응력 τ_n의 값은 각각 약 몇 MPa인가?(단, 균일 단면 봉의 단면적은 1,000mm²이다.)

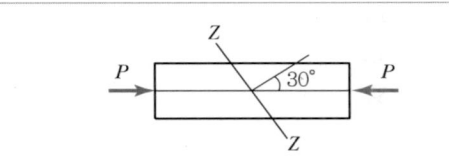

① $\sigma_n = -38.2,\ \tau_n = 26.7$

② $\sigma_n = -68.4,\ \tau_n = 58.8$

③ $\sigma_n = -75.0,\ \tau_n = 43.3$

④ $\sigma_n = -86.2,\ \tau_n = 56.8$

해설 ➕

$$\sigma_x = \frac{P}{A} = \frac{100 \times 10^3}{1,000} = 100 \frac{N}{mm^2}$$

$$= 100 MPa(압축응력이므로(-))$$

1축 응력상태의 모어의 응력원을 그리면

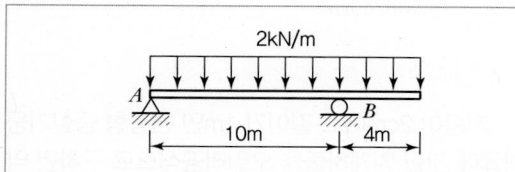

$Z-Z$ 단면 $\theta = 120° \rightarrow 2\theta = 240°$를 응력원에 표시하고
$\sigma_n = \sigma_{av} - R\cos 60° = -50 - 50\cos 60° = -75\text{MPa}$
$\tau_n = R\sin 60° = 50\sin 60° = 43.3\text{MPa}$

04 그림과 같이 균일분포하중을 받는 보의 지점 B 에서의 굽힘모멘트는 몇 kN · m인가?

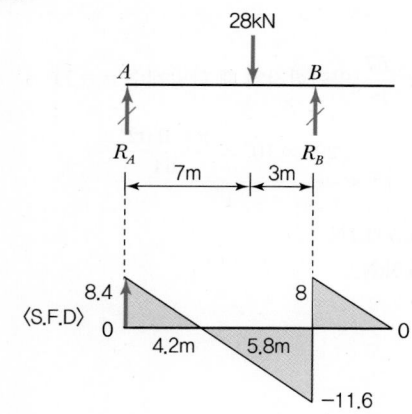

① 16
② 10
③ 8
④ 1.6

해설 ⊕ -

자유물체도

$\sum M_{B지점} = 0 : R_A \times 10 - 28 \times 3 = 0$

$\therefore R_A = \dfrac{28\text{kN} \times 3\text{m}}{10\text{m}} = 8.4\text{kN}$

$\sum F_y = 0 : 8.4 - 28 + R_B = 0$

$\therefore R_B = 19.6\text{kN}$

B 점의 굽힘모멘트는 A 점에서 B 점까지의 S.F.D면적이므로

S.F.D에서 $M_B = \dfrac{1}{2} \times 4.2 \times 8.4 - \dfrac{1}{2} \times 5.8 \times 11.6$

$\qquad = -16\text{kN} \cdot \text{m}$

$\rightarrow B$ 지점에서 $\circlearrowright$ $16\text{kN} \cdot \text{m}$로 우회전을 의미

05 원통형 코일스프링에서 코일 반지름 R, 소선의 지름 d, 전단탄성계수를 G라고 하면 코일 스프링 한 권에 대해서 하중 P가 작용할 때 소선의 비틀림 각 ϕ를 나타내는 식은?

① $\dfrac{32PR}{Gd^2}$

② $\dfrac{32PR^2}{Gd^2}$

③ $\dfrac{64PR}{Gd^4}$

④ $\dfrac{64PR^2}{Gd^4}$

해설 ⊕ -

스프링 처짐량 $\delta = \dfrac{8WD^3 n}{Gd^4}$

여기서, $W = P$, $D = 2R$, $n = 1$이므로

$\phi = \dfrac{\delta}{R} = \dfrac{\dfrac{8P(2R)^3 \times 1}{Gd^4}}{R} = \dfrac{64PR^3}{Gd^4 R}$

$\therefore \phi = \dfrac{64PR^2}{Gd^4}$

06 지름 20mm인 구리합금 봉에 30kN의 축방향 인장하중이 작용할 때 체적 변형률은 약 얼마인가?(단, 세로탄성계수는 100GPa, 푸아송비는 0.30이다.)

① 0.38
② 0.038
③ 0.0038
④ 0.00038

2021

해설 ⊕

$$\varepsilon_v = \varepsilon(1-2\mu) = \frac{\sigma}{E}(1-2\mu) = \frac{P}{EA}(1-2\mu)$$

$$= \frac{30\times10^3}{100\times10^9 \times \frac{\pi\times0.02^2}{4}} \times (1-2\times0.3)$$

$$= 0.00038$$

07 두 변의 길이가 각각 b, h인 직사각형의 A점에 관한 극관성 모멘트는?

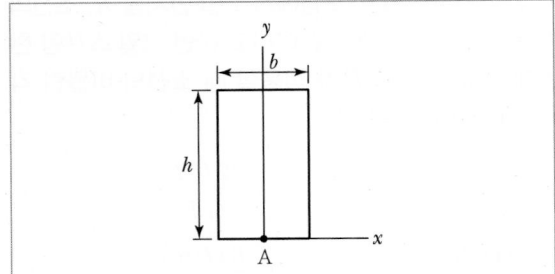

① $\frac{bh}{12}(b^2+h^2)$ ② $\frac{bh}{12}(b^2+4h^2)$

③ $\frac{bh}{12}(4b^2+h^2)$ ④ $\frac{bh}{3}(b^2+h^2)$

해설 ⊕

ⅰ) 도심에 관한 극관성 모멘트
$$I_P = I_x + I_y = \frac{bh^3}{12} + \frac{hb^3}{12}$$
ⅱ) A점에 관한 극관성 모멘트
$$I_{PA} = I_P + A(d)^2 (평행축정리)$$
$$= I_P + A\left(\frac{h}{2}\right)^2$$
$$= \frac{bh^3}{12} + \frac{hb^3}{12} + bh\left(\frac{h}{2}\right)^2$$
$$= \frac{bh}{12}(h^2+b^2+3h^2)$$
$$= \frac{bh}{12}(b^2+4h^2)$$

08 그림에서 고정단에 대한 자유단의 전 비틀림각은?(단, 전단탄성계수는 100GPa이다.)

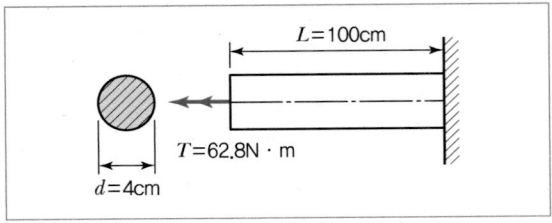

① 0.00025rad   ② 0.0025rad
③ 0.025rad   ④ 0.25rad

해설 ⊕

$$\theta = \frac{T\cdot l}{GI_p} = \frac{62.8\times10^3(\text{N}\cdot\text{mm})\times100\times10(\text{mm})}{100\times10^3\left(\frac{\text{N}}{\text{mm}^2}\right)\times\frac{\pi\times(40)^4}{32}(\text{mm}^4)}$$
$$= 0.00249\text{rad}$$

09 지름이 2cm이고 길이가 1m인 원통형 중실기둥의 좌굴에 관한 임계하중을 오일러공식으로 구하면 약 몇 kN인가?(단, 기둥의 양단은 회전단이고, 세로탄성계수는 200GPa이다.)

① 11.5   ② 13.5
③ 15.5   ④ 17.5

해설 ⊕

$$P_{cr} = n\pi^2\frac{EI}{l^2} (양단힌지일 때 단말계수 \ n=1)$$
$$= 1\times\pi^2\times\frac{200\times10^9\times\frac{\pi\times0.02^4}{64}}{1^2}$$
$$= 15,503.1\text{N}$$
$$= 15.5\text{kN}$$

10 지름 6mm인 곧은 강선을 지름 1.2m의 원통에 감았을 때 강선에 생기는 최대 굽힘응력은 약 몇 MPa인가?(단, 세로탄성계수는 200GPa이다.)

① 500
② 800
③ 900
④ 1,000

해설 ⊕

$$\sigma_b = E\varepsilon = E\frac{y}{\rho} = E\frac{d}{\rho}$$
$$= 200 \times 10^9 \times \frac{6}{1,200}$$
$$= 1,000 \times 10^6 \text{Pa}$$
$$= 1,000 \text{MPa}$$

11 지름 10mm, 길이 2m인 둥근 막대의 한 끝을 고정하고 타단을 자유로이 10°만큼 비틀었다면 막대에 생기는 최대 전단응력은 약 몇 MPa인가?(단, 재료의 전단탄성계수는 84GPa이다.)

① 18.3
② 36.6
③ 54.7
④ 73.2

해설 ⊕

$$\tau = G\gamma = G\frac{r \cdot \theta}{l}$$
$$= 84 \times 10^9 \times \frac{5 \times 10° \times \frac{\pi}{180°}}{2,000}$$
$$= 36.65 \times 10^6 \text{Pa}$$
$$= 36.65 \text{MPa}$$

12 보의 길이 l에 등분포하중 w를 받는 직사각형 단순보의 최대 처짐량에 대한 설명으로 옳은 것은?(단, 보의 자중은 무시한다.)

① 보의 폭에 정비례한다.
② l의 3승에 정비례한다.

③ 보의 높이의 2승에 반비례한다.
④ 세로탄성계수에 반비례한다.

해설 ⊕

$$\delta = \frac{5wl^4}{384EI} = \frac{5wl^4}{384E \times \frac{bh^3}{12}} = \frac{5 \times 12wl^4}{384Ebh^3}$$

13 직사각형($b \times h$)의 단면적 A를 갖는 보에 전단력 V가 작용할 때 최대 전단응력은?

① $\tau_{\max} = 0.5\frac{V}{A}$

② $\tau_{\max} = \frac{V}{A}$

③ $\tau_{\max} = 1.5\frac{V}{A}$

④ $\tau_{\max} = 2\frac{V}{A}$

해설 ⊕

$\tau = \frac{VQ}{Ib}$, 보의 중립축에서 최대 전단응력이 발생하므로

$$\tau_{\max} = \frac{V\left(\frac{bh}{2} \times \frac{h}{4}\right)}{\frac{bh^3}{12} \times b}$$

(여기서, Q : 음영단면(반단면)의 단면1차모멘트)

$$= \frac{V\left(\frac{bh^2}{8}\right)}{\frac{b^2h^3}{12}} = \frac{3}{2} \times \frac{V}{bh}$$

$$\therefore \tau_{\max} = 1.5\frac{V}{A}$$

(보 속의 전단응력은 보의 평균 전단응력의 1.5배)

14 단면적이 각각 A_1, A_2, A_3이고, 탄성계수가 각각 E_1, E_2, E_3인 길이 l인 재료가 강성판 사이에서 인장하중 P를 받아 탄성변형 했을 때 재료 1, 3 내부에 생기는 수직응력은?(단, 2개의 강성판은 항상 수평을 유지한다.)

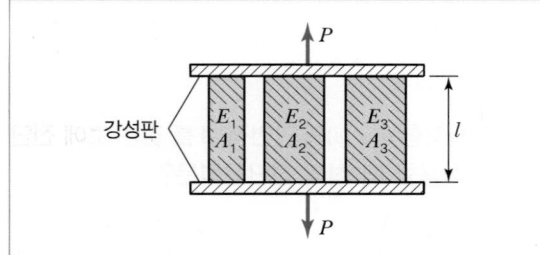

① $\sigma_1 = \dfrac{PE_1}{A_1E_1 + A_2E_2 + A_3E_3}$

$\quad \sigma_3 = \dfrac{PE_3}{A_1E_1 + A_2E_2 + A_3E_3}$

② $\sigma_1 = \dfrac{PE_2E_3}{E_1(A_1E_1 + A_2E_2 + A_3E_3)}$

$\quad \sigma_3 = \dfrac{PE_1E_2}{E_3(A_1E_1 + A_2E_2 + A_3E_3)}$

③ $\sigma_1 = \dfrac{PE_1}{A_3A_2E_1 + A_3A_1E_2 + A_1A_2E_3}$

$\quad \sigma_3 = \dfrac{PE_3}{A_3A_2E_1 + A_3A_1E_2 + A_1A_2E_3}$

④ $\sigma_1 = \dfrac{PE_2E_3}{A_3A_2E_1 + A_3A_1E_2 + A_1A_2E_3}$

$\quad \sigma_3 = \dfrac{PE_1E_2}{A_3A_2E_1 + A_3A_1E_2 + A_1A_2E_3}$

해설 ⊕ --------------------------------

부재의 병렬조합이므로

$P = \sigma_1A_1 + \sigma_2A_2 + \sigma_3A_3$ ········ ⓐ

$\lambda_1 = \lambda_2 = \lambda_3$(인장량 동일)

$\dfrac{\sigma_1}{E_1}l_1 = \dfrac{\sigma_2}{E_2}l_2 = \dfrac{\sigma_3}{E_3}l_3 (\because l_1 = l_2 = l_3)$

$\therefore \dfrac{\sigma_1}{E_1} = \dfrac{\sigma_2}{E_2} = \dfrac{\sigma_3}{E_3}$

여기서, $\sigma_2 = \dfrac{E_2}{E_1}\sigma_1$, $\sigma_3 = \dfrac{E_3}{E_1}\sigma_1$ ········ ⓑ

ⓑ를 ⓐ에 대입하면

$P = \sigma_1A_1 + \dfrac{E_2}{E_1}\sigma_1A_2 + \dfrac{E_3}{E_1}\sigma_1A_3$

양변에 E_1를 곱하면

$PE_1 = \sigma_1A_1E_1 + \sigma_1E_2A_2 + \sigma_1E_3A_3$

$\quad\quad = \sigma_1(A_1E_1 + A_2E_2 + A_3E_3)$

$\therefore \sigma_1 = \dfrac{PE_1}{A_1E_1 + A_2E_2 + A_3E_3}$

$\therefore \sigma_3 = \dfrac{PE_3}{A_1E_1 + A_2E_2 + A_3E_3}$

15 지름 20mm, 길이 50mm의 구리 막대의 양단을 고정하고 막대를 가열하여 40℃ 상승했을 때 고정단을 누르는 힘은 약 몇 kN인가?(단, 구리의 선팽창계수 a = 0.16×10⁻⁴/℃, 세로탄성계수는 110GPa이다.)

① 52   ② 30

③ 25   ④ 22

해설 ⊕ --------------------------------

열응력

$\sigma = E \cdot \varepsilon = E \cdot \alpha\Delta t$

$\therefore P = \sigma \cdot A$

$\quad\quad = E \cdot \alpha\Delta t \cdot A$

$\quad\quad = 110 \times 10^9 \times 0.16 \times 10^{-4} \times 40 \times \dfrac{\pi \times 0.02^2}{4}$

$\quad\quad = 22,116.8\text{N}$

$\quad\quad = 22.12\text{kN}$

29 완전가스의 내부에너지(u)는 어떤 함수인가?

① 압력과 온도의 함수이다.

② 압력만의 함수이다.

③ 체적과 압력의 함수이다.

④ 온도만의 함수이다.

해설 ➕

이상기체(완전가스)에서 내부에너지는 온도만의 함수이다. ($du = C_v dT$이므로)

30 다음 중 가장 낮은 온도는?

① 104℃ 　② 284℉

③ 410K 　④ 684°R

해설 ➕

K = ℃ + 273

°R = ℉ + 460

$℉ = \dfrac{9}{5}℃ + 32$에서

② 284℉ ⇒ $(284-32) \times \dfrac{5}{9} = 140℃$

③ 410K ⇒ $410 - 273 = 137℃$

④ 684°R ⇒ $684 - 460 = 224℉ \Rightarrow 106.7℃$

31 증기를 가역 단열과정을 거쳐 팽창시키면 증기의 엔트로피는?

① 증가한다.

② 감소한다.

③ 변하지 않는다.

④ 경우에 따라 증가도 하고, 감소도 한다.

해설 ➕

단열과정 $\delta q = 0$에서

엔트로피 변화량 $ds = \dfrac{\delta q}{T} \rightarrow ds = 0 (s = c)$

32 온도가 127℃, 압력이 0.5MPa, 비체적이 0.4 m³/kg인 이상기체가 같은 압력하에서 비체적이 0.3 m³/kg으로 되었다면 온도는 약 몇 ℃가 되는가?

① 16 　② 27

③ 96 　④ 300

해설 ➕

정압과정 $p = c$이므로 $\dfrac{v}{T} = c$에서 $\dfrac{v_1}{T_1} = \dfrac{v_2}{T_2}$

$\therefore T_2 = T_1 \left(\dfrac{v_2}{v_1} \right)$

$= (127 + 273) \times \dfrac{0.3}{0.4} = 300K$

$T_2 = 300 - 273 = 27℃$

33 계가 정적 과정으로 상태 1에서 상태 2로 변화할 때 단순압축성 계에 대한 열역학 제1법칙을 바르게 설명한 것은?(단, U, Q, W는 각각 내부에너지, 열량, 일량이다.)

① $U_1 - U_2 = Q_{12}$ 　② $U_2 - U_1 = W_{12}$

③ $U_1 - U_2 = W_{12}$ 　④ $U_2 - U_1 = Q_{12}$

해설 ➕

$\delta Q - \delta W = dU$에서

정적과정 $V = C$이므로

$\delta W = Pd\cancel{V}^{0} \Rightarrow {_1}W_2 = 0$

$\therefore U_2 - U_1 = {_1}Q_2$

정답　29 ④　30 ①　31 ③　32 ②　33 ④

34 과열증기를 냉각시켰더니 포화영역 안으로 들어와서 비체적이 0.2327m³/kg이 되었다. 이때 포화액과 포화증기의 비체적이 각각 1.079×10^{-3}m³/kg, 0.5243m³/kg이라면 건도는 얼마인가?

① 0.964   ② 0.772

③ 0.653   ④ 0.443

해설 ⊕ -

건도가 x인 습증기의 비체적

$$v_x = v_f + xv_{fg} = v_f + x(v_g - v_f)$$

$$\therefore \ x = \frac{v_x - v_f}{v_g - v_f} = \frac{0.2327 - 1.079 \times 10^{-3}}{0.5243 - 1.079 \times 10^{-3}} = 0.4427$$

35 수소(H_2)가 이상기체라면 절대압력 1MPa, 온도 100℃에서의 비체적은 약 몇 m³/kg인가?(단, 일반기체상수는 8.3145kJ/(kmol · K)이다.)

① 0.781   ② 1.26

③ 1.55   ④ 3.46

해설 ⊕ -

$pv = RT$와 $MR = \overline{R}$에서

$v = \dfrac{RT}{p} = \dfrac{8.3145\,T}{Mp}$ (여기서, 수소의 $M = 2$)

$\qquad = \dfrac{8.3145 \times (100 + 273)}{2 \times 1 \times 10^3} = 1.55\text{m}^3/\text{kg}$

36 이상적인 카르노 사이클의 열기관이 500℃인 열원으로부터 500kJ을 받고, 25℃에 열을 방출한다. 이 사이클의 일(W)과 효율(η_{th})은 얼마인가?

① $W = 307.2\text{kJ}, \ \eta_{th} = 0.6143$

② $W = 307.2\text{kJ}, \ \eta_{th} = 0.5748$

③ $W = 250.3\text{kJ}, \ \eta_{th} = 0.6143$

④ $W = 250.3\text{kJ}, \ \eta_{th} = 0.5748$

해설 ⊕ -

카르노 사이클의 열효율은 온도만의 함수이다.

$T_H = 500 + 273 = 773\text{K}, \ T_L = 25 + 273 = 298\text{K}$

$\eta_{th} = 1 - \dfrac{T_L}{T_H} = 1 - \dfrac{298}{773} = 0.6145$

$\eta_{th} = \dfrac{W}{Q_H}$ 이므로

$W = \eta_{th} \times Q_H = 0.6145 \times 500\text{kJ} = 307.25\text{kJ}$

37 증기동력 사이클의 종류 중 재열사이클의 목적으로 가장 거리가 먼 것은?

① 터빈 출구의 습도가 증가하여 터빈 날개를 보호한다.

② 이론 열효율이 증가한다.

③ 수명이 연장된다.

④ 터빈 출구의 질(Quality)을 향상시킨다.

해설 ⊕ -

재열사이클은 열효율을 향상시키고 터빈 출구의 건도(질)를 증가시켜 터빈 날개의 부식을 방지할 수 있다.

38 계가 비가역 사이클을 이룰 때 클라우지우스(Clausius)의 적분을 옳게 나타낸 것은?(단, T는 온도, Q는 열량이다.)

① $\displaystyle\oint \frac{\delta Q}{T} < 0$ ② $\displaystyle\oint \frac{\delta Q}{T} > 0$

③ $\displaystyle\oint \frac{\delta Q}{T} \geq 0$ ④ $\displaystyle\oint \frac{\delta Q}{T} \leq 0$

해설 ⊕ -

$\displaystyle\oint \frac{\delta Q}{T} < 0$: 비가역, $\displaystyle\oint \frac{\delta Q}{T} = 0$: 가역

39 비열비가 1.29, 분자량이 44인 이상기체의 정압 비열은 약 몇 kJ/(kg · K)인가?(단, 일반기체상수는 8.314kJ/(kmol · K)이다.)

① 0.51　　　　② 0.69

③ 0.84　　　　④ 0.91

해설 ⊕ ----

$MR = \overline{R}$에서

기체상수 $R = \dfrac{\overline{R}}{M} = \dfrac{8.314}{44} = 0.189\,\text{kJ/kg} \cdot \text{K}$

$k = \dfrac{C_p}{C_v}$와 $C_p - C_v = R$에서

$C_p = \dfrac{kR}{k-1} = \dfrac{1.29 \times 0.189}{1.29 - 1} = 0.84\,\text{kJ/kg} \cdot \text{K}$

40 어떤 냉동기에서 0℃의 물로 0℃의 얼음 2ton을 만드는 데 180MJ의 일이 소요된다면 이 냉동기의 성적계수는?(단, 물의 융해열은 334kJ/kg이다.)

① 2.05　　　　② 2.32

③ 2.65　　　　④ 3.71

해설 ⊕ ----

$\varepsilon_R = \dfrac{Q_L}{W_C} = \dfrac{334 \times 10^3 \frac{\text{J}}{\text{kg}} \times 2{,}000\text{kg}}{180 \times 10^6 \text{J}} = 3.71$

3과목 | 기계유체역학

41 일률(Power)을 기본 차원인 M(질량), L(길이), T(시간)로 나타내면?

① $L^2 T^{-2}$　　　　② $MT^{1-2}L^{-1}$

③ $ML^2 T^{-2}$　　　　④ $ML^2 T^{-3}$

해설 ⊕ ----

일률의 단위는 동력이므로 $H = F \cdot V \rightarrow \text{N} \cdot \text{m/s}$

$\dfrac{\text{N} \cdot \text{m}}{\text{s}} \times \dfrac{\text{kg} \cdot \text{m}}{\text{N} \cdot \text{s}^2} = \text{kg} \cdot \text{m}^2/\text{s}^3 \rightarrow ML^2 T^{-3}$ 차원

42 길이 600m이고 속도 15km/h인 선박에 대해 물속에서의 조파 저항을 연구하기 위해 길이 6m인 모형선의 속도는 몇 km/h로 해야 하는가?

① 2.7　　　　② 2.0

③ 1.5　　　　④ 1.0

해설 ⊕ ----

배는 자유표면 위를 움직이므로 모형과 실형 사이의 프루드 수를 같게 하여 실험한다.

$Fr)_m = Fr)_p$

$\left.\dfrac{V}{\sqrt{Lg}}\right)_m = \left.\dfrac{V}{\sqrt{Lg}}\right)_p$

여기서, $g_m = g_p$이므로

$\dfrac{V_m}{\sqrt{L_m}} = \dfrac{V_p}{\sqrt{L_p}}$

$\therefore V_m = \sqrt{\dfrac{L_m}{L_p}} \cdot V_p = \sqrt{\dfrac{6}{600}} \times 15 = 1.5\,\text{km/h}$

43 Stokes의 법칙에 의해 비압축성 점성유체에 구(Sphere)가 낙하될 때 항력(D)을 나타낸 식으로 옳은 것은?(단, μ : 유체의 점성계수, a : 구의 반지름, V : 구의 평균속도, C_D : 항력계수, 레이놀즈수가 1보다 작아 박리가 존재하지 않는다고 가정한다.)

① $D = 6\pi a\mu V$　　② $D = 4\pi a\mu V$

③ $D = 2\pi a\mu V$　　④ $D = C_D\pi a\mu V$

해설 ⊕ ----

$D = 3\pi\mu Vd$에서
$D = 3\pi\mu V2a = 6\pi a\mu V$

44 기준면에 있는 어떤 지점에서의 물의 유속이 6m/s, 압력이 40kPa일 때 이 지점에서의 물의 수력기울기선의 높이는 약 몇 m인가?

① 3.24
② 4.08
③ 5.92
④ 6.81

해설

수력기울기(수력구배)선

$$H.G.L = \frac{p}{\gamma} + Z(\text{기준면 } Z = 0)$$
$$= \frac{40 \times 10^3}{9,800}$$
$$= 4.08\text{m}$$

45 평면 벽과 나란한 방향으로 점성계수가 2×10^{-5} Pa·s인 유체가 흐를 때, 평면과의 수직거리 $y[\text{m}]$인 위치에서 속도가 $u = 5(1 - e^{-0.2y})[\text{m/s}]$이다. 유체에 걸리는 최대 전단응력은 약 몇 Pa인가?

① 2×10^{-5}
② 2×10^{-6}
③ 5×10^{-6}
④ 10^{-4}

해설

$$\tau = \mu \cdot \frac{du}{dy} = \mu \times (e^{-0.2y}) \leftarrow \text{주어진 } u(y) \text{를 } y \text{에 대해 미분}$$
최대전단응력은 $y = 0$인 평판면에서 발생하므로
$$\tau)_{y=0} = \mu \times 1 = 2 \times 10^{-5}\text{Pa}$$

46 경계층의 박리(Separation)가 일어나는 주원인은?

① 압력이 증기압 이하로 떨어지기 때문에
② 유동방향으로 밀도가 감소하기 때문에
③ 경계층의 두께가 0으로 수렴하기 때문에
④ 유동과정에 역압력 구배가 발생하기 때문에

해설

압력이 감소했다가 증가하는 역압력기울기에 의해 유체 입자가 물체 주위로부터 떨어져 나가는 현상을 박리라 한다.

47 표면장력이 0.07N/m인 물방울의 내부압력이 외부압력보다 10Pa 크게 되려면 물방울의 지름은 몇 cm인가?

① 0.14
② 1.4
③ 0.28
④ 2.8

해설

$$\sigma = \frac{\Delta P d}{4} \text{에서}$$
$$\therefore d = \frac{4\sigma}{\Delta P} = \frac{4 \times 0.07}{10}$$
$$= 0.028\text{m}$$
$$= 2.8\text{cm}$$

48 유체역학에서 연속방정식에 대한 설명으로 옳은 것은?

① 뉴턴의 운동 제2법칙이 유체 중의 모든 점에서 만족하여야 함을 요구한다.
② 에너지와 일 사이의 관계를 나타낸 것이다.
③ 한 유선 위에 두 점에 대한 단위체적당의 운동량의 관계를 나타낸 것이다.
④ 검사체적에 대한 질량 보존을 나타내는 일반적인 표현식이다.

해설

질량 보존의 법칙을 유체의 검사체적에 적용하여 얻어낸 방정식이다.

49 가스 속에 피토관을 삽입하여 압력을 측정하였더니 정체압이 128Pa, 정압이 120Pa이었다. 이 위치에서의 유속은 몇 m/s인가?(단, 가스의 밀도는 1.0kg/m³이다.)

① 1
② 2
③ 4
④ 8

해설 ➕

정체압력＝정압＋동압 식에서

$$V = \sqrt{2g \times \left(\frac{128}{9.8} - \frac{120}{9.8} \right)}$$
$$= \sqrt{2 \times 9.8 \times \left(\frac{128}{9.8} - \frac{120}{9.8} \right)}$$
$$= 4\text{m/s}$$

50 다음 중 정체압의 설명으로 틀린 것은?

① 정체압은 정압과 같거나 크다.
② 정체압은 액주계로 측정할 수 없다.
③ 정체압은 유체의 밀도에 영향을 받는다.
④ 같은 정압의 유체에서는 속도가 빠를수록 정체압이 커진다.

해설 ➕

정체압은 정압＋동압으로 액주계로 측정할 수 있다.

51 어떤 물체가 대기 중에서 무게는 6N이고 수중에서 무게는 1.1N이었다. 이 물체의 비중은 약 얼마인가?

① 1.1
② 1.2
③ 2.4
④ 5.5

해설 ➕

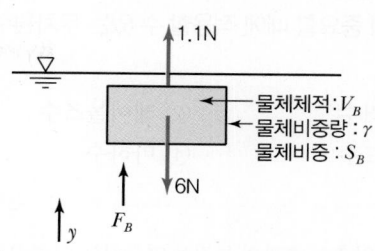

$$\Sigma F_y = 0 : F_B + 1.1 - 6 = 0$$
$$\therefore F_B = 4.9N$$

부력은 물체에 의해 배제된 유체 무게

$$F_B = \gamma_w V_B = 4.9\text{N}$$
$$9{,}800 \times V_B = 4.9$$
$$\therefore V_B = 0.0005\text{m}^3$$

물체무게 ＝ 6N ＝ $\gamma_B V_B = s_B \gamma_w V_B$

$$\therefore s_B = \frac{6}{\gamma_w V_B} = \frac{6}{9{,}800 \times 0.0005}$$
$$= 1.22$$

52 (x, y) 좌표계의 비회전 2차원 유동장에서 속도 포텐셜(Potential) ϕ는 $\phi = 2x^2 y$로 주어졌다. 이때 점 (3, 2)인 곳에서 속도 벡터는?(단, 속도포텐셜 ϕ는 $\vec{V} \equiv \nabla \phi = grad\phi$로 정의된다.)

① $24\vec{i} + 18\vec{j}$
② $-24\vec{i} + 18\vec{j}$
③ $12\vec{i} + 9\vec{j}$
④ $-12\vec{i} + 9\vec{j}$

해설 ➕

$$\vec{V} = \nabla \phi = \frac{\partial \phi}{\partial x}\vec{i} + \frac{\partial \phi}{\partial y}\vec{j} = 4xy\vec{i} + 2x^2\vec{j} \leftarrow (3, 2) \text{ 대입}$$
$$= (4 \times 3 \times 2)\vec{i} + (2 \times 3^2)\vec{j}$$
$$= 24\vec{i} + 18\vec{j}$$

2021

53 유동장에 미치는 힘 가운데 유체의 압축성에 의한 힘만이 중요할 때에 적용할 수 있는 무차원수로 옳은 것은?

① 오일러수
② 레이놀즈수
③ 프루드수
④ 마하수

해설 ⊕

마하수는 압축성 효과의 특징을 기술하는 데 중요한 무차원수이다.

54 수평으로 놓인 지름 10cm, 길이 200m인 파이프에 완전히 열린 글로브 밸브가 설치되어 있고, 흐르는 물의 평균속도는 2m/s이다. 파이프의 관 마찰계수가 0.020이고, 전체 수두손실이 10m이면, 글로브 밸브의 손실계수는 약 얼마인가?

① 0.4
② 1.8
③ 5.8
④ 9.0

해설 ⊕

전체 수두손실은 긴 관에서 손실수두와 글로브 밸브에 의한 부차적 손실수두의 합이다.

$$\Delta H_l = h_l + K \cdot \frac{V^2}{2g}$$
$$= f \cdot \frac{L}{d} \cdot \frac{V^2}{2g} + K \cdot \frac{V^2}{2g}$$

부차적 손실계수

$$K = \frac{2g}{V^2}\left(\Delta H_l - f \cdot \frac{L}{d} \cdot \frac{V^2}{2g}\right)$$
$$= \frac{2g}{V^2} \times \Delta H_l - f \cdot \frac{L}{d}$$
$$= \frac{2 \times 9.8}{2^2} \times 10 - 0.02 \times \frac{200}{0.1}$$
$$= 9$$

55 지름 $D_1 = 30$cm의 원형 물제트가 대기압상태에서 V의 속도로 중앙부분에 구멍이 뚫린 고정 원판에 충돌하여, 원판 뒤로 지름 $D_2 = 10$cm의 원형 물제트가 같은 속도로 흘러나가고 있다. 이 원판이 받는 힘이 100N이라면 물제트의 속도 V는 약 몇 m/s인가?

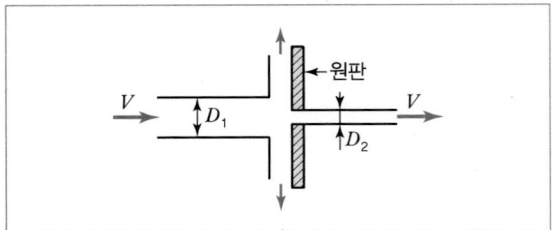

① 0.95
② 1.26
③ 1.59
④ 2.35

해설 ⊕

검사면에 작용하는 힘들의 합은 검사체적 안의 운동량변화량과 같다.

$$\therefore f_x = \rho Q_r \cdot V \text{(여기서, } Q_r \text{ : 실제평판에 부딪히는 유량)}$$
$$= 1,000 \times 0.063 V \times V$$
$$\Rightarrow V = \sqrt{\frac{f_x}{1,000 \times 0.063}} = \sqrt{\frac{100}{63}} = 1.26\text{m/s}$$

56 동점성계수가 1×10^{-4} m²/s인 기름이 안지름 50mm의 관을 3m/s의 속도로 흐를 때 관의 마찰계수는?

① 0.015
② 0.027
③ 0.043
④ 0.061

해설 ⊕

$$Re = \frac{\rho \cdot V \cdot d}{\mu} = \frac{V \cdot d}{\nu} = \frac{3 \times 0.05}{1 \times 10^{-4}} = 1,500$$

$R_e < 2,100$ 이하이므로 기름의 흐름은 층류이다.
층류에서 관마찰계수

$$f = \frac{64}{Re} = \frac{64}{1,500} = 0.0427$$

정답   **53** ④   **54** ④   **55** ②   **56** ③

57 지름 4m의 원형수문이 수면과 수직방향이고 그 최상단이 수면에서 3.5m만큼 잠겨 있을 때 수문에 작용하는 힘 F와, 수면으로부터 힘의 작용점까지의 거리 x는 각각 얼마인가?

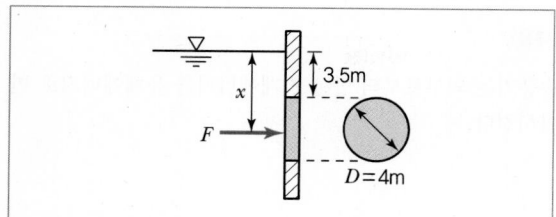

① 638kN, 5.68m   ② 677kN, 5.68m

③ 638kN, 5.57m   ④ 677kN, 5.57m

해설 ➕

원형수문의 도심까지 깊이 $\bar{h} = (3.5 + 2)$m

전압력 $F = \gamma \bar{h} \cdot A = 9,800 \times (5.5) \times \dfrac{\pi \times 4^2}{4}$

$\qquad\qquad = 677,327.4\text{N} = 677.3\text{kN}$

전압력 중심 $y_p = x = \bar{h} + \dfrac{I_G}{A\bar{h}}$

$\qquad = 5.5 + \dfrac{\dfrac{\pi \times 4^4}{64}}{\dfrac{\pi \times 4^2}{4} \times 5.5}$

$\qquad = 5.68\text{m}$

58 2차원 직각좌표계 (x, y) 상에서 x 방향의 속도 $u = 1$, y 방향의 속도 $v = 2x$ 인 어떤 정상상태의 이상유체에 대한 유동장이 있다. 다음 중 같은 유선상에 있는 점을 모두 고르면?

ㄱ. (1, 1)   ㄴ. (1, −1)   ㄷ. (−1, 1)

① ㄱ, ㄴ   ② ㄴ, ㄷ

③ ㄱ, ㄷ   ④ ㄱ, ㄴ, ㄷ

해설 ➕

유선의 방정식 $\dfrac{u}{dx} = \dfrac{v}{dy}$ 에서

$y = x^2$을 만족하는 점이므로 $(1,1)$, $(-1,1)$이다.

59 안지름 1cm의 원관 내를 유동하는 0℃ 물의 층류 임계 레이놀즈수가 2,100일 때 임계속도는 약 몇 cm/s인가?(단, 0℃ 물의 동점성계수는 0.01787 cm²/s이다.)

① 37.5   ② 375

③ 75.1   ④ 751

해설 ➕

$Re = \dfrac{\rho \cdot V \cdot d}{\mu} = \dfrac{V \cdot d}{\nu} = 2,100(\text{임계 레이놀즈수})$

$V = \dfrac{2,100\nu}{d} = \dfrac{2,100 \times 0.01787(\text{cm}^2/\text{s})}{1\text{cm}}$

$\qquad = 37.53\text{cm/s}$

60 그림과 같은 탱크에서 A점에 표준대기압이 작용하고 있을 때, B점의 절대압력은 약 몇 kPa인가? (단, A점과 B점의 수직거리는 2.5m이고 기름의 비중은 0.92이다.)

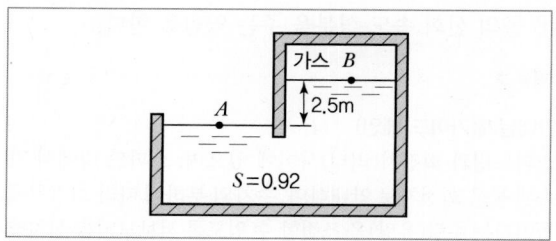

① 78.8   ② 788

③ 179.8   ④ 1,798

해설 ✚
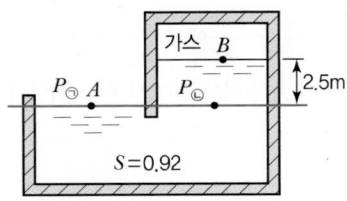

$P_{\bigcirc} = 1\,\mathrm{atm}$ (표준대기압 = $1.01325\mathrm{bar} = 101,325\,\mathrm{Pa}$)

$P_{\bigcirc\!\!\!\:} = P_B + \gamma_x \times h = P_B + S_x \gamma_w \times h$

등압면이므로 $P_{\bigcirc} = P_{\bigcirc\!\!\!\:}$

$101,325 = P_B + S_{oil}\gamma_w \times h$

$\therefore\ P_B = 101,325 - S_{oil}\gamma_w \times h$

$\qquad = 101,325 - 0.92 \times 9,800 \times 2.5$

$\qquad = 78,785\,\mathrm{Pa} = 78.8\,\mathrm{kPa}$

4과목 유체기계 및 유압기기

61 프란시스 수차의 안내깃에 대한 설명으로 틀린 것은?

① 회전차의 바깥에 위치한다.
② 부하 변동에 따라서 열림각이 변한다.
③ 회전축에 의해 구동된다.
④ 물의 선회 속도 성분을 주는 역할을 한다.

해설 ✚

안내날개(가이드 베인)
스피드링과 회전차(러너)사이에 있으며, 스피드 링에서 가속된 물을 회전차로 안내하며, 수차의 부하에 따라 회전차에 들어가는 수량(유량)을 조절할 수 있도록 서보모터를 설치해 안내날개 깃의 각도를 바꾸어 준다.

---

62 다음 유체기계 중 유체로부터 에너지를 받아 기계적 에너지로 변환시키는 장치로 볼 수 없는 것은?

① 송풍기   ② 수차
③ 유압모터   ④ 풍차

해설 ✚

송풍기는 외부로부터 받은 기계에너지를 유체에너지로 변환시킨다.

---

63 토마계수 σ를 사용하여 펌프의 캐비테이션이 발생하는 한계를 표시할 때, 캐비테이션이 발생하지 않는 영역을 바르게 표시한 것은?(단, H는 유효낙차, Ha는 대기압 수두, Hv는 포화증기압 수두, Hs는 흡출고를 나타낸다. 또한 펌프가 흡출하는 수면은 펌프 아래에 있다.)

① $Ha - Hv - Hs > \sigma \times H$
② $Ha + Hv - Hs > \sigma \times H$
③ $Ha - Hv - Hs < \sigma \times H$
④ $Ha + Hv - Hs < \sigma \times H$

해설 ✚

- 정미유효흡입양정 $NPSH = H_{sv} = \dfrac{p_1}{\gamma} = H_a - H_v - H_s$

  여기서, H_a : 흡입 액면의 대기압 수두
  $\qquad\quad H_v$: 액체 온도에 해당하는 포화증기압 수두
  $\qquad\quad H_s$: 액면에서 펌프입구의 흡입부까지의 높이
  $\qquad\qquad$ (흡출고)

- 캐비테이션이 발생하지 않는 영역은 $NPSH$값이 $NPSH > \sigma H$(σ : 토마의 캐비테이션 계수, H : 유효낙차)의 조건을 만족할 때이다.

2021년 5월 15일 시행

01   5cm×4cm 블록이 x축을 따라 0.05cm만큼 인장되었다. y방향으로 수축되는 변형률(ε_y)은?(단, 포아송 비(ν)는 0.3이다.)

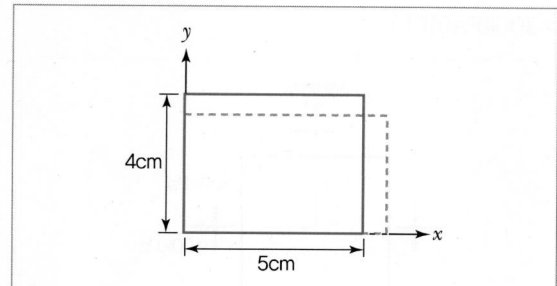

① 0.00015

② 0.0015

③ 0.003

④ 0.03

해설 ⊕ -

포아송 비 $\mu = \nu = \dfrac{\varepsilon'}{\varepsilon} = \dfrac{\varepsilon_y}{\varepsilon_x}$ 에서

$\varepsilon_y = \mu \varepsilon_x = \mu \cdot \dfrac{\lambda}{l}$

$\quad = 0.3 \times \dfrac{0.05}{5}$

$\quad = 0.003$

02   길이 15m, 봉의 지름 10mm인 강봉에 $P=8$kN을 작용시킬 때 이 봉의 길이방향 변형량은 약 몇 mm인가?(단, 이 재료의 세로탄성계수는 210GPa이다.)

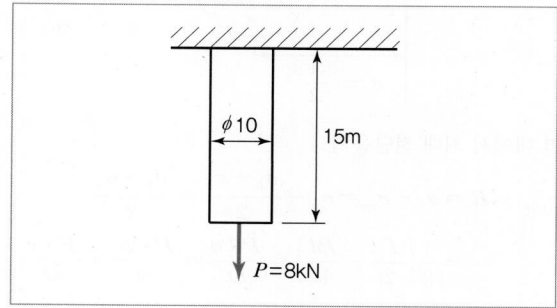

① 5.2   ② 6.4

③ 7.3   ④ 8.5

해설 ⊕ -

$\lambda = \dfrac{P \cdot l}{AE} = \dfrac{8 \times 10^3 \times 15}{\dfrac{\pi}{4} \times 0.01^2 \times 210 \times 10^9}$

$\quad = 0.00728\text{m}$

$\quad \fallingdotseq 7.3\text{mm}$

03   반경 r, 내압 P, 두께 t인 얇은 원통형 압력용기의 면 내에서 발생되는 최대 전단응력(2차원 응력상태에서의 최대 전단응력)의 크기는?

① $\dfrac{Pr}{2t}$ ② $\dfrac{Pr}{t}$

③ $\dfrac{Pr}{4t}$ ④ $\dfrac{2Pr}{t}$

해설 ⊕ -

원통형 압력용기에서

원주방향응력 $\sigma_h = \dfrac{Pd}{2t}$, 축방향응력 $\sigma_s = \dfrac{Pd}{4t}$ 일 때

2축 응력상태이므로 모어의 응력원을 그리면

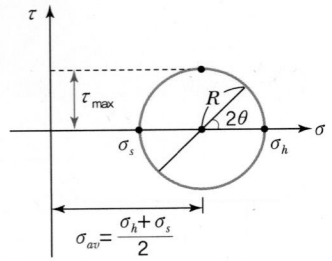

면 내에서 최대 전단응력

$$\tau_{\max} = R = \sigma_h - \sigma_{av} = \sigma_h - \frac{\sigma_h + \sigma_s}{2} = \frac{\sigma_h - \sigma_s}{2}$$

$$= \frac{1}{2}\left(\frac{Pd}{2t} - \frac{Pd}{4t}\right) = \frac{P \cdot d}{8t} = \frac{P \cdot 2r}{8t} = \frac{P \cdot r}{4t}$$

04 다음과 같이 3개의 링크를 핀을 이용하여 연결하였다. 2,000N의 하중 P 가 작용할 경우 핀에 작용되는 전단응력은 약 몇 MPa인가?(단, 핀의 지름은 1cm이다.)

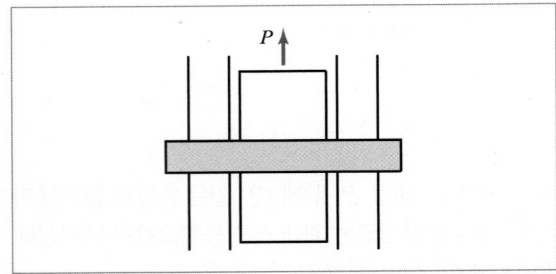

① 12.73 ② 13.24
③ 15.63 ④ 16.56

해설 ⊕ -------

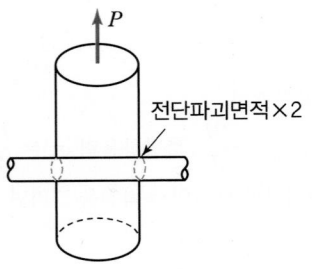

전단파괴면적×2

하중 P 에 의해 링크 핀은 그림처럼 양쪽에서 전단된다.

$$\tau = \frac{P_s}{A_\tau} = \frac{P}{\frac{\pi d^2}{4} \times 2} = \frac{2P}{\pi d^2} = \frac{2 \times 2,000}{\pi \times 0.01^2}$$

$$= 12.73 \times 10^6 \text{Pa}$$

$$= 12.73 \text{MPa}$$

05 그림과 같이 평면응력 조건하에 최대 주응력은 몇 kPa인가?(단, $\sigma_x = 400$kPa, $\sigma_y = -400$kPa, $\tau_{xy} = 300$kPa이다.)

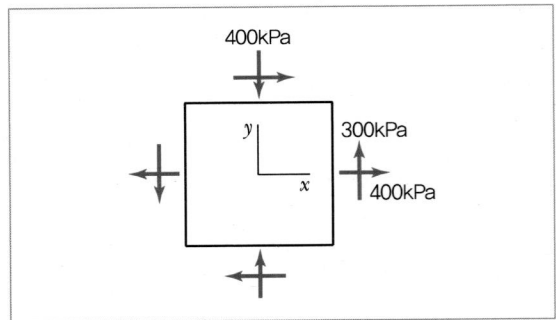

① 400 ② 500
③ 600 ④ 700

해설 ⊕ -------

평면응력상태의 모어의 응력원을 그리면

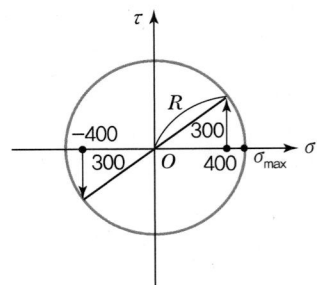

응력원에서 $\sigma_{\max} = R$ 이므로

$$R = \sqrt{400^2 + 300^2} = 500$$

06 전체 길이에 걸쳐서 균일 분포하중 200N/m가 작용하는 단순 지지보의 최대 굽힘응력은 몇 MPa인가?(단, 폭×높이 = 3cm×4cm인 직사각형 단면이고, 보의 길이는 2m이다. 또한 보의 지점은 양 끝단에 있다.)

① 12.5 ② 25.0

③ 14.9 ④ 29.8

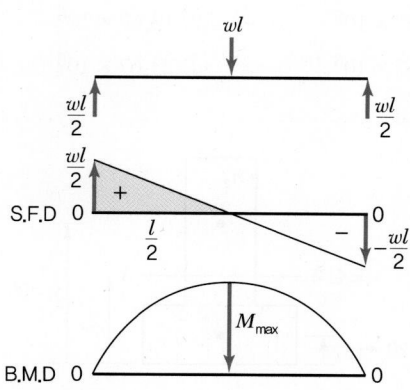

M_{max}는 보의 중앙 $x = \dfrac{l}{2}$에서 발생하고

M_{max} 값은 0부터 $\dfrac{l}{2}$까지의 S.F.D 면적과 같으므로

$$M_{max} = \frac{1}{2} \times \frac{wl}{2} \times \frac{l}{2} = \frac{wl^2}{8}$$

$$\therefore \sigma_b = \frac{M_{max}}{Z} = \frac{\dfrac{w}{8}l^2}{\dfrac{bh^2}{6}} = \frac{3wl^2}{4bh^2}$$

$$= \frac{3 \times 200 \times 2^2}{4 \times 0.03 \times 0.04^2}$$

$$= 12.5 \times 10^6 \text{Pa}$$

$$= 12.5 \text{MPa}$$

07 다음 보에 발생하는 최대 굽힘모멘트?

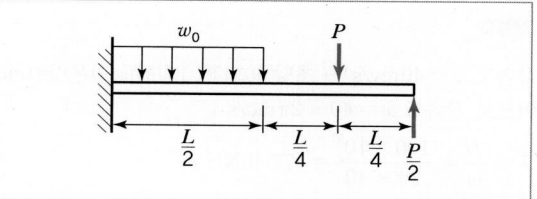

① $\dfrac{L}{4}(w_0 L - 2P)$ ② $\dfrac{L}{4}(w_0 L + 2P)$

③ $\dfrac{L}{8}(w_0 L - 2P)$ ④ $\dfrac{L}{8}(w_0 L + 2P)$

자유물체도를 그리면

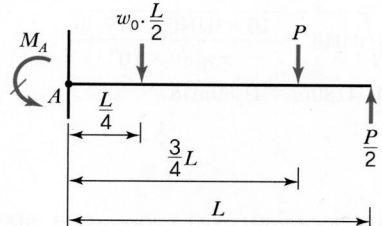

최대 굽힘모멘트는 A 고정지점에서 발생하므로
$\sum M_{A지점} = 0$:

$$-M_A + \frac{w_0 L}{2} \times \frac{L}{4} + P \times \frac{3L}{4} - P \times \frac{L}{2} = 0$$

$$M_{max} = M_A = \frac{w_0 L^2}{8} + \frac{3PL}{4} - \frac{PL}{2}$$

$$= \frac{w_0 L^2}{8} + \frac{PL}{4}$$

$$= \frac{L}{8}(w_0 L + 2P)$$

08 바깥지름이 46mm인 속이 빈 축이 120kW의 동력을 전달하는데 이때의 각 속도는 40rev/s이다. 이 축의 허용비틀림응력이 80MPa일 때, 안지름은 약 몇 mm 이하이어야 하는가?

① 29.8 ② 41.8

③ 36.8 ④ 48.8

2021

정답　**06** ①　**07** ④　**08** ②

각속도 $\omega = 40\text{rev/s} \rightarrow$ 초당 40회전, 1회전(rev)은 $2\pi(\text{rad})$이므로 각속도 $\omega = 40 \times 2\pi \text{rad/s}$

$$T = \frac{H}{\omega} = \frac{120 \times 10^3}{2\pi \times 40} = 477.46\text{N} \cdot \text{m}$$

$$T = \tau \cdot Z_p = \tau \cdot \frac{I_p}{e}$$

$$= \tau \cdot \frac{\frac{\pi}{32}\left(d_2^{\,4} - d_1^{\,4}\right)}{\frac{d_2}{2}} = \tau \cdot \frac{\pi\left(d_2^{\,4} - d_1^{\,4}\right)}{16d_2}$$

$$\therefore d_1 = \sqrt[4]{d_2^{\,4} - \frac{16d_2 T}{\pi\tau}}$$

$$= \sqrt[4]{0.046^4 - \frac{16 \times 0.046 \times 477.46}{\pi \times 80 \times 10^6}}$$

$$= 0.04189\text{m} = 41.89\text{mm}$$

09 지름 200mm인 축이 120rpm으로 회전하고 있다. 2m 떨어진 두 단면에서 측정한 비틀림 각이 $\frac{1}{15}$ rad이었다면 이 축에 작용하고 있는 비틀림 모멘트는 약 몇 kN · m인가?(단, 가로탄성계수는 80GPa이다.)

① 418.9 ② 356.6
③ 305.7 ④ 286.8

$\theta = \dfrac{T \cdot l}{GI_p}$ 에서

$$T = \frac{GI_p\theta}{l} = \frac{80 \times 10^9 \times \dfrac{\pi \times 0.2^4}{32} \times \dfrac{1}{15}}{2}$$

$$= 418,879\text{N} \cdot \text{m}$$

$$= 418.9\text{kN} \cdot \text{m}$$

10 그림과 같은 단면에서 가로방향 도심축에 대한 단면 2차 모멘트는 약 몇 mm⁴인가?

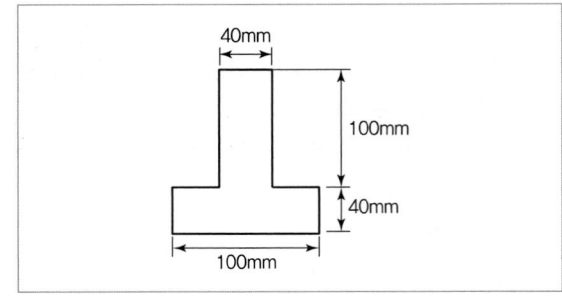

① 10.67×10^6 ② 13.67×10^6
③ 20.67×10^6 ④ 23.67×10^6

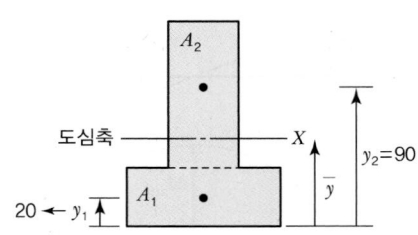

도심을 구하기 위해

$$A\overline{y} = A_1 y_1 + A_2 y_2$$

여기서, $A = A_1 + A_2$

$$\therefore \overline{y} = \frac{A_1 y_1 + A_2 y_2}{A_1 + A_2}$$

$$= \frac{100 \times 40 \times 20 + 40 \times 100 \times (40 + 50)}{100 \times 40 + 40 \times 100}$$

$$= 55\text{mm}$$

중심축에 대한 단면 2차 모멘트는

ⅰ) 도심축 X에 대한 A_1 면적의 단면 2차 모멘트를 평행축 정리에 의해 구하면

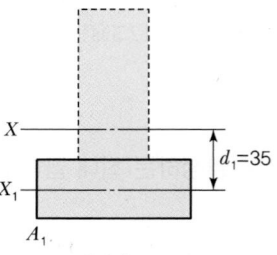

$$I_{A1} = I_{X1} + A_1 \cdot d_1{}^2$$

$$= \frac{100 \times 40^3}{12} + 100 \times 40 \times 35^2 = 5,433,333.33$$

ⅱ) 도심축 X에 대한 A_2 면적의 단면 2차 모멘트를 평행축 정리에 의해 구하면

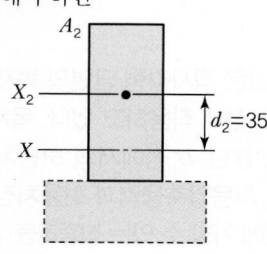

$$I_{A2} = I_{X2} + A_2 \cdot d_2{}^2$$

$$= \frac{40 \times 100^3}{12} + 400 \times 100 \times 35^2 = 8,233,333.33$$

$$\therefore I_X = I_{A1} + I_{A2} = 13.67 \times 10^6 \,\mathrm{mm}^4$$

11 직사각형 단면의 단주에 150kN 하중이 중심에서 1m만큼 편심되어 작용할 때 이 부재 AC에서 생기는 최대 인장응력은 몇 kPa인가?

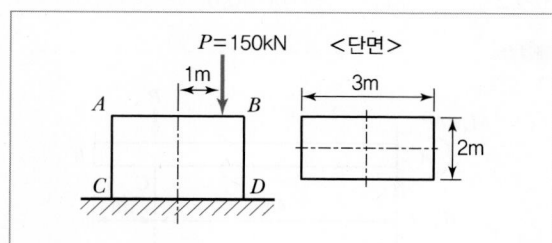

① 25 　② 50
③ 87.5 　④ 100

해설 ➕

부재 $A-C$에는 직접압축응력과 굽힘에 의한 인장응력이 조합된 상태이므로

압축응력 $\sigma_c = \dfrac{P}{A} = \dfrac{150 \times 10^3 \,\mathrm{N}}{6\,\mathrm{m}^2} = 25,000\,\mathrm{Pa} = 25\,\mathrm{kPa}$

굽힘에 의한 인장응력

$$\sigma_{bt} = \frac{Pe}{Z} = \frac{Pe}{\dfrac{bh^2}{6}} = \frac{150 \times 10^3 \mathrm{N} \times 1\mathrm{m}}{\dfrac{2 \times 3^2 \mathrm{m}^3}{6}}$$

$$= 50,000\,\mathrm{Pa} = 50\,\mathrm{kPa}$$

AC에서 생기는 최대인장응력 σ_t

$$\sigma_t = \sigma_{bt} - \sigma_c = 50 - 25 = 25\,\mathrm{kPa}$$

12 그림과 같이 전체 길이가 3L인 외팔보에 하중 P가 B점과 C점에 작용할 때 자유단 B에서의 처짐량은?(단, 보의 굽힘강성 EI는 일정하고, 자중은 무시한다.)

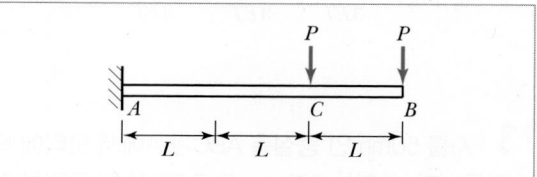

① $\dfrac{44}{3}\dfrac{PL^3}{EI}$ 　② $\dfrac{35}{3}\dfrac{PL^3}{EI}$

③ $\dfrac{37}{3}\dfrac{PL^3}{EI}$ 　④ $\dfrac{41}{3}\dfrac{PL^3}{EI}$

해설 ➕

ⅰ) $2l$에 작용하는 P에 의한 외팔보 자유단의 처짐량 δ_1

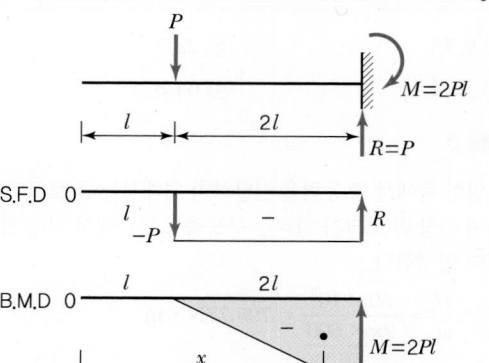

면적모멘트법에서

$$\delta_1 = \frac{A_M}{EI}\bar{x}$$

$$A_M = \frac{1}{2} \times 2l \times 2Pl = 2Pl^2$$

$$\bar{x} = \left(l + 2l \times \frac{2}{3}\right) = \frac{7}{3}l$$

$$\therefore \ \delta_1 = \frac{2Pl^2}{EI} \times \frac{7}{3}l = \frac{14Pl^3}{3EI}$$

ii) 자유단(3l)에 작용하는 P에 의한 처짐량 δ_2

$$\delta_2 = \frac{P(3l)^3}{3EI} = \frac{27Pl^3}{3EI}$$

iii) 자유단에서 처짐량

$$\delta = \delta_1 + \delta_2 = \frac{14Pl^3}{3EI} + \frac{27Pl^3}{3EI} = \frac{41Pl^3}{3EI}$$

13 지름 50mm인 중실축 ABC가 A에서 모터에 의해 구동된다. 모터는 600rpm으로 50kW의 동력을 전달한다. 기계를 구동하기 위해서 기어 B는 35kW, 기어 C는 15kW를 필요로 한다. 축 ABC에 발생하는 최대 전단응력은 몇 MPa인가?

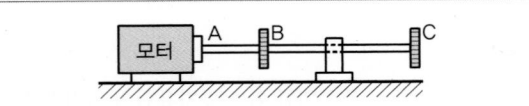

① 9.73 ② 22.7

③ 32.4 ④ 64.8

해설 ⊕ - - - - - - - - - - - - - - - - - -

동일한 축에서 큰 동력을 전달하기 위해서는 큰 토크가 필요하며 가장 큰 토크가 걸리는 구동축 A 부분에서 최대 전단응력이 발생한다.

$$T = \frac{H}{\omega} = \frac{50 \times 10^3}{\dfrac{2\pi \times 600}{60}} = 795.77\text{N} \cdot \text{m}$$

$$T = \tau \cdot Z_p = \tau \cdot \frac{\pi d^3}{16} \text{에서}$$

$$\tau = \frac{16T}{\pi d^3} = \frac{16 \times 795.77}{\pi \times 0.05^3}$$

$$= 32.42 \times 10^6 \text{Pa}$$

$$= 32.42\text{MPa}$$

14 그림과 같은 직사각형 단면의 목재 외팔보에 집중하중 P가 C점에 작용하고 있다. 목재의 허용압축응력을 8MPa, 끝단 B점에서의 허용처짐량을 23.9 mm라고 할 때 허용압축응력과 허용처짐량을 모두 고려하여 이 목재에 가할 수 있는 집중하중 P의 최댓값은 약 몇 kN인가?(단, 목재의 세로탄성계수는 12GPa, 단면 2차 모멘트는 $1,022 \times 10^{-6}\text{m}^4$, 단면계수는 $4.601 \times 10^{-3}\text{m}^3$이다.)

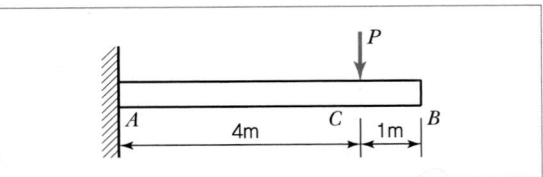

① 7.8 ② 8.5

③ 9.2 ④ 10.0

해설 ⊕ - - - - - - - - - - - - - - - - - -

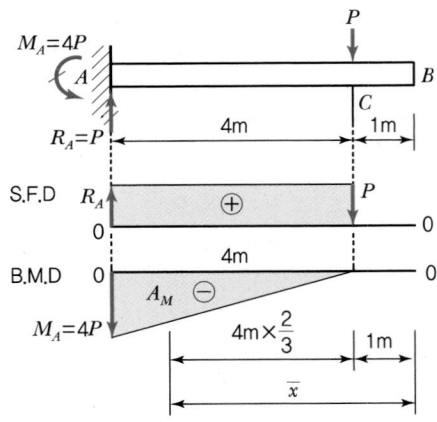

i) 굽힘응력에 의한 P값

$$M_{max} = M_A = \sigma_b Z$$

$$4 \times P = 8 \times 10^6 \times 4.601 \times 10^{-3} = 9,202\text{N}$$

$$\therefore P = 9.2\text{kN}$$

ii) 처짐량에 의한 P값

B점의 처짐량은 면적모멘트법에 의해

$$\delta_B = \frac{A_M}{EI}\,\bar{x} = \frac{\frac{1}{2} \times 4 \times 4P}{EI}\,\bar{x}$$

$$23.9 \times 10^{-3} = \frac{8P}{12 \times 10^9 \times 1,022 \times 10^{-6}} \times \frac{11}{3}$$

$$\therefore P = 9,992.37\text{N}$$
$$= 9.99\text{kN}$$

i), ii) 중 큰 값인 9.99kN으로 P를 설계하면 작은 하중(9.2kN)에 의한 허용굽힘응력을 넘어서 보가 파괴되므로 안전하중은 9.2kN이다.

15 그림과 같은 단순보의 중앙점(C)에서 굽힘모멘트는?

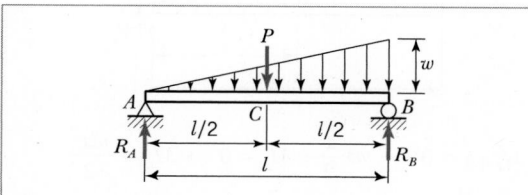

① $\dfrac{Pl}{2} + \dfrac{wl^2}{8}$ 　　　② $\dfrac{Pl}{2} + \dfrac{wl^2}{48}$

③ $\dfrac{Pl}{4} + \dfrac{5wl^2}{48}$ 　　　④ $\dfrac{Pl}{4} + \dfrac{wl^2}{16}$

해설 ⊕ - - - - - - - - - - - - - - - - - - -

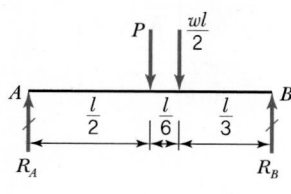

$\sum M_{B지점} = 0$에서

$$R_A \cdot l - P \cdot \frac{l}{2} - \frac{wl}{2} \cdot \frac{l}{3} = 0$$

$$\therefore R_A = \frac{P}{2} + \frac{wl}{6}$$

중앙점 $x = \dfrac{l}{2}$에서의 자유물체도를 그리면

$x : w_x = l : w$에서 $w_x = \dfrac{wx}{l} = \dfrac{w}{2}\left(\because x = \dfrac{l}{2}\right)$

$$\frac{1}{2} \times \frac{l}{2} \times w_x = \frac{1}{2} \times \frac{l}{2} \times \frac{w}{2} = \frac{wl}{8}$$

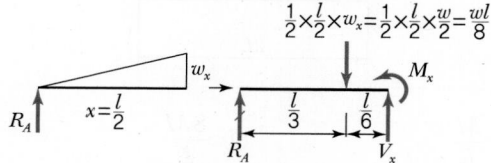

$\sum M_{x = \frac{l}{2}지점} = 0 : R_A \times \dfrac{l}{2} - \dfrac{wl}{8} \times \dfrac{l}{6} - M_x = 0$

$$\therefore M_x = \left(\frac{P}{2} + \frac{wl}{6}\right)\frac{l}{2} - \frac{wl^2}{48}$$

$$= \frac{Pl}{4} + \frac{wl^2}{12} - \frac{wl^2}{48} = \frac{Pl}{4} + \frac{3wl^2}{48} = \frac{Pl}{4} + \frac{wl^2}{16}$$

16 허용인장강도가 400MPa인 연강봉에 30kN의 축방향 인장하중이 가해질 경우 이 강봉의 지름은 약 몇 cm인가?(단, 안전율은 5이다.)

① 2.69 　　　② 2.93

③ 2.19 　　　④ 3.33

해설 ⊕ - - - - - - - - - - - - - - - - - - -

$$\sigma_a = \frac{\sigma_u}{s} = \frac{400}{5} = 80\text{MPa}$$

사용응력(σ_w)은 허용응력 이내이므로

$$\sigma_w = \frac{P}{A} = \frac{P}{\frac{\pi d^2}{4}} \leq \sigma_a$$

$$\therefore d \geq \sqrt{\frac{4P}{\pi\sigma_a}} = \sqrt{\frac{4 \times 30 \times 10^3}{\pi \times 80 \times 10^6}} = 0.02185\text{m}$$

$$= 2.19\text{cm}$$

17 그림과 같이 길이가 $2L$인 양단고정보의 중앙에 집중하중이 아래로 가해지고 있다. 이때 중앙에서 모멘트 M이 발생하였다면 이 집중하중(P)의 크기는 어떻게 표현되는가?

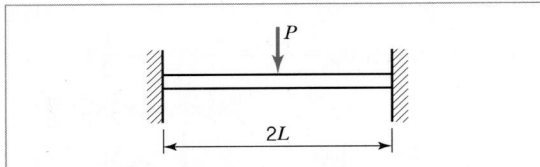

① $\dfrac{M}{L}$ ② $\dfrac{8M}{L}$

③ $\dfrac{2M}{L}$ ④ $\dfrac{4M}{L}$

해설 ➕ ----------------------------

양단고정보의 중앙에서 모멘트 $M = \dfrac{P \cdot 2l}{8} = \dfrac{Pl}{4}$ 이므로

$\therefore\ P = \dfrac{4M}{l}$

18 단면적이 5cm², 길이가 60cm인 연강봉을 천장에 매달고 30℃에서 0℃로 냉각시킬 때 길이의 변화를 없게 하려면 봉의 끝에 몇 kN의 추를 달아야 하는가?(단, 세로탄성계수 200GPa, 열팽창계수 $\alpha = 12 \times 10^{-6}$ /℃이고, 봉의 자중은 무시한다.)

① 60 ② 36

③ 30 ④ 24

해설 ➕ ----------------------------

냉각될 때 강봉이 줄어드는 양과 하중(P)에 의한 신장량은 동일하므로

$\lambda = \dfrac{Pl}{AE},\ \lambda = \alpha \Delta t l$

$\dfrac{Pl}{AE} = \alpha \Delta t l$ 에서

$P = \alpha \Delta t \times AE$

$= 12 \times 10^{-6} \times 30 \times 5 \times 10^{-4} \times 200 \times 10^{9}$

$= 36,000\text{N} = 36\text{kN}$

19 그림과 같이 균일분포 하중을 받는 외팔보에 대해 굽힘에 의한 탄성변형에너지는?(단, 굽힘강성 EI는 일정하다.)

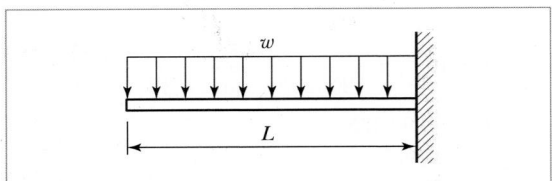

① $\dfrac{w^2 L^5}{80 EI}$ ② $\dfrac{w^2 L^5}{160 EI}$

③ $\dfrac{w^2 L^5}{20 EI}$ ④ $\dfrac{w^2 L^5}{40 EI}$

해설 ➕ ----------------------------

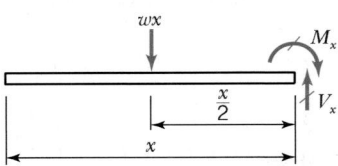

$\sum M_{x지점} = 0 : -wx\dfrac{x}{2} + M_x = 0 \rightarrow M_x = \dfrac{wx^2}{2}$

탄성변형에너지 U는

$$U = \int_0^L \dfrac{M^2}{2EI} dx = \int_0^L \dfrac{\left(\dfrac{wx^2}{2}\right)^2}{2EI} dx$$

$$= \dfrac{w^2}{8EI} \int_0^L x^4 dx$$

$$= \dfrac{w^2}{8EI} \left[\dfrac{x^5}{5} \right]_0^L$$

$$= \dfrac{w^2 L^5}{40 EI}$$

$$_1Q_2 = m\,C_p(T_2 - T_1)$$

$$\therefore\ T_2 = \frac{_1Q_2}{m\,C_p} + T_1$$

$$= \frac{323}{1 \times 1.0} + (50 + 273) = 646\text{K}$$

정압과정이므로 $\dfrac{v}{T} = c$에서 $\dfrac{v_1}{T_1} = \dfrac{v_2}{T_2}$

$$\therefore\ \frac{v_2}{v_1} = \frac{T_2}{T_1} = \frac{646}{323} = 2$$

36
그림과 같은 Rankine 사이클의 열효율은 약 얼마인가?(단, h는 엔탈피, s는 엔트로피를 나타내며, $h_1 = 191.8\text{kJ/kg}$, $h_2 = 193.8\text{kJ/kg}$, $h_3 = 2,799.5$ kJ/kg, $h_4 = 2,007.5\text{kJ/kg}$이다.)

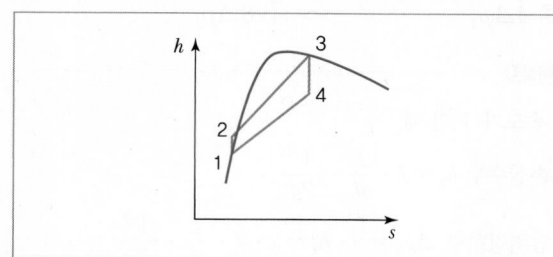

① 30.3% ② 36.7%

③ 42.9% ④ 48.1%

해설 ➕

$$\eta = \frac{w_T - w_P}{q_b} = \frac{(h_3 - h_4) - (h_2 - h_1)}{h_3 - h_2}$$

$$= \frac{(2,799.5 - 2,007.5) - (193.8 - 191.8)}{2,799.5 - 193.8}$$

$$= 0.3031 = 30.31\%$$

37
냉동기 냉매의 일반적인 구비조건으로서 적합하지 않은 것은?

① 임계 온도가 높고, 응고 온도가 낮을 것

② 증발열이 작고, 증기의 비체적이 클 것

③ 증기 및 액체의 점성(점성계수)이 작을 것

④ 부식성이 없고, 안정성이 있을 것

해설 ➕

냉매의 구비조건
- 온도가 낮아도 대기압 이상의 압력에서 증발할 것
- 응축압력이 낮을 것
- 증발잠열이 크고(증발기에서 많은 열량 흡수), 액체 비열이 작을 것
- 부식성이 없으며, 안정성이 유지될 것
- 점성이 적고 전열작용이 양호하며, 표면장력이 작을 것
- 응고온도가 낮을 것

38
복사열을 방사하는 방사율과 면적이 같은 2개의 방열판이 있다. 각각의 온도가 A 방열판은 120℃, B 방열판은 80℃일 때 두 방열판의 복사 열전달량 (Q_A/Q_B)비는?

① 1.08 ② 1.22

③ 1.54 ④ 2.42

해설 ➕

스테판-볼츠만의 법칙에 의해 복사에너지 양(E)은 흑체의 절대온도 T의 4승에 비례하므로

$$\therefore\ \frac{Q_A}{Q_B} = \frac{(120 + 273)^4}{(80 + 273)^4} = 1.54$$

39
카르노사이클로 작동되는 열기관이 200kJ의 열을 200℃에서 공급받아 20℃에서 방출한다면 이 기관의 일은 약 얼마인가?

① 38kJ ② 54kJ

③ 63kJ ④ 76kJ

해설 ➕

카르노사이클의 열효율은 온도만의 함수이다.

$$T_H = 200 + 273 = 473\text{K},\ T_L = 20 + 273 = 293\text{K}$$

$$\eta_{th} = 1 - \frac{T_L}{T_H} = \frac{W}{Q_H}$$

$$W = \left(1 - \frac{T_L}{T_H}\right) Q_H = \left(1 - \frac{293}{473}\right) \times 200 = 76.1 \, \text{kJ}$$

40 유리창을 통해 실내에서 실외로 열전달이 일어난다. 이때 열전달량은 약 몇 W인가?(단, 대류열전달계수는 50W/(m² · K), 유리창 표면온도는 25℃, 외기온도는 10℃, 유리창면적은 2m²이다.)

① 150　　　　　　② 500

③ 1,500　　　　　④ 5,000

해설 ➕ -

$$_1Q_2 = K \cdot A(T_2 - T_1) = 50 \times 2 \times (25 - 10) = 1,500 \, \text{W}$$

3과목 **기계유체역학**

41 지름 D인 구가 점성계수 μ인 유체 속에서, 관성을 무시할 수 있을 정도로 느린 속도 V로 움직일 때 받는 힘 F를 D, μ, V의 함수로 가정하여 차원해석하였을 때 얻을 수 있는 식은?

① $\dfrac{F}{(D\mu V)^{1/2}} = $ 상수　　② $\dfrac{F}{D\mu V} = $ 상수

③ $\dfrac{F}{D\mu V^2} = $ 상수　　④ $\dfrac{F}{(D\mu V)^2} = $ 상수

해설 ➕ -

모든 차원의 지수합은 "0"이다.

- F : kg · m/s² $\rightarrow MLT^{-2}$
- $(D)^x$: m $\rightarrow (L)^x$
- $(\mu)^y$: kg/m · s $\rightarrow (ML^{-1}T^{-1})^y$
- $(V)^z$: m/s $\rightarrow (LT^{-1})^z$

- M차원 : $1 + y = 0 \rightarrow y = -1$
- L차원 : $1 + x - y + z = 0 \rightarrow y = -1$ 대입

  $\therefore x + z = -2$
- T차원 : $-2 - y - z = 0 \rightarrow y = -1$ 대입

  $\therefore z = -1$

  $\therefore x = -1$

무차원수 $\pi = F \cdot D^{-1} \cdot \mu^{-1} \cdot V^{-1} = \dfrac{F}{D \cdot \mu \cdot V}$

42 매끄러운 원관에서 물의 속도가 V일 때 압력강하가 Δp_1이었고, 이때 완전한 난류유동이 발생되었다. 속도를 $2V$로 하여 실험을 하였다면 압력강하는 얼마가 되는가?

① Δp_1　　　　　② $2\Delta p_1$

③ $4\Delta p_1$　　　　　④ $8\Delta p_1$

해설 ➕ -

- 속도가 V일 때

  손실수두 $h_l = f \cdot \dfrac{L}{d} \cdot \dfrac{V^2}{2g}$

  압력강하량 $\Delta p_1 = \gamma \cdot h_l = \gamma \cdot f \cdot \dfrac{L}{d} \cdot \dfrac{V^2}{2g}$
- 속도가 $2V$일 때 압력강하량

  $\Delta p = \gamma \cdot f \cdot \dfrac{L}{d} \cdot \dfrac{(2V)^2}{2g} = 4 \cdot \gamma \cdot f \cdot \dfrac{L}{d} \cdot \dfrac{V^2}{2g}$

  $\therefore \Delta p = 4\Delta p_1$

43 5℃의 물[점성계수 1.5×10^{-3}kg/(m · s)]이 안지름 0.25cm, 길이 10m인 수평관 내부를 1m/s로 흐른다. 이때 레이놀즈수는 얼마인가?

① 166.7　　　　　② 600

③ 1,666.7　　　　④ 6,000

해설 ➕ -

$$Re = \frac{\rho \cdot V \cdot d}{\mu} = \frac{1,000 \times 1 \times 0.0025}{1.5 \times 10^{-3}} = 1,666.7$$

정답 **40** ③ **41** ② **42** ③ **43** ③

44 비압축성 유동에 대한 Navier Stokes 방정식에서 나타나지 않는 힘은?

① 체적력(중력)　　　　② 압력
③ 점성력　　　　　　　④ 표면장력

해설 ➕ -

뉴턴유체($\mu = c$)이고 비압축성 유체의 일반적인 유동을 기술하며 연속방정식과 함께 u, v, w 및 p를 구하기 위한 4개의 편미분 방정식을 Navier−Stokes 방정식이라 하는데, x방향만 예를 들어 써 보면

$$\rho \left(\frac{\partial u}{\partial t} + u\frac{\partial u}{\partial x} + v\frac{\partial u}{\partial y} + w\frac{\partial u}{\partial z} \right)$$
$$= \rho g_x - \frac{\partial p}{\partial x} + \mu \left(\frac{\partial^2 u}{\partial x^2} + \frac{\partial^2 u}{\partial y^2} + \frac{\partial^2 u}{\partial z^2} \right)$$

항들을 살펴보면, 중력(ρg_x), 압력$\left(\frac{\partial p}{\partial x} \right)$, 점성력($\mu$)이 연관되어 있다.

45 어떤 물체의 속도가 초기 속도의 2배가 되었을 때 항력계수가 초기 항력계수의 $\frac{1}{2}$로 줄었다. 초기에 물체가 받는 저항력이 D라고 할 때 변화된 저항력은 얼마가 되는가?

① $2D$　　　　　　　② $4D$
③ $\frac{1}{2}D$　　　　　　　④ $\sqrt{2}\,D$

해설 ➕ -

$$D_1 = C_D \cdot \frac{\rho A V^2}{2} = D$$
$$D_2 = \frac{C_D}{2} \cdot \frac{\rho A}{2}(2V)^2 = C_D \cdot \rho A V^2 = 2D_1 = 2D$$

46 한 변이 2m인 위가 열려 있는 정육면체 통에 물을 가득 담아 수평방향으로 9.8m/s²의 가속도로 잡아당겼을 때 통에 남아 있는 물의 양은 약 몇 m³인가?

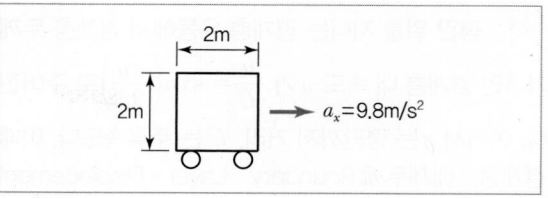

① 8　　　　　　　② 4
③ 2　　　　　　　④ 1

해설 ➕ -

$9.8\mathrm{m/s^2} = a_x$로 가속할 때 용기 안의 물(자유표면) 기울기

$$\tan\theta = \frac{a_x}{g} = \frac{g}{g} = 1$$
$$\theta = 45°$$

그러므로 통에 남아 있는 물의 양은 전체 체적($2 \times 2 \times 2$)의 $\frac{1}{2}$이 남아서 $8 \times \frac{1}{2} = 4\mathrm{m}^3$

47 다음 중 Hagen−Poiseuille 법칙을 이용한 세관식 점도계는?

① 맥미셸(MacMichael) 점도계
② 세이볼트(Saybolt) 점도계
③ 낙구식 점도계
④ 스토머(Stormer) 점도계

해설 ➕ -

세이볼트 점도계
연료오일 등의 점도를 측정하는 점도계로 일정한 유량의 연료오일이 가는관(세관)을 통과하는 데 걸리는 시간을 초로 표시한다.

48 평판 위를 지나는 경계층 유동에서 경계층 두께가 δ인 경계층 내 속도 u가 $\dfrac{u}{U} = \sin\left(\dfrac{\pi y}{2\delta}\right)$로 주어진다. 여기서 y는 평판까지 거리, U는 주류속도다. 이때 경계층 배제두께(Boundary Layer Displacement Thickness) δ^*와 δ의 비 $\dfrac{\delta^*}{\delta}$는 약 얼마인가?

① 0.333   ② 0.363
③ 0.500   ④ 0.667

해설 ⊕ -

$$\frac{\delta^*}{\delta} = \frac{\pi - 2}{\pi} = 0.363$$

49 2차원 직각좌표계$(x,\ y)$에서 유동함수(Stream Function, ψ)가 $\psi = y - x^2$인 정상 유동이 있다. 다음 보기 중 속도의 크기가 $\sqrt{5}$인 점$(x,\ y)$을 모두 고르면?

ㄱ. (1, 1)	ㄴ. (1, 2)	ㄷ. (2, 1)

① ㄱ   ② ㄷ
③ ㄱ, ㄴ   ④ ㄴ, ㄷ

해설 ⊕ -

유동함수 ψ에서 $u = \dfrac{\partial \psi}{\partial y}$, $v = -\dfrac{\partial \psi}{\partial x}$ 이므로

$u = \dfrac{\partial \psi}{\partial y} = \dfrac{\partial (y - x^2)}{\partial y} = 1 \to x$방향성분

$v = -\dfrac{\partial \psi}{\partial x} = -\dfrac{\partial (y - x^2)}{\partial x} = 2x \to y$방향성분

㉠ $(1,1) \to u = 1,\ v = 2$

㉡ $(1,2) \to u = 1,\ v = 2$

㉢ $(1,1) \to u = 1,\ v = 4$이며

속도의 크기 $\sqrt{u^2 + v^2} = \sqrt{5}$ 를 만족하는 점은 ㉠, ㉡이다.

50 그림과 같은 수문에서 멈춤장치 A가 받는 힘은 약 몇 kN인가?(단, 수문의 폭은 3m이고, 수은의 비중은 13.6이다.)

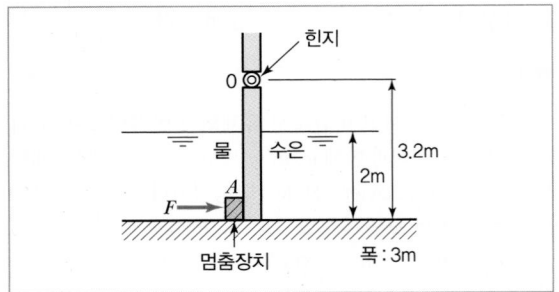

① 37   ② 510
③ 586   ④ 879

해설 ⊕ -

전압력 $= \gamma \overline{h} A$, $\overline{h} = 1\text{m}$, $A = 3\text{m} \times 2\text{m}$

- 물의 전압력

$$F_w = \gamma_w \overline{h} A = 9,800\,\frac{\text{N}}{\text{m}^3} \times 1\text{m} \times 6\text{m}^2$$
$$= 58,800\text{N} = 58.8\text{kN}$$

- 수은의 전압력

$$F_H = \gamma_{수은} \overline{h} A = S_{수은} \gamma_w \overline{h} \cdot A$$
$$= 13.6 \times 9,800\,\frac{\text{N}}{\text{m}^3} \times 1\text{m} \times 6\text{m}^2$$
$$= 799,680\text{N} = 799.7\text{kN}$$

- 자유표면으로부터 전압력 중심까지의 거리

$$y_c = \overline{h} + \frac{I_X}{A\overline{h}} = 1\text{m} + \frac{\frac{3 \times 2^3}{12}}{6 \times 1} = 1.33\text{m}$$

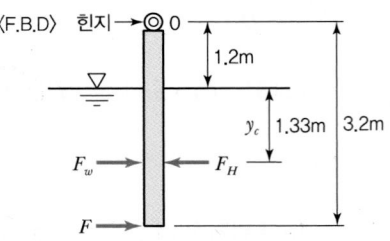

$$\sum M_{힌지0} = 0 : \quad \circlearrowleft \ +$$

$$(F_H - F_w)(1.2 + 1.33) - F \times 3.2 = 0$$

$$\therefore F = \frac{(799.7 - 58.8) \times 2.53}{3.2} = 585.7 \text{kN}$$

51 그림과 같이 바닥부 단면적이 1m^2인 탱크에 설치된 노즐에서 수면과 노즐 중심부 사이 높이가 1m인 경우 유량을 Q라고 한다. 이 유량을 2배로 하기 위해서는 수면상에 약 몇 kg 정도의 피스톤을 놓아야 하는가?

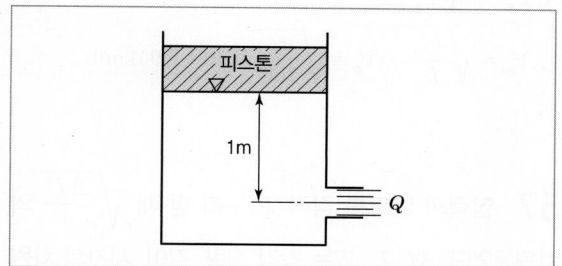

① 1,000

② 2,000

③ 3,000

④ 4,000

해설

$p = 3,000 \text{kg}_f/\text{m}^2$이므로

$W = p \cdot A = 3,000 \times 1 = 3,000 \text{kg}_f$

52 밀도가 ρ인 액체와 접촉하고 있는 기체 사이의 표면장력이 σ라고 할 때 그림과 같은 지름 d의 원통 모세관에서 액주의 높이 h를 구하는 식은?(단, g는 중력가속도이다.)

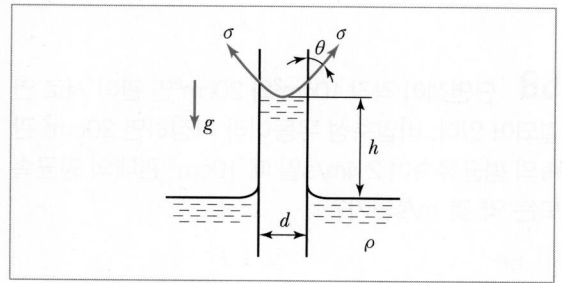

① $h = \dfrac{2\sigma \sin\theta}{\rho g d}$

② $h = \dfrac{2\sigma \cos\theta}{\rho g d}$

③ $h = \dfrac{4\sigma \sin\theta}{\rho g d}$

④ $h = \dfrac{4\sigma \cos\theta}{\rho g d}$

해설

$$h = \frac{4\sigma \cos\theta}{\gamma d} = \frac{4\sigma \cos\theta}{\rho \cdot g d}$$

53 수력구배선(Hydraulic Grade Line)에 대한 설명으로 옳은 것은?

① 에너지선보다 위에 있어야 한다.

② 항상 수평선이다.

③ 위치수두와 속도수두의 합을 나타내며 주로 에너지선 아래에 있다.

④ 위치수두와 압력수두의 합을 나타내며 주로 에너지선 아래에 있다.

해설

• 에너지 구배선 = 압력수두 + 위치수두 + 속도수두
  = 수력기울기선 + 속도수두

• 에너지선보다 속도수두만큼 아래 있다.

54 그림과 같이 비중이 0.83인 기름이 12m/s의 속도로 수직 고정평판에 직각으로 부딪치고 있다. 판에 작용되는 힘 F는 약 몇 N인가?

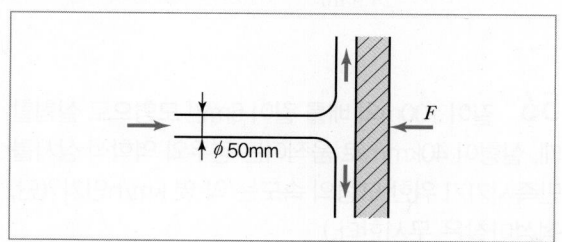

① 23.5

② 28.9

③ 288.6

④ 234.7

해설 ✚

검사면에 작용하는 힘들의 합은 검사체적 안의 운동량변화량과 같다.

$$-F = \rho Q(V_{2x} - V_{1x})$$

여기서, $Q = AV_{1x}$
$$V_{2x} = 0$$
$$V_{1x} = 12\text{m/s}$$

$$\therefore F = \rho A V_{1x}^2 = s_{oil} \cdot \rho_w \times A \times V_{1x}^2$$
$$= 0.83 \times 1,000 \times \frac{\pi}{4} \times 0.05^2 \times 12^2$$
$$= 234.68\text{N}$$

---

55 비중이 0.85이고 동점성계수가 $3 \times 10^{-4}\text{m}^2/\text{s}$인 기름이 안지름 10cm 원관 내를 20L/s로 흐른다. 이 원관 100m 길이에서의 수두손실은 약 몇 m인가?

① 16.6 ② 24.9

③ 49.8 ④ 82.1

해설 ✚

$Q = \dfrac{\Delta p \pi d^4}{128\mu l}$ 에서

$$\Delta p = \frac{128\mu l Q}{\pi d^4} = \gamma \cdot h_l$$

$\therefore$ 손실수두 $h_l = \dfrac{128\mu l Q}{\gamma \cdot \pi d^4} = \dfrac{128\mu l Q}{\rho \cdot g \pi d^4} = \dfrac{128\nu l Q}{g \pi d^4}$

$$= \frac{128 \times 3 \times 10^{-4} \times 100 \times 20 \times 10^{-3}}{9.8 \times \pi \times 0.1^4}$$
$$= 24.95\text{m}$$

---

56 길이 100m의 배를 길이 5m인 모형으로 실험할 때, 실형이 40km/h로 움직이는 경우와 역학적 상사를 만족시키기 위한 모형의 속도는 약 몇 km/h인가?(단, 점성마찰은 무시한다.)

① 4.66 ② 8.94

③ 12.96 ④ 18.42

해설 ✚

배는 자유표면 위를 움직이므로 모형과 실형 사이의 프루드수를 같게 하여 실험한다.

$$Fr)_m = Fr)_p$$

$$\left.\frac{V}{\sqrt{Lg}}\right)_m = \left.\frac{V}{\sqrt{Lg}}\right)_p$$

여기서, $g_m = g_p$ 이므로

$$\frac{V_m}{\sqrt{L_m}} = \frac{V_p}{\sqrt{L_p}}$$

$$\therefore V_m = \sqrt{\frac{L_m}{L_p}} \cdot V_p = \sqrt{\frac{5}{100}} \times 40 = 8.94\text{km/h}$$

---

57 압력과 밀도를 각각 P, ρ라 할 때 $\sqrt{\dfrac{\Delta P}{\rho}}$ 의 차원은?(단, M, L, T는 각각 질량, 길이, 시간의 차원을 나타낸다.)

① $\dfrac{L}{T}$ ② $\dfrac{L}{T^2}$

③ $\dfrac{M}{LT}$ ④ $\dfrac{M}{L^2 T}$

해설 ✚

$$\sqrt{\frac{\left(\dfrac{\text{kg} \cdot \text{m/s}^2}{\text{m}^2}\right)}{\left(\dfrac{\text{kg}}{\text{m}^3}\right)}} = \sqrt{\frac{\text{kg} \cdot \text{m} \cdot \text{m}^3}{\text{kg} \cdot \text{m}^2 \cdot \text{s}^2}} = \sqrt{\frac{\text{m}^2}{\text{s}^2}} = \text{m/s}$$

따라서 $\dfrac{L}{T}$ 차원이다.

---

58 단면적이 각각 10cm²와 20cm²인 관이 서로 연결되어 있다. 비압축성 유동이라 가정하면 20cm² 관속의 평균유속이 2.4m/s일 때 10cm² 관내의 평균속도는 약 몇 m/s인가?

① 4.8 ② 1.2

③ 9.6 ④ 2.4

해설

비압축성 유체의 연속방정식 $Q = A_1 V_1 = A_2 V_2$에서

$$V_1 = \frac{A_2}{A_1} V_2 = \frac{20}{10} \times 2.4 = 4.8 \text{m/s}$$

59 마노미터를 설치하여 액체탱크의 수압을 측정하려고 한다. 수은(비중 = 13.6) 액주의 높이차 $H = 50\text{cm}$이면 A점에서의 계기 압력은 약 얼마인가?(단, 액체의 밀도는 900kg/m³이다.)

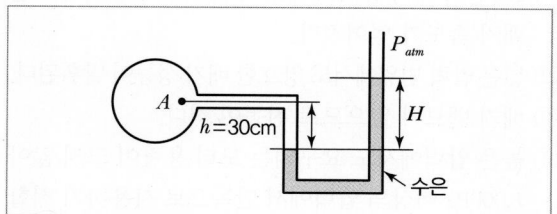

① 63.9kPa
② 4.2kPa
③ 63.9Pa
④ 4.2Pa

해설

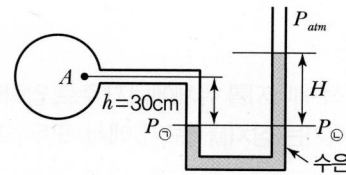

등압면이므로 $P_{\bigcirc} = P_{\bigcirc\!\!\bigcirc}$

$P_{\bigcirc} = P_A + \gamma_{액} \times 0.3$

$P_{\bigcirc\!\!\bigcirc} = P_{atm} + \gamma_{수은} \times H$

$P_A + \gamma_{액} \times 0.3 = P_{atm} + \gamma_{수은} \times 0.5$

∴ 계기압력 $P_g = P_A - P_{atm} = \gamma_{수은} \times 0.5 - \gamma_{액} \times 0.3$

$= s_{수은} \cdot \rho_w \cdot g \times 0.5 - \rho_{액} \cdot g \times 0.3$

$= 13.6 \times 1,000 \times 9.8 \times 0.5$
$\quad - 900 \times 9.8 \times 0.3$

$= 63,994 \text{Pa} = 63.9 \text{kPa}$

60 동점성계수가 10cm²/s이고 비중이 1.2인 유체의 점성계수는 몇 Pa · s인가?

① 1.2
② 0.12
③ 2.4
④ 0.24

해설

동점성계수 $\nu = 10 \frac{\text{cm}^2}{\text{s}} \times \left(\frac{1\text{m}}{100\text{cm}}\right)^2 = 10^{-3}\text{m}^2/\text{s}$

$\nu = \frac{\mu}{\rho} \rightarrow \mu = \rho \cdot \nu = S \cdot \rho_w \cdot \nu$

$\qquad = 1.2 \times 1,000 \frac{\text{kg}}{\text{m}^3} \times 10^{-3}\text{m}^2/\text{s}$

$\qquad = 1.2 \text{kg/m} \cdot \text{s}$

$\qquad = 1.2 \frac{\text{kg}}{\text{m} \cdot \text{s}} \times \frac{1\text{N} \cdot \text{s}^2}{\text{kg} \cdot \text{m}}$

$\qquad = 1.2 \frac{\text{N} \cdot \text{s}}{\text{m}^2}$

$\qquad = 1.2 \text{Pa} \cdot \text{s}$

4과목 **유체기계 및 유압기기**

61 6m³/min의 송출량으로 물을 송수하는 원심펌프가 있다. 흡입관 안지름은 200mm, 토출관 안지름은 150mm이며, 펌프 기준면에서 측정한 흡입압력은 −20kPa(게이지 압력)이고, 펌프 기준면으로부터 1.5m 위에서 측정한 토출압력은 147kPa(게이지 압력)일 때 이 펌프를 작동하는데 필요한 동력은 약 몇 kW인가?(단, 주어진 조건 외의 각종 손실은 무시한다.)

① 56.2
② 36.8
③ 19.3
④ 7.45

해설

$H_P = 19.66\text{m}$이므로

동력 $L_{\text{kW}} = \frac{\gamma H_P Q}{1,000} = \frac{9,800 \times 19.66 \times 0.1}{1,000} = 19.27\text{kW}$

62 유효낙차 93m, 유량 200m³/s인 수차의 이론 출력(MW)은 약 얼마인가?(단, 물의 비중량은 9,800 N/m³이다.)

① 1,822

② 182

③ 3,644

④ 364

해설 ➕ -

수차의 이론출력

$$L_{th} = \frac{\gamma HQ}{1,000} = \frac{9,800 \times 93 \times 200}{1,000}$$

$$= 182,280\text{kW}$$

$$= 182\text{MW}$$

63 원심펌프의 기본 구성품 중 펌프의 종류에 따라서는 없어도 가능한 구성품은?

① 회전차 (Impeller)

② 안내깃(Guide Vane)

③ 케이싱(Casing)

④ 펌프축(Pump Shaft)

해설 ➕ -

벌류트 펌프는 원심펌프 중에서 안내깃이 없는 펌프이므로 안내깃(가이드베인 : 디퓨져베인)은 구성요소가 아니다.

64 수차의 수격현상에 대한 설명으로 틀린 것은?

① 기동이나 정지 또는 부하가 갑자기 변화할 경우 유입 수량이 급변함에 따라 수격현상이 발생하게 된다.

② 수격현상은 진동의 원인이 되고 경우에 따라서는 수관을 파괴시키기도 한다.

③ 수차 케이싱에 압력조절기를 설치하여 부하가 급 변할 경우 방출유량을 조절하여 수격현상을 방지한다.

④ 수차에 서지탱크를 설치하여 관내 압력변화를 크게 하여 수격현상을 방지할 수 있다.

해설 ➕ -

서지탱크는 관내 압력변화를 작게 하여 수격현상을 방지한다.

65 루츠형 진공펌프가 동일한 사용 압력 범위의 다른 기계적 진공펌프에 비해 갖는 장점이 아닌 것은?

① 1회전의 배기 용적이 비교적 크므로 소형에서도 큰 배기 속도가 얻어진다.

② 넓은 압력 범위에서도 양호한 배기 성능이 발휘된다.

③ 배기 밸브가 없으므로 진동이 적다.

④ 높은 압력에서도 요구되는 모터 용량이 크지 않아 1,000Pa 이상의 압력에서 단독으로 사용하기 적합하다.

해설 ➕ -

루츠형 진공펌프는 주로 다단식(Multistage)으로 사용된다.

66 기계적 에너지를 유체에너지(주로 압력에너지 형태)로 변환시키는 장치를 〈보기〉에서, 모두 고른 것은?

〈보기〉	
㉠ 펌프	㉡ 송풍기
㉢ 압축기	㉣ 수차

① ㉠, ㉡, ㉣

② ㉠, ㉢

③ ㉠, ㉡, ㉢

④ ㉢, ㉣

해설 ➕ -

수차는 유체에너지를 기계적 에너지(동력)로 변환시켜주는 장치이다.

정답   62 ②   63 ②   64 ④   65 ④   66 ③

67 펌프에서 공동현상(Cavitation)이 주로 일어나는 곳을 옳게 설명한 것은?

① 회전차 날개의 입구를 조금 지나 날개의 표면(Front)에서 일어난다.
② 펌프의 흡입구에서 일어난다.
③ 흡입구 바로 앞에 있는 곡관부에서 일어난다.
④ 회전차 날개의 입구를 조금 지나 날개의 이면(Back)에서 일어난다.

해설 ➕

원심펌프의 공동현상은 임펠러(회전차) 날개의 입구를 조금 지나 날개의 이면(후면 슈라우드)에서 일어난다.

68 수차의 형식을 물이 작용하는 주된 에너지의 종류(위치에너지, 속도에너지, 압력에너지)에 따라 크게 3가지로 구분하는데 이 분류에 속하지 않는 것은?

① 중력수차   ② 축류수차
③ 충동수차   ④ 반동수차

해설 ➕

축류수차는 수차 내에서의 물의 유동방향에 따른 분류에 해당한다.(접선수차, 반경류수차, 혼류수차, 축류수차로 분류한다.)

69 유체커플링에서 드래그 토크(Drag Torque)에 대한 설명으로 가장 적절한 것은?

① 원동축은 회전하고 중동축이 정지해 있을 때의 토크
② 종동축과 원동축의 토크 비가 1일 때의 토크
③ 중동축에 부하가 걸리지 않을 때의 원동축 토크
④ 종동축의 속도가 원동축의 속도보다 커지기 시작할 때의 토크

해설 ➕

드래그 토크란 구동축이 회전하고 종동축이 정지해 있을 때(속도비 $e=0$, 실속점)의 전달토크 T_s를 말한다.

70 프로펠러 풍차에서 이론효율이 최대로 되는 조건은 다음 중 어느 것인가?(단, V_0는 풍차 입구의 풍속, V_2는 풍차 후류의 풍속이다.)

① $V_2 = V_0/3$ ② $V_2 = V_0/2$
③ $V_2 = V_0^2$ ④ $V_2 = V_0$

해설 ➕

프로펠러 풍차의 후류에서 풍속은 입구의 풍속 V_0값에 2/3를 감속하여 나갈 때 최대이론효율이 되고 바람이 가지고 있는 운동에너지의 약 60%만을 기계적인 에너지로 바꿀 수 있다.

71 다음 간략기호의 명칭은?(단, 스프링이 없는 경우이다.)

① 체크 밸브
② 스톱 밸브
③ 일정 비율 감압 밸브
④ 저압 우선형 셔틀 밸브

72 토출량이 일정하지 않으며 주로 저압에서 사용하는 비용적형 펌프의 종류가 아닌 것은?

① 베인 펌프   ② 원심 펌프
③ 축류 펌프   ④ 혼류 펌프

2021

정답   67 ④   68 ②   69 ①   70 ①   71 ①   72 ①

해설 ➕

비용적형 펌프의 종류
원심 펌프(터빈 펌프, 벌류트 펌프), 축류 펌프, 혼류형 펌프

73
유압 실린더에서 오일에 의해 피스톤에 15MPa의 압력이 가해지고 피스톤 속도가 3.5cm/s일 때 이 실린더에서 발생하는 동력은 약 몇 kW인가?(단, 실린더 안지름은 100mm이다.)

① 2.74 ② 4.12

③ 6.18 ④ 8.24

해설 ➕

$$p = 15\text{MPa} = 15 \times 10^6 \text{Pa} = 15 \times 10^6 \text{N/m}^2$$

$$A = \frac{d^2\pi}{4} = \frac{100^2 \times \pi}{4}\text{mm}^2 = 7,854\text{mm}^2 \times 10^{-6}\frac{\text{m}^2}{\text{mm}^2}$$
$$= 0.007854\text{m}^2$$

$$V = 3.5\frac{\text{cm}}{\text{s}} \times \frac{1\text{m}}{100\text{cm}} = 0.035\text{m/s}$$

$$H = F \cdot V = P \cdot A \cdot V$$
$$= (15 \times 10^6 \times 0.007854 \times 0.035)[\text{N} \cdot \text{m/s}]$$
$$= 4,123.35[\text{N} \cdot \text{m/s}]$$
$$= 4,123.35\text{W}$$
$$= 4.12\text{kW}$$

74
다음 기호의 명칭은?

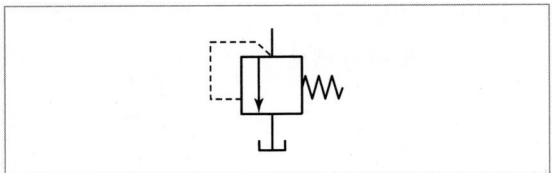

① 풋 밸브 ② 감압 밸브

③ 릴리프 밸브 ④ 디셀러레이션 밸브

75
유압 및 유압 장치에 대한 설명으로 적합하지 않은 것은?

① 자동제어, 원격제어가 가능하다.

② 오일에 기포가 섞이거나 먼지, 이물질에 의해 고장이나 작동이 불량할 수 있다.

③ 굴삭기와 같은 큰 힘을 필요로 하는 건설기계는 유압보다는 공압을 사용한다.

④ 유압 장치는 공압 장치에 비해 복귀관과 같은 배관을 필요로 하므로 배관이 상대적으로 복잡해질 수 있다.

해설 ➕

③ 굴삭기와 같은 큰 힘을 필요로 하는 건설기계는 공압보다는 유압을 사용한다.

76
유량 제어 밸브를 실린더 출구 측에 설치한 회로로서 실린더에서 유출되는 유량을 제어하여 피스톤 속도를 제어하는 회로는?

① 미터 인 회로

② 미터 아웃 회로

③ 블리드 오프 회로

④ 카운터 밸런스 회로

해설 ➕

실린더에 공급되는 유량을 조절하여 실린더의 속도를 제어하는 회로
- 미터 인 방식 : 실린더의 입구 쪽 관로에서 유량을 교축시켜 작동속도를 조절하는 방식
- 미터 아웃 방식 : 실린더의 출구 쪽 관로에서 유량을 교축시켜 작동속도를 조절하는 방식
- 블리드 오프 방식 : 실린더로 흐르는 유량의 일부를 탱크로 분기함으로써 작동 속도를 조절하는 방식

정답 73 ② 74 ③ 75 ③ 76 ②

77 패킹 재료로서 요구되는 성질로 적절하지 않은 것은?

① 내마모성이 있을 것

② 작동유에 대하여 적당한 저항성이 있을 것

③ 온도, 압력의 변화에 충분히 견딜 수 있을 것

④ 패킹이 유체와 접하므로 그 유체에 의해 연화되는 재질일 것

해설 ⊕

④ 유중에 있어서의 체적변화와 압축변형이 적고, 압축복원성이 좋을 것

78 유압펌프의 소음 및 진동이 크게 발생하는 이유로 적절하지 않은 것은?

① 흡입관 또는 필터가 막힌 경우

② 펌프의 설치 위치가 매우 높은 경우

③ 토출 압력이 매우 높게 설정된 경우

④ 흡입관의 직경이 매우 크거나 길이가 짧을 경우

해설 ⊕

④ 흡입관의 직경이 매우 작거나 길이가 길 경우

79 유량 제어 밸브에 속하는 것은?

① 스톱 밸브

② 릴리프 밸브

③ 브레이크 밸브

④ 카운터 밸런스 밸브

해설 ⊕

유량 제어 밸브의 종류

스톱 밸브, 오리피스, 압력보상형 유량 제어 밸브, 온도보상형 유량 제어 밸브, 미터링 밸브, 교축 밸브 등

80 오일 탱크의 구비 조건에 대한 설명으로 적절하지 않은 것은?

① 오일 탱크의 바닥면은 바닥에서 일정 간격 이상을 유지하는 것이 바람직하다.

② 오일 탱크는 스트레이너의 삽입이나 분리를 용이하게 할 수 있는 출입구를 만든다.

③ 오일 탱크 내에 격판(방해판)은 오일의 순환거리를 짧게 하고 기포의 방출이나 오일의 냉각을 보존한다.

④ 오일 탱크의 용량은 장치의 운전중지 중 장치 내의 작동유가 복귀하여도 지장이 없을 만큼의 크기를 가져야 한다.

해설 ⊕

③ 오일 탱크 내에 격판(방해판)은 오일의 순환거리를 길게 하여 불순물을 침전시키고, 기포의 방출과 오일을 냉각할 수 있는 구조이다.

5과목   건설기계일반 및 플랜트배관

81 파일 해머의 종류가 아닌 것은?

① 드롭 해머

② 디젤 해머

③ 탬핑 콤팩트 해머

④ 진동 해머

해설 ⊕

파일 해머의 종류

디젤 해머, 유압 해머, 진동(바이브로) 해머, 드롭(스팀)해머

---

82 도로의 아스팔트 포장을 위한 기계가 아닌 것은?

① 아스팔트 클리너
② 아스팔트 피니셔
③ 아스팔트 믹싱 플랜트
④ 아스팔트 디스트리뷰터(살포기)

해설 ➕ -----

아스팔트를 포장하는 기계에는 아스팔트 믹싱플랜트, 아스팔트 살포기, 아스팔트 피니셔, 아스팔트 디스트리뷰터, 아스팔트 스프레이 등이 있다.

83 클러치가 미끄러지는 원인으로 적절하지 않는 것은?

① 압력판의 마멸
② 클러치판의 경화 및 오일 부착
③ 클러치 페달의 자유간극 과소
④ 클러치 스프링의 자유길이 및 장력 과대

해설 ➕ -----

클러치가 미끄러지는 원인
• 클러치 페달의 자유 간극(유격)이 작다.
• 클러치 디스크(압력판)의 마멸이 심하다.
• 클러치 디스크에 오일이 묻었다.
• 플라이 휠 및 압력판이 손상 되었다.
• 클러치 스프링의 장력이 약하거나, 자유 높이(길이)가 감소 되었다.

84 건설기계관리업무처리 규정상 콘크리트 믹서트럭의 규격 표시방법은?

① 유제 탱크의 용량(l)
② 콘크리트를 생산하는 시간(h)
③ 콘크리트 믹서트럭의 작업수
④ 혼합 또는 교반장치의 1회 작업 능력(m^3)

해설 ➕ -----

믹서(Mixer)는 모래, 자갈, 시멘트, 물 등을 혼합하는 기계로 규격은 1회 혼합할 수 있는 콘크리트 작업능력(부피 : m^3)으로 표시한다.

85 버킷계수는 1.15, 토량환산계수 1.1, 작업효율은 80%이고, 1회 사이클 타임은 30초, 버킷 용량은 1.4m^3인 로더의 시간당 작업량은 약 몇 m^3/h인가?

① 141
② 170
③ 192
④ 215

해설 ➕ -----

로더의 작업능력

$$Q = \frac{3,600 \cdot q \cdot K \cdot f \cdot E}{C_m}$$

$$= \frac{3,600 \times 1.4 \times 1.15 \times 1.1 \times 0.8}{30} = 170.02 m^3/h$$

여기서, Q : 운전시간당의 작업량(m^3/hr)
q : 버킷 용량(m^3)
K : 버킷 계수 – 흙의 종류에 따라 다르다.
f : 체적변환계수(토량환산계수)
E : 작업효율 – 흙의 상태와 현장조건에 의한 값
C_m : 사이클 타임(초)

86 비금속 재료인 합성수지는 크게 열가소성 수지와 열경화성 수지로 구분하는 데, 다음 중 열가소성 수지에 속하는 것은?

① 페놀 수지
② 멜라민 수지
③ 아크릴 수지
④ 실리콘 수지

해설 ➕ -----

열경화성수지에는 페놀수지, 멜라민수지, 요소수지, 실리콘수지, 폴리우레탄수지, 규소수지 등이 있다. 아크릴 수지는 열가소성 수지이다.

정답   82 ①   83 ④   84 ④   85 ②   86 ③

87 피스톤식 콘크리트 펌프(스윙 밸브 형식)의 주요 구성 요소가 아닌 것은?

① 로터
② 스윙 파이프
③ 콘크리트 호퍼
④ 콘크리트 피스톤

해설 ⊕

콘크리트 피스톤, 운반된 콘크리트를 펌프에 받아들이는 호퍼(Hopper), 타설지점까지 이동을 위한 스윙 파이프가 있다.

88 굴삭기의 작업 장치별 각종 용어 설명으로 틀린 것은?

① 암핀이란 붐과 암을 연결하는 핀 또는 볼트 등의 이음장치를 말한다.
② 암의 길이란 붐 핀의 중심에서 암핀 중심까지의 거리를 말한다.
③ 투스란 버킷의 절삭날 부분에 이음장치에 의하여 부착된 수개의 돌출물을 말한다.
④ 붐이란 한쪽 끝은 상부장치에 연결되고 다른쪽 끝은 암 또는 버킷에 연결된 구조로 버킷의 상하 운동이 주요 목적인 것을 말한다.

89 굴삭기의 작업 장치에 해당하지 않는 것은?

① 어스 오거
② 유압 셔블
③ 트랙
④ 백호

해설 ⊕

무한궤도식 굴삭기에서 지면과 접촉하여 바퀴 역할을 하는 것이 트랙 프레임(하부장치)이므로 굴삭기 작업장치가 아니다.

90 플랜트 설비에서 원심력에 의하여 입자를 분리하는 집진장치는?

① 코트렐 집진장치
② 백 필터 집진장치
③ 중력 침강식 집진장치
④ 멀티 사이클론 집진장치

91 일반 배관용 스테인이스강관의 종류로 옳은 것은?

① STS 304 TPD, STS 316 TPD
② STS 304 TPD, STS 415 TPD
③ STS 316 TPD, STS 404 TPD
④ STS 404 TPD, STS 415 TPD

해설 ⊕

오스테나이트계 파이프인 STS304(SUS304)와 STS316(SUS316) 2가지가 가장 많이 사용된다.

92 동관 이음방법에 해당하지 않는 것은?

① 연납땜 이음
② 노허브 이음
③ 경납땜 이음
④ 플랜지 이음

해설 ⊕

동관이음에는 납땜이음, 플레어이음, 플랜지(용접)이음 등이 있다.

93 동력 나사절삭기의 종류가 아닌 것은?

① 호브식
② 로터리식
③ 오스터식
④ 다이헤드식

정답 87 ① 88 ② 89 ③ 90 ④ 91 ① 92 ② 93 ②

해설 ➕

동력을 이용하여 나사를 절삭하는 기계로 오스터를 이용한 것, 다이헤드(Die Head), 호브(Hob) 등을 이용한 것 등이 있다.

94 레스트레인트(Restraint)의 종류가 아닌 것은?

① 앵커
② 스토퍼
③ 가이드
④ 브레이스

해설 ➕

브레이스는 펌프에서 발생하는 진동 및 밸브의 급격한 폐쇄에서 발생하는 수격작용을 방지하거나 억제시키는 지지장치를 말한다. 열팽창에 의한 배관의 측면이동뿐만 아니라 배관시스템의 3차원 열변위에 대하여 임의 방향의 변위를 구속 또는 제한하기 위해 사용하는 것이 레스트레인트이다.

95 급ㆍ배수 배관시공 완료 후 실시하는 시험 방법의 종류가 아닌 것은?

① 수압시험   ② 만수시험
③ 인장시험   ④ 연기시험

해설 ➕

인장시험은 시험편에 서서히 인장력을 가해서 기계재료의 기계적 성질을 알기 위해 시행한다.

96 배관의 피복 및 시험에 대한 설명으로 적절하지 않는 것은?

① 노출된 배수관일 경우 방음을 줄이기 위해 피복을 해야한다.
② 급수에 사용되는 물의 종류에 따라 방로용 피복의 시공여부와 두께가 결정되어진다.

③ 피복재 위에는 테이프를 감고 페인트칠을 하여 마무리한다.
④ 배수의 경우 관내를 흐르는 물의 온도가 주변 공기의 노점온도 보다 높을 경우 관 표면에 이슬이 맺힌다.

해설 ➕

배수의 경우 관내를 흐르는 물의 온도가 주변 공기의 노점온도 보다 낮을 경우 관 표면에 이슬이 맺힌다.

97 주철관에 대한 설명으로 적절하지 않은 것은?

① 제조 방법으로는 수직법과 원심력법이 있다.
② 균열방지와 강도, 연성 등을 보강한 구상 흑연주철이 사용된다.
③ 일반적으로 강도가 낮은 곳에는 고급 주철, 강도가 높은 곳에는 보통 주철이 사용된다.
④ 배수용 주철관은 오수, 배수 배관용으로 사용되며, 급수용 주철관보다 두께가 얇은 것이 사용된다.

해설 ➕

일반적으로 강도가 낮은 곳에는 보통 주철, 강도가 높은 곳에는 고급 주철이 사용된다.

98 금긋기 공구의 종류가 아닌 것은?

① 줄
② 정반
③ 센터 펀치
④ 서피스 게이지

해설 ➕

금긋기 작업용 공구로는 금긋기 바늘(Scriver), 서피스 게이지, 센터 펀치, 캘리퍼스와 디바이더, 트래멜, 조합직각자, V블록, 정반 등이 있다.

정답   94 ④   95 ③   96 ④   97 ③   98 ①

99 50℃의 물을 온도가 20℃, 관의 길이가 25m인 관에 공급할 경우 관의 신축량은 약 몇 m인가?(단, 관의 열팽창계수는 0.01mm/m · ℃로 한다.)

① 7.5
② 0.0075
③ 8.75
④ 0.00875

해설 ➕----------------------------------

$$\lambda = \alpha \triangle t l = 1 \times 10^{-5} \times 30 \times 25 = 0.0075\text{m}$$

100 신축이음의 형식이 아닌 것은?

① 슬리브형
② 루프형
③ 플랜지형
④ 벨로스형

해설 ➕----------------------------------

플랜지형은 관의 보수, 점검을 위하여 관의 분리 및 조립 또는 교환을 필요로 하는 곳에 사용하는 이음방법이다.

2021

2021년 8월 14일 시행

1과목 재료역학

01 그림에서 784.8N과 평형을 유지하기 위한 힘 F_1과 F_2는?

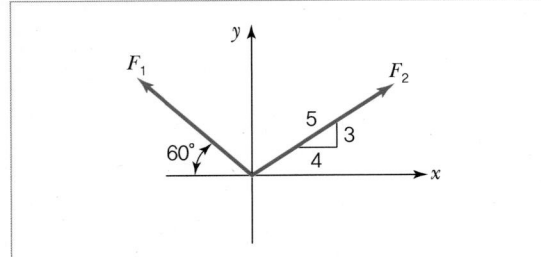

① $F_1 = 395.2$N, $F_2 = 632.4$N

② $F_1 = 790.4$N, $F_2 = 632.4$N

③ $F_1 = 790.4$N, $F_2 = 395.2$N

④ $F_1 = 632.4$N, $F_2 = 395.2$N

해설 +

$$\theta = \tan^{-1}\left(\frac{3}{4}\right) = 36.87°$$

라미의 정리에 의해

$$\frac{F_1}{\sin 126.87°} = \frac{F_2}{\sin 150°} = \frac{784.8}{\sin 83.13°}$$

$$\therefore F_1 = 784.8 \times \frac{\sin 126.87°}{\sin 83.13°} = 632.38\text{N}$$

$$\therefore F_2 = 784.8 \times \frac{\sin 150°}{\sin 83.13°} = 395.24\text{N}$$

02 단면적이 A, 탄성계수가 E, 길이가 L인 막대에 길이방향의 인장하중을 가하여 그 길이가 δ만큼 늘어났다면, 이 때 저장된 탄성변형 에너지는?

① $\dfrac{AE\delta^2}{L}$

② $\dfrac{AE\delta^2}{2L}$

③ $\dfrac{EL^3\delta^2}{A}$

④ $\dfrac{EL^3\delta^2}{2A}$

해설 +

$$u = \frac{1}{2}P \cdot \delta \left(\leftarrow \delta = \frac{P \cdot L}{AE} \right)$$

$$= \frac{P^2 \cdot L}{2AE}$$

$$= \frac{P^2 L \cdot AEL}{2AE \cdot AEL}$$

$$= \frac{(PL)^2 AE}{2(AE)^2 L} = \frac{\delta^2 \cdot AE}{2L}$$

03 그림과 같이 외팔보에서 하중 $2P$가 두 군데 각각 작용할 때 이 보에 작용하는 최대굽힘모멘트의 크기는?

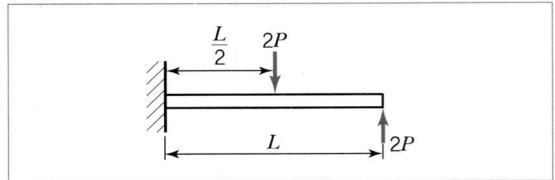

① $\dfrac{PL}{3}$　　　　② $\dfrac{PL}{2}$

③ PL　　　　④ $2PL$

해설 ⊕

〈자유물체도〉

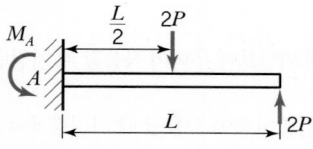

$$\sum M_{A지점} = 0 : -M_A + 2P \times \dfrac{L}{2} - 2P \times L = 0$$

$\therefore M_A = PL - 2PL = -PL((-)$부호는 자유물체도 방향과 반대로 우회전함을 의미한다.)

04 그림과 같이 길이 10m인 단순보의 중앙에 200kN·m의 우력(Couple)이 작용할 때, B지점의 반력(R_B)의 크기는 몇 kN인가?

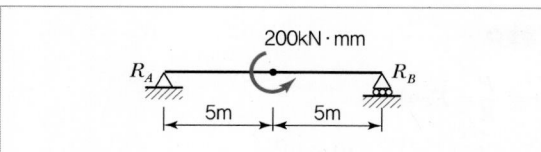

① 10　　　　② 20

③ 30　　　　④ 40

해설 ⊕

〈자유물체도〉

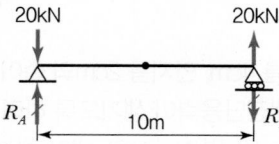

자유물체도처럼 힘우력계를 적용하면 쉽다.
우력 $M_0 = Fd($수직거리$) = R_B \times 10(\text{m})$
$= 200(\text{kN}\cdot\text{m})$에서
$\therefore R_B = 20\text{kN}$

05 외팔보의 자유단에 하중 P가 작용할 때, 이 보의 굽힘에 의한 탄성 변형에너지를 구하면?(단, 보의 굽힘 강성 EI는 일정하다.)

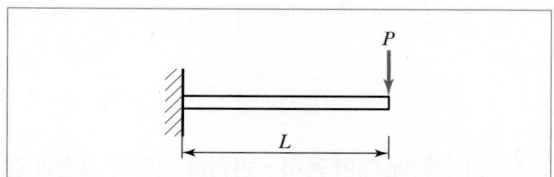

① $\dfrac{P^2 L^3}{6EI}$　　　　② $\dfrac{PL^3}{6EI}$

③ $\dfrac{P^2 L^3}{3EI}$　　　　④ $\dfrac{PL^3}{3EI}$

해설 ⊕

탄성 변형에너지 $U = \dfrac{1}{2}P\delta$

여기서, 외팔보의 처짐량 $\delta = \dfrac{Pl^3}{3EI}$

$\therefore U = \dfrac{1}{2}P \times \dfrac{Pl^3}{3EI} = \dfrac{P^2 l^3}{6EI}$

06 그림과 같이 반지름 r인 반원형 단면을 갖는 단순보가 일정한 굽힘모멘트를 받고 있을 때, 최대인장응력(σ_t)과 최대압축응력(σ_c)의 비(σ_t / σ_c)는?(단, e_1과 e_2는 단면 도심까지의 거리이며, 최대인장응력은 단면의 하단에서, 최대압축응력은 단면의 상단에서 발생한다.)

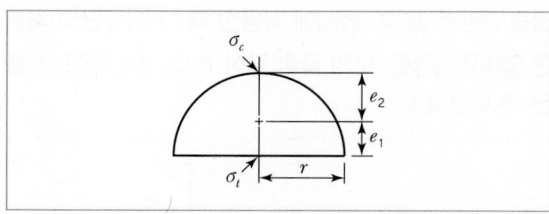

① 0.737　　　　② 0.651

③ 0.534　　　　④ 0.425

정답　**04** ②　**05** ①　**06** ①

389

해설 ⊕ --------

$$\sigma_b = \frac{M}{Z} = \frac{M}{\dfrac{I}{e}} \text{에서} \quad \frac{\sigma_t}{\sigma_c} = \frac{e_1}{e_2} = \frac{\dfrac{4}{3\pi}}{\left(1 - \dfrac{4}{3\pi}\right)} = 0.7374$$

07 강 합금에 대한 응력 – 변형률 선도가 그림과 같다. 세로탄성계수(E)는 약 얼마인가?

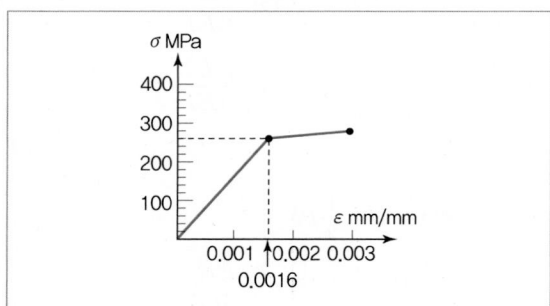

① 162.5MPa ② 615.4MPa
③ 162.5GPa ④ 615.4GPa

해설 ⊕ --------

$\sigma = E\varepsilon$ 이므로 그래프에서 E는 선형적으로 비례해 증가하는 기울기이므로

$$E = \frac{\sigma}{\varepsilon} = \frac{260 \times 10^6}{0.0016} = 162.5 \times 10^9 \text{Pa} = 162.5\text{GPa}$$

08 그림과 같이 외팔보의 자유단에 집중하중 P와 굽힘모멘트 M_o가 동시에 작용할 때 그 자유단의 처짐은 얼마인가?(단, 보의 굽힘 강성 EI는 일정하고, 자중은 무시한다.)

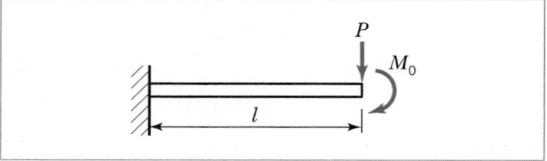

① $\dfrac{M_o l^2}{EI} + \dfrac{P l^3}{2EI}$ ② $\dfrac{M_o l^2}{2EI} + \dfrac{P l^3}{3EI}$

③ $\dfrac{M_o l^2}{3EI} + \dfrac{P l^3}{4EI}$ ④ $\dfrac{M_o l^2}{4EI} + \dfrac{P l^3}{5EI}$

해설 ⊕ --------

중첩법에 의해 외팔보에 우력이 작용할 때 처짐량 $\delta = \dfrac{M_o l^2}{2EI}$ 과 외팔보에 집중하중이 작용할 때 처짐량 $\delta = \dfrac{P l^3}{3EI}$ 을 더하면 된다.

09 표점길이가 100mm, 지름이 12mm인 강재 시편에 10kN의 인장하중을 작용하였더니 변형률이 0.000253이었다. 세로탄성계수는 약 몇 GPa인가? (단, 시편은 선형 탄성거동을 한다고 가정한다.)

① 206 ② 258
③ 303 ④ 349

해설 ⊕ --------

$$\sigma = \frac{P}{A} = E\varepsilon \text{에서}$$

$$E = \frac{P}{A\varepsilon} = \frac{10 \times 10^3}{\dfrac{\pi \times 0.012^2}{4} \times 0.000253}$$

$$= 3.495 \times 10^{11} = 349.5 \times 10^9$$

$$= 349.5\text{GPa}$$

10 바깥지름 4cm, 안지름 2cm의 속이 빈 원형축에 10MPa의 최대전단응력이 생기도록 하려면 비틀림 모멘트의 크기는 약 몇 N·m로 해야 하는가?

① 54 ② 212
③ 135 ④ 118

해설 ⊕ --------

$$T = \tau \cdot Z_p = \tau \cdot \frac{\pi d_2{}^3 (1 - x^4)}{16}$$

$$= 10 \times 10^6 \times \frac{\pi \times (0.04)^3 \times (1 - 0.5^4)}{16}$$

(여기서, 내외경비 $x = \dfrac{d_1}{d_2} = \dfrac{0.02}{0.04} = 0.5$)

$$= 117.8 \text{N} \cdot \text{m}$$

11
지름 3mm의 철사로 코일의 평균지름 75mm인 압축코일 스프링을 만들고자 한다. 하중 10N에 대하여 3cm의 처짐량을 생기게 하려면 감은 횟수(n)는 대략 얼마로 해야 하는가?(단, 철사의 가로탄성계수는 88GPa이다.)

① $n = 9.9$ ② $n = 8.5$
③ $n = 5.2$ ④ $n = 6.3$

해설 ⊕ --------

$\delta = \dfrac{8Wd^3 \cdot n}{Gd^4}$ 에서

$$n = \frac{Gd^4 \delta}{8Wd^3} = \frac{88 \times 10^9 \times 0.003^4 \times 0.03}{8 \times 10 \times 0.075^3} = 6.34$$

12
그림과 같이 4kN/cm의 균일분포하중을 받는 일단 고정 타단 지지보에서 B점에서의 모멘트 M_B는 약 몇 kN · m인가?(단, 균일단면보이며, 굽힘강성(EI)은 일정하다.)

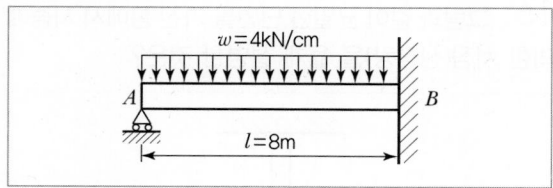

① 800 ② 2,400
③ 3,200 ④ 4,800

해설 ⊕ --------

$w = 4\text{kN/cm} = 400\text{kN/m}$
처짐을 고려하여 부정정 요소를 해결하면

$$\frac{wl^4}{8EI} = \frac{R_A \cdot l^3}{3EI}$$

$$\therefore R_A = \frac{3}{8}wl = \frac{3}{8} \times 400 \times 8 = 1{,}200\text{kN}$$

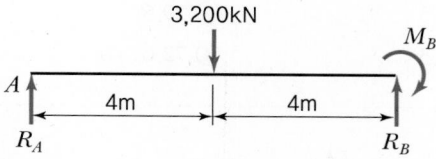

$\sum M_{B지점} = 0 : R_A \times 8 - 3{,}200 \times 4 + M_B = 0$

$\therefore M_B = 3{,}200 \times 4 - 1{,}200 \times 8 = 3{,}200\text{kN} \cdot \text{m}$

13
보기와 같은 A, B, C 장주가 같은 재질, 같은 단면이라면 임계 좌굴하중의 관계가 옳은 것은?

- A : 일단고정타단자유, 길이 = l
- B : 양단회전, 길이 = $2l$
- C : 양단고정, 길이 = $3l$

① A > B > C ② A > B = C
③ A = B = C ④ A = B < C

해설 ⊕ --------

임계 좌굴하중 $P_{cr} = n\pi^2 \dfrac{EI}{l^2}$ 에서

- A : 일단고정타단자유 단말계수 $n = \dfrac{1}{4}$,

  l 일 때 $P_{cr} = \dfrac{1}{4}\pi^2 \dfrac{EI}{l^2}$

- B : 양단 회전 단말계수 $n = 1$,

  $2l$ 일 때 $P_{cr} = 1 \times \pi^2 \dfrac{EI}{(2l)^2} = \dfrac{1}{4}\pi^2 \dfrac{EI}{l^2}$

- C : 양단 고정 단말계수 $n = 4$,

  $3l$ 일 때 $P_{cr} = 4 \times \pi^2 \times \dfrac{EI}{(3l)^2} = \dfrac{4}{9}\pi^2 \dfrac{EI}{l^2}$

$\therefore$ A = B < C

정답 **11** ④ **12** ③ **13** ④

14 단면 치수가 8mm×24mm인 강대가 인장력 $P=15$kN을 받고 있다. 그림과 같이 30° 경사진 면에 작용하는 수직응력은 약 몇 MPa인가?

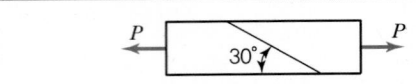

① 19.5

② 29.5

③ 45.3

④ 72.6

해설 ⊕

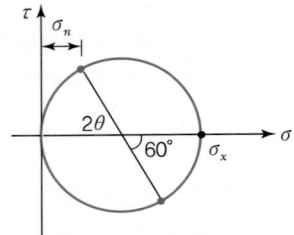

$$\sigma_x = \frac{15 \times 10^3}{0.008 \times 0.024} = 78.13 \times 10^6 \text{N/m}^2 = 78.13\text{MPa}$$

경사진 단면 $\theta=30°$(주어진 방향이 (−)각)에 발생하는 수직응력(σ_n)과 전단응력(τ_n)을 구하기 위해 1축응력(σ_x)의 모어원을 그렸다. 모어의 응력원 중심에서 $2\theta=60°$인 지름을 그린 다음, 응력원과 만나는 점의 σ, τ 값을 구하면 된다.

$$\sigma_n = R - R\cos 60°$$
$$= \frac{78.13}{2} - \frac{78.13}{2}\cos 60°$$
$$= 19.53\text{MPa}$$

15 그림과 같은 사각형 단면에서 직교하는 2축 응력 $\sigma_x = 200$MPa, $\sigma_y = -200$MPa이 작용할 때, 경사면($a-b$)에서 발생하는 전단변형률의 크기는 약 얼마인가?(단, 재료의 전단탄성계수는 80GPa이고, 경사각(θ)는 45°이다.)

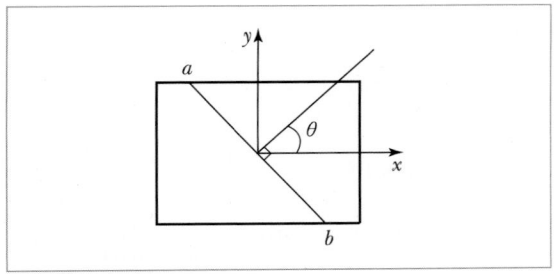

① 0.003125

② 0.0025

③ 0.001875

④ 0.00125

해설 ⊕

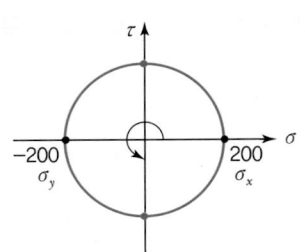

2축응력에 의한 모어의 응력원을 그림처럼 그리고, 경사면($a-b$)의 각은 135°이므로 $2 \times 135° = 270°$에 빨간점을 찍어 경사면($a-b$)에 작용하는 전단응력 $\tau = R$(반지름)$= 200$MPa임을 알 수 있다.

$\tau = G\gamma$에서

$$\gamma = \frac{\tau}{G} = \frac{200 \times 10^6}{80 \times 10^9} = 0.0025$$

16 그림과 같이 균일한 단면을 가진 봉에서 자중에 의한 처짐(신장량)을 옳게 설명한 것은?

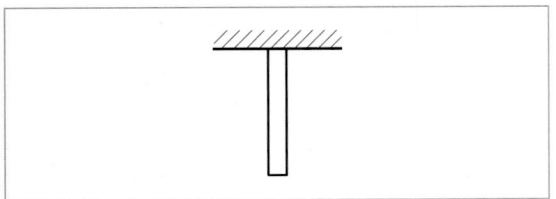

① 비중량에 반비례한다.
② 길이에 정비례한다.
③ 세로탄성계수에 정비례한다.
④ 단면적과는 무관하다.

해설 ⊕

자중에 의한 신장량 $\lambda = \dfrac{\gamma l^2}{2E}$ 이므로 봉의 단면적과는 무관하다.

17 지름이 1.2m, 두께가 10mm인 구형 압력용기가 있다. 용기 재질의 허용인장응력이 42MPa일 때 안전하게 사용할 수 있는 최대 내압은 약 몇 MPa인가?

① 1.1
② 1.4
③ 1.7
④ 2.1

해설 ⊕

$\sigma = \dfrac{P \cdot d}{4t}$ 에서

$$P = \dfrac{4t\sigma}{d} = \dfrac{4 \times 0.01 \times 42 \times 10^6}{1.2}$$
$$= 1.4 \times 10^6 \mathrm{Pa}$$
$$= 1.4\mathrm{MPa}$$

18 그림과 같은 직사각형 단면에서 x, y축이 도심을 통과할 때 극관성 모멘트는 약 몇 cm⁴인가?(단, $b = $ 6cm, $h = $ 12cm이다.)

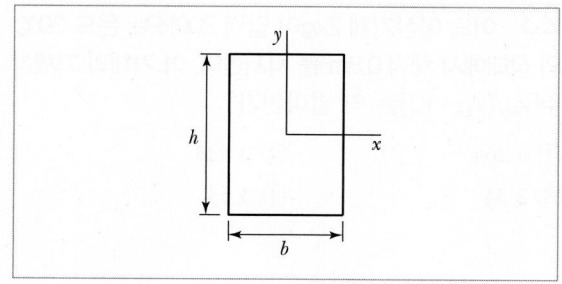

① 1,080
② 3,240
③ 9,270
④ 12,960

해설 ⊕

도심에 관한 극관성 모멘트

$$I_P = I_x + I_y = \dfrac{bh^3}{12} + \dfrac{hb^3}{12}$$
$$= \dfrac{6 \times 12^3}{12} + \dfrac{12 \times 6^3}{12}$$
$$= 1,080\mathrm{cm}^4$$

19 그림과 같은 보의 양단에서 경사각의 비 (θ_A / θ_B)가 3/4이면, 하중 P의 위치 즉 B점으로부터 거리 b는 얼마인가?(단, 보의 전체길이는 L이다.)

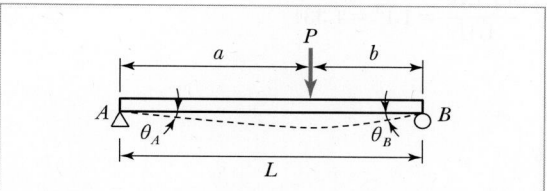

① $b = \dfrac{2}{7}L$
② $b = \dfrac{1}{7}L$
③ $b = \dfrac{2}{9}L$
④ $b = \dfrac{1}{9}L$

해설 ⊕

$\dfrac{\theta_A}{\theta_B} = \dfrac{l+b}{l+a} = \dfrac{3}{4}$ (여기서, $l = a+b$에서 $a = l-b$)

$$= \dfrac{l+b}{l+(l-b)} = \dfrac{3}{4}$$

$6l - 3b = 4l + 4b$

$\therefore\ b = \dfrac{2}{7}l$

20 원형막대의 비틀림을 이용한 토션바(Torsion–bar) 스프링에서 길이와 지름을 모두 10%씩 증가시킨다면 토션바의 비틀림강성$\left(\text{Torsional Stiffness,} \dfrac{\text{비틀림 토크}}{\text{비틀림 각도}}\right)$은 약 몇 배로 되겠는가?

① 1.1배 ② 1.21배
③ 1.33배 ④ 1.46배

해설 ⊕

$$\frac{T}{\theta} = \frac{T}{\dfrac{T \cdot l}{G \cdot I_p}} = \frac{G \cdot I_p}{l} = \frac{G \pi d^4}{32 l}$$

여기서, $\dfrac{d^4}{l}$에 비례하므로

$$\therefore \frac{(1.1 d)^4}{1.1 l} = 1.1^3 = 1.331$$

2과목 **기계열역학**

21 열교환기의 1차 측에서 압력 100kPa, 질량유량 0.1kg/s인 공기가 50℃로 들어가서 30℃로 나온다. 2차 측에서는 물이 10℃로 들어가서 20℃로 나온다. 이때 물의 질량유량(kg/s)은 약 얼마인가?(단, 공기의 정압비열은 1kJ/(kg · K)이고, 물의 정압비열은 4kJ/(kg · K)로 하며, 열 교환과정에서 에너지 손실은 무시한다.)

① 0.005 ② 0.01
③ 0.03 ④ 0.05

해설 ⊕

열교환기에서 공기가 방출한 열전달률(정압방열)과 물이 흡수한 열전달률(정압흡열)은 같다.

• 공기가 방출한 열전달률

$$q_{cv} + h_i = h_e + \cancel{w_{cv}}^{\,0}$$
$$q_{air} = h_e - h_i < 0 \ (\text{열 부호}(-),\ dh = C_p dT \text{적용})$$
$$\quad\quad = (-) C_p (T_e - T_i) = C_p (T_i - T_e)$$
$$\dot{Q}_{air} = \dot{m}_{air} q_{air} = 0.1 \times 1 \times (50 - 30) = 2\text{kJ/s}$$

• 물이 흡수한 열전달률

$$q_w = C_p (T_e - T_i) = 4 \times (20 - 10) = 40\text{kJ/kg}$$

• $\dot{Q}_w = \dot{m}_w q_w = 40 \dot{m}_w$

$$\therefore 40 \dot{m}_w = 2 \text{이므로 물의 질량유량 } \dot{m}_w = \frac{2}{40} = 0.05\text{kg/s}$$

---

22 질량이 m이고, 한 변의 길이가 a인 정육면체 상자 안에 있는 기체의 밀도가 ρ이라면 질량이 $2m$이고 한 변의 길이가 $2a$인 정육면체 상자 안에 있는 기체의 밀도는?

① ρ ② $\dfrac{1}{2}\rho$
③ $\dfrac{1}{4}\rho$ ④ $\dfrac{1}{8}\rho$

해설 ⊕

한 변이 a인 상자의 밀도 $\rho = \dfrac{m}{V} = \dfrac{m}{a^3}$

한 변이 $2a$인 상자의 밀도

$$\rho_{2a} = \frac{2m}{V} = \frac{2m}{(2a)^3} = \frac{m}{4a^3} = \frac{1}{4}\rho$$

---

23 어느 이상기체 2kg이 압력 200kPa, 온도 30℃의 상태에서 체적 0.8m³를 차지한다. 이 기체의 기체상수[kJ/(kg · K)]는 약 얼마인가?

① 0.264 ② 0.528
③ 2.34 ④ 3.53

해설 ⊕ -------

$PV = mRT$에서

$$R = \frac{P \cdot V}{mT} = \frac{200 \times 0.8}{2 \times (30 + 273)} = 0.264 \text{kJ/kg} \cdot \text{K}$$

24 그림과 같이 다수의 추를 올려놓은 피스톤이 끼워져 있는 실린더에 들어있는 가스를 계로 생각한다. 초기 압력이 300kPa이고, 초기 체적은 0.05m³이다. 압력을 일정하게 유지하면서 열을 가하여 가스의 체적을 0.2m³으로 증가시킬 때 계가 한 일(kJ)은?

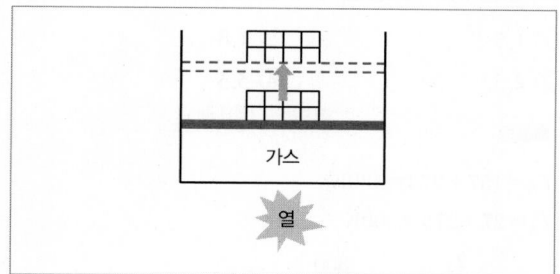

① 30　　　　　　　② 35

③ 40　　　　　　　④ 45

해설 ⊕ -------

밀폐계의 일이므로 절대일이다.

$\delta W = P dV$ (정압과정 : $P = C$, 일부호(+))

$_1 W_2 = P(V_2 - V_1) = 300 \times (0.2 - 0.05) = 45 \text{kJ}$

25 다음 그림은 이상적인 오토사이클의 압력(P) – 부피(V)선도이다. 여기서 "ㄱ"의 과정은 어떤 과정인가?

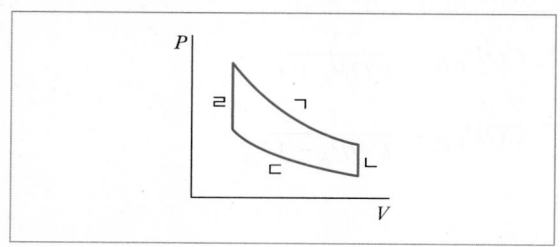

① 단역 압축과정　　② 단열 팽창과정

③ 등온 압축과정　　④ 등온 팽창과정

해설 ⊕ -------

오토사이클은 가솔린기관의 이상사이클이므로 "ㄷ"과정을 시작으로 단열압축 – 정적가열("ㄹ") – 단열팽창("ㄱ") – 정적방열로 이루어진다.

26 500℃와 100℃ 사이에서 작동하는 이상적인 Carnot 열기관이 있다. 열기관에서 생산되는 일이 200kW이라면 공급되는 열량은 약 몇 kW인가?

① 255　　　　　　　② 284

③ 312　　　　　　　④ 387

해설 ⊕ -------

열효율 $\eta = 1 - \dfrac{T_L}{T_H} = 1 - \dfrac{100 + 273}{500 + 273} = 0.5175 = \dfrac{\dot{W}}{\dot{Q}_H}$ 에서

공급열량 $\dot{Q}_H = \dfrac{\dot{W}}{0.5175} = \dfrac{200}{0.5175} = 386.47 \text{kW}$

27 절대압력 100kPa, 온도 100℃인 상태에 있는 수소의 비체적(m³/kg)은?(단, 수소의 분자량은 2이고, 일반기체상수는 8.3145kJ/(kmol · K)이다.)

① 31.0　　　　　　② 15.5

③ 0.428　　　　　④ 0.0321

해설 ⊕ -------

$pv = RT$와 $MR = \overline{R}$에서

$$v = \frac{RT}{p} = \frac{8.3145 T}{Mp} \quad \text{(여기서, 수소의 } M = 2)$$

$$= \frac{8.3145 \times 10^3 \times (100 + 273)}{2 \times 100 \times 10^3}$$

$$= 15.51 \text{m}^3/\text{kg}$$

2021

28 다음 중 그림과 같은 냉동사이클로 운전할 때 열역학 제1법치과 제2법칙을 모두 만족하는 경우는?

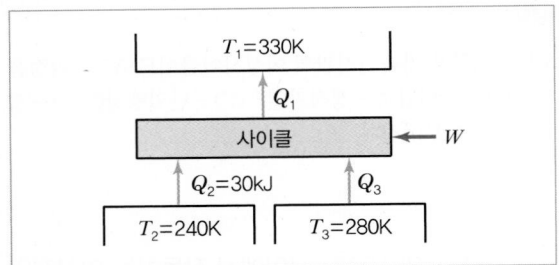

① $Q_1 = 100\text{kJ}$, $Q_3 = 30\text{kJ}$, $W = 30\text{kJ}$

② $Q_1 = 80\text{kJ}$, $Q_3 = 40\text{kJ}$, $W = 10\text{kJ}$

③ $Q_1 = 90\text{kJ}$, $Q_3 = 50\text{kJ}$, $W = 10\text{kJ}$

④ $Q_1 = 100\text{kJ}$, $Q_3 = 30\text{kJ}$, $W = 40\text{kJ}$

해설 ✚ -

시스템에서 열역학 제1법칙은 에너지 보존의 법칙이므로 입력(Input)＝출력(Output)이다. 그러므로 $Q_2 + Q_3 + W = Q_1$(④는 $30 + 30 + 40 = 100$)를 만족해야 하며, 열역학 제2법칙의 비가역 양은 엔트로피 증가로 나타나므로

$dS = \dfrac{\delta Q}{T}$ 에서

처음 상태인 저열원 2곳에서 엔트로피양

$\Delta S_2 = \dfrac{Q_2}{T_2} = \dfrac{30}{240} = 0.125\,\text{kJ/K}$

$\Delta S_3 = \dfrac{Q_3}{T_3} = \dfrac{30}{280} = 0.107\,\text{kJ/K}$

나중 상태인 고열원에서 엔트로피양 ΔS_1

$\Delta S_1 = \dfrac{Q_1}{T_1} = \dfrac{100}{330} = 0.3\,\text{kJ/K}$

처음 상태에서 나중 상태로의 엔트로피양은 $(0.125 + 0.107) < 0.3$ 증가하므로 ④는 열역학 제2법칙을 만족한다.

29 외부에서 받은 열량이 모두 내부에너지 변화만을 가져오는 완전가스의 상태변화는?

① 정적변화   ② 정압변화

③ 등온변화   ④ 단열변화

해설 ✚ -

정적과정일 때 열량은

$\delta q = du + Pdv^{\nearrow 0} \rightarrow {}_1 q_2 = u_2 - u_1$ (내부에너지 변화량과 같다.)

30 고열원의 온도가 157℃이고, 저열원의 온도가 27℃인 카르노 냉동기의 성적계수는 약 얼마인가?

① 1.5   ② 1.8

③ 2.3   ④ 3.3

해설 ✚ -

$T_H = 157 + 273 = 430\text{K}$

$T_L = 27 + 273 = 300\text{K}$

$\varepsilon_R = \dfrac{T_L}{T_H - T_L} = \dfrac{300}{430 - 300} = 2.31$

31 카르노 열펌프와 카르노 냉동기가 있는데, 카르노 열펌프의 고열원 온도는 카르노 냉동기의 고열원 온도와 같고, 카르노 열펌프의 저열원 온도는 카르노 냉동기의 저열원 온도와 같다. 이때 카르노 열펌프의 성적계수(COP_{HP})와 카르노 냉동기의 성적계수(COP_R)의 관계로 옳은 것은?

① $COP_{HP} = COP_R + 1$

② $COP_{HP} = COP_R - 1$

③ $COP_{HP} = \dfrac{1}{COP_R + 1}$

④ $COP_{HP} = \dfrac{1}{COP_R - 1}$

정답   28 ④   29 ①   30 ③   31 ①

해설 ➕ -

동일온도의 두 열원 사이에서 열펌프로 운전할 때 성적계수가 냉동기로 운전할 때의 성적계수보다 1만큼 크다.

32 상온(25℃)의 실내에 있는 수은 기압계에서 수은주의 높이가 730mm라면, 이때 기압은 약 몇 kPa인가?(단, 25℃기준, 수은 밀도는 13,534kg/m³이다.)

① 91.4
② 96.9
③ 99.8
④ 104.2

해설 ➕ -

$$P = \gamma \cdot h = \rho \cdot gh$$
$$= 13,534 \times 9.8 \times 0.73$$
$$= 96,822\text{Pa} = 96.82\text{kPa}$$

33 어느 발명가가 바닷물로부터 매시간 1,800kJ의 열량을 공급받아 0.5kW 출력의 열기관을 만들었다고 주장한다면, 이 사실은 열역학 제 몇 법칙에 위배되는가?

① 제 0법칙
② 제 1법칙
③ 제 2법칙
④ 제 3법칙

해설 ➕ -

열효율 $\eta = \dfrac{\dot{W}}{\dot{Q_H}} = \dfrac{0.5\text{kW}}{\dfrac{1,800\text{kJ}}{3,600s}} = 1$에서 열효율100%이므로

열역학 제 2법칙에 위배된다.

34 흑체의 온도가 20℃에서 80℃로 되었다면 방사하는 복사 에너지는 약 몇 배가 되는가?

① 1.2
② 2.1
③ 4.7
④ 5.5

해설 ➕ -

스테판－볼츠만의 법칙에 의해 복사에너지 양(E)은 흑체의 절대온도 T의 4승에 비례하므로

$$\therefore \frac{Q_H}{Q_L} = \frac{(80+273)^4}{(20+273)^4} = 2.11$$

35 8℃의 이상기체를 가역단열 압축하여 그 체적을 $\frac{1}{5}$로 하였을 때 기체의 최종온도(℃)는?(단, 이 기체의 비열비는 1.4이다.)

① －125
② 294
③ 222
④ 262

해설 ➕ -

단열과정의 온도, 압력, 체적 간의 관계식

$$\frac{T_2}{T_1} = \left(\frac{P_2}{P_1}\right)^{\frac{k-1}{k}} = \left(\frac{v_1}{v_2}\right)^{k-1}$$에서

$$T_2 = T_1\left(\frac{V_1}{V_2}\right)^{k-1}$$

$$= (8+273) \cdot \left(\frac{V_1}{\frac{1}{5}V_1}\right)^{1.4-1}$$

$$= (8+273) \times 5^{0.4} = 534.93\text{K}$$

$$\rightarrow 534.93 - 273 = 261.9℃$$

36 1kg의 헬륨이 100kPa 하에서 정압 가열되어 온도가 27℃에서 77℃로 변하였을 때 엔트로피의 변화량은 약 몇 kJ/K인가?(단, 헬륨의 엔탈피(h, kJ/kg)는 아래와 같은 관계식을 가진다.)

$h = 5.238\,T$ 여기서, T는 온도(K)

① 0.694
② 0.756
③ 0.807
④ 0.968

2021

해설 ⊕

$$\delta q = dh - vd\cancel{P}^{\,0}$$

$$h = 5.238\,T,\ dh = 5.238\,dT$$

∴ 엔트로피 변화 $ds = \dfrac{\delta q}{T} = \dfrac{dh}{T} = \dfrac{5.238}{T}dT$

$$s_2 - s_1 = 5.238 \ln\frac{T_2}{T_1}$$

$$S_2 - S_1 = m(s_2 - s_1) = 1 \times 5.238 \ln\frac{T_2}{T_1}$$

$$= 1 \times 5.238 \times \ln\left(\frac{77+273}{27+273}\right)$$

$$= 0.8074\,\text{kJ/K}$$

37 보일러 입구의 압력이 9,800kN/m²이고, 응축기의 압력이 4,900N/m²일 때 펌프가 수행한 일(kJ/kg)은?(단, 물의 비체적은 0.001m³/kg이다.)

① 9.79 ② 15.17
③ 87.25 ④ 180.52

해설 ⊕

보일러 입구=펌프 출구(p_2), 응축기 압력=펌프 입구(p_1)
펌프일은 개방계의 일이므로
공업일 $\delta w_p = (-) - vdp$ (계가 일을 받으므로 일부호(−))

$$\therefore\ w_p = \int_1^2 vdp = v(p_2 - p_1)$$

$$= 0.001\,(\text{m}^3/\text{kg}) \times (9,800 - 4.9)\,(\text{kN/m}^2)$$

$$= 9.795\,\text{kJ/kg}$$

〈다른 풀이〉

개방계의 열역학 제1법칙 $\cancel{q_{cv}}^{\,0} + h_i = h_e + w_{cv}$ (단열펌프)
$w_{cv} = w_p = h_i - h_e < 0$ (계가 일을 받으므로 일부호(−))

$$= -(h_i - h_e) = h_e - h_i > 0$$

$$\cancel{\delta q}^{\,0} = dh - vdp \rightarrow \therefore\ dh = vdp$$

$$h_2 - h_1 = \int_1^2 vdp = v(p_2 - p_1)$$

38 열전도계수 1.4W/(m · K), 두께 6mm 유리창의 내부 표면 온도는 27℃, 외부 표면 온도는 30℃이다. 외기 온도는 36℃이고 바깥에서 창문에 전달되는 총 복사열전달이 대류열전달의 50배라면, 외기에 의한 대류열전달계수[W/(m² · K)]는 약 얼마인가?

① 22.9 ② 11.7
③ 2.29 ④ 1.17

해설 ⊕

$$h = 1.4 \times \frac{3}{0.006} \times \frac{1}{306} = 2.29\,\text{W/(m}^2 \cdot \text{K)}$$

39 밀폐시스템이 압력(P_1) 200kPa, 체적(V_1) 0.1m³인 상태에서 압력(P_2) 100kPa, 체적(V_2) 0.3m³인 상태까지 가역 팽창되었다. 이 과정이 선형적으로 변화한다면, 이 과정 동안 시스템이 한 일(kJ)은?

① 10 ② 20
③ 30 ④ 45

해설 ⊕

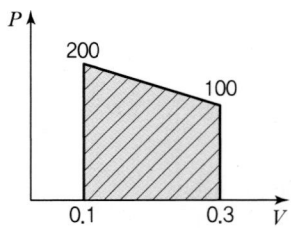

밀폐계의 일(절대일)

$$\delta W = PdV$$

$$_1W_2 = \int_1^2 PdV\ (V축에 투사면적)$$

사다리꼴 면적이므로

$$_1W_2 = \frac{1}{2}(200 + 100) \times 0.2 = 30\,\text{kJ}$$

$$(여기서, 동력\ L_{kW} = \frac{\gamma H_T Q}{1,000} \rightarrow H_T = \frac{1,000 L_{kW}}{\gamma Q})$$

$$= \frac{\rho(V_2{}^2 - V_1{}^2)}{2} + \frac{1,000 L_{kW}}{Q}$$

$$= \frac{1,000(5.09^2 - 14.15^2)}{2} + \frac{1,000 \times 180}{1}$$

$$= 92,842.8\text{Pa} = 92.84\text{kPa}$$

---

53 가로 2cm, 세로 3cm의 크기를 갖는 사각형 단면의 매끈한 수평관 속을 평균유속 1.2m/s로 20℃의 물이 흐르고 있다. 관의 길이 1m당 손실 수두(m)는?(단, 수력직경에 근거한 관마찰계수는 0.024이다.)

① 0.018   ② 0.054
③ 0.073   ④ 0.0026

해설 ✚ -

1m당 손실수두

$$= 0.024 \times \frac{1}{4 \times 0.006} \times \frac{1.2^2}{2 \times 9.8}$$

$$= 0.073\text{m}$$

54 안지름 240mm인 관속을 흐르고 있는 공기의 평균 유속이 10m/s이면, 공기의 질량유량(kg/s)은? (단, 관속의 압력은 2.45×10^5Pa, 온도는 15℃, 공기의 기체상수 $R = 287$J/(kg · K)이다.)

① 1.34   ② 2.96
③ 3.75   ④ 5.12

해설 ✚ -

질량유량 $\dot{m} = \rho A V$

이상기체이므로 $Pv = RT$ (여기서, $v = \frac{1}{\rho}$)

$$P\frac{1}{\rho} = RT, \ \rho = \frac{P}{RT}$$

$$\therefore \dot{m} = \frac{P}{RT} A V$$

$$= \frac{2.45 \times 10^5 \times \frac{\pi \times 0.24^2}{4} \times 10}{287 \times (15 + 273)}$$

$$= 1.34\text{kg/s}$$

55 지름 8cm의 구가 공기 중을 20m/s의 속도로 운동할 때 항력(N)은?(단, 공기 밀도는 1.2kg/m³, 항력계수는 0.60이다.)

① 0.362   ② 0.724
③ 3.62   ④ 7.24

해설 ✚ -

$$D = C_D \cdot \frac{\rho A V^2}{2}$$

$$= 0.6 \times \frac{1.2 \times \frac{\pi}{4} \times 0.08^2 \times 20^2}{2}$$

$$= 0.7238\text{N}$$

56 세 액체가 그림과 같은 U자관에 들어있고, $h_1 = $20cm, $h_2 = 40$cm, $h_3 = 50$cm 이고, 비중 $S_1 = 0.8$, $S_3 = 2$일 때, 비중 S_2는 얼마인가?

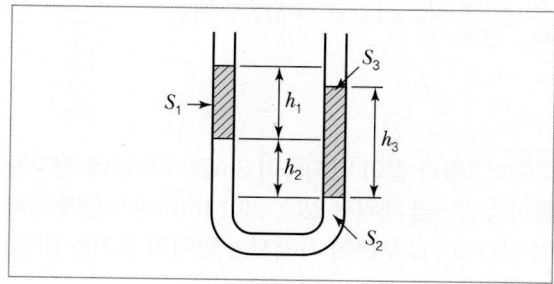

① 1.2   ② 1.8
③ 2.1   ④ 2.8

정답   **53** ③   **54** ①   **55** ②   **56** ③

해설 ⊕

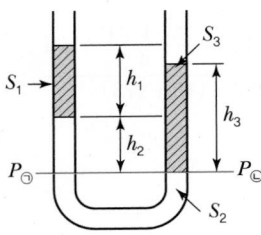

등압면이므로 $P_{\circledcirc} = P_{\circledcirc}$

$P_{\circledcirc} = \gamma_1 \times h_1 + \gamma_2 \times h_2$

$P_{\circledcirc} = \gamma_3 \times h_3$

$\gamma_1 \times h_1 + \gamma_2 \times h_2 = \gamma_3 \times h_3$

$S_1 \gamma_w \times h_1 + S_2 \gamma_w \times h_2 = S_3 \gamma_w \times h_3$

$\therefore S_2 = \dfrac{S_3 h_3 - S_1 h_1}{h_2} = \dfrac{2 \times 0.5 - 0.8 \times 0.2}{0.4}$

$\qquad = 2.1$

57 다음 중 표면장력(Surface Tension)의 차원은?(단, M : 질량, L : 길이, T : 시간이다.)

① MT^{-2}

② ML^{-2}

③ $M^2 L$

④ MLT

해설 ⊕

표면장력은 선분포(N/m)의 힘이다.

$\dfrac{\text{N}}{\text{m}} \times \dfrac{1\text{kg} \cdot \text{m}}{1\text{N} \cdot \text{s}^2} = \text{kg/s}^2 \rightarrow MT^{-2}$ 차원

58 그림과 같이 안지름이 3m인 수도관에 정지된 물이 절반만큼 채워져 있다. 길이 1m의 수도관에 대하여 곡면 B−C 부분에 가해지는 합력의 크기는 약 몇 kN인가?

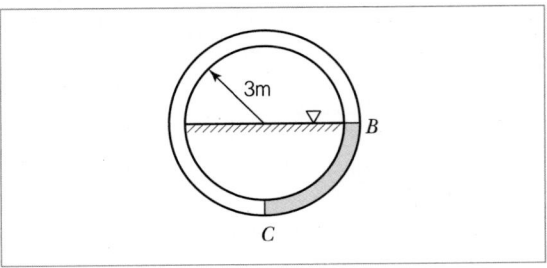

① 59.6

② 65.8

③ 74.3

④ 82.2

해설 ⊕

- $f_x = $ 전압력$= \gamma \overline{h} A$, $\overline{h} = \dfrac{3}{2}\text{m}$, $A = 3\text{m} \times 1\text{m}$

    $\therefore f_x = 9,800 \times \dfrac{3}{2} \times 3 = 44,100\text{N} = 44.1\text{kN}$

- f_y는 곡면위에 올라간 유체무게와 같다.

    $\therefore f_y = \gamma_w V = \gamma_w \times \dfrac{\pi r^2}{4} \times l = 9,800 \times \dfrac{\pi \times 3^2}{4} \times 1$

    $\qquad = 69,272.12\text{N}$

    $\qquad = 69.27\text{kN}$

- 합력 $F = \sqrt{{f_x}^2 + {f_y}^2} = \sqrt{(44.1)^2 + (69.27)^2}$

    $\qquad = 82.12\text{kN}$

59 다음 ΔP, L, Q, ρ 변수들을 이용하여 만든 무차원수로 옳은 것은?(단, ΔP : 압력차, L : 길이, Q : 체적유량, ρ : 밀도이다.)

① $\dfrac{\rho \cdot Q}{\Delta P \cdot L^2}$

② $\dfrac{\rho \cdot L}{\Delta P \cdot Q^2}$

③ $\dfrac{\Delta P \cdot L \cdot Q}{\rho}$

④ $\dfrac{Q}{L^2} \sqrt{\dfrac{\rho}{\Delta P}}$

해설 ⊕

모든 차원의 지수합은 "0"이다.

Q : $\text{m}^3/\text{s} \rightarrow L^3 T^{-1}$

$(\Delta P)^x$: $\text{N/m}^2 \rightarrow \text{kg} \cdot \text{m/s}^2/\text{m}^2 \rightarrow \text{kg/m} \cdot \text{s}$

$\rightarrow (ML^{-1}T^{-2})^x$

$(\rho)^y : kg/m^3 \rightarrow (ML^{-3})^y$

$(L)^z : m \rightarrow (L)^z$

M차원 : $x + y = 0$(4개의 물리량에서 M에 관한 지수승들의 합은 "0"이다.)

L차원 : $3 - x - 3y + z = 0$

T차원 : $-1 - 2x = 0 \rightarrow x = -\dfrac{1}{2}$

M차원의 $x + y = 0$에서 $y = \dfrac{1}{2}$

L차원에 x, y값 대입 $3 + \dfrac{1}{2} - \dfrac{3}{2} + z = 0 \rightarrow z = -2$

무차원수 $\pi = Q^1 (\Delta P)^{-\frac{1}{2}} \cdot \rho^{\frac{1}{2}} \cdot L^{-2}$

$\quad = \dfrac{Q\sqrt{\rho}}{\sqrt{\Delta P} \cdot L^2} = \dfrac{Q}{L^2} \sqrt{\dfrac{\rho}{\Delta P}}$

60 그림과 같이 물이 들어있는 아주 큰 탱크에 사이펀이 장치되어 있다. 사이펀이 정상적으로 작동하는 범위에서, 출구에서의 속도 V와 관련하여 옳은 것을 모두 고른 것은?(단, 관의 지름은 일정하고 모든 손실은 무시한다. 또한 각각의 h가 변화할 때 다른 h의 크기는 변하지 않는다고 가정한다.)

> ㉠ h_1가 증가하면 속도 V는 커진다.
> ㉡ h_2가 증가하면 속도 V는 커진다.
> ㉢ h_3가 증가하면 속도 V는 커진다.

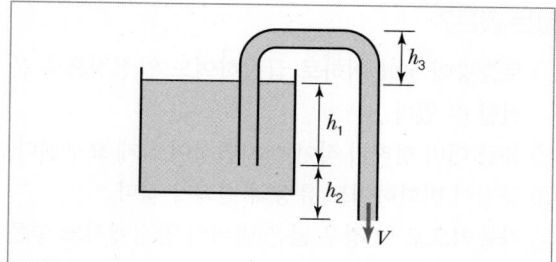

① ㉠, ㉡
② ㉠, ㉢
③ ㉡, ㉢
④ ㉠, ㉡, ㉢

사이펀관에서 분출속도는 입구의 깊이(h_1)와 출구(h_2)가 낮아질수록 속도가 커진다. h_3는 무관하다.

4과목 유체기계 및 유압기기

61 절대 진공에 가까운 저압의 기체를 대기압까지 압축하는 펌프는?

① 왕복 펌프
② 진공 펌프
③ 나사 펌프
④ 축류 펌프

진공펌프는 대기압 이하의 저압 기체를 흡인·압축해 대기 중에 방출하는 펌프이다.

62 유체 커플링에 대한 일반적인 설명 중 옳지 않은 것은?

① 시동 시 원동기의 부하를 경감시킬 수 있다.
② 부하측에서 되돌아오는 진동을 흡수하여 원활하게 운전할 수 있다.
③ 원동기측에 충격이 전달되는 것을 방지할 수 있다.
④ 출력축 회전수를 입력축 회전수보다 초과하여 올릴 수 있다.

동력을 전달하는 유체커플링은 입력축의 펌프 임펠러가 회전하면서 가압해 터빈의 러너로 보내 회전시키므로 입력과 출력의 회전수는 같다.

63 펌프관로에서 수격현상을 방지하기 위한 대책으로 옳지 않은 것은?

① 펌프에 플라이 휠(Fly Wheel)을 설치한다.
② 밸브를 펌프 송출구에서 되도록 멀리 설치한다.
③ 관의 지름을 되도록 크게 한다.
④ 관로에 조압수조(Surge Tank)를 설치한다.

해설➕

압력상승의 경우에는 송출 밸브를 펌프의 송출구 가까이에 설치하여 밸브의 압력을 제어한다.

64 동일한 물에서 운전되는 두 개의 수차가 서로 상사법칙이 성립할 때 관계식으로 옳은 것은?(단, Q : 유량, D : 수차의 지름, n : 회전수이다.)

① $\dfrac{Q_1}{D_1^3 n_1} = \dfrac{Q_2}{D_2^3 n_2}$ ② $\dfrac{Q_1}{D_1^3 n_1^2} = \dfrac{Q_2}{D_2^3 n_2^2}$

③ $\dfrac{Q_1}{D_1^2 n_1} = \dfrac{Q_2}{D_2^2 n_2}$ ④ $\dfrac{Q_1}{D_1^2 n_1^2} = \dfrac{Q_2}{D_2^2 n_2^2}$

해설➕

수차와 펌프의 상사법칙은 동일하게 적용된다.

$$Q_2 = Q_1 \left(\frac{D_2}{D_1} \right)^3 \left(\frac{n_2}{n_1} \right)$$

65 프란시스 수차의 형식 중 그림과 같은 구조를 가진 형식은?

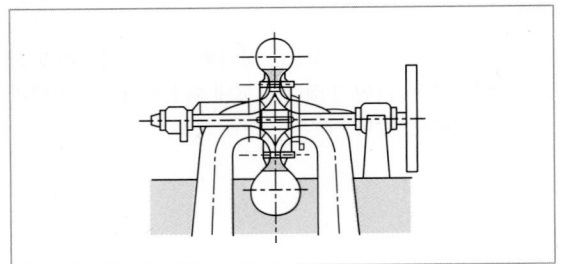

① 횡축 단륜 단류 원심형 수차
② 횡축 이류 단류 원심형 수차
③ 입축 단륜 다류 원심형 수차
④ 횡축 단륜 복류 원심형 수차

해설➕

가로축을 회전시키는 터빈이 1개, 양쪽(2개)에서 물을 공급하는 수차이다.

66 펠톤 수차와 프로펠러 수차의 무구속속도(Run Away Speed, N_R)와 정격회전수(N_0)와의 관계가 가장 옳은 것은?

① 펠톤 수차 $N_R = (2.3 \sim 2.6)N_0$
   프로펠러 수차 $N_R = (1.6 \sim 2.0)N_0$
② 펠톤 수차 $N_R = (2.3 \sim 2.6)N_0$
   프로펠러 수차 $N_R = (2.0 \sim 2.5)N_0$
③ 펠톤 수차 $N_R = (1.8 \sim 1.9)N_0$
   프로펠러 수차 $N_R = (1.6 \sim 2.0)N_0$
④ 펠톤 수차 $N_R = (1.8 \sim 1.9)N_0$
   프로펠러 수차 $N_R = (2.0 \sim 2.5)N_0$

67 다음 중 축류펌프의 일반적인 장점으로 볼 수 없는 것은?

① 토출량이 50% 이하로 급감하여도 안정적으로 운전할 수 있다.
② 유량 대비 형태가 작아 설치면적이 작게 요구된다.
③ 양정이 변화하여도 유량의 변화가 적다.
④ 가동익으로 할 경우 넓은 범위의 양정에서도 좋은 효율을 기대할 수 있다.

정답 63 ② 64 ① 65 ④ 66 ④ 67 ①

④ 스크레이퍼를 운전할 경우에는 전복되지 않도록 중심을 가능한 낮추어야 한다.

해설 ⊕

스크레이퍼 규격은 볼(Bowl : 적재함)의 크기(m³)로 나타낸다.

87 롤러 및 롤러의 진동장치에 대한 설명으로 적절하지 않은 것은?

① 타이어식 롤러의 타이어 진동장치는 조종석에서 쉽게 잠글 수 있어야 한다.
② 타이어식 롤러의 타이어 배열이 복열인 경우에는 앞바퀴가 다지지 아니한 부분은 뒷바퀴가 다지도록 배열되어야 한다.
③ 롤러의 돌기부는 강판, 주강 또는 강봉 등을 사용하여야 하고, 돌기부의 선단 접지부는 내마모성 강재를 사용하여야 한다.
④ 원심력을 이용해 노면을 다지는 롤러에는 머캐덤, 탠덤 롤러가 있으며 정적 자중을 이용하는 것에는 진동 롤러가 있다.

해설 ⊕

로드롤러는 평활한 철제 원통형의 바퀴를 가진 롤러로 바퀴의 정적자중을 이용한 롤러이다. 도로공사에 많이 사용되며 일반적으로 Smooth Wheel Roller, Steel Wheel Roller 등으로 불리고 있으며 머캐덤롤러나 탠덤롤러 등이 있다. 진동롤러는 드럼에 진동을 주어 다짐효과를 극대화한 장비이다.

88 아래는 도저의 작업량에 영향을 주는 변수들이다. 이 중 도저의 작업능력에 비례하는 변수로 짝지어진 것은?

ⓐ 블레이드 폭　　　ⓑ 토공판 용량
ⓒ 작업 효율　　　ⓓ 토량 환산계수
ⓔ 사이클 타임(1회 순환 소요시간)

① ⓐ, ⓑ, ⓒ, ⓓ, ⓔ
② ⓐ, ⓑ, ⓒ, ⓓ
③ ⓐ, ⓑ, ⓒ, ⓔ
④ ⓐ, ⓑ, ⓔ

해설 ⊕

불도저의 작업량은 사이클 타임(C_m)에 반비례한다.

작업량 $Q = \dfrac{60 \cdot q \cdot f \cdot E}{Cm}$

여기서, $q = q_0 \times e$

$q_0 = LH^2 \left[\dfrac{1}{2\tan(\phi+\alpha)} + \varepsilon \right] \mu (m^3)$

89 건설기계관리업무처리규정에 따른 준설선의 구조 및 규격 표시방법으로 틀린 것은?

① 그래브(Grab)식 : 그래브 버킷의 평적용량
② 디퍼(Dipper)식 : 버킷의 용량
③ 버킷(Bucket)식 : 버킷의 용량
④ 펌프식 : 준설펌프 구동용 주기관의 정격출력

해설 ⊕

버킷식 : 주기관의 연속 정격출력(hp)

90 건설플랜트용 공조설비를 건설할 때 합성섬유의 방사, 사진필름 제조, 정밀기계 가공공정과 같이 일정 온도와 일정 습도를 유지할 필요가 있는 경우 적용하여야 하는 설비는?

① 난방설비　　　② 배기설비
③ 제빙설비　　　④ 항온항습설비

해설 ⊕

일정 온도와 일정 습도를 유지할 필요가 있는 경우 항온항습설비를 갖추어야 한다.

91 배관 시험에 대한 설명으로 적절하지 않은 것은?

① 수압 시험은 일반적으로 1차 시험으로 많이 사용되며, 접합부가 누수와 수압을 견디는가를 조사하는 것이다.

② 통수 시험은 배관계를 각각 연결하기 전 누수 부분이 없는지 확인하기 위해 수행하며 특히 옥외 매설관은 매설 하고 난 후 물을 통과시켜 검사한다.

③ 기압 시험은 배관 내에 시험용 가스를 흐르게 할 경우 수압 시험에 통과되었더라도 공기가 새는 일이 있을 수 있으므로 행해준다.

④ 연기 시험은 적당한 개구부에서 1개조 이상의 연기 발생기로 짙은 색의 연기를 배관 내에 압송한다.

해설 ➕

통수시험은 전체 공사가 끝난 다음, 전체 배관계와 기기를 완전한 상태에서 사용할 수 있는가 조사하는 시험이다.

92 다음 보기에서 설명하는 신축이음의 형식으로 가장 적절한 것은?

> ① 설치장소가 넓다.
> ② 고압에 잘 견디며 고장이 적다.
> ③ 고온고압용 옥외배관에 많이 사용한다.
> ④ 관의 곡률반경은 보통 관경의 6배 이상이다.

① 루프형

② 슬리브형

③ 벨로즈형

④ 스위블형

해설 ➕

루프형 신축이음으로 신축곡관이라고도 하며 강관 또는 동관 등을 루프(Loop)모양으로 구부려서 그 휨(굽힘탄성변형에너지)에 의하여 신축을 흡수하는 이음으로 고온, 고압증기의 옥외배관에 많이 쓰인다. 다른 신축이음에 비해 설치공간을 많이 차지한다.

93 관의 절단과 나사 절삭 및 조립 시 관을 고정시키는 데 사용되는 배관용 공구는?

① 파이프 커터 ② 파이프 리머

③ 파이프 렌치 ④ 파이프 바이스

해설 ➕

파이프 바이스(Pipe Vise)는 배관을 고정하는데 사용된다. 강관의 절단, 나사가공 및 리머가공에 적합하다.

94 배관용 탄소 강관(KS D3507)에서 나타내는 배관용 탄소 강관의 기호는?

① SPP ② STH

③ STM ④ STA

해설 ➕

배관용 탄소 강관의 KS 규격 기호는 SPP(carbon Steel Pipe for Pipelines)이다.

95 배관용 탄소강관 또는 아크용접 탄소강관에 콜타르에나멜이나 폴리에틸렌 등으로 피복한 관으로 수도, 하수도 등의 매설 배관에 주로 사용되는 강관은?

① 배관용 합금강 강관

② 수도용 아연도금 강관

③ 압력 배관용 탄소강관

④ 상수도용 도복장 강관

96 배관 시공에서 벽, 바닥, 방수층, 수조 등을 관통하고 콘크리트를 치기 전에 미리 관의 외경보다 조금 크게 넣고 시공하는 것과 관련 있는 것은?

① 인서트 ② 숏피닝

③ 슬리브 ④ 테이핑

정답 91 ② 92 ① 93 ④ 94 ① 95 ④ 96 ③

해설 ➕

슬리브(Sleeve)는 중공원통형의 관으로, 그 속에 배관 또는 전기선 등을 보내는 관이며 콘크리트를 타설하기 전에 미리 설치한다.

97 일반적으로 배관용 가스절단기의 절단 조건이 아닌 것은?

① 모재의 성분 중 연소를 방해하는 원소가 적어야 한다.
② 모재의 연소온도가 모재의 용융온도보다 높아야 한다.
③ 금속 산화물의 용융온도가 모재의 용융온도보다 낮아야 한다.
④ 금속산화물의 유동성이 좋으며, 모재로부터 쉽게 이탈될 수 있어야 한다.

해설 ➕

강관의 가스절단은 산소절단이라고 하며, 산소와 철과의 화학반응을 이용하는 절단방법이다. 산소 − 아세틸렌 가스절단은 가스불꽃으로 미리 예열하여, 온도 800~900℃에 도달하면 팁의 중심에서 고압의 산소를 불어 내어서 철은 연소하여 산화철이 되고, 그 산화철의 용융점은 모재인 강관보다 낮아지므로 산소 기류에 불려 나가 홈이 되므로 절단이 된다.

98 관의 구부림 작업에서 곡률반경은 100mm, 구부림 각도를 45°라 할 때 관 중심부의 곡선길이는 약 몇 mm인가?

① 39.27
② 78.54
③ 157.08
④ 314.16

해설 ➕

곡관길이는 호의 길이 $l = R\theta = R \times \theta° \times \dfrac{\pi}{180°}$

$= 100 \times 45° \times \dfrac{\pi}{180°} = 78.54\text{mm}$

99 유량조절이 용이하고 유체가 밸브의 아래로부터 유입하여 밸브 시트의 사이를 통해 흐르는 밸브는?

① 콕
② 체크 밸브
③ 글로브 밸브
④ 게이트 밸브

해설 ➕

글로브 밸브는 나사에 의해 밸브를 밸브 시트에 꽉 눌러 유체의 개폐를 실행하는 밸브이다. 유량조절이 용이하고 유체가 밸브의 아래로부터 유입하여 밸브 시트의 사이를 통해 흐르며 모두 열렸을 때에도 밸브가 유체 속에 있으므로 유체의 에너지 손실이 크지만 밸브의 개폐 속도는 빠르다(나사용 수도꼭지와 비슷).

100 급수 배관의 시공 및 점검에 대한 설명으로 적절하지 않은 것은?

① 급소관에서 상향 급수는 선단 상향 구배하고 하향 급수에서는 선단 하향 구배로 한다.
② 급수 배관에서 수격 작용을 방지하기 위해 공기실, 충격 흡수장치들의 설치 여부를 확인한다.
③ 역류를 방지하기 위해 체크 밸브를 설치하는 것이 좋다.
④ 급수관에서 분기할 때에는 크로스 이음이나 T이음을 +자 형으로 사용한다.

해설 ➕

급수관 분기 시 T이음이나 이경티를 사용한다.

1과목 재료역학

01 지름 20cm, 길이 40cm인 콘크리트 원통에 압축하중 20kN이 작용하여 지름이 0.0006cm만큼 늘어나고 길이는 0.0057cm만큼 줄었을 때, 푸아송비는 약 얼마인가?

① 0.18   ② 0.24
③ 0.21   ④ 0.27

해설 ➕

$$\mu = \frac{\varepsilon'}{\varepsilon} = \frac{\dfrac{\delta}{d}}{\dfrac{\lambda}{l}} = \frac{l\delta}{d\lambda} \text{에서}$$

$$= \frac{0.4 \times 0.0006 \times 10^{-2}}{0.2 \times 0.0057 \times 10^{-2}}$$

$$= 0.21$$

02 지름 100mm의 원에 내접하는 정사각형 단면을 가진 강봉이 10kN의 인장력을 받고 있다. 단면에 작용하는 인장응력은 약 몇 MPa인가?

① 2   ② 3.1
③ 4   ④ 6.3

해설 ➕

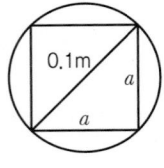

인장응력 $\sigma = \dfrac{P}{A} = \dfrac{F}{a^2} = \dfrac{10 \times 10^3 \, \text{N}}{\dfrac{0.1^2}{2} \, \text{m}^2}$

$$= 2 \times 10^6 \, \text{Pa}$$
$$= 2 \text{MPa}$$

03 그림의 구조물이 수직하중 $2P$를 받을 때 구조물 속에 저장되는 총 탄성변형에너지는?(단, 구조물의 단면적은 A, 세로탄성계수는 E로 모두 같다.)

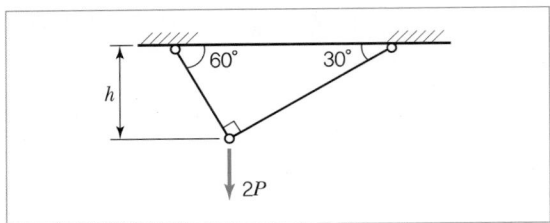

① $\dfrac{P^2 h}{4AE}(1 + \sqrt{3})$

② $\dfrac{P^2 h}{2AE}(1 + \sqrt{3})$

③ $\dfrac{P^2 h}{AE}(1 + \sqrt{3})$

④ $\dfrac{2P^2 h}{AE}(1 + \sqrt{3})$

해설 ➕

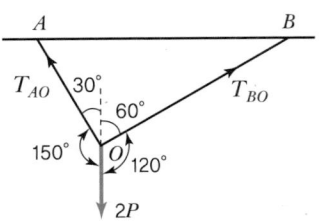

라미의 정리에 의해

$$\frac{2P}{\sin 90°} = \frac{T_{AO}}{\sin 120°} = \frac{T_{BO}}{\sin 150°}$$

$$\therefore T_{AO} = 2P\sin 120° = 2P\sin(180° - 60°)$$
$$= 2P\sin 60°$$
$$= 2P \times \frac{\sqrt{3}}{2} = \sqrt{3}\,P$$

$$\therefore T_{BO} = 2P\sin 150° = 2P\sin(180° - 30°)$$
$$= 2P\sin 30°$$
$$= 2P \times \frac{1}{2} = P$$

그림에서 h가 주어졌으므로

$$l_{AO} = \frac{h}{\cos 30°} = \frac{2h}{\sqrt{3}}$$

$$l_{BO} = \frac{h}{\cos 60°} = 2h$$

$$U = \frac{P\lambda}{2} = \frac{P^2 \cdot l}{2AE}$$ 이므로 $U = U_{AO} + U_{BO}$

$$U = \frac{(T_{AO})^2 l_{AO}}{2AE} + \frac{(T_{BO})^2 l_{BO}}{2AE}$$

$$= \frac{(\sqrt{3}\,P)^2 \cdot 2h}{2AE\sqrt{3}} + \frac{(P)^2 \cdot 2h}{2AE}$$

$$= \frac{\sqrt{3}\,P^2 h}{AE} + \frac{P^2 h}{AE}$$

$$= \frac{P^2 h}{AE}(1 + \sqrt{3})$$

04

도심축에 대한 단면 2차 모멘트가 가장 크도록 직사각형 단면[폭(b)×높이(h)]을 만들 때 단면 2차 모멘트를 직사각형 폭(b)에 관한 식으로 옳게 나타낸 것은?(단, 직사각형 단면은 지름 d인 원에 내접한다.)

① $\frac{\sqrt{3}}{4}b^4$ ② $\frac{\sqrt{3}}{3}b^4$

③ $\frac{3}{\sqrt{3}}b^4$ ④ $\frac{4}{\sqrt{3}}b^4$

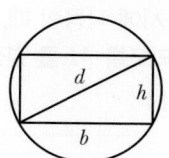

$h = \sqrt{3}\,b$를 직사각형 도심축에 대한 단면 2차 모멘트 $I = \frac{bh^3}{12}$에 적용하면

$$I = \frac{b(\sqrt{3}\,b)^3}{12} = \frac{\sqrt{3}}{4}b^4$$

05

바깥지름 80mm, 안지름 60mm인 중공축에 4kN · m의 토크가 작용하고 있다. 최대 전단변형률은 얼마인가?(단, 축 재료의 전단탄성계수는 27GPa이다.)

① 0.00122   ② 0.00216
③ 0.00324   ④ 0.00410

$$\tau_{\max} = \frac{T}{Z_p} = \frac{T}{\frac{\pi d_2^{\,3}}{16}(1 - x^4)}$$

$$= \frac{4 \times 10^3}{\frac{\pi}{16} \times 0.08^3 \times \left(1 - \left(\frac{3}{4}\right)^4\right)}$$

$$= 58.2052 \times 10^6 \,\text{Pa}$$

$$= 58.21 \,\text{MPa}$$

$\tau_{\max} = G \cdot \gamma$에서

$$\gamma = \frac{\tau_{\max}}{G} = \frac{58.2052}{27 \times 10^3} = 0.002155$$

2022

06 외팔보 AB에서 중앙(C)에 모멘트 M_c와 자유단에 하중 P가 동시에 작용할 때, 자유단(B)에서의 처짐량이 영(0)이 되도록 M_c를 결정하면?(단, 굽힘강성 EI는 일정하다.)

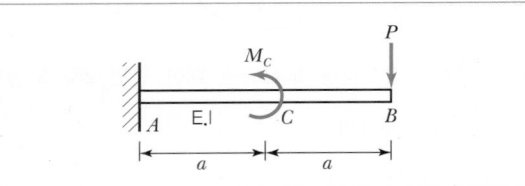

① $M_c = \dfrac{8}{9}Pa$

② $M_c = \dfrac{16}{9}Pa$

③ $M_c = \dfrac{24}{9}Pa$

④ $M_c = \dfrac{32}{9}Pa$

해설 ⊕

ⅰ) 모멘트 M_c에 의한 자유단의 처짐

$$\delta = \frac{3M_c a^2}{2EI}$$

ⅱ) 집중하중 P에 의한 자유단의 처짐

$$\delta = \frac{8P a^3}{3EI}$$

ⅲ) $\dfrac{3M_c a^2}{2EI} = \dfrac{8P a^3}{3EI}$ 에서

$$\therefore M_c = \frac{16}{9}Pa$$

07 5cm×10cm 단면의 3개의 목재를 목재용 접착제로 접착하여 그림과 같은 10cm×15cm의 사각 단면을 갖는 합성 보를 만들었다. 접착부에 발생하는 전단응력은 약 몇 kPa인가?(단, 이 합성보는 양단이 길이 2m인 단순지지보이며 보의 중앙에 800N의 집중하중을 받는다.)

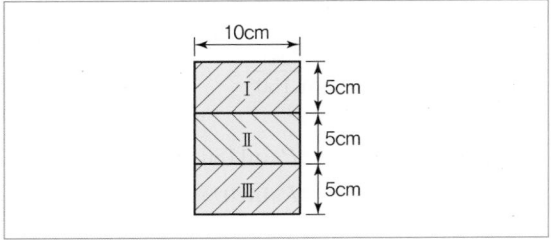

① 57.6   ② 35.5

③ 82.4   ④ 160.8

해설 ⊕

$$\tau = \frac{12 \times 400 \times 0.00025}{0.1^2 \times 0.15^3} = 35.55 \times 10^3 \text{N/m}^2$$
$$= 35.55\text{kPa}$$

08 양단이 회전지지로 된 장주에서 거리 e만큼 편심된 곳에 축방향 하중 P가 작용할 때 이 기둥에서 발생하는 최대 압축응력($\sigma_{\max}$)은?(단, A는 기둥 단면적, $2c$는 단면의 두께, r은 단면의 회전반경, E는 세로탄성계수, L은 장주의 길이이다.)

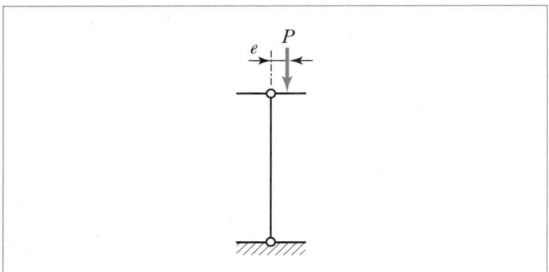

① $\sigma_{\max} = \dfrac{P}{A}\left[1 + \dfrac{ec}{r^2}\sec\left(\dfrac{L}{r}\sqrt{\dfrac{P}{4EA}}\right)\right]$

② $\sigma_{\max} = \dfrac{P}{A}\left[1 + \dfrac{ec}{r^2}\sec\left(\dfrac{L}{r}\sqrt{\dfrac{P}{2EA}}\right)\right]$

③ $\sigma_{\max} = \dfrac{P}{A}\left[1 + \dfrac{ec}{r^2}\csc\left(\dfrac{L}{r}\sqrt{\dfrac{P}{4EA}}\right)\right]$

④ $\sigma_{\max} = \dfrac{P}{A}\left[1 + \dfrac{ec}{r^2}\csc\left(\dfrac{L}{r}\sqrt{\dfrac{P}{2EA}}\right)\right]$

정답   **06** ②   **07** ②   **08** ①

$$\sigma_{max} = \frac{P}{A}\left[1 + \frac{ec}{r^2}\sec\left(\frac{L}{2r}\sqrt{\frac{P}{EA}}\right)\right] \text{(시컨트 공식)}$$

$$= \frac{P}{A}\left[1 + \frac{ec}{r^2}\sec\left(\frac{L}{r}\sqrt{\frac{P}{4EA}}\right)\right]$$

09 그림과 같이 지름 50mm의 연강봉의 일단을 벽에 고정하고, 자유단에는 50cm 길이의 레버 끝에 600N의 하중을 작용시킬 때 연강봉에 발생하는 최대 굽힘응력과 최대전단응력은 각각 몇 MPa인가?

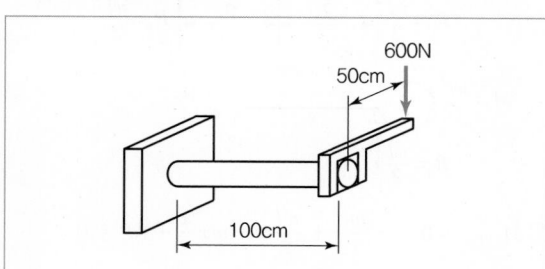

① 최대굽힘응력 : 51.8, 최대전단응력 : 27.3
② 최대굽힘응력 : 27.3, 최대전단응력 : 51.8
③ 최대굽힘응력 : 41.8, 최대전단응력 : 27.3
④ 최대굽힘응력 : 27.3, 최대전단응력 : 41.8

해설

$$\sigma_{max} = \frac{635.41 \times 32}{\pi \times 0.05^3} = 51.78 \times 10^6 \text{Pa} = 51.78\text{MPa}$$

$$\tau_{max} = \frac{670.82 \times 16}{\pi \times 0.05^3} = 27.33 \times 10^6 \text{Pa} = 27.33\text{MPa}$$

10 그림과 같은 막대가 있다. 길이는 4m이고 힘(F)은 지면에 평행하게 200N만큼 주었을 때 O점에 작용하는 힘(F_{ox}, F_{oy})과 모멘트(M_z)의 크기는?

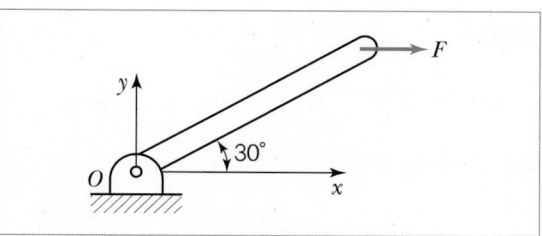

① $F_{ox} = 200\text{N}, F_{oy} = 0, M_z = 400\text{N} \cdot \text{m}$
② $F_{ox} = 0, F_{oy} = 200\text{N}, M_z = 200\text{N} \cdot \text{m}$
③ $F_{ox} = 200\text{N}, F_{oy} = 200\text{N}, M_z = 200\text{N} \cdot \text{m}$
④ $F_{ox} = 0, F_{oy} = 0, M_z = 400\text{N} \cdot \text{m}$

해설

〈F. B. D〉 - 힘 - 우력계

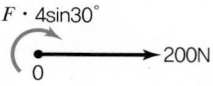

$$F_{ox} = 200\text{N}, F_{oy} = 0,$$

$$M_z = F \cdot 4\sin30° = 200 \times 4 \times \frac{1}{2} = 400\text{N} \cdot \text{m}$$

11 그림과 같은 직육면체 블록은 전단탄성계수 500MPa이고, 상하면에 강체 평판이 부착되어 있다. 아래쪽 평판은 바닥면에 고정되어 있으며, 위쪽 평판은 수평방향 힘 P가 작용한다. 힘 P에 의해서 위쪽 평판이 수평방향으로 0.8mm 이동되었다면 가해진 힘 P는 약 몇 kN인가?

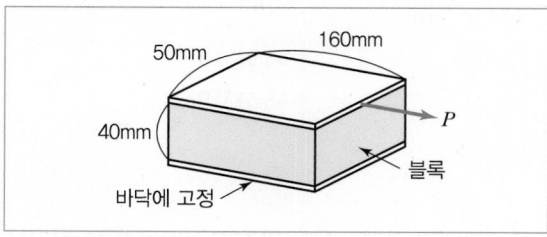

① 60 ② 80
③ 100 ④ 120

해설 ➕

$$\tau = G \cdot \gamma = G\frac{\lambda}{l}$$

하중 $P = \tau A = G\frac{\lambda}{l}A$

$$= 500 \times 10^6 \times \frac{0.8 \times 10^{-3}}{0.04} \times 0.05 \times 0.16$$

$$= 80,000\text{N}$$

$$= 80\text{kN}$$

12 그림과 같이 2개의 비틀림 모멘트를 받고 있는 중공축의 $a-a$ 단면에서 비틀림 모멘트에 의한 최대 전단응력은 약 몇 MPa인가?(단, 중공축의 바깥지름은 10cm, 안지름은 6cm이다.)

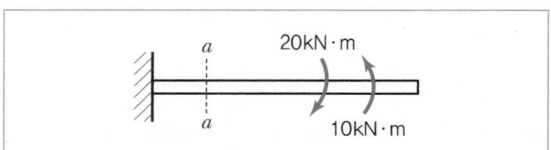

① 25.5   ② 36.5

③ 47.5   ④ 58.5

해설 ➕

$x = \dfrac{d_1}{d_2} = \dfrac{0.06}{0.1} = 0.6$: 내외경비

$T = 10\text{kN} \cdot \text{m (오른쪽)}$

$$\tau = \frac{T}{Z_p} = \frac{T}{\frac{\pi d_2^3}{16}(1-x^4)} = \frac{10 \times 10^3}{\frac{\pi}{16} \times 0.1^3 \times (1-0.6^4)}$$

$$= 58.51 \times 10^6 \text{Pa}$$

$$= 58.51\text{MPa}$$

13 그림과 같이 w N/m의 분포하중을 받는 길이 L 의 양단 고정보에서 굽힘 모멘트가 0이 되는 곳은 보의 왼쪽으로부터 대략 어디에 위치해 있는가?

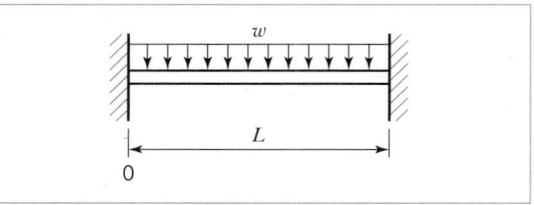

① $0.5L$ ② $0.33L$, $0.67L$

③ $0.21L$, $0.79L$ ④ $0.26L$, $0.74L$

해설 ➕

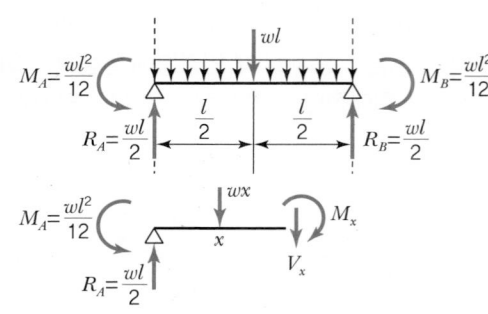

$$\sum M_{x지점} = 0 : -\frac{wl^2}{12} + \frac{wl}{2}x - wx\frac{x}{2} + M_x = 0$$

$$(여기서,\ M_x = 0)$$

$$\frac{w}{2}x^2 - \frac{wl}{2}x + \frac{wl^2}{12} = 0$$

$$6x^2 - 6x + l^2 = 0$$

$$\therefore\ x = \left(\frac{3 \pm \sqrt{3}}{6}\right)l$$

$$x = 0.7887l,\ x = 0.2113l$$

14 길이 15m, 지름 10mm의 강봉에 8kN의 인장하중을 걸었더니 탄성 변형이 생겼다. 이때 늘어난 길이는 약 몇 mm인가?(단, 이 강재의 세로탄성계수는 210GPa이다.)

① 1.46   ② 14.6

③ 0.73   ④ 7.3

해설 ⊕

$$\lambda = \frac{Pl}{AE} = \frac{Pl}{\frac{\pi d^2}{4} \times E} = \frac{8 \times 10^3 \times 15}{\frac{\pi \times 0.01^2}{4} \times 210 \times 10^9}$$

$$= 0.007275\mathrm{m}$$

$$= 7.28\mathrm{mm}$$

15 그림과 같이 전체 길이가 l인 보의 중앙에 집중하중 P[N]와 균일분포 하중 w[N/m]가 동시에 작용하는 단순보에서 최대 처짐은?(단, $w \times l = P$이고, 보의 굽힘강성 EI는 일정하다.)

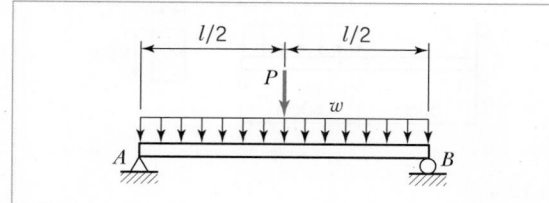

① $\dfrac{5Pl^3}{48EI}$ ② $\dfrac{13Pl^3}{64EI}$

③ $\dfrac{5Pl^3}{192EI}$ ④ $\dfrac{13Pl^3}{384EI}$

해설 ⊕

중첩법에 의해

$$\frac{Pl^3}{48EI} + \frac{5wl^4}{384EI} = \frac{Pl^3}{48EI} + \frac{5Pl^3}{384EI} = \frac{13Pl^3}{384EI}$$

16 한 변이 50cm이고, 얇은 두께를 가진 정사각형 파이프가 20,000N · m의 비틀림 모멘트를 받을 때 파이프 두께는 약 몇 mm 이상으로 해야 하는가?(단, 파이프 재료의 허용비틀림응력은 40MPa이다.)

① 0.5mm ② 1.0mm

③ 1.5mm ④ 2.0mm

해설 ⊕

$$t = \frac{20,000}{2 \times 40 \times 10^6 \times 0.5^2} = 0.001\mathrm{m} = 1\mathrm{mm}$$

17 그림과 같은 보에서 $P1 = 800$N, $P2 = 500$N이 작용할 때 보의 왼쪽에서 2m 지점에 있는 a 위치에서의 굽힘모멘트의 크기는 약 몇 N · m인가?

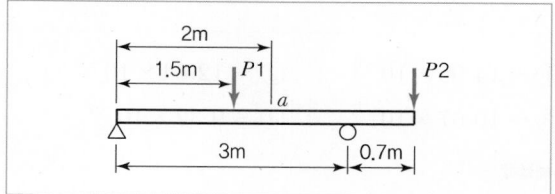

① 133.3 ② 166.7

③ 204.6 ④ 257.4

해설 ⊕

자유물체도를 그리면

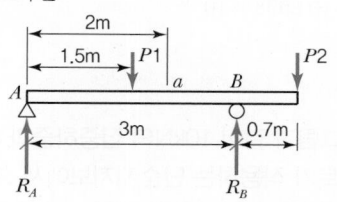

$$\sum M_{B지점} = 0 : R_A \times 3 - 800 \times 1.5 + 500 \times 0.7 = 0$$

$$\therefore R_A = 283.33\mathrm{N}, \quad \therefore R_B = 1,016.67\mathrm{N}$$

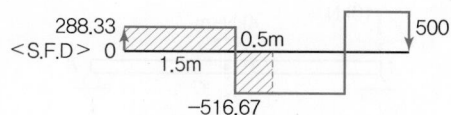

$x = 2$m인 지점에서 굽힘모멘트

$\sum M_{x=2} : x = 2$인 지점까지의 S.F.D의 면적과 같으므로

$$\sum M_{x=2} : 283.33 \times 1.5 - 516.67 \times 0.5 = 166.66\mathrm{N} \cdot \mathrm{m}$$

18 기계요소의 임의의 점에 대하여 스트레인을 측정하여 보니 다음과 같이 나타났다. 현 위치로부터 시계방향으로 $30°$ 회전된 좌표계의 y 방향의 스트레인 ε_y는 얼마인가?(단, ε은 각 방향별 수직변형률, γ는 전단변형률을 나타낸다.)

> • $\varepsilon_x = -30 \times 10^{-6}$
> • $\varepsilon_y = -10 \times 10^{-6}$
> • $\gamma_{xy} = 10 \times 10^{-6}$

① -14.95×10^{-6} ② -12.64×10^{-6}

③ -10.67×10^{-6} ④ -9.32×10^{-6}

해설 ➕

$$\varepsilon_y' = \frac{1}{4}(\varepsilon_x + 3\varepsilon_y + \sqrt{3}\,\gamma_{xy})$$

$$= \frac{1}{4}(-30 \times 10^{-6} + 3 \times (-10 \times 10^{-6})$$

$$+ \sqrt{3} \times 10 \times 10^{-6})$$

$$= -10.6698 \times 10^{-6}$$

19 그림과 같이 10kN의 집중하중과 4kN·m의 굽힘모멘트가 작용하는 단순지지보에서 A 위치의 반력 R_A는 약 몇 kN인가?(단, 4kN·m의 모멘트는 보의 중앙에서 작용한다.)

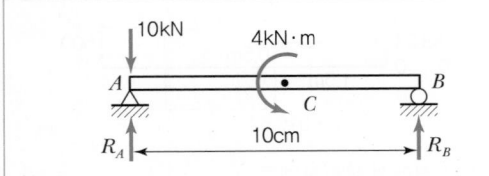

① 6.8   ② 14.2

③ 8.6   ④ 10.4

해설 ➕

$\sum M_{B지점} = 0$에서

$R_A \cdot 10 - 10 \times 10 - 4 = 0$

$\therefore R_A = 10.4\text{kN}$

20 그림과 같은 외팔보가 있다. 보의 굽힘에 대한 허용응력을 80MPa로 하고, 자유단 B로부터 보의 중앙점 C 사이에 등분포하중 w를 작용시킬 때, w의 최대 허용값은 몇 kN/m인가?(단, 외팔보의 폭×높이는 5cm×9cm이다.)

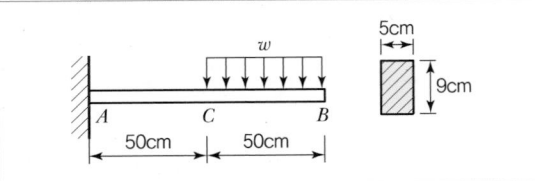

① 12.4   ② 13.4

③ 14.4   ④ 15.4

해설 ➕

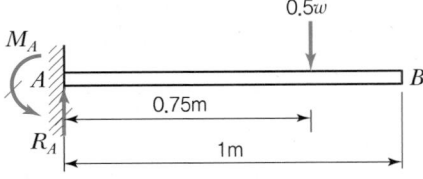

$R_A = 0.5w$

$M_{\max} = M_A = 0.5w \times 0.75 = 0.375w\,(\text{N} \cdot \text{m})$

$$\sigma_b = \frac{M_{\max}}{Z} = \frac{M_{\max}}{\dfrac{bh^2}{6}} = \frac{6 \times 0.375w}{bh^2}$$

$$\therefore w = \frac{bh^2 \sigma_{\max}}{6 \times 0.375} = \frac{0.05 \times 0.09^2 \times 80 \times 10^6}{6 \times 0.375}$$

$$= 14,400\text{N/m} = 14.4\,\text{kN/m}$$

2과목 **기계열역학**

21 비열이 0.9kJ/(kg · K), 질량이 0.7kg으로 동일하며, 온도가 각각 200℃와 100℃인 두 금속 덩어리를 접촉시켜서 온도가 평형에 도달하였을 때 총 엔트로피 변화량은 약 몇 J/K인가?

① 8.86 ② 10.42

③ 13.25 ④ 16.87

해설 ➕ -

$$S_2 - S_1 = m(\Delta s_1 + \Delta s_2)$$
$$= 0.7 \times (113.21 - 100.55)$$
$$= 8.862 \text{J/K}$$

22 랭킨 사이클로 작동되는 증기동력 발전소에서 20MPa의 압력으로 물이 보일러에 공급되고, 응축기 출구에서 온도는 20℃, 압력은 2.339kPa이다. 이때 급수펌프에서 수행하는 단위질량당 일은 약 몇 kJ/kg인가?(단, 20℃에서 포화액 비체적은 0.001002m³/kg, 포화증기 비체적은 57.79m³/kg이며, 급수펌프에서는 등엔트로피 과정으로 변화한다고 가정한다.)

① 0.4681 ② 20.04

③ 27.14 ④ 1,020.6

해설 ➕ -

$$_1 w_{2p} = \int_1^2 v\,dP = v(P_2 - P_1)$$
$$= 0.001002(20 \times 10^6 - 2.339 \times 10^3)$$
$$= 20,037.66 \text{J/kg}$$
$$= 20.04 \text{kJ/kg}$$

23 다음의 물리량 중 물질의 최초, 최종상태뿐 아니라 상태변화의 경로에 따라서도 그 변화량이 달라지는 것은?

① 일 ② 내부에너지

③ 엔탈피 ④ 엔트로피

해설 ➕ -

일과 열은 경로함수이다.

24 압력이 0.2MPa이고, 초기 온도가 120℃인 1kg의 공기를 압축비 18로 가역 단열 압축하는 경우 최종 온도는 약 몇 ℃인가?(단, 공기는 비열비가 1.4인 이상 기체이다.)

① 676℃ ② 776℃

③ 876℃ ④ 976℃

해설 ➕ -

단열과정의 온도, 압력, 체적 간의 관계식에서

$$\frac{T_2}{T_1} = \left(\frac{V_1}{V_2}\right)^{k-1}$$

$V_1 = V_t,\ V_2 = V_c$이므로

$$\frac{T_2}{T_1} = \left(\frac{V_t}{V_c}\right)^{k-1} = (\varepsilon)^{k-1} \ (\because \frac{V_t}{V_c} = \varepsilon(\text{압축비}))$$

$$\therefore\ T_2 = T_1(\varepsilon)^{k-1}$$
$$= (120 + 273) \times (18)^{1.4-1} = 1,248.82 \text{K}$$
$$\rightarrow 1,248.82 - 273 = 975.82℃$$

25 공기 표준 사이클로 운전하는 이상적인 디젤 사이클이 있다. 압축비는 17.5, 비열비는 1.4, 체절비(또는 분사단절비, Cut-off Ratio)는 2.1일 때 이 디젤 사이클의 효율은 약 몇 %인가?

① 60.5 ② 62.3

③ 64.7 ④ 66.8

2022

$$\eta_D = 1 - \left(\frac{1}{\varepsilon}\right)^{k-1} \cdot \frac{\sigma^k - 1}{k(\sigma - 1)}$$

$$= 1 - \left(\frac{1}{17.5}\right)^{1.4-1} \cdot \frac{2.1^{1.4} - 1}{1.4 \times (2.1 - 1)}$$

$$= 0.6227$$

$$= 62.27\%$$

26 고열원 500℃와 저열원 35℃ 사이에 열기관을 설치하였을 때, 사이클당 10MJ의 공급열량에 대해서 7MJ의 일을 하였다고 주장한다면, 이 주장은?

① 열역학적으로 타당한 주장이다.
② 가역기관이라면 타당한 주장이다.
③ 비가역기관이라면 타당한 주장이다.
④ 열역학적으로 타당하지 않은 주장이다.

카르노 사이클(이상적인 열기관)의 효율은 온도만의 함수이므로

$$\eta_C = \frac{T_H - T_L}{T_H} = 1 - \frac{T_L}{T_H} = 1 - \frac{35 + 273}{500 + 273} = 0.6016$$
$$= 60.16\%$$

주어진 열기관의 효율 $\eta = \dfrac{W}{Q_H} = \dfrac{7}{10} = 0.7 = 70\%$

$\eta_C < \eta$ 이므로 열역학적으로 타당하지 않다.

27 수평으로 놓여진 노즐에서 증기가 흐르고 있다. 입구에서의 엔탈피는 3,106kJ/kg이고, 입구 속도는 13m/s, 출구 속도는 300m/s일 때 출구에서의 증기 엔탈피는 약 몇 kJ/kg인가?(단, 노즐에서의 열교환 및 외부로의 일량은 무시할 수 있을 정도로 작다고 가정한다.)

① 3,146　　　　② 3,208
③ 2,963　　　　④ 3,061

$$q_{c.v} + h_i + \frac{V_i^2}{2} + gZ_i = h_e + \frac{V_e^2}{2} + gZ_e + w_{cv}$$

$q_{cv} = 0$(단열), $w_{cv} = 0$(일 못함), $qZ_i = gZ_e$이므로

$$h_e = h_i + \frac{V_i^2}{2} - \frac{V_e^2}{2}$$

$$= 3,106 + \frac{\frac{1}{2}(13^2 - 300^2)}{1,000}$$

$$= 3,061.08\text{kJ/kg}$$

28 질량이 4kg인 단열된 강재 용기 속에 물 18L가 들어 있으며, 25℃로 평형상태에 있다. 이 속에 200℃의 물체 8kg을 넣었더니 열평형에 도달하여 온도가 30℃가 되었다. 물의 비열은 4.187kJ/(kg·K)이고, 강재(용기)의 비열은 0.4648kJ/(kg·K)일 때 물체의 비열은 약 몇 kJ/(kg·K)인가?(단, 외부와의 열교환은 없다고 가정한다.)

① 0.244　　　　② 0.267
③ 0.284　　　　④ 0.302

$_1Q_2 = m C(T_2 - T_1)$에서
강재질량 m_1, 강재의 비열 C_1, 강재의 온도 T_1
물의 질량 m_2, 물의 비열 C_2, 물의 온도 T_1
(강재와 물의 온도 동일)
물체질량 m_3, 물체의 비열 C_3, 물체의 온도 T_3
열평형온도 $T_2 = 30℃$
강재와 물이 흡수한 열량＝물체가 방출한 열량

$$m_1 C_1(T_2 - T_1) + m_2 C_2(T_2 - T_1) = -m_3 C_3(T_2 - T_3)$$
$$m_3 C_3(T_3 - T_2) = m_1 C_1(T_2 - T_1) + m_2 C_2(T_2 - T_1)$$
$$C_3 = \frac{m_1 C_1(T_2 - T_1) + m_2 C_2(T_2 - T_1)}{m_3(T_3 - T_2)}$$
$$= \frac{\begin{array}{c}4 \times 0.48467 \times (30-25) + 1,000 \\ \times 18 \times 10^{-3} \times 4.187 \times (30-25)\end{array}}{8(200-30)}$$
$$= 0.284\text{kJ/kg}\cdot\text{K}$$

29 그림과 같은 이상적인 열펌프의 압력(P) - 엔탈피(h) 선도에서 각 상태의 엔탈피는 다음과 같을 때 열펌프의 성능계수는?(단, $h_1 = 155$kJ/kg, $h_3 = 593$kJ/kg, $h_4 = 827$kJ/kg이다.)

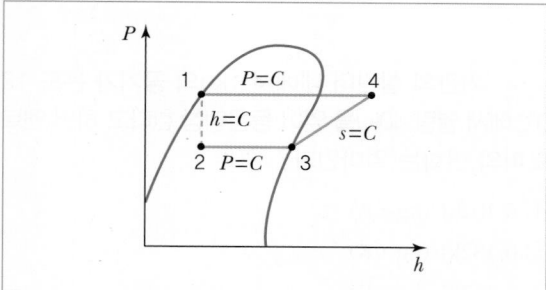

① 1.8
② 2.9
③ 3.5
④ 4.0

$$\varepsilon_H = \frac{q_H}{q_H - q_L} = \frac{h_4 - h_1}{h_4 - h_3} = \frac{827 - 155}{827 - 593} = 2.87$$

30 효율이 40%인 열기관에서 유효하게 발생되는 동력이 110kW라면 주위로 방출되는 총열량은 약 몇 kW인가?

① 375
② 165
③ 135
④ 85

해설 ⊕

$$\eta = \frac{\dot{Q}_a}{\dot{Q}_H} \rightarrow \text{공급 총열전달률 } \dot{Q}_H = \frac{\dot{Q}_a}{\eta} = \frac{110}{0.4} = 275\text{kW}$$

방열 총열전달률(유효하지 않은 동력) $= 275 \times (1 - 0.4)$
$$= 165\text{kW}$$

※ $(1-0.4)$: 60%가 비가용 에너지임을 의미

31 압력이 일정할 때 공기 5kg을 0℃에서 100℃까지 가열하는 데 필요한 열량은 약 몇 kJ인가?(단, 비열(C_p)은 온도 T(℃)에 관계한 함수로 C_p(kJ/(kg · ℃)) $= 1.01 + 0.000079 \times T$이다.)

① 365
② 436
③ 480
④ 507

해설 ⊕

$p = c$이므로 $\delta q = dh - vdp^{\nearrow 0}$

$\therefore \delta q = dh \rightarrow dh = C_p dT$ 적용

$_1q_2 = \int_1^2 C_p dT$ (C_p가 온도 T℃ 의 함수로 주어져 있으므로)

$$= \int_1^2 (1.01 + 79 \times 10^{-6} T) dT$$

$$= [1.01\,T]_1^2 + 79 \times 10^{-6} \left[\frac{T^2}{2}\right]_1^2$$

$$= 1.01(T_2 - T_1) + 79 \times 10^{-6} \times \frac{1}{2}(T_2^2 - T_1^2)$$

$$= 1.01(100 - 0) + 79 \times 10^{-6} \times \frac{1}{2}(100^2 - 0^2)$$

$$= 101.395\text{kJ/kg}$$

전열량 $_1Q_2 = m\,_1q_2$
$$= 5\text{kg} \times 101.395\,(\text{kJ/kg})$$
$$= 506.98\text{kJ}$$

32 Van der Waals 상태 방정식은 다음과 같이 나타낸다. 이 식에서 $\frac{a}{v^2}$, b는 각각 무엇을 의미하는 것인가?(단, P는 압력, v는 비체적, R은 기체상수, T는 온도를 나타낸다.)

$$\left(P + \frac{a}{v^2}\right) \times (v - b) = RT$$

① 분자 간의 작용력, 분자 내부 에너지
② 분자 자체의 질량, 분자 내부 에너지
③ 분자 간의 작용력, 기체 분자들이 차지하는 체적
④ 분자 자체의 질량, 기체 분자들이 차지하는 체적

해설 ⊕

$$\eta = 1 - \frac{T_L}{T_H} = 1 - \frac{50+273}{400+273} = 0.52 = 52\%$$

33 피스톤 – 실린더에 기체가 존재하며 피스톤의 단면적은 5cm²이고 피스톤에 외부에서 500N의 힘이 가해진다. 이때 주변 대기압력이 0.099MPa이면 실린더 내부 기체의 절대압력(MPa)은 약 얼마인가?

① 0.901 ② 1.099
③ 1.135 ④ 1.275

해설 ⊕

$p_{abs} = p_0 + p_g$에서

$$p_0 = 0.099$$

$$p_g = \frac{F}{A} = \frac{500}{5 \times 10^{-4}} = 1 \times 10^6 \mathrm{N/m^2} = 1\mathrm{MPa}$$

$$p_{abs} = 0.099 + 1 = 1.099\mathrm{MPa}$$

34 물질의 양을 1/2로 줄이면 강도성(강성적) 상태량(Intensive Properties)은 어떻게 되는가?

① 1/2로 줄어든다. ② 1/4로 줄어든다.
③ 변화가 없다. ④ 2배로 늘어난다.

해설 ⊕

강도성 상태량은 물질의 양과 무관하다.

35 고온 400℃, 저온 50℃의 온도 범위에서 작동하는 Carnot 사이클 열기관의 효율을 구하면 약 몇 %인가?

① 43 ② 46
③ 49 ④ 52

36 기관의 실린더 내에서 1kg의 공기가 온도 120℃에서 열량 40kJ을 얻어 등온팽창 한다고 하면 엔트로피의 변화는 얼마인가?

① 0.102kJ/(kg · K)
② 0.132kJ/(kg · K)
③ 0.162kJ/(kg · K)
④ 0.192kJ/(kg · K)

해설 ⊕

$$\Delta s = \frac{{}_1Q_2}{mT} = \frac{40}{1 \times (120+273)} = 0.1018\mathrm{kJ/kg \cdot K}$$

37 이상기체의 상태변화에서 내부에너지가 일정한 상태 변화는?

① 등온 변화 ② 정압 변화
③ 단열 변화 ④ 정적 변화

해설 ⊕

$$du = C_v d\!\!\!/T^{\,0} \rightarrow du = 0 \rightarrow u = c$$

38 물 10kg을 1기압하에서 20℃로부터 60℃까지 가열할 때 엔트로피의 증가량은 약 몇 kJ/K인가?(단, 물의 정압비열은 4.18kJ/(kg · K)이다.)

① 9.78 ② 5.35
③ 8.32 ④ 14.8

정답 33 ② 34 ③ 35 ④ 36 ① 37 ① 38 ②

해설 ⊕ ------

$\delta q = dh - vdP^{\nearrow 0}$ 이고

비엔트로피 변화 $ds = \dfrac{\delta q}{T} = \dfrac{dh}{T} = C_P \cdot \dfrac{1}{T} dT$

$s_2 - s_1 = C_P \ln \dfrac{T_2}{T_1}$

$= 4.18 \times \ln\left(\dfrac{333}{293}\right)$

$= 0.5349 \, \text{kJ/kg·K}$

엔트로피의 증가량 $S_2 - S_1 = m(s_2 - s_1)$

$= 10 \times 0.5349 = 5.349 \, \text{kJ/K}$

39 단열 노즐에서 공기가 팽창한다. 노즐 입구에서 공기 속도는 60m/s, 온도는 200℃이며, 출구에서 온도는 50℃일 때 출구에서 공기 속도는 약 얼마인가? (단, 공기 비열은 1.0035kJ/(kg · K)이다.)

① 62.5m/s　　　② 328m/s

③ 552m/s　　　④ 1,901m/s

해설 ⊕ ------

$dh = C_p dT$

$h_2 - h_1 = C_p(T_2 - T_1)$ (방열(-))

$h_1 - h_2 = C_p(T_1 - T_2)$

$= 1.0035 \times 10^3 \times (200 - 50)$

$= 150,525 \, \text{J/kg}$

개방계에서 $q_{c.v} + h_i + \dfrac{V_i^2}{2} + gZ_i$

$= h_e + \dfrac{V_e^2}{2} + gZ_e + w_{cv}$

$q_{cv} = 0$ (단열), $w_{cv} = 0$ (일 못함), $qZ_i = gZ_e$ 이므로

$\dfrac{V_e^2}{2} = h_i - h_e + \dfrac{V_i^2}{2}$

$\therefore \ V_e = \sqrt{2(h_i - h_e) + V_i^2}$

$= \sqrt{2 \times 150,525 + 60^2}$

$= 551.95 \, \text{m/s}$

40 1MPa, 230℃ 상태에서 압축계수(Compress-ibility Factor)가 0.95인 기체가 있다. 이 기체의 실제 비체적은 약 몇 m³/kg인가?(단, 이 기체의 기체상수는 461J/(kg · K)이다.)

① 0.14　　　② 0.18

③ 0.22　　　④ 0.26

해설 ⊕ ------

$v = \dfrac{0.95 \times 461 \times (230 + 273)}{1 \times 10^6} = 0.22$

3과목 ｜ **기계유체역학**

41 점성계수가 0.7poise이고 비중이 0.7인 유체의 동점성계수는 몇 stokes인가?

① 0.1　　　② 1.0

③ 10　　　④ 100

해설 ⊕ ------

$\nu = \dfrac{\mu}{\rho} = \dfrac{\mu}{s\rho_w} = \dfrac{0.7 \dfrac{g}{\text{cm} \cdot \text{s}}}{0.7 \times 1 \dfrac{g}{\text{cm}^3}} = 1 \, \text{cm}^2/\text{s} = 1 \, \text{stokes}$

42 정지 유체 속에 잠겨 있는 평면에 대하여 유체에 의해 받는 힘에 관한 설명 중 틀린 것은?

① 깊게 잠길수록 받는 힘이 커진다.

② 크기는 도심에서의 압력에 전체 면적을 곱한 것과 같다.

③ 평면이 수평으로 놓인 경우, 압력 중심은 도심과 일치한다.

④ 평면이 수직으로 놓인 경우, 압력 중심은 도심보다 약간 위쪽에 있다.

2022

해설 ⊕ - - - - - - - - - - - - - - - - - - -

전압력 중심은 도심보다 $\dfrac{I_X}{Ay}$ 만큼 더 아래에 있다.

43 유체의 회전벡터(각속도)가 ω인 회전유동에서 와도(Vorticity, ζ)는?

① $\zeta = \dfrac{\omega}{2}$ ② $\zeta = \sqrt{\dfrac{\omega}{2}}$

③ $\zeta = 2\omega$ ④ $\zeta = \sqrt{2\omega}$

해설 ⊕ - - - - - - - - - - - - - - - - - - -

와도 ζ(제타)
유체의 어떤 점에서의 입자의 회전 정도를 나타내는 척도
= 소용돌이도

$\omega = \dfrac{1}{2}(\nabla \times V)$, $curl\,V = \nabla \times V = \zeta$ 에서

$\therefore \zeta = 2\omega$

44 날개 길이(Span) 10m, 날개 시위(Chord Length)는 1.8m인 비행기가 112m/s의 속도로 날고 있다. 이 비행기의 항력계수가 0.0761일 때 비행에 필요한 동력은 약 몇 kW인가?(단, 공기의 밀도는 1.2173kg/m³, 날개는 사각형으로 단순화하며, 양력은 충분히 발생한다고 가정한다.)

① 1,172   ② 1,343
③ 1,570   ④ 3,733

해설 ⊕ - - - - - - - - - - - - - - - - - - -

$D = C_D \cdot \dfrac{\rho V^2}{2} \cdot A$

$\quad = 0.0761 \times \dfrac{1.2173 \times 112^2}{2} \times 10 \times 1.8 = 10,458.3\text{N}$

$H_{\text{kW}} = \dfrac{D \cdot V}{1,000} = \dfrac{10,458.3 \times 112}{1,000} = 1,171.3\text{kW}$

45 그림과 같이 평판의 왼쪽 면에 단면적이 0.01m², 속도 10m/s인 물 제트가 직각으로 충돌하고 있다. 평판의 오른쪽 면에 단면적이 0.04m²인 물 제트를 쏘아 평판이 정지 상태를 유지하려면 속도 V_2는 약 몇 m/s여야 하는가?

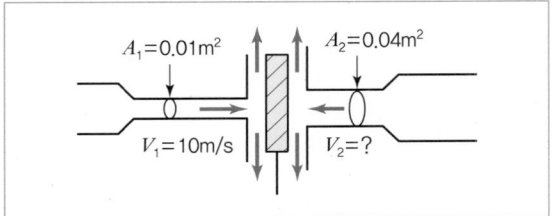

$A_1 = 0.01\text{m}^2$ $A_2 = 0.04\text{m}^2$

$V_1 = 10\text{m/s}$ $V_2 = ?$

① 2.5   ② 5.0
③ 20   ④ 40

해설 ⊕ - - - - - - - - - - - - - - - - - - -

제트가 평판에 충돌할 때 힘
$f_x = \rho Q V^2$
좌우가 동일해야 하므로
$1,000 \times 0.01 \times 10^2 = 1,000 \times 0.04 \times V_2^2$

$\therefore V_2 = \sqrt{\dfrac{1,000}{40}} = 5\text{m/s}$

46 (r, θ)좌표계에서 코너를 흐르는 비점성, 비압축성 유체의 2차원 유동함수(ψ, m²/s)는 다음과 같다. 이 유동함수에 대한 속도 퍼텐셜(ϕ)의 식으로 옳은 것은?(단, r은 m 단위이고 C는 상수이다.)

$$\psi = 2r^2 \sin 2\theta$$

① $\phi = 2r^2 \cos 2\theta + C$

② $\phi = 2r^2 \tan 2\theta + C$

③ $\phi = 4r \cos \theta^2 + C$

④ $\phi = 4r \tan \theta^2 + C$

해설 ➕

$d\phi = 4r\cos 2\theta dr$ 적분하면

$$\phi = 4\frac{r^2}{2}\cos 2\theta + C$$
$$= 2r^2\cos 2\theta + C$$

47 피토 – 정압관과 액주계를 이용하여 공기의 속도를 측정하였다. 비중이 약 1인 액주계 유체의 높이 차이는 10mm이고, 공기 밀도는 1.22kg/m³일 때, 공기의 속도는 약 몇 m/s인가?

① 2.1 ② 12.7
③ 68.4 ④ 160.2

해설 ➕

비중량이 다른 유체가 들어 있을 때 유체의 속도

$$V = \sqrt{2g\Delta h\left(\frac{\rho_o}{\rho} - 1\right)}$$ (여기서, $\rho_o = s_o \cdot \rho_w$)

$$= \sqrt{2 \times 9.8 \times 0.01 \times \left(\frac{1,000}{1.22} - 1\right)} = 12.67\text{m/s}$$

48 경계층(Boundary Layer)에 관한 설명 중 틀린 것은?

① 경계층 바깥의 흐름은 퍼텐셜 흐름에 가깝다.
② 균일 속도가 크고, 유체의 점성이 클수록 경계층의 두께는 얇아진다.
③ 경계층 내에서는 점성의 영향이 크다.
④ 경계층은 평판 선단으로부터 하류로 갈수록 두꺼워진다.

해설 ➕

$$\frac{\delta}{x} = \frac{5.48}{\sqrt{Re_x}} = \frac{5.48}{\sqrt{\dfrac{\rho V x}{\mu}}}$$ 이므로

균일 속도가 작고 점성계수가 클수록 경계층 두께는 두꺼워진다.

49 반지름 0.5m인 원통형 탱크에 1.5m 높이로 물을 채우고 중심축을 기준으로 각속도 10rad/s로 회전시킬 때 탱크 저면의 중심에서 압력은 계기압력으로 약 몇 kPa인가?(단, 탱크의 윗면은 열려 대기 중에 노출되어 있으며 물은 넘치지 않는다고 한다.)

① 2.26 ② 4.22
③ 6.42 ④ 8.46

해설 ➕

$$h = \frac{V^2}{2g}$$ (여기서, $V = r\omega$: 원주속도)

$$= \frac{1}{2 \times 9.8}(0.5 \times 10)^2 = 1.2755\text{m}$$

중심부에서 압력

$$P_g = \gamma h_c$$ (여기서, $h_c = 1.5 - \left(\frac{h}{2}\right)$: 중심부높이)

$$= 9,800 \times 0.86225 = 8,450\text{Pa} = 8.45\text{kPa}$$

50 개방된 탱크 내에 비중이 0.8인 오일이 가득 차 있다. 대기압이 101kPa이라면, 오일 탱크 수면으로부터 3m 깊이에서 절대압력은 약 몇 kPa인가?

① 208 ② 249
③ 174 ④ 125

해설 ➕

절대압 =국소대기압+계기압
$$p_{abs} = p_o + p_g = p_o + \gamma_{oil}h = p_o + s_{oil}\gamma_w h$$
$$= 101 + 0.8 \times 9,800 \times 3 \times 10^{-3} = 124.52\text{kPa}$$

51 밀도 890kg/m³, 점성계수 2.3kg/(m · s)인 오일이 지름 40cm, 길이 100m인 수평 원관 내를 평균속도 0.5m/s로 흐른다. 입구의 영향을 무시하고 압력강하를 이길 수 있는 펌프 소요동력은 약 몇 kW인가?

① 0.58 ② 1.45
③ 2.90 ④ 3.63

해설 ⊕

$$Q = \frac{\Delta p \pi d^4}{128 \mu l}$$

$$\Delta p = \frac{128 \mu l Q}{\pi d^4}$$

$$= \frac{128 \times 2.3 \times 100 \times \frac{\pi}{4} \times 0.4^2 \times 0.5}{\pi \times 0.4^4}$$

$$= 23,000 \text{Pa}$$

압력강하량 $\Delta p = \gamma \cdot h_l$에서

손실수두 $h_l = \dfrac{\Delta p}{\gamma} = \dfrac{23,000}{9,800} = 2.3469\text{m}$

소요동력 $H_s = \dfrac{\gamma h_l Q}{1,000}$

$$= \frac{9,800 \times 2.3469 \times \frac{\pi}{4} \times 0.4^2 \times 0.5}{1,000}$$

$$= 1.445\text{kW}$$

52 그림과 같은 반지름 R인 원관 내의 층류유동 속도분포는 $u(r) = U\left(1 - \dfrac{r^2}{R^2}\right)$으로 나타내어진다.

여기서 원관 내 전체가 아닌 $0 \le r \le \dfrac{R}{2}$인 원형 단면을 흐르는 체적유량 Q를 구하면?(단, U는 상수이다.)

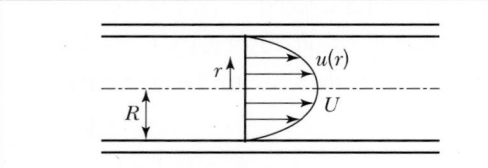

① $Q = \dfrac{5\pi U R^2}{16}$ ② $Q = \dfrac{7\pi U R^2}{16}$

③ $Q = \dfrac{5\pi U R^2}{32}$ ④ $Q = \dfrac{7\pi U R^2}{32}$

해설 ⊕

$$Q = 2\pi U\left(\frac{R^2}{8} - \frac{R^2}{64}\right) = 2\pi U\left(\frac{7R^2}{64}\right) = \pi U\left(\frac{7R^2}{32}\right)$$

53 원형 관내를 완전한 층류로 물이 흐를 경우 관마찰계수(f)에 대한 설명으로 옳은 것은?

① 상대 조도(ε/D)만의 함수이다.
② 마하수(Ma)만의 함수이다.
③ 오일러수(Eu)만의 함수이다.
④ 레이놀즈수(Re)만의 함수이다.

해설 ⊕

층류일 때 관마찰 계수 $f = \dfrac{64}{Re}$

54 밀도가 800kg/m³인 원통형 물체가 그림과 같이 1/3이 액체면 위에 떠 있는 것으로 관측되었다. 이 액체의 비중은 약 얼마인가?

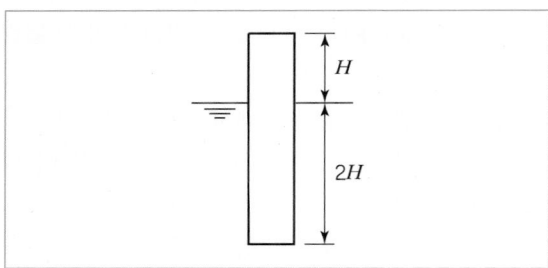

① 0.2 ② 0.67
③ 1.2 ④ 1.5

해설 ⊕

↑ y, 무게와 부력이 같다.

원통형 물체의 전체적을 V, 물체 비중량 γ, 물체 밀도 $\rho = 800\text{kg/m}^3$, 액체의 비중 S_x, 비중량을 γ_x라 하면

$$\sum F_y = 0 : F_B - \gamma \cdot V = 0$$

$$\gamma_x V_{잠긴} - \gamma V = 0$$

(여기서, $\gamma_x = S_x \gamma_w$, $V_{잠긴} = \dfrac{2}{3} V$, $\gamma = \rho \cdot g$ 적용)

$$S_x \cdot \gamma_w \times \frac{2}{3} V = \gamma \cdot V$$

$$\therefore S_x = \frac{3}{2} \frac{\gamma}{\gamma_w} = \frac{3}{2} \frac{\rho \cdot g}{\gamma_w}$$

$$= \frac{3}{2} \times \frac{800 \times 9.8}{9,800} = 1.2$$

55 그림과 같은 노즐에서 나오는 유량이 0.078 m³/s일 때 수위(H)는 약 얼마인가?(단, 노즐 출구의 안지름은 0.1m이다.)

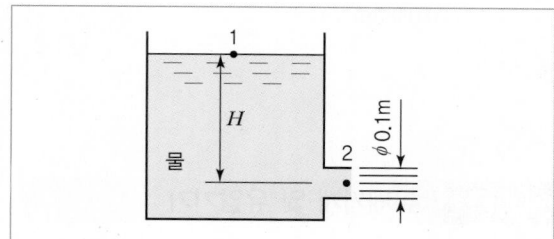

① 5m   ② 10m

③ 0.5m   ④ 1m

해설 ➕ -

$$V = \frac{Q}{A} = \frac{4Q}{\pi d^2} = \frac{4 \times 0.078}{\pi \times 0.1^2} = 9.93 \text{m/s}$$

분출속도 $V = \sqrt{2gH}$ 에서 $H = \dfrac{V^2}{2g} = \dfrac{9.93^2}{2 \times 9.8} = 5.03 \text{m}$

56 실형의 1/25인 기하학적으로 상사한 모형 댐을 이용하여 유동특성을 연구하려고 한다. 모형 댐의 상부에서 유속이 1m/s일 때 실제 댐에서 해당 부분의 유속은 약 몇 m/s인가?

① 0.025   ② 0.2

③ 5   ④ 25

해설 ➕ -

역학적으로 상사하기 위해 모형과 실형의 프루드 수가 같아야 한다.

$$(F_r)_m = (F_r)_P$$

$$\left(\frac{V}{\sqrt{L g}} \right)_m = \left(\frac{V}{\sqrt{L g}} \right)_P$$

$$V_P = \sqrt{\frac{L_p}{L_m}} \, V_m \ (\because \ g_m = g_p)$$

$$= \sqrt{25} \times 1 = 5 \text{m/s}$$

57 어느 물리법칙이 $F(a, V, \nu, L) = 0$과 같은 식으로 주어졌다. 이 식을 무차원수의 함수로 표시하고자 할 때 이에 관계되는 무차원수는 몇 개인가?(단, a, V, ν, L은 각각 가속도, 속도, 동점성계수, 길이이다.)

① 4   ② 3

③ 2   ④ 1

해설 ➕ -

버킹엄의 π 정리에 의해 독립무차원수 $\pi = n - m$

여기서, n : 물리량 총수

m : 사용된 차원수

a : 가속도 m/s²[LT^{-2}]

V : 속도 m/s[LT^{-1}]

ν : 동점성계수 m²/s[$L^2 T^{-1}$]

L : 길이 m[L]

$\pi = n - m = 4 - 2 \ (L$과 T 차원 2개$) = 2$

58 축동력이 10kW인 펌프를 이용하여 호수에서 30m 위에 위치한 저수지에 25L/s의 유량으로 물을 양수한다. 펌프에서 저수지까지 파이프 시스템의 비가역적 수두손실이 4m라면 펌프의 효율은 약 몇 %인가?

① 63.7   ② 78.5

③ 83.3   ④ 88.7

정답   55 ①   56 ③   57 ③   58 ③

해설 ➕ -

펌프의 이론동력은

$$H_{th} = H_{KW} = \frac{\gamma H Q}{1,000} = \frac{9,800 \times 34 \times 25 \times 10^{-3}}{1,000}$$
$$= 8.33\text{kW}$$

펌프의 효율 $\eta_P = \dfrac{H_{th}}{H_s} = \dfrac{\text{이론동력}}{\text{축동력}}$

$$= \frac{8.33}{10} = 0.833 = 83.3\%$$

59 두 평판 사이에 점성계수가 2N · s/m²인 뉴턴유체가 다음과 같은 속도분포(u, m/s)로 유동한다. 여기서 y는 두 평판 사이의 중심으로부터 수직방향 거리(m)를 나타낸다. 평판 중심으로부터 $y = 0.5$cm 위치에서의 전단응력의 크기는 약 몇 N/m²인가?

$$u(y) = 1 - 10,000 \times y^2$$

① 100   ② 200
③ 1,000   ④ 2,000

해설 ➕ -

뉴턴의 점성법칙을 적용하여 $\tau = \mu \dfrac{du}{dy}$

$\dfrac{du}{dy} = -20,000y$이므로

$\therefore \tau_y = \mu(-20,000y)$

$\tau_{y=0.005} = 2 \times (-20,000 \times 0.005) = 200\text{N/m}^2$

60 그림과 같이 탱크로부터 15℃의 공기가 수평한 호스와 노즐을 통해 Q의 유량으로 대기 중으로 흘러나가고 있다. 탱크 안의 게이지압력이 10kPa일 때, 유량 Q는 약 몇 m³/s인가?(단, 노즐 끝단의 지름은 0.02m, 대기압은 101kPa이고, 공기의 기체상수는 287J/(kg · K)이다.)

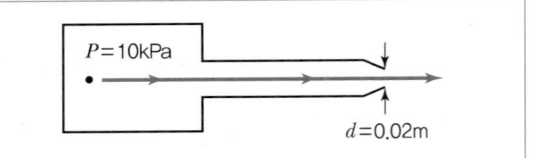

① 0.038   ② 0.042
③ 0.046   ④ 0.054

해설 ➕ -

$$V_2 = \sqrt{\frac{2 \times 10 \times 10^3 \times 287 \times (15 + 273)}{111 \times 10^3}}$$
$$= 122.04\text{m/s}$$

$$Q = A V_2 = \frac{\pi}{4} \times 0.02^2 \times 122.04$$
$$= 0.0383\text{m}^3/\text{s}$$

4과목 유체기계 및 유압기기

61 수력발전소에서 유효낙차 60m, 유량 3m³/s인 수차의 출력이 1,440kW일 때 이 수차의 효율은 약 몇 %인가?

① 81.6%   ② 71.8%
③ 61.4%   ④ 51.2%

해설 ➕ -

터빈의 이론동력은

$$H_{th} = H_{KW} = \frac{\gamma H Q}{1,000} = \frac{9,800 \times 60 \times 3}{1,000} = 1,764\text{kW}$$

터빈의 효율 $\eta_T = \dfrac{H_s}{H_{th}} = \dfrac{1,440}{1,764} = 0.8163 = 81.63\%$

정답   59 ② 60 ① 61 ①

62 펌프, 송풍기 등이 운전 중에 한숨을 쉬는 것과 같은 상태가 되어, 펌프인 경우 입구와 출구의 진공계, 압력계의 바늘이 흔들리고 동시에 송출유량이 변화하는 현상은?

① 서징현상 　② 수격현상
③ 공동현상 　④ 과열현상

해설⊕

서징(맥동)현상
송출유량이 주기적으로 변하는 현상을 서징현상이라 한다.

63 펌프의 공동현상(Cavitation) 방지대책으로 옳지 않은 것은?

① 펌프의 설치높이를 가능한 한 낮춘다.
② 양흡입 펌프를 사용한다.
③ 펌프의 회전수를 높게 한다.
④ 밸브, 플랜지 등의 부속품 수를 적게 사용한다.

해설⊕

공동현상(Cavitation) 방지법
- 펌프의 회전수를 낮추어 흡입속도를 낮춘다.
- 흡입관 내의 유속이 3.5m/s 이하가 되도록 한다(유속이 빨라지면 저압부가 발생).
- 펌프의 설치 높이를 가능한 한 낮춘다.
- 흡입 측의 압력손실을 가능한 한 적게 한다.
- 유압펌프의 흡입구와 흡입관의 직경을 같게 한다.
- 흡입관의 스트레이너(여과기)를 설치해 이물질을 제거한다.

64 수차 종류에 대하여 비속도(또는 비교회전도, Specific Speed)의 크기 관계를 옳게 나타낸 것은? (단, 각 수차가 일반적으로 가질 수 있는 비속도의 최대값으로 비교한다.)

① 펠턴 수차 < 프란시스 수차 < 프로펠러 수차
② 펠턴 수차 < 프로펠러 수차 < 프란시스 수차

③ 프란시스 수차 < 펠턴 수차 < 프로펠러 수차
④ 프로펠러 수차 < 프란시스 수차 < 펠턴 수차

해설⊕

비속도(n_s)는 펠턴 수차는 20, 프란시스 수차는 100, 프로펠러 수차는 200 이상이다.

65 다음 중 진공펌프를 일반 압축기와 비교하여 다른 점을 설명한 것으로 옳지 않은 것은?

① 흡입압력을 진공으로 함에 따라 압력비는 상당히 커지므로 격간용적, 기체누설을 가급적 줄여야 한다.
② 진공화에 따라서 외부의 액체, 증기, 기체를 빨아들이기 쉬워서 진공도를 저하시킬 수 있으므로 이에 주의를 요한다.
③ 기체의 밀도가 낮으므로 실린더 체적은 축동력에 비해 크다.
④ 송출압력과 흡입압력의 차이가 작으므로 기체의 유로 저항이 커져도 손실동력이 비교적 적게 발생한다.

해설⊕

진공펌프는 펌프가 진공 또는 낮은 압력이 되어야 하므로 송출압력과 흡입압력의 차이가 크다.

66 토크 컨버터의 주요 구성요소들을 나타낸 것은?

① 구동기어, 종동기어, 버킷
② 피스톤, 실린더, 체크밸브
③ 밸런스디스크, 베어링, 프로펠러
④ 펌프회전차, 터빈회전차, 안내깃(스테이터)

정답 62 ① 63 ③ 64 ① 65 ④ 66 ④

해설 ⊕

유체 토크 컨버터

밀폐된 공간에 터빈과 펌프라는 날개가 마주 보고 있고, 그 공간을 오일이 가득 채우고 있어서 날개 한쪽이 회전하면 그 오일에 의해 반대쪽 날개가 회전하게 되는 원리를 이용하여 동력을 전달하는 장치이다. 유체 토크 컨버터의 주요 구성은 펌프(임펠러), 스테이터, 터빈으로 구성된다.

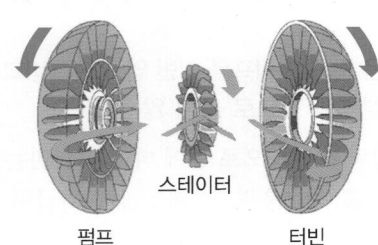

스테이터

펌프　　터빈

---

67 터보형 펌프에서 액체가 회전차 입구에서 반지름 방향 또는 경사 방향에서 유입하고 회전차 출구에서 반지름 방향으로 유출하는 구조는?

① 왕복식　　　　② 원심식
③ 회전식　　　　④ 용적식

---

68 펠턴 수차에서 전향기(Deflector)를 설치하는 목적은?

① 유로방향 전환　　　② 수격작용 방지
③ 유량 확대　　　　　④ 동력 효율 증대

해설 ⊕

고속의 노즐을 빠르게 닫으면 수격작용이 발생할 수 있어 그림처럼 제트(분류)의 방향을 바꿔주는 전향기를 설치해 수격작용을 방지한다.

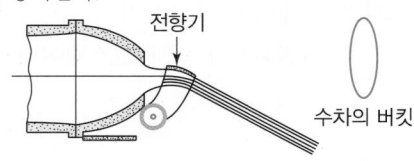

전향기

수차의 버킷

---

69 다음 중 유체가 갖는 에너지를 기계적인 에너지로 변환하는 유체기계는?

① 축류 펌프　　　　② 원심 송풍기
③ 펠턴 수차　　　　④ 기어 펌프

---

70 운전 중인 송풍기에서 전압 400mmAq, 풍량 30m³/min을 만족하는 송풍기를 설계하고자 한다. 이 송풍기의 전압효율이 70%라고 하면, 송풍기를 작동시키기 위한 모터의 축동력은 약 몇 kW인가?

① 1.8　　　　　② 2.8
③ 18　　　　　④ 28

해설 ⊕

$$L_s = \frac{L_{th}}{\eta} = \frac{\gamma H Q}{\eta} = \frac{P_t Q}{\eta}$$

$$= \frac{400\,\mathrm{mmAq} \times \dfrac{101{,}325\,\dfrac{\mathrm{N}}{\mathrm{m}^2}}{10.33 \times 10^3\,\mathrm{mmAq}} \times \dfrac{30\mathrm{m}^3}{60\mathrm{s}}}{0.7}$$

$$= 2{,}802.52\mathrm{W} = 2.8\mathrm{kW}$$

---

71 다음 중 상시 개방형 밸브는?

① 감압 밸브　　　　② 언로드 밸브
③ 릴리프 밸브　　　④ 시퀀스 밸브

해설 ⊕

감압 밸브(Reducing Valve)	
정상상태일 때	2차 압력이 설정압력보다 높을 때
스프링→ 탱크 IN → OUT Pilot Line	탱크 IN → OUT Pilot Line

2차 압력이 설정압력보다 높으면 감압밸브의 Pilot에 의해 스풀이 닫혀 2차 압력이 낮아진다.(2차 압력을 1차 압력보다 낮게 하여 사용하기 위한 장치)

정답　　67 ②　68 ②　69 ③　70 ②　71 ①

72 압력계를 나타내는 기호는?

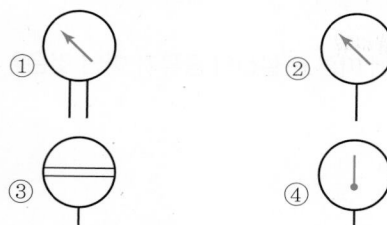

① ② ③ ④

73 유압을 이용한 기계의 유압 기술 특징에 대한 설명으로 적절하지 않은 것은?

① 무단 변속이 가능하다.
② 먼지나 이물질에 의한 고장 우려가 있다.
③ 자동제어가 어렵고 원격 제어는 불가능하다.
④ 온도의 변화에 따른 점도 영향으로 출력이 변할 수 있다.

> **해설 ➕**
> ③ 자동제어가 쉽고, 원격제어가 가능하다.

74 주로 펌프의 흡입구에 설치되어 유압작동유의 이물질을 제거하는 용도로 사용하는 기기는?

① 드레인 플러그   ② 블래더
③ 스트레이너   ④ 배플

75 유체가 압축되기 어려운 정도를 나타내는 체적 탄성 계수의 단위와 같은 것은?

① 체적   ② 동력
③ 압력   ④ 힘

> **해설 ➕**
> $$체적탄성계수(K) = \frac{dP}{dV/V} \, [\text{Pa}]$$

76 속도제어 회로의 종류가 아닌 것은?

① 로크(로킹) 회로
② 미터인 회로
③ 미터아웃 회로
④ 블리드오프 회로

> **해설 ➕**
> **실린더에 공급되는 유량을 조절하여 실린더의 속도를 제어하는 회로**
> • 미터인 방식 : 실린더의 입구 쪽 관로에서 유량조절밸브를 연결하여 작동속도를 조절하는 방식
> • 미터아웃 방식 : 실린더의 출구 쪽 관로에서 유량조절밸브를 연결하여 작동속도를 조절하는 방식
> • 블리드오프 방식 : 실린더로 흐르는 유량의 일부를 탱크로 분기함으로써 작동 속도를 조절하는 방식

77 아래 기호의 명칭은?

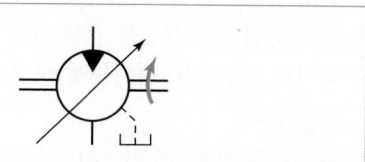

① 공기 탱크   ② 유압 모터
③ 드레인 배출기   ④ 유면계

78 유압펌프 중 용적형 펌프의 종류가 아닌 것은?

① 피스톤 펌프   ② 기어 펌프
③ 베인 펌프   ④ 축류 펌프

정답   72 ②   73 ③   74 ③   75 ③   76 ①   77 ②   78 ④

해설 ⊕

용적형 펌프 종류
- 회전식 : 기어 펌프, 나사 펌프, 베인 펌프
- 왕복동식 : 피스톤 펌프, 플런저 펌프

79 유압 기호 요소에서 파선의 용도가 아닌 것은?

① 필터
② 주관로
③ 드레인 관로
④ 밸브의 과도 위치

해설 ⊕

유압 기호 요소의 파선의 용도
- 파일럿 조작 관로
- 드레인 관로
- 필터
- 밸브의 과도 위치

80 유압장치에서 사용되는 유압유가 갖추어야 할 조건으로 적절하지 않은 것은?

① 열을 방출시킬 수 있어야 한다.
② 동력 전달의 확실성을 위해 비압축성이어야 한다.
③ 장치의 운전온도 범위에서 적절한 점도가 유지되어야 한다.
④ 비중과 열팽창계수가 크고 비열은 작아야 한다.

해설 ⊕

④ 비중, 열팽창계수가 작고, 비열은 커야 한다.

5과목 **건설기계일반 및 플랜트배관**

81 준설 방식에 따른 준설선의 종류가 아닌 것은?

① 드롭 준설선
② 펌프 준설선
③ 버킷 준설선
④ 그래브(그랩) 준설선

해설 ⊕

준설선의 형식에 의한 분류
펌프식, 버킷식, 디퍼식, 그래브식이 있다.

82 굴착기에서 버킷의 굴착방향이 백호와 반대이며, 장비가 있는 지면보다 높은 곳을 굴착하는 데 적합한 작업 장치는?

① 브레이커
② 유압셔블
③ 어스 오거
④ 우드 그래플

해설 ⊕

유압셔블(= 페이스셔블 : Face Shovel)
- 버킷을 상향으로 뒤집은 형상으로, 굴착기의 작업위치보다 높은 부분을 굴착하는 데 적합하다.
- 산과 임야에서 토사, 암반 등을 굴착하여 트럭에 싣기에 적합한 굴착기이다.

83 로더에 대한 설명으로 적절하지 않은 것은?

① 타이어식(휠식)과 무한궤도식이 있다.
② 동력전달순서는 기관 → 종감속 장치 → 유압변속기 → 토크컨버터 → 구동바퀴 순서이다.
③ 각종 토사, 자갈 등을 다른 곳으로 운반하거나 덤프차(덤프트럭)에 적재하는 장비이다.
④ 적하 방식에 따라 프런트 엔드형, 사이드 덤프형 등으로 구분할 수 있다.

정답   79 ② 80 ④ 81 ① 82 ② 83 ②

해설 ➕

동력전달순서

엔진(기관) → 토크컨버터 → 유압변속기 → 종감속장치 → 구동바퀴

84 금속의 기계가공 시 절삭성이 우수한 강재가 요구되어 개발된 것으로서 S(황)을 첨가하거나 Pb(납)을 첨가한 강재는?

① 내식강
② 내열강
③ 쾌삭강
④ 불변강

해설 ➕

쾌삭강(Free Cutting Steel)

탄소강에 S, Pb, 흑연을 첨가시킨 것으로, 절삭성이 크며 황쾌삭강과 납쾌삭강이 있다.

85 건설기계관리업무처리규정에 따른 굴착기(굴삭기)의 규격표시 방법은?

① 작업가능상태의 중량(t)
② 볼의 평적용량(m³)
③ 유제탱크의 용량(l)
④ 표준 배토판의 길이(m)

86 무한궤도식 건설기계의 주행장치에서 하부 구동체의 구성품이 아닌 것은?

① 트랙 롤러
② 캐리어 롤러
③ 스프로킷
④ 클러치 요크

해설 ➕

무한궤도식 건설기계의 바퀴 구조

87 아스팔트 피니셔의 평균 작업 속도가 3m/min, 공사의 폭이 3m, 완성 두께가 6cm, 작업 효율이 65%이고, 다져진 후의 밀도는 2.2t/m³일 때 시간당 포설량은 약 몇 t/h인가?

① 0.72
② 19.66
③ 46.33
④ 72.07

해설 ➕

$C = \eta \times w \times T \times d \times V$
$= 0.65 \times 3 \times 0.06 \times 2.2 \times 180 = 46.33 \text{t/h}$

여기서, w : 피니셔의 포설 폭, T : 포설 두께(m)

d : 다짐 후의 밀도(t/m³)

V : 피니셔의 작업속도(m/h)

88 기체 수송 설비 및 압축기에 대한 설명으로 적절하지 않은 것은?

① 기체를 수송하는 장치는 그 압력차에 의하여 환풍기, 송풍기, 압축기 등으로 나눌 수 있다.
② 터보형 압축기에는 원심식, 축류식, 혼류식 등이 있다.
③ 왕복식 압축기는 피스톤으로 실린더 내의 기체를 압축하고 원심식 압축기는 펌프와 원심력을 이용하여 기체를 압축하는 방식이다.
④ 팬(Fan)은 송풍기보다 높은 사용압력에서 사용된다.

기체는 압축되면 온도가 상승하고 팽창하면 온도가 내려간다. 압력상승이 0.1kgf/cm^2 미만인 것을 팬(fan), $0.1 \sim 1$ kgf/cm^2 미만범위의 것을 송풍기, 1kgf/cm^2 이상을 압축기로 분류한다.

89 건설기계 안전기준에 관한 규칙상 지게차의 내부압력을 받는 호스, 배관, 그 밖의 연결 부분 장치는 유압회로가 받을 수 있는 작동압력의 몇 배 이상의 압력을 견딜 수 있어야 하는가?

① 1.5배　　　　　② 2배
③ 2.5배　　　　　④ 3배

90 모터 그레이더의 작업 내용으로 적절하지 않은 것은?

① 제설작업
② 운동장의 땅을 평평하게 고르는 정지작업
③ 터널 및 암석, 암반지대를 뚫기 위한 천공작업
④ 노면에 뿌려 놓은 자갈, 모래더미를 골고루 넓게 펴는 산포작업

③은 천공기 작업 설명이다.

91 동력 나사절삭기의 종류가 아닌 것은?

① 오스터식 나사절삭기
② 호브식 나사절삭기
③ 다이헤드식 나사절삭기
④ 그루빙 조인트식 나사절삭기

동력 나사절삭기의 종류
오스터식, 다이헤드식, 호브식

92 플랜트 배관에서 운전 중 누설과 관련한 응급조치방법이 아닌 것은?

① 박스 설치법　　　② 인젝션법
③ 천공법　　　　　④ 코킹법

93 강관용 공구 중 바이스의 종류가 아닌 것은?

① 램 바이스　　　　② 수평 바이스
③ 체인 바이스　　　④ 파이프 바이스

바이스의 종류
파이프 바이스, 체인 바이스, 수평 바이스

94 배관의 무게를 위에서 잡아주는 데 사용되는 배관지지 장치는?

① 파이프 슈　　　　② 리지드 행거
③ 롤러 서포트　　　④ 리지드 서포트

95 배관공사에서 배관의 배치에 관한 설명으로 적절하지 않은 것은?

① 경제적인 시공을 고려하여 그룹화시켜 최단거리로 배치한다.
② 고온 · 고유속의 배관은 진동의 충격이 감소할 수 있도록 굴곡부나 분기를 가능한 많게 배치한다.

정답 89 ④　90 ③　91 ④　92 ③　93 ①　94 ②　95 ②

③ 고온·고압배관은 기기와의 접속용 플랜지 이외는 가급적 플랜지 접합을 적게 하고 용접에 의한 접합을 시행한다.

④ 배관은 불필요한 에어 포켓이 생기지 않게 한다.

해설 ➕

② 고온·고유속의 배관은 진동충격을 작게 하기 위해 굴곡부나 분기를 가능한 한 작게 해야 한다.

96 배관 공사 중 또는 완공 후에 각종 기기와 배관라인 전반의 이상 유무를 확인하기 위한 배관 시험의 종류가 아닌 것은?

① 수압시험   ② 기압시험

③ 만수시험   ④ 통전시험

해설 ➕

배관검사
- 급배수배관시험 : 수압시험, 기압시험, 만수시험, 연기시험, 통수시험
- 냉난방배관시험 : 수압시험, 기밀시험, 진공시험, 통기시험

97 어떤 관을 곡률반경 120mm로 90° 열간 구부림할 때 관 중심부의 곡선길이는 약 몇 mm인가?

① 188.5   ② 227.5

③ 234.5   ④ 274.5

해설 ➕

$$L = 2\pi R \times \frac{\theta}{360} = 2\pi \times 120 \times \frac{90}{360} ≒ 188.5 \text{mm}$$

98 보일러, 열 교환기용 합금 강관(KS D 3572)의 기호는?

① STS   ② STHA

③ STWW   ④ SCW

해설 ➕

STHA
- S : Steel
- T : Tube
- H : Heat
- A : Alloy

99 관의 끝을 막을 때 사용하는 것이 아닌 것은?

① 캡

② 플러그

③ 엘보

④ 맹(블라인드) 플랜지

100 스트레이너의 특징으로 적절하지 않은 것은?

① 밸브, 트랩, 기기 등의 뒤에 스트레이너를 설치하여 관 속의 유체에 섞여 있는 모래, 쇠부스러기 등 이물질을 제거한다.

② Y형은 유체의 마찰저항이 적고, 아래쪽에 있는 플러그를 열어 망을 꺼내 불순물을 제거하도록 되어 있다.

③ U형은 주철제의 본체 안에 원통형 망을 수직으로 넣어 유체가 망의 안쪽에서 바깥쪽으로 흐르고 Y형에 비해 유체저항이 크다.

④ V형은 주철제의 본체 안에 금속여과망을 끼운 것이며 불순물을 통과하는 것은 Y형, U형과 같으나 유체가 직선적으로 흘러 유체저항이 적다.

해설 ➕

스트레이너(Strainer)
배관에 설치하는 밸브, 트랩, 기기 등의 앞에 설치하여 배관 속의 이물질을 제거하는 것으로, 기기의 성능을 보호하는 기구로서 형상에 따라 U형, V형, Y형 등이 있다.

2022

정답   96 ④   97 ①   98 ②   99 ③   100 ①

2022년 4월 24일 시행

01 그림과 같은 분포하중을 받는 단순보의 반력 R_A, R_B는 각각 몇 kN인가?

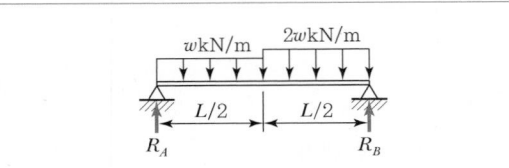

① $R_A = \dfrac{3}{8}wL$, $R_B = \dfrac{9}{8}wL$

② $R_A = \dfrac{5}{8}wL$, $R_B = \dfrac{7}{8}wL$

③ $R_A = \dfrac{9}{8}wL$, $R_B = \dfrac{3}{8}wL$

④ $R_A = \dfrac{7}{8}wL$, $R_B = \dfrac{5}{8}wL$

해설 ⊕

〈자유물체도〉

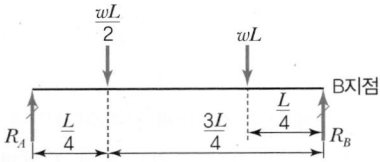

$\sum M_{B지점} = 0$에서

$R_A \cdot L - \dfrac{wL}{2} \cdot \dfrac{3L}{4} - wL \cdot \dfrac{L}{4} = 0$

$\therefore R_A = \dfrac{5}{8}wL$

$R_A - \dfrac{wL}{2} - wL + R_B = 0$에서 $R_B = \dfrac{7}{8}wL$

02 안지름 1m, 두께 5mm의 구형 압력 용기에 길이 15mm 스트레인 게이지를 그림과 같이 부착하고, 압력을 가하였더니 게이지의 길이가 0.009mm만큼 증가했을 때, 내압 p의 값은 약 몇 MPa인가?(단, 세로탄성계수는 200GPa, 푸아송비는 0.30이다.)

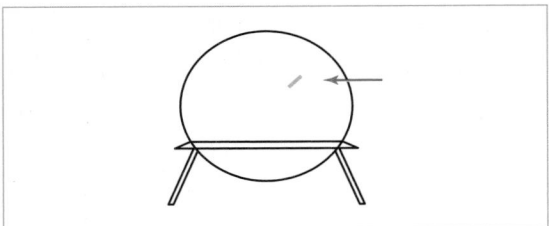

① 3.43MPa

② 6.43MPa

③ 13.4MPa

④ 16.4MPa

해설 ⊕

2축 응력상태의 변형에서 x축을 종으로
($\varepsilon' = \mu\varepsilon$을 적용 → 횡방향이 줄어든다.)

$\varepsilon_x = \dfrac{\sigma_x}{E} - \mu\dfrac{\sigma_y}{E}$

（여기서, $\sigma_x = \sigma_y = \sigma$, 푸아송비 $\mu = \nu$）

$= \dfrac{\sigma}{E}(1-\mu) = \dfrac{\sigma}{E}(1-\nu) = \dfrac{\lambda}{l}$

원주응력 $\sigma \cdot \pi dt = p \cdot \dfrac{\pi}{4}d^2$에서 $\sigma = \dfrac{p \cdot d}{4t}$를 대입하면

$\dfrac{p \cdot d}{4tE}(1-\nu) = \dfrac{\lambda}{l}$

$\therefore p = \dfrac{4tE\lambda}{dl(1-\nu)} = \dfrac{4 \times 5 \times 200 \times 10^3 (\text{MPa}) \times 0.009}{1{,}000 \times 15 \times (1-0.3)}$

$\qquad = 3.43\text{MPa}$

03 굽힘 모멘트 20.5kN · m의 굽힘을 받는 보의 단면은 폭 120mm, 높이 160mm의 사각단면이다. 이 단면이 받는 최대굽힘응력은 약 몇 MPa인가?

① 10MPa   ② 20MPa

③ 30MPa   ④ 40MPa

해설 ⊕

$$\sigma_b = \frac{M}{Z} = \frac{M}{\dfrac{bh^2}{6}} = \frac{20.5 \times 10^3}{\dfrac{0.12 \times 0.16^2}{6}}$$
$$= 40.04 \times 10^6 \text{N/m}^2 = 40.04 \text{MPa}$$

04 가로탄성계수가 5GPa인 재료로 된 봉의 지름이 4cm이고, 길이가 1m이다. 이 봉의 비틀림 강성(단위 회전각을 일으키는 데 필요한 토크, Torsional Stiffness)은 약 몇 kN · m인가?

① 1.26   ② 1.08

③ 0.74   ④ 0.53

해설 ⊕

$\theta = \dfrac{Tl}{GI_P}$ 에서

단위 회전각을 일으키는 데 필요한 토크 $\dfrac{T}{\theta} = \dfrac{GI_p}{l}$ 이므로

$$\therefore \frac{T}{\theta} = \frac{GI_p}{l} = \frac{5 \times 10^9 \times \dfrac{\pi \times 0.04^4}{32}}{1}$$
$$= 1,256.64 \text{N} \cdot \text{m}$$
$$= 1.26 \text{kN·m}$$

05 양단이 고정된 막대의 한 점(B점)에 그림과 같이 축방향 하중 P가 작용하고 있다. 막대의 단면적이 A이고 탄성계수가 E일 때, 하중 작용점(B점)의 변위 발생량은?

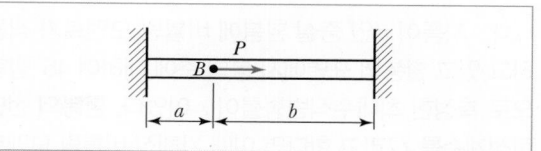

① $\dfrac{abP}{EA(a+b)}$ ② $\dfrac{abP}{2EA(a+b)}$

③ $\dfrac{abP}{EA(b-a)}$ ④ $\dfrac{abP}{2EA(b-a)}$

해설 ⊕

〈자유물체도〉

자유물체도에서 $P - R_A - R_C = 0$에서

$R_A + R_C = P \cdots\cdots$ ⓐ

$a + b = l$

하중 R_A에 의한 A점의 변위량 $\lambda_A = \dfrac{R_A l}{AE}$

하중 P에 의한 B점의 변위량 $\lambda_B = \dfrac{Pb}{AE}$

A점의 실제 변위량 $\lambda = \lambda_B - \lambda_A$인데, A는 고정단이므로 $\lambda = 0$에서

$$\lambda_B = \lambda_A \rightarrow \frac{Pb}{AE} = \frac{R_A l}{AE}$$

$$\therefore R_A = \frac{Pb}{l}$$

ⓐ식에 대입하면 $R_C = \dfrac{Pa}{l}$

$$\lambda_B = \frac{R_A a}{AE} \rightarrow R_A = \frac{AE}{a}\lambda_B \cdots\cdots ⓑ$$

$$\lambda_B = \frac{R_C b}{AE} \rightarrow R_C = \frac{AE}{b}\lambda_B \cdots\cdots ⓒ$$

ⓑ와 ⓒ를 ⓐ에 대입하면

$\dfrac{AE}{a}\lambda_B + \dfrac{AE}{b}\lambda_B = P$이므로 $\lambda_B = \dfrac{Pab}{AE(a+b)}$

2022

06 지름이 d인 중실 환봉에 비틀림 모멘트가 작용하고 있고 환봉의 표면에서 봉의 축에 대하여 45° 방향으로 측정한 최대수직변형률이 ε이었다. 환봉의 전단탄성계수를 G라고 한다면 이때 가해진 비틀림 모멘트 T의 식으로 가장 옳은 것은?(단, 발생하는 수직변형률 및 전단변형률은 다른 값에 비해 매우 작은 값으로 가정한다.)

① $\dfrac{\pi G\varepsilon d^3}{2}$ ② $\dfrac{\pi G\varepsilon d^3}{4}$

③ $\dfrac{\pi G\varepsilon d^3}{8}$ ④ $\dfrac{\pi G\varepsilon d^3}{16}$

해설 ⊕

$$T = G \times 2\varepsilon \times \frac{\pi d^3}{16}$$

$$= \pi G \cdot \frac{\varepsilon d^3}{8}$$

07 그림과 같은 사각단면보에 100kN의 인장력이 작용하고 있다. 이때 부재에 걸리는 인장응력은 약 얼마인가?

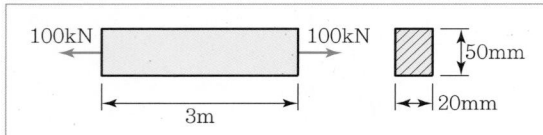

100kN ← → 100kN 3m 50mm 20mm

① 100Pa ② 100kPa

③ 100MPa ④ 100GPa

해설 ⊕

$$\sigma = \frac{P}{A} = \frac{100 \times 10^3}{0.02 \times 0.05} = 100 \times 10^6 \text{N/m}^2$$

$$= 100 \times 10^6 \text{Pa} = 100 \text{MPa}$$

08 한 변의 길이가 10mm인 정사각형 단면의 막대가 있다. 온도를 초기 온도로부터 60℃만큼 상승시켜서 길이가 늘어나지 않게 하기 위해 8kN의 힘이 필요할 때 막대의 선팽창계수(α)는 약 몇 ℃$^{-1}$인가?(단, 세로탄성계수 $E = 200$GPa이다.)

① $\dfrac{5}{3} \times 10^{-6}$ ② $\dfrac{10}{3} \times 10^{-6}$

③ $\dfrac{15}{3} \times 10^{-6}$ ④ $\dfrac{20}{3} \times 10^{-6}$

해설 ⊕

열응력에 의해 생기는 힘과 하중 8kN은 같다.

$\varepsilon = \alpha \Delta t$

$\sigma = E\varepsilon = E\alpha\Delta t$

$P = \sigma A = E\alpha\Delta t A$에서

$$\alpha = \frac{P}{E\Delta t A} = \frac{8 \times 10^3}{200 \times 10^9 \times 60 \times 0.01^2}$$

$$= 0.000006667 = 6.\dot{6} \times 10^{-6}$$

$$= \frac{66-6}{9} \times 10^{-6}$$

$$= \frac{20}{3} \times 10^{-6} (1/\text{℃})$$

09 다음 단면에서 도심의 y축 좌표는 얼마인가?(단, 길이 단위는 mm이다.)

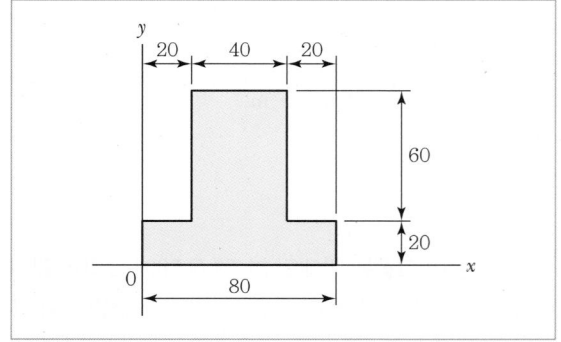

① 32mm ② 34mm

③ 36mm ④ 38mm

해설 ⊕

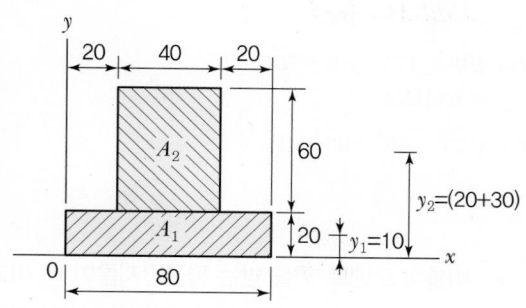

x축으로부터 도심거리

$$\bar{y} = \frac{A_1 y_1 + A_2 y_2}{A_1 + A_2}$$

$$= \frac{(80 \times 20 \times 10) + (40 \times 60 \times 50)}{(80 \times 20) + (40 \times 60)} = 34$$

10 그림과 같이 강선이 천정에 매달려 100kN의 무게를 지탱하고 있을 때, AC 강선이 받고 있는 힘은 약 몇 kN인가?

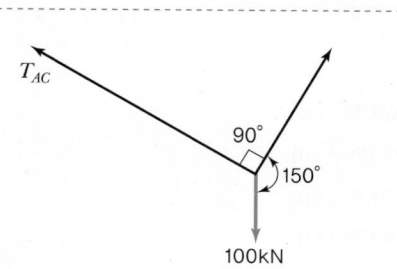

① 50   ② 25

③ 86.6   ④ 13.3

해설 ⊕

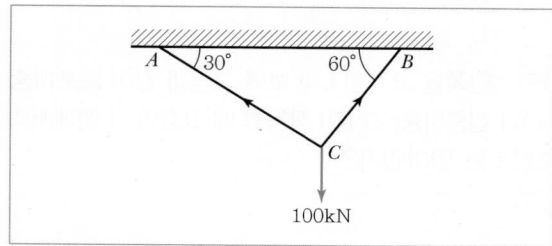

라미의 정리에 의해

$$\frac{100\text{kN}}{\sin 90°} = \frac{T_{AC}}{\sin 150°}$$

$$\therefore \; T_{AC} = 100 \times \frac{\sin 150°}{\sin 90°} = 50\text{kN}$$

11 직사각형 단면을 가진 단순지지보의 중앙에 집중하중 W를 받을 때, 보의 길이 l이 단면의 높이 h의 10배라 하면 보에 생기는 최대굽힘응력 $\sigma_{\max}$와 최대 전단응력 $\tau_{\max}$의 비 $\left(\dfrac{\sigma_{\max}}{\tau_{\max}}\right)$는?

① 4   ② 8

③ 16   ④ 20

해설 ⊕

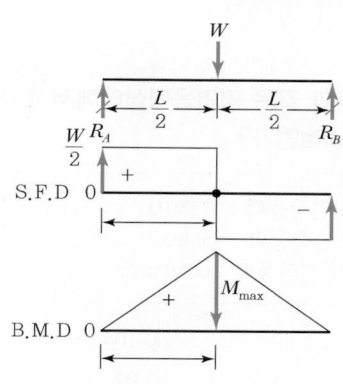

$$\sigma_b = \frac{M}{Z} \rightarrow \sigma_{\max} = \frac{M_{\max}}{Z}$$

$$\sigma_{\max} = \frac{M_{\max}}{\dfrac{bh^2}{6}} = \frac{6M_{\max}}{bh^2} \;\cdots\cdots\; ⓐ$$

$$R_A = R_B = \frac{W}{2}$$

$x = \dfrac{L}{2}$ 에서 $M_{\max}$ 이므로 $M_{\max}$ 는 $\dfrac{L}{2}$ 까지의 S.F.D 면적과 같다.

$$M_{\max} = \frac{W}{2} \times \frac{L}{2} = \frac{WL}{4}$$

ⓐ에 값을 적용하면

$$\therefore \sigma_{\max} = \frac{6}{bh^2} \times \frac{WL}{4} = \frac{3\,WL}{2bh^2} \ (\text{여기서, } L = 10h \ \text{적용})$$

$$= \frac{3\,W(10h)}{2bh^2} = \frac{30\,W}{2bh}$$

• 양쪽 지점에서 최대인 보의 최대전단응력

$$\tau_{av} = \frac{V_{\max}}{A} = \frac{W}{2} \times \frac{1}{b \times h} = \frac{W}{2bh}$$

$$\therefore \text{보 속의 최대전단응력}$$

$$\tau_{\max} = \frac{3}{2}\tau_{av} = \frac{3}{2} \times \frac{W}{2bh} = \frac{3\,W}{4bh}$$

• $\dfrac{\sigma_{\max}}{\tau_{\max}} = \dfrac{\dfrac{30\,W}{2bh}}{\dfrac{3\,W}{4bh}} = 20$

※ 일반적으로 시험에서 주어지는 "보의 최대전단응력＝보 속의 최대전단응력"임을 알고 해석해야 한다. 보의 위아래 방향 전단응력이 아닌 보의 길이 방향인 보 속의 중립축 전단응력을 의미한다.

12 다음과 같은 평면응력상태에서 최대전단응력은 약 몇 MPa인가?

> • x 방향 인장응력 : 175MPa
> • y 방향 인장응력 : 35MPa
> • xy 방향 전단응력 : 60MPa

① 127
② 104
③ 76
④ 92

해설 🔁

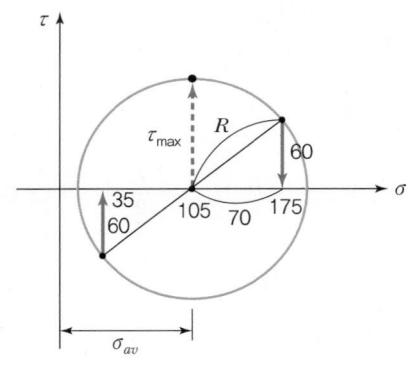

모어의 응력원에서

$$\sigma_{av} = \frac{175 + 35}{2} = 105$$

R의 밑변은 $175 - 105 = 70$

$\tau_{\max} = R$이므로

$$R = \sqrt{70^2 + 60^2} = 92.2\text{MPa}$$

13 비틀림 모멘트 T를 받는 평균반지름이 r_m이고 두께가 t인 원형의 박판 튜브에서 발생하는 평균 전단응력의 근사식으로 가장 옳은 것은?

① $\dfrac{2T}{\pi t r_m^2}$
② $\dfrac{4T}{\pi t r_m^2}$
③ $\dfrac{T}{2\pi t r_m^2}$
④ $\dfrac{T}{4\pi t r_m^2}$

해설 🔁

$$\tau = \frac{T}{2t A_m}, \ A_m = \pi r_m^2 \ \text{에서} \ \tau = \frac{T}{2\pi t r_m^2}$$

14 한쪽을 고정한 L형 보에 그림과 같이 분포하중 (w)과 집중하중(50N)이 작용할 때 고정단 A 점에서의 모멘트는 얼마인가?

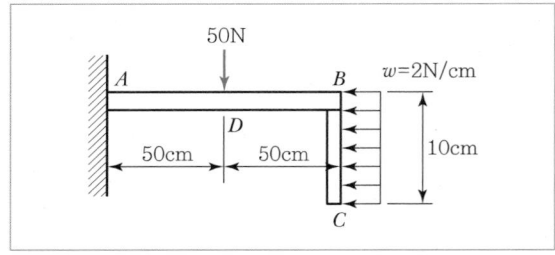

① 2,600N · cm
② 2,900N · cm
③ 3,200N · cm
④ 3,500N · cm

해설 ➕

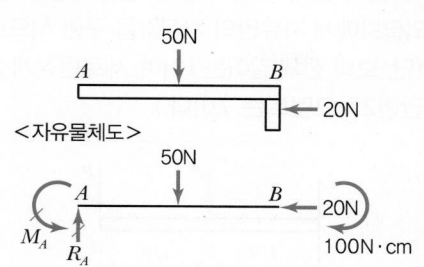

$\sum M_{A지점} = 0$에서

$- M_A + 50 \times 50 + 100 = 0$

$\therefore M_A = 2,600 \text{N} \cdot \text{cm}$

15 그림과 같은 부정정보가 등분포하중(w)을 받고 있을 때 B점의 반력 R_b는?

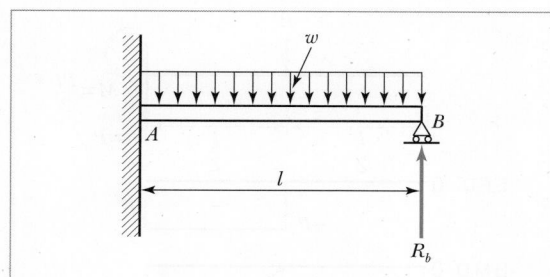

① $\dfrac{1}{8}wl$　　　　② $\dfrac{1}{3}wl$

③ $\dfrac{3}{8}wl$　　　　④ $\dfrac{5}{8}wl$

해설 ➕

처짐을 고려하여 부정정요소를 해결한다.

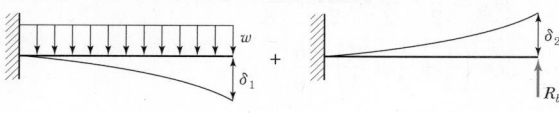

$\delta_1 = \dfrac{wl^4}{8EI}$, $\delta_2 = \dfrac{R_b \cdot l^3}{3EI}$

$\delta_1 = \delta_2$이면 B점에서 처짐량이 "0"이므로

$\dfrac{wl^4}{8EI} = \dfrac{R_b \cdot l^3}{3EI}$에서 $R_b = \dfrac{3}{8}wl$

16 그림과 같이 일단 고정 타단 자유인 기둥이 축 방향으로 압축력을 받고 있다. 단면은 한쪽 길이가 10cm의 정사각형이고 길이(l)는 5m, 세로탄성계수는 10GPa이다. Euler 공식에 따라 좌굴에 안전하기 위한 하중은 약 몇 kN인가?(단, 안전계수를 10으로 적용한다.)

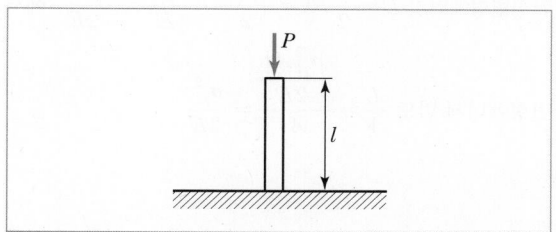

① 0.72　　　　② 0.82

③ 0.92　　　　④ 1.02

해설 ➕

좌굴하중 $P_{cr} = n\pi^2 \dfrac{EI}{l^2}$

（일단 고정이므로 단말계수 $n = \dfrac{1}{4}$）

$= \dfrac{1}{4} \times \pi^2 \times \dfrac{10 \times 10^9 \times \dfrac{0.1 \times 0.1^3}{12}}{5^2}$

$= 8,224.67 \text{N}$

안전계수 10을 적용하면 $\dfrac{P_{cr}}{S} = \dfrac{8,224.67}{10} = 822.47 \text{N}$

$\therefore$ 안전한 좌굴하중 $= 0.822 \text{kN}$

17 비례한도까지 응력을 가할 때 재료의 변형에너지 밀도(탄력계수, Modulus of Resilience)를 옳게 나타낸 식은?(단, E는 세로탄성계수, σ_{pl}은 비례한도를 나타낸다.)

① $\dfrac{E^2}{2\sigma_{pl}}$

② $\dfrac{\sigma_{pl}}{2E^2}$

③ $\dfrac{\sigma_{pl}^2}{2E}$

④ $\dfrac{E}{2\sigma_{pl}^2}$

해설 ⊕ -

탄성변형에너지 $U = \dfrac{1}{2}P\lambda = \dfrac{\sigma_{pl}A}{2}\cdot\dfrac{\sigma_{pl}l}{E} = \dfrac{\sigma_{pl}^2 Al}{2E}$ 에서

변형에너지 밀도 $\dfrac{U}{V} = \dfrac{\dfrac{\sigma_{pl}^2 Al}{2E}}{Al} = \dfrac{\sigma_{pl}^2}{2E}$

18 그림과 같은 단순보에 w의 등분포하중이 작용하고 있을 때 보의 양단에서의 처짐각(θ)은 얼마인가?(단, E는 세로탄성계수, I는 단면2차모멘트이다.)

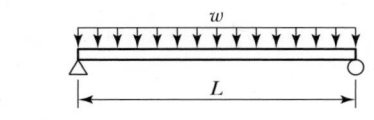

① $\theta = \dfrac{wL^3}{16EI}$

② $\theta = \dfrac{wL^3}{24EI}$

③ $\theta = \dfrac{wL^3}{48EI}$

④ $\theta = \dfrac{3wL^3}{128EI}$

해설 ⊕ -

$\theta = \dfrac{wl^3}{24EI}$

19 그림과 같이 크기가 같은 집중하중 P를 받고 있는 외팔보에서 자유단의 처짐값을 구한 식으로 옳은 것은?(단, 보의 전체 길이는 l이며, 세로탄성계수는 E, 보의 단면2차모멘트는 I이다.)

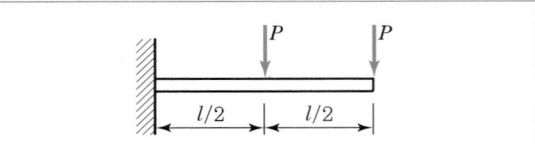

① $\dfrac{2Pl^3}{3EI}$

② $\dfrac{5Pl^3}{8EI}$

③ $\dfrac{7Pl^3}{16EI}$

④ $\dfrac{5Pl^3}{24EI}$

해설 ⊕ -

i) $\dfrac{l}{2}$에 작용하는 P에 의한 외팔보 자유단의 처짐량 δ_1

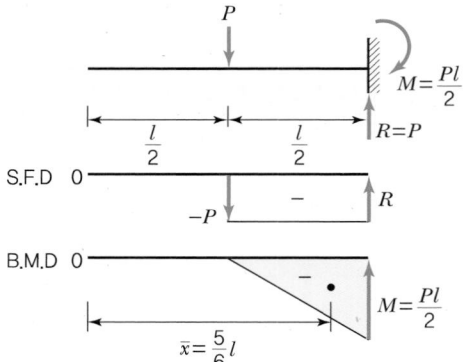

면적모멘트법에서

$\delta_1 = \dfrac{A_M}{EI}\bar{x}$

$A_M = \dfrac{1}{2}\times\dfrac{l}{2}\times\dfrac{Pl}{2} = \dfrac{Pl^2}{8}$

$\bar{x} = \left(\dfrac{l}{2} + \dfrac{l}{2}\times\dfrac{2}{3}\right) = \dfrac{5}{6}l$

$\therefore \delta_1 = \dfrac{Pl^2}{8EI}\times\dfrac{5}{6}l = \dfrac{5Pl^3}{48EI}$

ii) 자유단(l)에 작용하는 P에 의한 처짐량 δ_2

$$\delta_2 = \frac{Pl^3}{3EI}$$

iii) 자유단에서 처짐량

$$\delta = \delta_1 + \delta_2 = \frac{5Pl^3}{48EI} + \frac{Pl^3}{3EI} = \frac{21Pl^3}{48EI} = \frac{7Pl^3}{16EI}$$

20
단면적이 같은 원형과 정사각형의 도심축을 기준으로 한 단면 계수의 비는?(단, 원형 : 정사각형의 비율이다.)

① 1 : 0.509　　　　② 1 : 1.18

③ 1 : 2.36　　　　④ 1 : 4.68

해설 ➕

단면적이 동일하므로 $\frac{\pi d^2}{4} = a^2$에서

$$a = \frac{\sqrt{\pi}}{2}d$$

단면계수의 비 $Z_1 : Z_2$

$$= \frac{\pi}{32}d^3 : \frac{bh^2}{6} = \frac{\pi}{32}d^3 : \frac{a \cdot a^2}{6}$$

$$= \frac{\pi}{32}d^3 : \frac{a}{6} \cdot \frac{\pi d^2}{4}$$

$$= \frac{d}{8} : \frac{a}{6} = 3d : 4a$$

$$= 3d : 4 \times \frac{\sqrt{\pi}}{2}d = 1 : 1.18$$

2과목　기계열역학

21
어떤 물질 1,000kg이 있고 부피는 1.404m³이다. 이 물질의 엔탈피가 1,344.8kJ/kg이고 압력이 9MPa이라면 물질의 내부에너지는 약 몇 kJ/kg인가?

① 1,332　　　　② 1,284

③ 1,048　　　　④ 875

해설 ➕

$h = u + Pv$에서

$$u = h - Pv = 1,344.8 - 9 \times 10^3 (\text{kPa}) \times \frac{1.404(\text{m}^3)}{1,000(\text{kg})}$$

$$= 1,332.16\text{kJ/kg}$$

22
열교환기를 흐름 배열(Flow Arrangement)에 따라 분류할 때 그림과 같은 형식은?

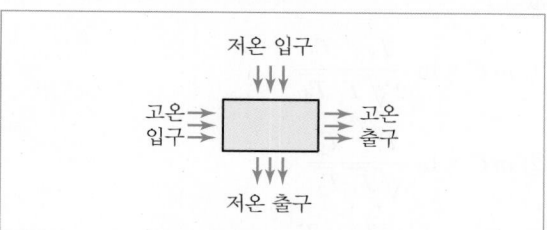

① 평행류　　　　② 대향류

③ 병행류　　　　④ 직교류

해설 ➕

- 평행류 : 서로 같은 방향 $\left(\begin{array}{c}\text{고} \rightarrow \text{저} \\ \text{고} \rightarrow \text{저}\end{array}\right)$

- 대향류 : 서로 다른 방향 $\left(\begin{array}{c}\text{고} \rightarrow \text{저} \\ \text{고} \leftarrow \text{저}\end{array}\right)$

23 밀폐 시스템에서 가역정압과정이 발생할 때 다음 중 옳은 것은?(단, U는 내부에너지, Q는 열량, H는 엔탈피, S는 엔트로피, W는 일량을 나타낸다.)

① $dH = dQ$ ② $dU = dQ$

③ $dS = dQ$ ④ $dW = dQ$

해설 ➕ ------------------------------

$P = c$인 정압과정

$\delta Q = dH - VdP$ (여기서, $dP = 0$)

$\therefore \delta Q = dH$

24 질량이 m으로 동일하고, 온도가 각각 T_1, T_2 ($T_1 > T_2$)인 두 개의 금속덩어리가 있다. 이 두 개의 금속덩어리가 서로 접촉되어 온도가 평형상태에 도달하였을 때 총 엔트로피 변화량(ΔS)은?(단, 두 금속의 비열은 C로 동일하고, 다른 외부로의 열교환은 전혀 없다.)

① $mC \times \ln \dfrac{T_1 - T_2}{2\sqrt{T_1 T_2}}$

② $mC \times \ln \dfrac{T_1 - T_2}{\sqrt{T_1 T_2}}$

③ $2mC \times \ln \dfrac{T_1 + T_2}{2\sqrt{T_1 T_2}}$

④ $2mC \times \ln \dfrac{T_1 + T_2}{\sqrt{T_1 T_2}}$

해설 ➕ ------------------------------

$\Delta S = \Delta S_1 + \Delta S_2$

$\quad = mC \ln \dfrac{T_m}{T_1} + mC \ln \dfrac{T_m}{T_2}$

$\quad = mC \left(\ln \dfrac{T_m}{T_1} + \ln \dfrac{T_m}{T_2} \right)$

$\quad = mC \left(\ln \dfrac{T_m}{T_1} \times \dfrac{T_m}{T_2} \right)$

$\quad = mC \ln \left(\dfrac{T_m}{\sqrt{T_1 T_2}} \right)^2$

$\quad = 2mC \ln \dfrac{T_m}{\sqrt{T_1 T_2}}$

$\quad = 2mC \ln \dfrac{T_1 + T_2}{2\sqrt{T_1 T_2}}$

25 $-15℃$와 $75℃$의 열원 사이에서 작동하는 카르노 사이클 열펌프의 난방 성능계수는 얼마인가?

① 2.87   ② 3.87

③ 6.16   ④ 7.16

해설 ➕ ------------------------------

열펌프의 난방 성능계수

$\varepsilon_H = \dfrac{T_H}{T_H - T_L} = \dfrac{75 + 273}{(75 + 273) - (-15 + 273)}$

$\qquad = 3.87$

26 밀폐 시스템에서 압력(P)이 아래와 같이 체적(V)에 따라 변한다고 할 때 체적이 0.1m³에서 0.3m³로 변하는 동안 이 시스템이 한 일은 약 몇 J인가?(단, P의 단위는 kPa, V의 단위는 m³이다.)

$$P = 5 - 15 \times V$$

① 200   ② 400

③ 800   ④ 1,600

해설 ➕ ------------------------------

밀폐계의 일 → 절대일 $\delta W = PdV$

$_1 W_2 = \displaystyle\int_1^2 PdV$

$\qquad = \displaystyle\int_1^2 (5 - 15V) dV$

정답   23 ①   24 ③   25 ②   26 ②

$$= 10^3 \int_{1}^{2} (5 - 15V) dV \text{(적분하면)}$$

$$= 10^3 \times \left\{ 5 \left[V \right]_{0.1}^{0.3} - \frac{15}{2} \left[V^2 \right]_{0.1}^{0.3} \right\}$$

$$= 10^3 \times \left\{ 5 \times (0.3 - 0.1) - \frac{15}{2} \times (0.3^2 - 0.1^2) \right\}$$

$$= 400 \text{J}$$

27 0℃ 얼음 1kg이 열을 받아서 100℃ 수증기가 되었다면, 엔트로피 증가량은 약 몇 kJ/K인가?(단, 얼음의 융해열은 336kJ/kg이고, 물의 기화열은 2,264 kJ/kg이며, 물의 정압비열은 4.186kJ/(kg · K)이다.)

① 8.6   ② 10.2

③ 12.8   ④ 14.4

해설 ⊕ -

전체엔트로피 증가량은
$1.23 + 6.07 + 1.31 = 8.61 \text{kJ/K}$

28 피스톤 – 실린더 내부에 존재하는 온도 150℃, 압력 0.5MPa의 공기 0.2kg은 압력이 일정한 과정에서 원래 체적의 2배로 늘어난다. 이 과정에서의 일은 약 몇 kJ인가?(단, 공기는 기체상수가 0.287kJ/(kg · K)인 이상기체로 가정한다.)

① 12.3   ② 16.5

③ 20.5   ④ 24.3

해설 ⊕ -

밀폐계의 일 → 절대일 $\delta W = PdV$

$$_1W_2 = \int_{1}^{2} PdV \text{(정압과정이므로)}$$

$$= P \int_{1}^{2} dV$$

$$= P(V_2 - V_1) \leftarrow (V_2 = 2V_1)$$

$$= P(2V_1 - V_1)$$

$$= PV_1 \leftarrow (PV = mRT)$$

$$= mRT_1$$

$$= 0.2 \times 0.287 \times 10^3 \times (150 + 273) = 24,280.2 \text{J}$$

$$= 24.28 \text{kJ}$$

29 온도가 20℃, 압력은 100kPa인 공기 1kg을 정압과정으로 가열 팽창시켜 체적을 5배로 할 때 온도는 약 몇 ℃가 되는가?(단, 해당 공기는 이상기체이다.)

① 1,192℃   ② 1,242℃

③ 1,312℃   ④ 1,442℃

해설 ⊕ -

정압과정 $p = c$이므로 $\dfrac{V}{T} = c$에서 $\dfrac{V_1}{T_1} = \dfrac{V_2}{T_2}$

$$\therefore \ T_2 = T_1 \left(\frac{V_2}{V_1} \right) = T_1 \left(\frac{5V_1}{V_1} \right)$$

$$= (20 + 273) \times 5 = 1,465 \text{K}$$

$$T_2 = 1,465 - 273 = 1,192 ℃$$

30 그림과 같은 열기관 사이클이 있을 때 실제 가능한 공급열량(Q_H)과 일량(W)은 얼마인가?(단, Q_L은 방열열량이다.)

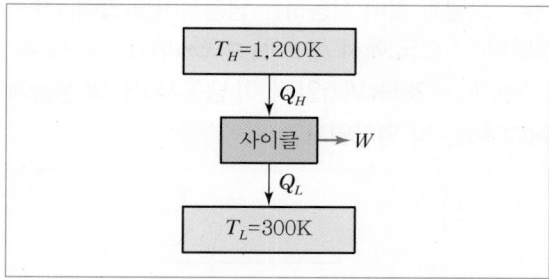

① $Q_H = 100 \text{kJ}, \quad W = 80 \text{kJ}$

② $Q_H = 110 \text{kJ}, \quad W = 80 \text{kJ}$

③ $Q_H = 100 \text{kJ}, \quad W = 90 \text{kJ}$

④ $Q_H = 110 \text{kJ}, \quad W = 90 \text{kJ}$

해설 ➕ --------

열기관의 이상사이클은 카르노사이클이다.

$$\eta_{th} = 1 - \frac{T_L}{T_H} = 1 - \frac{300}{1,200} = 0.75$$

실제 가능한 공급열량과 일량은 $\eta_{th} = \dfrac{W}{Q_H}$ 에서 열효율이 75% 이하인 ②번이다.

31 이상적인 증기 압축 냉동 사이클의 과정은?

① 정적방열과정 → 등엔트로피 압축과정 → 정적증발과정 → 등엔탈피 팽창과정

② 정압방열과정 → 등엔트로피 압축과정 → 정압증발과정 → 등엔탈피 팽창과정

③ 정적증발과정 → 등엔트로피 압축과정 → 정적방열과정 → 등엔탈피 팽창과정

④ 정압증발과정 → 등엔트로피 압축과정 → 정압방열과정 → 등엔탈피 팽창과정

해설 ➕ --------

압축기(단열과정) → 응축기(정압방열과정) → 팽창밸브(교축밸브 - 등엔탈피과정) → 증발기(정압흡열과정)

32 그림과 같이 작동하는 냉동사이클(압력(P) - 엔탈피(h) 선도)에서 $h_1 = h_4 = 98kJ/kg$, $h_2 = 246$ kJ/kg, $h_3 = 298kJ/kg$일 때 이 냉동사이클의 성능계수(COP)는 약 얼마인가?

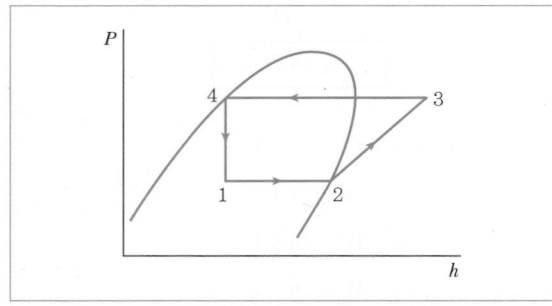

① 4.95   ② 3.85

③ 2.85   ④ 1.95

해설 ➕ --------

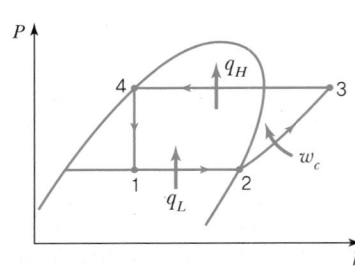

냉동사이클의 성능계수

$$COP(\varepsilon_R) = \frac{q_L}{q_H - q_L} = \frac{q_L}{w_c}$$

$$= \frac{h_2 - h_1}{h_3 - h_2} = \frac{246 - 98}{298 - 246} = 2.85$$

33 그림과 같이 선형 스프링으로 지지되는 피스톤 – 실린더 장치 내부에 있는 기체를 가열하여 기체의 체적이 V_1에서 V_2로 증가하였고, 압력은 P_1에서 P_2로 변화하였다. 이때 기체가 피스톤에 행한 일을 옳게 나타낸 식은?(단, 실린더와 피스톤 사이에 마찰은 무시하며 실린더 내부의 압력(P)은 실린더 내부 부피(V)와 선형관계($P = aV$, a는 상수)에 있다고 본다.)

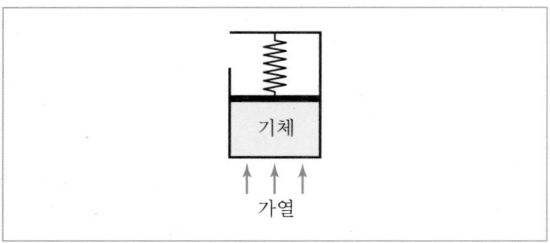

① $P_2 V_2 - P_1 V_1$

② $P_2 V_2 + P_1 V_1$

③ $\dfrac{1}{2}(P_2 + P_1)(V_2 - V_1)$

④ $\dfrac{1}{2}(P_2 + P_1)(V_2 + V_1)$

해설 ➕

$P = aV$

밀폐계의 일 = 절대일

$$_1W_2 = \int_1^2 P\,dV = \int_1^2 aV\,dV$$
$$= a\left[\frac{V^2}{2}\right]_1^2$$
$$= \frac{a}{2}(V_2^2 - V_1^2)$$
$$= \frac{a}{2}(V_2 + V_1)(V_2 - V_1)$$
$$= \frac{1}{2}(aV_2 + aV_1)(V_2 - V_1)$$
$$= \frac{1}{2}(P_2 + P_1)(V_2 - V_1)$$

34 어떤 기체 동력장치가 이상적인 브레이턴 사이클로 다음과 같이 작동할 때 이 사이클의 열효율은 약 몇 %인가?(단, 온도(T)-엔트로피(S) 선도에서 $T_1 = 30℃$, $T_2 = 200℃$, $T_3 = 1,060℃$, $T_4 = 160℃$이다.)

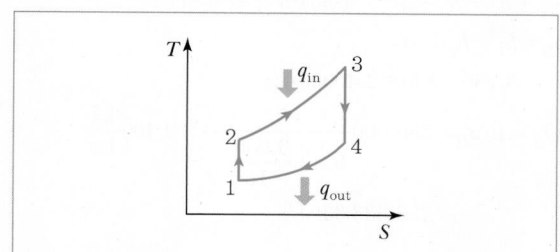

① 81%　　　　　　② 85%

③ 89%　　　　　　④ 76%

해설 ➕

$\delta q = dh - vdp$ (여기서, 열전달 - 정압과정 $dp = 0$)

$\delta q = dh = C_p dT$와 $T-S$선도에서

$$\eta_B = 1 - \frac{q_{out}}{q_{in}} = 1 - \frac{C_p(T_4 - T_1)}{C_p(T_3 - T_2)} = 1 - \frac{(T_4 - T_1)}{(T_3 - T_2)}$$
$$= 1 - \frac{160 - 30}{1,060 - 200} = 0.8488 ≒ 85\%$$

35 다음 압력값 중에서 표준대기압(1atm)과 차이(절댓값)가 가장 큰 압력은?

① 1MPa　　　　　　② 100kPa

③ 1bar　　　　　　④ 100hPa

해설 ➕

① $1MPa = 1,000kPa$

② $100kPa$

③ $1bar = 10^5 Pa = 100kPa$

④ $100hPa = 100 \times 10^2 Pa = 10kPa$

※ $1atm = 1,013.25mbar = 1.01325bar$
　　　　$= 101,325Pa = 101.32kPa$

36 공기 표준 사이클로 작동되는 디젤 사이클의 이론적인 열효율은 약 몇 %인가?(단, 비열비는 1.4, 압축비는 16이며, 체절비(Cut-off Ratio)는 1.8이다.)

① 50.1　　　　　　② 53.2

③ 58.6　　　　　　④ 62.4

해설 ➕

$$\eta_D = 1 - \left(\frac{1}{\varepsilon}\right)^{k-1} \cdot \frac{\sigma^k - 1}{k(\sigma - 1)} \text{ (여기서 } \sigma : \text{체절비)}$$
$$= 1 - \left(\frac{1}{16}\right)^{1.4-1} \cdot \frac{1.8^{1.4} - 1}{1.4 \times (1.8 - 1)}$$
$$= 0.6239$$
$$= 62.4\%$$

37 출력 10,000kW의 터빈 플랜트의 시간당 연료 소비량이 5,000kg/h이다. 이 플랜트의 열효율은 약 몇 %인가?(단, 연료의 발열량은 33,440kJ/kg이다.)

① 25.4%　　　　　　② 21.5%

③ 10.9%　　　　　　④ 40.8%

정답　34 ②　35 ①　36 ④　37 ②

2022

해설 ⊕

$$\eta = \frac{\text{output}}{\text{input}} = \frac{10,000\text{kW}}{H_l(\text{kJ/kg}) \times f_b(\text{kg/h})}$$

여기서, $\frac{\text{kWh}}{\text{kJ}} \times \frac{3,600\text{kJ}}{1\text{kWh}}$ (단위환산)

$$= \frac{10,000 \times 3,600}{33,440 \times 5,000} = 0.2153 = 21.53\%$$

38 3kg의 공기가 400K에서 830K까지 가열될 때 엔트로피 변화량은 약 몇 kJ/K인가?(단, 이때 압력은 120kPa에서 480kPa까지 변화하였고, 공기의 정압비열은 1.005kJ/(kg · K), 공기의 기체상수는 0.287 kJ/(kg · K)이다.)

① 0.584 ② 0.719

③ 0.842 ④ 1.007

해설 ⊕

$$S_2 - S_1 = \Delta S = m(s_2 - s_1)$$

(여기서, m : 질량(kg)

$(s_2 - s_1)$: 비엔트로피 증가량 (kJ/kg · K))

$$= m\left(C_p \ln \frac{T_2}{T_1} - R \ln \frac{p_2}{p_1}\right)$$

$$= 3\left(1.005\ln\left(\frac{830}{400}\right) - 0.287 \times \ln\left(\frac{480}{120}\right)\right)$$

$$= 1.0072\text{kJ/K}$$

39 압력 1MPa, 온도 50℃인 R – 134a의 비체적의 실제 측정값이 0.021796m³/kg이었다. 이상기체 방정식을 이용한 이론적인 비체적과 측정값과의 오차 $\left(= \dfrac{\text{이론값} - \text{실제 측정값}}{\text{실제 측정값}}\right)$는 약 몇 %인가?(단, R – 134a 이상기체의 기체상수는 0.0815kPa · m³/(kg · K)이다.)

① 5.5% ② 12.5%

③ 20.8% ④ 30.8%

해설 ⊕

오차 $= \dfrac{0.0263245 - 0.021796}{0.021796} = 0.2078 = 20.78\%$

40 시간당 380,000kg의 물을 공급하여 수증기를 생산하는 보일러가 있다. 이 보일러에 공급하는 물의 비엔탈피는 830kJ/kg이고, 생산되는 수증기의 비엔탈피는 3,230kJ/kg이라고 할 때, 발열량이 32,000kJ/kg인 석탄을 시간당 34,000kg씩 보일러에 공급한다면 이 보일러의 효율은 약 몇 %인가?

① 66.9% ② 71.5%

③ 77.3% ④ 83.8%

해설 ⊕

$$\eta = \frac{\dot{Q}_B}{H_l\left(\dfrac{\text{kJ}}{\text{kg}}\right) \times f_b}$$

여기서, 보일러(정압가열)

$q_{c.v} + h_i = h_e + \cancel{w_{c.v}}^{\,0}$ (열교환기 일 못함)

$q_B = h_e - h_i > 0$

$= 3,230 - 830 = 2,400\text{kJ/kg}$

$$\dot{Q}_B = \dot{m}\, q_B = 380,000\frac{\text{kg}}{\text{h} \times \left(\dfrac{3,600\text{s}}{1\text{h}}\right)} \times 2,400\frac{\text{kJ}}{\text{kg}}$$

$$= 253,333.33\text{kJ/s}$$

$$\therefore \eta = \frac{253,333.33}{32,000\dfrac{\text{kJ}}{\text{kg}} \times 34,000\dfrac{\text{kg}}{\text{h} \times \left(\dfrac{3,600\text{s}}{1\text{h}}\right)}}$$

$$= 0.8382 = 83.82\%$$

3과목 기계유체역학

41 파이프 내의 유동에서 속도함수 V가 파이프 중심에서 반지름방향으로의 거리 r에 대한 함수로 다음과 같이 나타날 때 이에 대한 운동에너지 계수(또는 운동에너지 수정계수, Kinetic Energy Coefficient) α는 약 얼마인가?(단, V_0는 파이프 중심에서의 속도, V_m은 파이프 내의 평균 속도, A는 유동 단면, R은 파이프 안쪽 반지름이고, 유속 방정식과 운동에너지 계수 관련 식은 아래와 같다.)

- 유속 방정식 $\dfrac{V}{V_0} = \left(1 - \dfrac{r}{R}\right)^{1/6}$
- 운동에너지 계수 $\alpha = \dfrac{1}{A}\int\left(\dfrac{V}{V_m}\right)^3 dA$

① 1.01   ② 1.03
③ 1.08   ④ 1.12

해설 ⊕

$$\frac{V}{V_0} = \frac{\overline{V}}{U} = \frac{72}{7 \times 13} = 0.79$$

$$\alpha = \left(\frac{1}{0.79}\right)^3 \times \frac{72}{9 \times 15} = 1.08$$

42 그림과 같이 속도 V인 유체가 곡면에 부딪혀 θ의 각도로 유동방향이 바뀌어 같은 속도로 분출된다. 이때 유체가 곡면에 가하는 힘의 크기를 θ에 대한 함수로 옳게 나타낸 것은?(단, 유동단면적은 일정하고, θ의 각도는 $0^\circ \le \theta \le 180^\circ$ 이내에 있다고 가정한다. 또한 Q는 체적 유량, ρ는 유체밀도이다.)

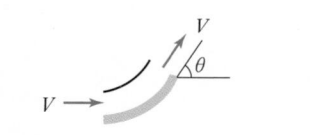

① $F = \dfrac{1}{2}\rho QV\sqrt{1 - \cos\theta}$

② $F = \dfrac{1}{2}\rho QV\sqrt{2(1 - \cos\theta)}$

③ $F = \rho QV\sqrt{1 - \cos\theta}$

④ $F = \rho QV\sqrt{2(1 - \cos\theta)}$

해설 ⊕

고정날개의 곡면에 부딪혀 θ로 방향을 바꾸어 분출될 때

$$F(\theta) = \sqrt{f_x{}^2 + f_y{}^2}$$
$$= \sqrt{\{\rho QV(1 - \cos\theta)\}^2 + \{\rho QV(\sin\theta)\}^2}$$
$$= \rho QV\sqrt{(1 - 2\cos\theta + \cos^2\theta + \sin^2\theta)}$$
$$= \rho QV\sqrt{2(1 - \cos\theta)}$$

여기서, $f_x = \rho QV(1 - \cos\theta)$
$$f_y = \rho QV(\sin\theta - 0)$$

43 극좌표계(r, θ)로 표현되는 2차원 퍼텐셜유동에서 속도퍼텐셜(Velocity Potential, ϕ)이 다음과 같을 때 유동함수(Stream Function, Ψ)로 가장 적절한 것은?(단, A, B, C는 상수이다.)

$$\phi = A\ln r + Br\cos\theta$$

① $\Psi = \dfrac{A}{r}\cos\theta + Br\sin\theta + C$

② $\Psi = \dfrac{A}{r}\sin\theta - Br\cos\theta + C$

③ $\Psi = A\theta + Br\sin\theta + C$

④ $\Psi = A\theta - Br\cos\theta + C$

해설 ⊕

극좌표계에 대한 유동함수 $\psi(r, \theta, t)$

$$V_r = -\frac{1}{r}\frac{\partial\psi}{\partial\theta} \cdots\cdots ⓐ$$

$$V_\theta = \frac{\partial\psi}{\partial r} \cdots\cdots ⓑ$$

속도퍼텐셜 ϕ에서

$$V_r = -\frac{\partial \phi}{\partial r} \text{ (ⓐ와 같다)}, \ V_\theta = -\frac{1}{r}\frac{\partial \phi}{\partial \theta} \text{ (ⓑ와 같다)}$$

이므로 r에 대해 편미분하면

$$\frac{\partial \phi}{\partial r} = A\frac{1}{r} + B\cos\theta$$

$$-\frac{\partial \phi}{\partial r} = \frac{-A}{r} - B\cos\theta = -\frac{1}{r}\frac{\partial \psi}{\partial \theta} \text{ (ⓐ적용, 양변} \times (-r))$$

$$\frac{\partial \psi}{\partial \theta} = A + Br\cos\theta$$

$$\therefore \ \partial\psi = (A + Br\cos\theta)\,\partial\theta \text{, 적분하면}$$
$$\psi = (A\theta + Br\sin\theta) + C$$

44 원관 내의 완전층류유동에 관한 설명으로 옳지 않은 것은?

① 관 마찰계수는 Reynolds수에 반비례한다.
② 마찰계수는 벽면의 상대조도에 무관하다.
③ 유속은 관 중심을 기준으로 포물선 분포를 보인다.
④ 관 중심에서의 유속은 전체 평균 유속의 $\sqrt{2}$ 배이다.

해설 ⊕

층류유동에서 관 중심에서 최대속도 $V_{\max} = 2V_{av}$(평균유속)

45 공기가 게이지 압력 2.06bar의 상태로 지름이 0.15m인 관 속을 흐르고 있다. 이때 대기압은 1.03bar이고 공기 유속이 4m/s라면 질량유량(Mass Flow Rate)은 약 몇 kg/s인가?(단, 공기의 온도는 37℃이고, 기체상수는 287.1J/(kg · K)이다.)

① 0.245   ② 2.17
③ 0.026   ④ 32.4

해설 ⊕

질량유량 $\dot{m} = \rho A V$

공기는 이상기체이므로 $Pv = RT$ (여기서, $v = \frac{1}{\rho}$)

$$P\frac{1}{\rho} = RT, \ \rho = \frac{P}{RT}$$

$$\therefore \ \dot{m} = \frac{P}{RT}AV$$

$$= \frac{3.09 \times 10^5 \times \dfrac{\pi \times 0.15^2}{4} \times 4}{287.1 \times (37 + 273)}$$

$$= 0.2454 \text{kg/s}$$

(여기서, P는 절대압이므로 $P_g + P_o = 3.09\text{bar}$,
$10^5 \text{Pa} = 1\text{bar}$)

46 넓은 평판과 나란한 방향으로 흐르는 유체의 속도 $u[\text{m/s}]$는 평판 벽으로부터의 수직거리 $y[\text{m}]$만의 함수로 아래와 같이 주어진다. 유체의 점성계수가 $1.8 \times 10^{-5} \text{kg/(m · s)}$라면 벽면에서의 전단응력은 약 몇 N/m²인가?

$$u(y) = 4 + 200 \times y$$

① 1.8×10^{-5} ② 3.6×10^{-5}
③ 1.8×10^{-3} ④ 3.6×10^{-3}

해설 ⊕

뉴턴의 점성법칙

$$\tau = \mu \cdot \frac{du}{dy} = \mu \times 200$$
$$= 1.8 \times 10^{-5} \times 200$$
$$= 3.6 \times 10^{-3}$$

47 그림과 같이 폭이 3m인 수문 AB가 받는 수평성분 F_H와 수직성분 F_V는 각각 약 몇 N인가?

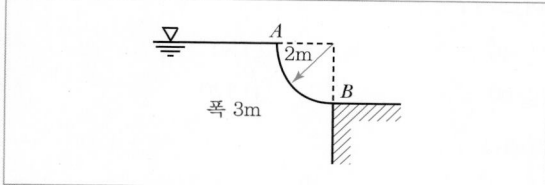

① $F_H = 24,400$, $F_V = 46,181$

② $F_H = 58,800$, $F_V = 46,181$

③ $F_H = 58,800$, $F_V = 92,362$

④ $F_H = 24,400$, $F_V = 92,362$

해설 ⊕

• 수평성분 – 전압력

$$F_H = \gamma \bar{h} \cdot A = 9,800 \times 1 \times (2 \times 3)$$
$$= 58,800 \text{N}$$

• 수직성분 – 수문 위에 올라간 유체무게

$$F_V = \gamma \times V = \gamma \times \frac{\pi r^2}{4} \times 3$$
$$= 9,800 \times \frac{\pi \times 2^2}{4} \times 3$$
$$= 92,362.8 \text{N}$$

48 다음 중 무차원수가 되는 것은?(단, ρ : 밀도, μ : 점성계수, F : 힘, Q : 부피유량, V : 속도, P : 동력, D : 지름, L : 길이이다.)

① $\dfrac{\rho V^2 D^2}{\mu}$
② $\dfrac{P}{\rho V^3 D^5}$

③ $\dfrac{Q}{VD^3}$
④ $\dfrac{F}{\mu VL}$

해설 ⊕

$$\frac{F}{\mu VL} \rightarrow \begin{array}{l} \text{힘} \\ \text{점성력} \end{array}$$

참고로

무차원수가 되려면 ② $\dfrac{P}{\rho V^3 D^2}$ ③ $\dfrac{Q}{VD^2}$

49 지름 20cm인 구의 주위에 물이 2m/s의 속도로 흐르고 있다. 이때 구의 항력계수가 0.2라고 할 때 구에 작용하는 항력은 약 몇 N인가?

① 12.6
② 204

③ 0.21
④ 25.1

해설 ⊕

$$D = C_D \frac{\rho V^2}{2} A$$
$$= 0.2 \times \frac{1,000 \times 2^2}{2} \times \frac{\pi \times 0.2^2}{4}$$
$$= 12.57 \text{N}$$

50 길이가 50m인 배가 8m/s의 속도로 진행하는 경우에 대해 모형 배를 이용하여 조파저항에 관한 실험을 하고자 한다. 모형 배의 길이가 2m이면 모형 배의 속도는 약 몇 m/s로 하여야 하는가?

① 1.60
② 1.82

③ 2.14
④ 2.30

해설 ⊕

배는 자유표면 위를 움직이므로 모형과 실형 사이에 프루드수를 같게 하여 실험한다.

$$Fr)_m = Fr)_p$$
$$\left. \frac{V}{\sqrt{Lg}} \right)_m = \left. \frac{V}{\sqrt{Lg}} \right)_p \quad \text{(여기서, } g_m = g_p \text{이므로)}$$
$$\frac{V_m}{\sqrt{L_m}} = \frac{V_p}{\sqrt{L_p}}$$
$$\therefore V_m = \sqrt{\frac{L_m}{L_p}} \cdot V_p = \sqrt{\frac{2}{50}} \times 8 = 1.6 \text{m/s}$$

2022

51
그림과 같이 큰 탱크의 수면으로부터 h[m] 아래에 파이프를 연결하여 액체를 배출하고자 한다. 마찰손실을 무시한다고 가정할 때 파이프를 통해서 분출되는 물의 속도(가)를 v라고 할 경우, 같은 조건에서의 오일(비중 0.9) 탱크에서 분출되는 속도(나)는?

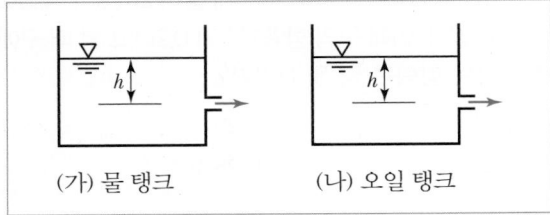

(가) 물 탱크　　　　　(나) 오일 탱크

① $0.81v$　　　　　② $0.9v$

③ v　　　　　④ $1.1v$

해설 ⊕

분출속도 V　　　　에서 h 만의 함수이므로 동일하다.

52
남극 바다에 비중이 0.917인 해빙이 떠 있다. 해빙의 수면 위로 나와 있는 체적이 40m³일 때 해빙의 전체중량은 약 몇 kN인가?(단, 바닷물의 비중은 1.025이다.)

① 2,487　　　　　② 2,769

③ 3,138　　　　　④ 3,414

해설 ⊕

↑ y, 무게와 부력이 같다.

해빙 전 체적을 V, 해빙의 비중과 비중량을 S_{ice}, γ_{ice}, 해빙의 잠긴 체적 $V-40$, 바닷물의 비중 S_s, 비중량을 γ_s 라 하면

$$\sum F_y = 0 : F_B - W = \gamma_s(V-40) - \gamma_{ice} \cdot V = 0$$
$$= S_s \gamma_w(V-40) - S_{ice}\gamma_w \cdot V = 0$$

$$\therefore V = \frac{S_s \times 40}{S_s - S_{ice}} = \frac{1.025 \times 40}{1.025 - 0.917} = 379.63 \mathrm{m}^3$$

해빙의 전체중량

$$W = S_{ice}\gamma_w \cdot V = 0.917 \times 9,800 \times 379.63$$
$$= 3,412 \times 10^3 \mathrm{N} = 3,412 \mathrm{kN}$$

53
물의 체적탄성계수가 2×10^9Pa일 때 물의 체적을 4% 감소시키려면 약 몇 MPa의 압력을 가해야 하는가?

① 40　　　　　② 80

③ 60　　　　　④ 120

해설 ⊕

$$K = \frac{1}{\beta} = \frac{1}{\dfrac{-\dfrac{dV}{V}}{dp}} = \frac{dp}{-\dfrac{dV}{V}} \quad ((-) \text{ 압축 의미})$$

$$\therefore p = K \cdot \frac{dV}{V} = 2 \times 10^9 \times 0.04$$
$$= 80 \times 10^6 \mathrm{Pa}$$
$$= 80 \mathrm{MPa}$$

54
손실계수(K_L)가 15인 밸브가 파이프에 설치되어 있다. 이 파이프에 물이 3m/s의 속도로 흐르고 있다면, 밸브에 의한 손실수두는 약 몇 m인가?

① 67.8　　　　　② 22.3

③ 6.89　　　　　④ 11.26

해설 ⊕

$$h_l = K\frac{V^2}{2g} = 15 \times \frac{3^2}{2 \times 9.8} = 6.89$$

55
정상 2차원 속도장 $\vec{V} = 2x\vec{i} - 2y\vec{j}$ 내의 한 점 (2,3)에서 유선의 기울기 $\dfrac{dy}{dx}$ 는?

① $-\dfrac{3}{2}$　　　　　② $-\dfrac{2}{3}$

③ $\dfrac{2}{3}$　　　　　④ $\dfrac{3}{2}$

해설 ⊕

$\vec{V}=ui+vj$ 이므로 $u=2x$, $v=-2y$

유선의 방정식 $\dfrac{u}{dx}=\dfrac{v}{dy}$

∴ 유선의 기울기 $\dfrac{dy}{dx}=\dfrac{v}{u}=\dfrac{-2y}{2x}$

→ (2, 3)에서의 기울기이므로

$$\dfrac{dy}{dx}=\dfrac{-2\times3}{2\times2}=-\dfrac{3}{2}$$

56 그림과 같은 시차액주계에서 A, B점의 압력차 P_A-P_B는?(단, γ_1, γ_2, γ_3는 각 액체의 비중량이다.)

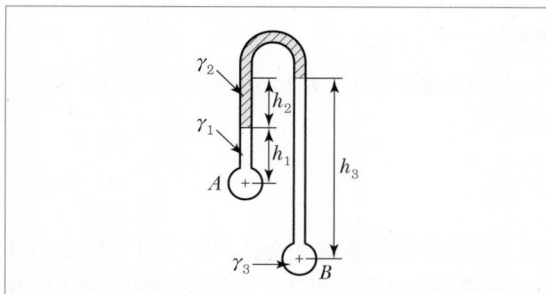

① $\gamma_3 h_3-\gamma_1 h_1+\gamma_2 h_2$
② $\gamma_1 h_1+\gamma_2 h_2-\gamma_3 h_3$
③ $\gamma_1 h_1-\gamma_2 h_2+\gamma_3 h_3$
④ $\gamma_3 h_3-\gamma_1 h_1-\gamma_2 h_2$

해설 ⊕

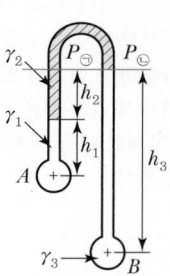

등압면이므로 $P_㉠=P_㉡$

$P_㉠=P_A-\gamma_1 h_1-\gamma_2 h_2$

$P_㉡=P_B-\gamma_3 h_3$

$P_A-\gamma_1 h_1-\gamma_2 h_2=P_B-\gamma_3 h_3$

∴ $P_A-P_B=\gamma_1 h_1+\gamma_2 h_2-\gamma_3 h_3$

57 자동차의 브레이크 시스템의 유압장치에 설치된 피스톤과 실린더 사이의 환형 틈새 사이를 통한 누설유동은 두 개의 무한 평판 사이의 비압축성, 뉴턴유체의 층류유동으로 가정할 수 있다. 실린더 내 피스톤의 고압 측과 저압 측의 압력차를 2배로 늘렸을 때, 작동유체의 누설유량은 몇 배가 될 것인가?

① 2배
② 4배
③ 8배
④ 16배

해설 ⊕

무한 평판에서의 유량

$$Q=\dfrac{a^3\cdot\Delta p}{12\mu}\ \text{(여기서, }a\text{ : 평판거리)}$$

$Q\propto\Delta p$ 이므로 Δp를 두 배로 올리면 유량도 2배가 된다.

58 정지된 물속의 작은 모래알이 낙하하는 경우 Stokes Flow(스토크스 유동)가 나타날 수 있는데, 이 유동의 특징은 무엇인가?

① 압축성 유동
② 저속 유동
③ 비점성 유동
④ 고속 유동

해설 ⊕

모래알의 낙하속도가 저속 유동일 때 비압축성 축대칭 스토크스 유동에 가까워진다.

59 다음 중 점성계수(Viscosity)의 차원을 옳게 나타낸 것은?(단, M은 질량, L은 길이, T는 시간이다.)

① MLT
② $ML^{-1}T^{-1}$
③ MLT^{-2}
④ $ML^{-2}T^{-2}$

정답　56 ②　57 ①　58 ②　59 ②

해설 ⊕

점성계수 $\mu \rightarrow 1\text{poise} = \dfrac{1\text{g}}{\text{cm} \cdot \text{s}} = \dfrac{M}{LT} \rightarrow ML^{-1}T^{-1}$

60 그림과 같은 피토관의 액주계 눈금이 $h = 150$ mm이고 관 속의 물이 6.09m/s로 흐르고 있다면 액주계 액체의 비중은 얼마인가?

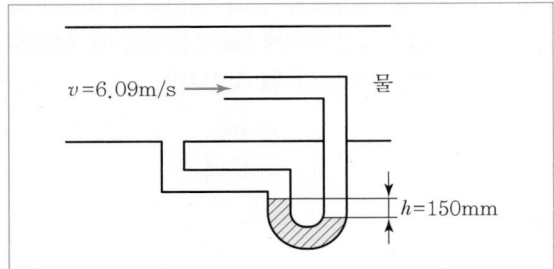

① 8.6 　　　　　② 10.8
③ 12.1 　　　　　④ 13.6

해설 ⊕

$V = \sqrt{2g\Delta h\left(\dfrac{s_0}{s} - 1\right)}$ 에서

$s_0 = \left(\dfrac{V^2}{2g\Delta h} + 1\right)s$

　 $= \left(\dfrac{6.09^2}{2 \times 9.8 \times 0.15} + 1\right) \times 1 = 13.615$

4과목　**유체기계 및 유압기기**

61 용적형과 비교해서 터보형 압축기의 일반적인 특징으로 거리가 먼 것은?

① 작동 유체의 맥동이 적다.
② 고압저속회전에 적합하다.

③ 전동기나 증기 터빈과 같은 원동기와 직결이 가능하다.
④ 소형으로 할 수 있어서 설치면적이 작아도 된다.

해설 ⊕

② 저압고속회전에 적합하다.

62 펌프를 분류하는 데 있어서 다음 중 터보형 펌프에 속하지 않는 것은?

① 원심식 펌프 　　　② 사류식 펌프
③ 회전식 펌프 　　　④ 축류식 펌프

해설 ⊕

터보형 펌프에는 원심식 펌프, 사류식 펌프, 축류식 펌프가 있다.

63 펌프를 운전할 때 한숨을 쉬는 것과 같은 소리가 나고 송출유량이 주기적으로 변하는 현상을 무엇이라고 하는가?

① 캐비테이션 　　　② 수격작용
③ 모세관현상 　　　④ 서징

해설 ⊕

서징(맥동)현상
배관장치에서 송출관의 중간에 물탱크가 있는데, 물탱크 후방에 있는 유량조절밸브로 유량을 조절해 줄이면 수조 내의 수두는 일시적으로 상승하여 펌프의 저항은 증가하게 되고, 반대로 수두가 내려가게 되면 유량은 감소해 저항은 감소하는 현상이 반복된다. 이처럼 송출유량이 주기적으로 변하는 현상을 서징현상이라 한다.

정답　**60** ④　**61** ②　**62** ③　**63** ④

64 어떤 수조에 설치되어 있는 수중 펌프는 양수량이 0.5m³/min, 배관의 전손실 수두는 6m이다. 수중 펌프 중심으로부터 1m 아래에 있는 물을 펌프 중심으로부터 10m 위에 있는 2층으로 양수하고자 한다. 이때 펌프에 요구되는 동력은 약 몇 kW인가?(단, 펌프의 효율은 60%이다.)

① 1.88   ② 2.32
③ 3.03   ④ 3.76

해설 ➕ ------------------------------

$H_{th} = \gamma H Q$

$Q = 0.5 \dfrac{\text{m}^3}{\text{min}} \times \dfrac{1\text{min}}{60\text{s}} = 0.00833 \text{m}^3/\text{s}$

전양정 $H = 10 + 1 + 6 = 17$

$\therefore H_{th} = 9,800 \times 17 \times 0.00833 = 1,387.78\text{W} = 1.39\text{kW}$

$\eta_p = \dfrac{\text{이론동력}}{\text{축동력(운전동력, 실제동력)}}$ 에서

요구되는 동력 $H_s = \dfrac{H_{th}}{\eta_p} = \dfrac{1.39}{0.6} = 2.32\text{kW}$

65 다음에서 밑줄이 나타내는 충동수차의 구성장치는?

> 수차에 걸리는 부하가 변하면 <u>이 장치</u>의 배압밸브에서 압유의 공급을 받아 서보모터의 피스톤이 작동하고 노즐 내의 니들 밸브를 이동시켜 유량이 부하에 대응하도록 한다.

① 러너   ② 조속기
③ 이젝터   ④ 디플렉터

해설 ➕ ------------------------------

조속기(Governor)
부하에 따른 유량조절장치이다.

66 수차의 유효낙차가 120m이고, 유량이 150m³/s, 수차 효율이 90%일 때 수차의 출력은 약 몇 MW인가?

① 94   ② 128
③ 159   ④ 196

해설 ➕ ------------------------------

수차효율 $\eta_T = \dfrac{\text{실제동력}}{\text{이론동력}}$

$\therefore$ 수차의 실제출력동력 $= \eta_T \times \gamma \times H_T \times Q$
$= 0.9 \times 9,800 \times 120 \times 150$
$= 158.76 \times 10^6 \text{W}$
$= 158.76\text{MW}$

67 다음 각 수차에 대한 설명 중 틀린 것은?

① 프로펠러 수차 : 물이 낙하할 때 중력과 속도에너지에 의해 회전하는 수차
② 중력수차 : 물이 낙하할 때 중력에 의해 움직이게 되는 수차
③ 충동수차 : 물이 갖는 속도 에너지에 의해 물의 충격으로 회전하는 수차
④ 반동수차 : 물이 갖는 압력과 속도에너지를 이용하여 회전하는 수차

해설 ➕ ------------------------------

프로펠러 수차(Propeller Turbine)
작동원리는 프란시스 수차처럼 압력에너지와 운동에너지가 감소된 물이 축방향으로 통과하면서 프로펠러에 반동력을 주어 구동하지만, 반경방향의 흐름이 없으며, 프로펠러를 통과하는 물의 흐름이 축방향이기 때문에 축류수차(Axial Flow Turbine)라고도 한다.

2022

68 유체커플링에 대한 설명으로 옳지 않은 것은?

① 드래그 토크(Drag Torque)는 입력 및 출력 회전수가 같은 때의 토크이다.

② 유체커플링의 효율은 입력축 회전수에 대한 출력축 회전수 비율로 표시한다.

③ 유체커플링에서 이론적으로 입력축과 출력축의 토크 차이는 발생하지 않는다고 본다.

④ 유체커플링에서 슬립(Slip)이 많이 일어날수록 효율은 저하된다.

해설 ⊕

드래그 토크란 구동축이 회전하고 종동축이 정지해 있을 때 (속도비 $e = 0$, 실속점)의 전달토크 T_s를 말한다.

69 터빈 펌프와 벌류트 펌프의 차이점을 설명한 것으로 옳은 것은?

① 벌류트 펌프는 회전차의 바깥둘레에 안내날개가 있고, 터빈 펌프는 안내날개가 없다.

② 터빈 펌프는 중앙에 와류실이 있고, 벌류트 펌프는 와류실이 없다.

③ 벌류트 펌프는 중앙에 와류실이 있고, 터빈 펌프는 와류실이 없다.

④ 터빈 펌프는 회전차의 바깥둘레에 안내날개가 있고 벌류트 펌프는 안내날개가 없다.

해설 ⊕

벌류트 펌프는 안내날개(디퓨저베인)가 없는 저양정 펌프이며, 터빈 펌프는 회전차의 외측에 안내날개를 설치한 펌프이다.

70 진공펌프의 종류 중 액봉형 진공펌프에 속하는 것은?

① 센코 진공펌프　　　② 게데 진공펌프

③ 키니 진공펌프　　　④ 너시 진공펌프

해설 ⊕

너시(Nash) 진공펌프는 액봉형 진공펌프(Water – Ring Vacuum Pump)에 속한다.

71 다음 중 유압을 이용한 기기(기계)의 장점이 아닌 것은?

① 자동 제어가 가능하다.

② 유압 에너지원을 축적할 수 있다.

③ 힘과 속도를 무단으로 조절할 수 있다.

④ 온도 변화에 대해 안정적이고 고압에서 누유의 위험이 없다.

해설 ⊕

유압유의 온도가 높아지면 유압유의 점도가 변화되어 고압에서 누유의 위험이 있다.

72 유압 · 공기압 도면 기호(KS B 0054)에 따른 기호에서 필터, 드레인 관로를 나타내는 선의 명칭으로 옳은 것은?

① 파선　　　　　　　② 실선

③ 1점 이중 쇄선　　　④ 복선

73 일반적인 유압 장치에 대한 설명과 특징으로 가장 적절하지 않은 것은?

① 유압 장치 자체의 자동 제어에 제약이 있을 수 있으나 전기, 전자 부품과 조합하여 사용하면 그 효과를 증대시킬 수 있다.

② 힘의 증폭 방법이 같은 크기의 기계적 장치(기어, 체인 등)에 비해 간단하여 크게 증폭시킬 수 있으며 그 예로 소형 유압잭, 거대한 건설기계 등이 있다.

③ 인화의 위험과 이물질에 의한 고장 우려가 있다.

④ 점도의 변화에 따른 출력 변화가 없다.

정답　　68 ①　69 ④　70 ④　71 ④　72 ①　73 ④

해설 ➕
④ 점도의 변화에 따라 액추에이터의 출력이나 속도가 변화하기 쉽다.

74 다음 기호에 대한 설명으로 틀린 것은?

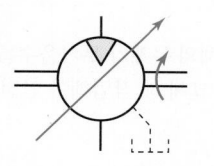

① 유압 모터이다.　　② 4방향 유동이다.
③ 가변 용량형이다.　④ 외부 드레인이 있다.

해설 ➕

1방향 유동이다.

75 유압 작동유의 첨가제로 적절하지 않은 것은?

① 산화방지제　　　② 소포제 및 방청제
③ 점도지수 강하제　④ 유동점 강하제

해설 ➕

작동유의 첨가제 종류
산화방지제, 방청제, 점도지수 향상제, 소포제, 항유화 향상제, 유동점 강하제 등

76 스트레이너에 대한 설명으로 적절하지 않은 것은?

① 스트레이너의 연결부는 오일 탱크의 작동유를 방출하지 않아도 분리가 가능하도록 하여야 한다.
② 스트레이너의 여과 능력은 펌프 흡입량의 1.2배 이하의 용적을 가져야 한다.

③ 스트레이너가 막히면 펌프가 규정 유량을 토출하지 못하거나 소음을 발생시킬 수 있다.
④ 스트레이너의 보수는 오일을 교환할 때마다 완전히 청소하고 주기적으로 여과재를 분리하여 손질하는 것이 좋다.

해설 ➕

② 스트레이너의 여과량은 펌프 송출량의 2배 이상이 되어야 한다.

77 두 개의 유입 관로의 압력에 관계없이 정해진 출구 유량이 유지되도록 합류하는 밸브는?

① 집류 밸브　　② 셔틀 밸브
③ 적층 밸브　　④ 프리필 밸브

78 속도제어 회로의 종류가 아닌 것은?

① 미터인 회로　　　② 미터아웃 회로
③ 블리드오프 회로　④ 로크(로킹) 회로

해설 ➕

속도제어 회로의 종류
미터인 회로, 미터아웃 회로, 블리드오프 회로

79 아래 파일럿 전환 밸브의 포트수, 위치수로 옳은 것은?

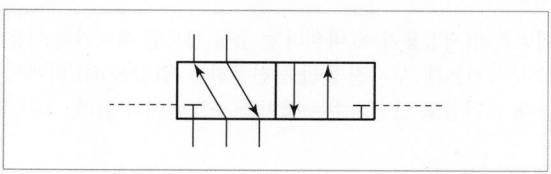

① 2포트 4위치　　② 2포트 5위치
③ 5포트 2위치　　④ 6포트 2위치

해설 ⊕
- 포트수(Number of Port) : 밸브에 접속된 주관로 수
- 위치수(Number of Position) : 작동유의 흐름 방향을 바꿀 수 있는 위치의 수(네모칸의 개수)

80 일반적인 용적형 펌프의 종류가 아닌 것은?

① 기어 펌프
② 베인 펌프
③ 터빈 펌프
④ 피스톤(플런저) 펌프

해설 ⊕

용적형 펌프의 종류
- 회전식 : 기어 펌프, 나사 펌프, 베인 펌프
- 왕복동식 : 피스톤 펌프, 플런저 펌프

③ 터빈 펌프 → 터보형 펌프

5과목 **건설기계일반 및 플랜트배관**

81 쇄석기(크러셔)에서 진동에 의해 골재를 선별하는 일종의 체로 진동식과 회전식이 사용되는 것은?

① 집진설비   ② 리닝 장치
③ 스크린   ④ 피더 호퍼

해설 ⊕

피더호퍼(저장용기)에 바위나 큰 돌을 넣으면 쇄석기로 이동해 부서지는데, 부서진 돌들을 진동하는 체(그물 쇠) 위에서 골재 크기별로 선별해주는 장치를 스크린이라 한다.

82 기중기의 인양 능력을 크게 하기 위해서 붐의 길이 및 각도는 어떻게 조정하여 작업하여야 하는가?

① 붐의 길이는 길고, 붐의 각도는 작게
② 붐의 길이는 길고, 붐의 각도는 크게
③ 붐의 길이는 짧고, 붐의 각도는 작게
④ 붐의 길이는 짧고, 붐의 각도는 크게

해설 ⊕

크레인작업 시 물체의 무게가 무거울수록 붐의 길이는 짧게 하고 붐의 각도는 크게 해 작업해야 안전하다.

83 압력 배관용 탄소강관(KS D 3562)에서 압력 배관용 탄소 강관의 기호는?

① SPPS   ② STM
③ STLT   ④ STA

해설 ⊕

압력배관용 탄소강관(KS D 3562)
KS 규격 기호는 SPPS(Steel Pipe Pressure Service)이다.

84 무한궤도식 굴착기에서 주행과 관련 있는 하부 구동체의 구성요소가 아닌 것은?

① 트랙   ② 카운터웨이트
③ 하부 롤러   ④ 스프로킷

해설 ⊕

무한궤도식 건설기계의 바퀴 구조

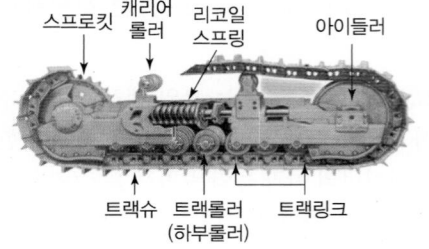

정답   80 ③   81 ③   82 ④   83 ①   84 ②

85 일반적인 지게차에 대한 설명으로 적절하지 않은 것은?

① 작업 용도에 따라 트리플 스테이지 마스터, 로드 스테빌라이저 등으로 분류할 수 있다.
② 리프트 실린더의 역할은 포크를 상승, 하강을 시킨다.
③ 틸트 실린더의 역할은 마스트를 앞 또는 뒤로 기울이는 작동을 하게 한다.
④ 지게차는 앞바퀴로만 방향을 바꾸는 앞바퀴 조향이다.

해설 ➕

④ 지게차는 후륜 조향방식이다.

86 아스팔트 피니셔의 시간당 포설량과 비례하지 않는 것은?

① 포설면적
② 붐의 면적
③ 평균작업속도
④ 작업효율

해설 ➕

포설면적이 많을수록, 평균작업속도가 빠를수록, 작업효율이 좋을수록 포설량은 많아진다.

87 도저의 종류가 아닌 것은?

① 크레인도저
② 스트레이트도저
③ 레이크도저
④ 앵글도저

해설 ➕

도저의 종류
스트레이트도저, 앵글도저, 틸트도저, U-Blade도저, 레이크도저, 습지도저, 리퍼도저 등이 있다.

88 플랜트설비에서 집진장치 중 전기 집진법으로 옳은 것은?

① 코트렐
② 사이클론
③ 백 필터
④ 스크루버

해설 ➕

코트렐 집진장치(Cottrell Precipitator)
미국인 코트렐이 만든 집진장치로 먼지를 함유한 가스에 고전압으로 방전을 시켜 부(−)로 대전한 미립자를 정(+)극에 모아 먼지를 제거해 청정한 가스로 만드는 장치이다.

89 건설기계관리업무처리규정에 따른 크롤러(크로울러)식 천공기의 구조 및 규격표시 방법으로 옳은 것은?

① 드럼지름 × 길이
② 최대굴착지름
③ 착암기의 중량과 매 분당 공기소비량 및 유압펌프 토출량
④ 자갈채취량

90 무한궤도식과 비교한 타이어식 굴착기의 특징이 아닌 것은?

① 견인력이 낮다.
② 습지, 사지에서 작업이 불리하다.
③ 기동성이 낮다.
④ 장거리 이동에 유리하다.

해설 ➕

③ 타이어식 굴착기는 기동성이 우수하다.

정답 85 ④ 86 ② 87 ① 88 ① 89 ③ 90 ③

91 스테인리스 강관용 공구가 아닌 것은?

① 열풍용접기
② 절단기
③ 벤딩기
④ 전용 압착공구

해설 ⊕

- 강관공작용 수공구 : 파이프바이스(파이프전용 압착공구), 파이프커터, 쇠톱, 파이프리머, 파이프렌치, 나사절삭기(수동파이프 나사절삭기)
- 강관공작용 기계 : 동력나사절삭기, 기계톱, 고속숫돌절단기, 파이프벤딩기

① 열풍용접기는 뜨거운 공기를 불어넣어 열가소성을 띠는 경질염화비닐관(PVC)의 용접에 사용한다.

92 두께 0.5~3mm 정도의 알런덤(Alundum), 카보란덤(Carborundum)의 입자를 소결한 얇은 연삭원판을 고속 회전시켜 재료를 절단하는 공작용 기계는?

① 커팅 휠 절단기
② 고속 숫돌절단기
③ 포터블 소잉 머신
④ 고정식 소잉 머신

93 일반적인 체크밸브의 종류가 아닌 것은?

① 스윙형 체크밸브
② 리프트형 체크밸브
③ 해머리스형 체크밸브
④ 벤딩수축형 체크밸브

해설 ⊕

체크밸브의 종류
스윙형, 리프트형, 해머리스형, 디스크형 등이 있다.

94 동관용 공구 중 동관 끝을 나팔형으로 만들어 압축이음 시 사용하는 공구는?

① 플레어링 툴
② 사이징 툴
③ 튜브 벤더
④ 익스팬더

해설 ⊕

동관의 끝을 나팔관 모양으로 확장하는 공구를 확관기 또는 플레어링 툴이라 한다.

95 배관과 관련한 기압시험의 일반적인 사항으로 적절하지 않은 것은?

① 압축공기를 관 속에 압입하여 이음매에서 공기가 새는 것을 조사하는 시험이다.
② 시험용구에는 봄베 속의 탄산가스, 질소가스 등과 압력계, U형 튜브에 물을 넣은 것, 스톱밸브, 체크밸브 등이 있다.
③ 누기 발견 시 다량의 산소를 관 내에 출입시켜 누설을 발견하는 방법이 있다.
④ 공기는 온도에 따라 용적변화가 일어나므로 기온이 안정된 시간에 시험할 필요가 있다.

해설 ⊕

③ 누기 발견 시 압축기를 정지하고 배관이음매 부분에 비눗물을 발라 누기부분을 찾으며, 다량의 산소는 폭발위험이 있어 사용하지 않고, 공기나 질소를 넣어 시험한다.

정답 91 ① 92 ② 93 ④ 94 ① 95 ③

96 다음 중 급배수배관의 기능을 확인하는 배관시험방법으로 적절하지 않은 것은?

① 수압시험 ② 기압시험
③ 연기시험 ④ 피로시험

해설 ⊕

반복되는 응력이나 변형률의 영향을 받는 재료의 거동을 피로(Fatigue)라 하며, 피로에 의해 재료가 완전히 파손되는 상태에 이르게 되는 점진적이고 국부적인 구조적 변화과정을 거치는 시험이 피로시험이므로 배관시험방법이 아니다.

97 호칭지름 25mm(바깥지름 34mm)의 관을 곡률반경 $R = 200$mm로 $90°$ 구부릴 때 중심부의 곡선 길이 L[mm]은 약 얼마인가?

① 114.16mm ② 214.16mm
③ 314.16mm ④ 414.16mm

해설 ⊕

$$L = 2\pi R \times \frac{\theta°}{360°} = 2\pi \times 200 \times \frac{90°}{360°} = 314.16\text{mm}$$

98 스테인리스 강관에 관한 설명으로 적절하지 않은 것은?

① 위생적이며 적수, 백수, 청수의 염려가 없다.
② 일반 강관에 비해 두께가 얇고 가벼워 운반 및 시공이 쉽다.
③ 동결 우려가 있어 한랭지 배관에 적용하기 어렵다.
④ 나사식, 용접식, 몰코식, 플랜지식 이음법이 있다.

해설 ⊕

③ 저온 충격성이 크고 한랭지 배관이 가능하며 동결에 대한 저항이 크다.

99 방열기의 환수구나 증기배관의 말단에 설치하고 응축수와 증기를 분리하여 자동적으로 환수관에 배출시키고 증기를 통과하지 않게 하는 장치는?

① 신축이음 ② 증기트랩
③ 감압밸브 ④ 스트레이너

해설 ⊕

증기트랩
증기트랩은 증기 열교환기 등에서 나오는 응축수를 자동적으로 급속히 환수관 측에 배출시키는 장치이다.

100 진동을 억제하는 데 사용되는 브레이스의 종류로 옳은 것은?

① 덕트 ② 방진기
③ 그랜드 패킹 ④ 롤러 서포트

건설기계설비기사 필기

발행일 | 2022. 2. 10 초판발행
2023. 1. 10 초판2쇄

저 자 | 다솔유캠퍼스 · 박 성 일
발행인 | 정 용 수
발행처 | 예문사

주 소 | 경기도 파주시 직지길 460(출판도시) 도서출판 예문사
T E L | 031) 955 - 0550
F A X | 031) 955 - 0660
등록번호 | 11 - 76호

정가 : 45,000원

ISBN 978-89-274-4393-3 13550